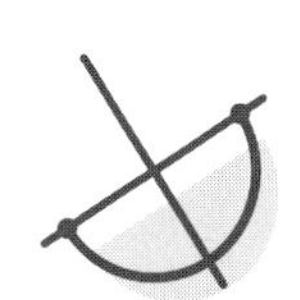
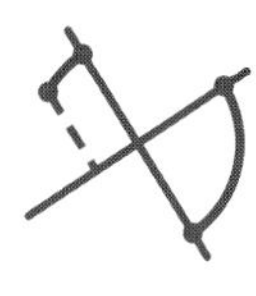

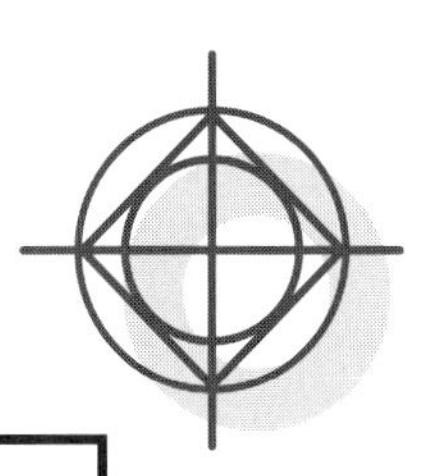

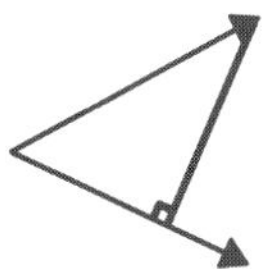

線型代数と微積分からのベクトル解析

安藤 洋美 著

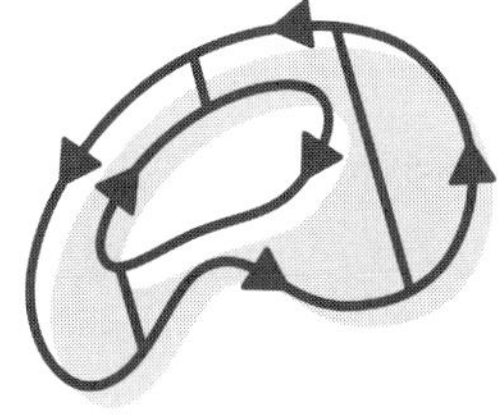
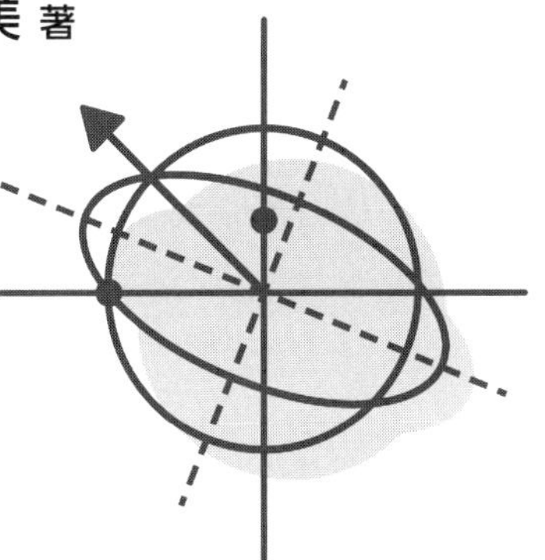

現代数学社

まえがき

本書はかつて数年前，「現代数学」誌上に連載した，“微積分外論”の後半部に，加筆，訂正を加えたものである．元来，月刊雑誌の記事は，その性格上，たとえ連載ものであっても1回読み切りを原則とし，毎回独立に読めるように配慮されるべきであろう．もちろん，論理を積み重ねていく数学の場合，各章読み切りというのはまったく不可能ではあるが，それに近い状況には努力次第でもっていけるだろう．それで本書でも，やはり雑誌記事の体裁はできる限りそのまま残すようにしたが，筆者の非力から必ずしもうまくいっていないと思うので，読者の皆さんの御意見をきかせてもらえば幸甚である．

さらに，本書は高校と大学との教育内容の一貫性を考えて構成した．だから，本書の前篇として，筆者と岸吉尭氏の共著『高校の線型代数』や，筆者と山野照氏の共著『現代の綜合数学II－高校生の解析』(いずれも現代数学社刊）があり，それらの続篇として，高校の線型代数と微積分法の発展していく先の分野の解説に重きをおいた．

最後に，本書の校正・検算の労をわずらわした長岡一夫氏と，出版にあたり種々御世話になった古宮修氏ら現代数学社の方々に感謝する．

1978年10月　　　　著者

復刻版刊行にあたって

本書は昭和54年4月に刊行された『線型代数と微積分からのベクトル解析入門』を読者の要望にお応えし復刻したものです．安藤洋美先生の温かいご配慮に心より厚く御礼を申し上げます．

本書が高校数学から大学数学への橋渡しとして，読者諸賢のお役に立てれば幸いです．　　　　現代数学社編集部

目　　次

第1講　ベクトル関数とベクトル空間

「関数というものは，それらを
1つずつみたのではベクトルの
ようにはみえないにもかかわら
ず，関数の集合は1つのベクト
ル空間とみなしうる」

（モイズ，〝微積分法〟）

① 多変数の関数とベクトル関数

高校の微積分法で取扱ってきた関数は，大部分は1変数の実数値関数，つまり実数直線 $\boldsymbol{R}$ の全部または1部分の上で定義され，その関数値がやはり $\boldsymbol{R}$ の中に存在するようなものであり，たとえば

$$y=x^2+3, \qquad y=e^x, \qquad y=\cos x$$

などが例としてあげられた．しかし，今回からは数個の変数から成る関数を取扱うことにしよう．たとえば

$$y_1=\sqrt{{x_1}^2+{x_2}^2+{x_3}^2}$$

$$y_2=x_1x_2+5x_3$$

という等式の対を考える．これらの式の対は，任意の数のペア

$$\begin{bmatrix} x_1 \\ x_2 \\ x_2 \end{bmatrix}, \qquad \text{もしくは} \quad (x_1, x_2, x_3)$$

に対して，やはり数のペア

$$\begin{bmatrix} y_1 \\ y_2 \end{bmatrix}, \qquad もしくは \quad (y_1, y_2)$$

を産み出す．つまり，この式の対は，3次元空間 $\boldsymbol{R}^3$ から2次元空間 $\boldsymbol{R}^2$ への関数を確定する．このことを

$$\begin{bmatrix} y_1 \\ y_2 \end{bmatrix} = \boldsymbol{f}\begin{bmatrix} x_1 \\ x_2 \\ x_3 \end{bmatrix}, \qquad もしくは \quad (y_1, y_2) = \boldsymbol{f}(x_1, x_2, x_3)$$

または，もっと簡潔に

$$\boldsymbol{y} = \boldsymbol{f}(\boldsymbol{x})$$

ともかく．ここでボールド体 $\boldsymbol{x}, \boldsymbol{y}$ と書いたものは，それぞれ3次元空間，2次元空間内の**ベクトル**とよばれる．このような関数に対して，たとえば

$$\boldsymbol{f}\begin{bmatrix} 0 \\ 0 \\ 0 \end{bmatrix} = \begin{bmatrix} 0 \\ 0 \end{bmatrix}, \quad \boldsymbol{f}\begin{bmatrix} 1 \\ 2 \\ 3 \end{bmatrix} = \begin{bmatrix} \sqrt{14} \\ 17 \end{bmatrix}, \quad \boldsymbol{f}(3, 2, 1) = (\sqrt{14},\ 11)$$

というような代入計算もできる．

n 個の実数のペア

$$\begin{bmatrix} x_1 \\ x_2 \\ \vdots \\ x_n \end{bmatrix}, \qquad もしくは \quad (x_1, x_2, \cdots, x_n)$$

を n 次元ベクトルといい，ボールド体 $\boldsymbol{x}$ で表わす．n 次元ベクトル全体の集合を $\boldsymbol{R}^n$ ($\boldsymbol{R}^1$ は $\boldsymbol{R}$ のことである.) と記し，n 次元ベクトル空間という．関数の**定義域** (domain) はそれが定義されている集合，**値域** (range) は関数によって確定するベクトルの集合とする．定義域が $\boldsymbol{R}^n$ の部分集合，値域が $\boldsymbol{R}^m$ の部分集合であるような関数を

$$\boldsymbol{R}^n \xrightarrow{\ \boldsymbol{f}\ } \boldsymbol{R}^m, \qquad \boldsymbol{f} : \boldsymbol{R}^n \longrightarrow \boldsymbol{R}^m \tag{1}$$

と書き，$\boldsymbol{R}^n$ を関数 $\boldsymbol{f}$ の**定義域空間** (domain space)，$\boldsymbol{R}^m$ を**値域空間** (range space) という．またこの関数を，**ベクトル値ベクトル関数** (vector-valued vector functoin) という．そして $\boldsymbol{f}(\boldsymbol{x})$ を $\boldsymbol{x}$ の**像** (image) という．

従来，多変数の関数といって

$$y = f(x_1, x_2, \cdots, x_n)$$

と書かれたものは

$$\boldsymbol{R}^n \xrightarrow{f} \boldsymbol{R}, \qquad f : \boldsymbol{R}^n \longrightarrow \boldsymbol{R} \tag{2}$$

という関数で，(1) なる関数の退化した形で，実数値ベクトル関数である．

また，関数のパラメーター表示といって

$$\begin{cases} y_1 = f_1(t) \\ y_2 = f_2(t) \\ \cdots\cdots\cdots\cdots \\ y_m = f_m(t) \end{cases}, \qquad \text{たとえば} \quad \begin{cases} y_1 = \cos t \\ y_2 = \sin t \end{cases}$$

と書かれたものは

$$\boldsymbol{R} \xrightarrow{\boldsymbol{f}} \boldsymbol{R}^m, \qquad \boldsymbol{f} : \boldsymbol{R} \longrightarrow \boldsymbol{R}^m \tag{3}$$

であり，やはり (1) の退化した形のもので，ベクトル値実関数である．したがって，(1) は

$$\begin{cases} y_1 = f_1(x_1, x_2, \cdots, x_n) \\ y_2 = f_2(x_1, x_2, \cdots, x_n) \\ \qquad \cdots\cdots\cdots\cdots\cdots \\ y_m = f_m(x_1, x_2, \cdots, x_n) \end{cases} \tag{4}$$

というように，成分にバラシテ書くことができる．だから，(1) は (2) と (3) の綜合した形式でもある．ここで $f_1, \cdots, f_m$ を関数 $\boldsymbol{f}$ の**座標関数** (coordinate functions) という．

関数 $\boldsymbol{f}$，すなわち $\boldsymbol{R}^n \xrightarrow{\boldsymbol{f}} \boldsymbol{R}^m$ の**グラフ** $\boldsymbol{G}$ は

$$\boldsymbol{G} = \{(x_1, x_2, \cdots, x_n, y_1, \cdots, y_m) | \boldsymbol{y} = \boldsymbol{f}(\boldsymbol{x}),\ \boldsymbol{x} \in \boldsymbol{R}^n, \boldsymbol{y} \in \boldsymbol{R}^m\}$$

によって定義される点集合で，明らかに

$$\boldsymbol{G} \subset \boldsymbol{R}^n \times \boldsymbol{R}^m \quad (\boldsymbol{R}^n \times \boldsymbol{R}^m \text{ は } \boldsymbol{R}^n \text{ と } \boldsymbol{R}^m \text{ の直積のこと.})$$

である．グラフが視覚的に描けるのは，$n+m \leqq 3$ の場合である．

例 1　$\boldsymbol{x} \in \boldsymbol{R}^n$ において，ベクトル $\boldsymbol{x}$ のノルム $\|\boldsymbol{x}\|$ は

$$\|\boldsymbol{x}\| = \sqrt{{x_1}^2 + {x_2}^2 + \cdots\cdots + {x_n}^2}$$

で定義される．

$$f(\boldsymbol{x}) = \|\boldsymbol{x}\|$$

は

$$\boldsymbol{R}^n \xrightarrow{f} \boldsymbol{R}$$

なる実数値ベクトル関数である．とくに，$n=2$ のとき

$$f(\boldsymbol{x})=\sqrt{x^2+y^2}$$

のグラフは（図1）のようになる．

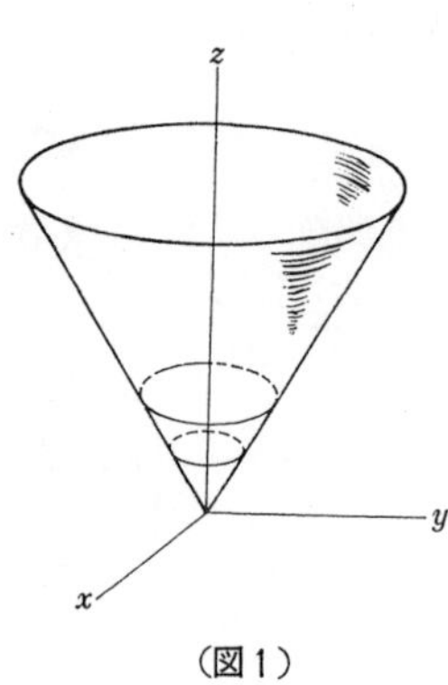

（図1）

例2　$$\boldsymbol{f}(t)=\begin{bmatrix}\cos t\\ \sin t\end{bmatrix},\qquad t\in\boldsymbol{R}$$

によって定義される，関数 $\boldsymbol{R} \xrightarrow{\boldsymbol{f}} \boldsymbol{R}^2$ のグラフを描いてみよう．

$$\boldsymbol{f}(t)=\begin{bmatrix}x(t)\\ y(t)\end{bmatrix}=\begin{bmatrix}\cos t\\ \sin t\end{bmatrix}$$

とおくと，$\|\boldsymbol{f}(t)\|=\sqrt{\cos^2 t+\sin^2 t}=1$ となって，$\boldsymbol{f}$ の値域は $\boldsymbol{R}^2$ における単位円になり，t は横軸とベクトル $\boldsymbol{f}(t)$ とのなす角のradianに等しくなる．しかし，この単位円は $\boldsymbol{f}$ のグラフではない．$\boldsymbol{f}$ のグラフは（図2）のように $\boldsymbol{R}\times\boldsymbol{R}^2=\boldsymbol{R}^3$ の部分集合になる．

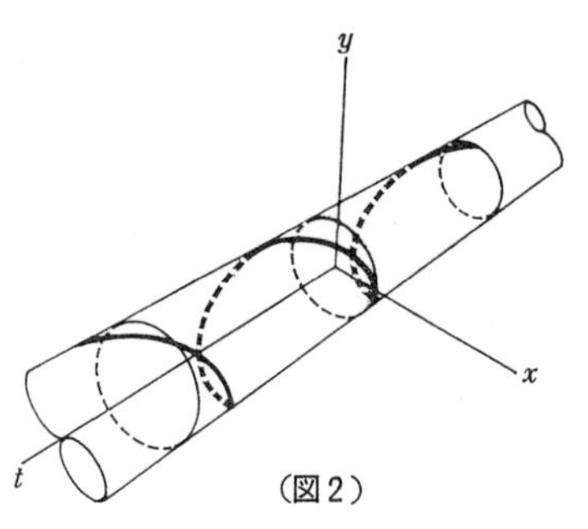

（図2）

例3　$$\boldsymbol{f}(t)=\begin{bmatrix}x\\ y\\ z\end{bmatrix}=\begin{bmatrix}t\\ t^2\\ t^3\end{bmatrix},\qquad t\in\boldsymbol{R}$$

によって定義されるベクトル関数 $\boldsymbol{f}$ をとる．$\boldsymbol{f}$ のグラフは $\boldsymbol{R}\times\boldsymbol{R}^3=\boldsymbol{R}^4$ の部分集合であるから，それを描くことはできない．そこで，代りに値域の図は描くことができる．

$$z=0 \quad \text{とおくと} \quad \begin{cases}x=t\\ y=t^2,\end{cases} \quad \text{よって} \quad y=x^2 \qquad ①$$

これは xy–平面へのグラフの投影図である．

$$y=0 \quad \text{とおくと} \quad \begin{cases}x=t\\ z=t^3,\end{cases} \quad \text{よって} \quad z=x^3 \qquad ②$$

②は xz–平面へのグラフの投影図である．

$$x=0 \quad とおくと \quad \begin{cases} y=t^2 \\ z=t^3, \end{cases}$$

$$よって \quad y=z^{\frac{2}{3}} \qquad ③$$

③は yz–平面へのグラフの投影図である．

①②③より，$\boldsymbol{f}$ の値域は xyz 空間内にあることが分る．値域の各部分の図は（図3）に示されている．

（図3）

例4　関数

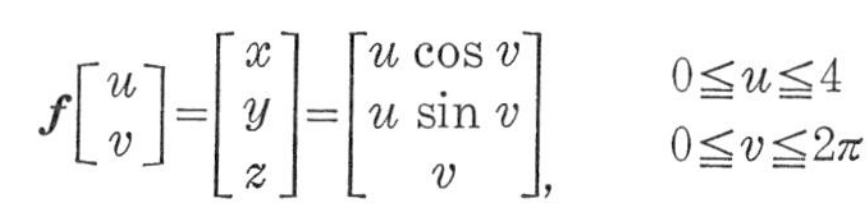

$$\boldsymbol{f}\begin{bmatrix} u \\ v \end{bmatrix}=\begin{bmatrix} x \\ y \\ z \end{bmatrix}=\begin{bmatrix} u\cos v \\ u\sin v \\ v \end{bmatrix}, \qquad \begin{matrix} 0\leqq u\leqq 4 \\ 0\leqq v\leqq 2\pi \end{matrix}$$

を考察しよう．$\boldsymbol{f}$ の定義域は（図4）の(a)である．もちろん，$\boldsymbol{f}$ のグラフを

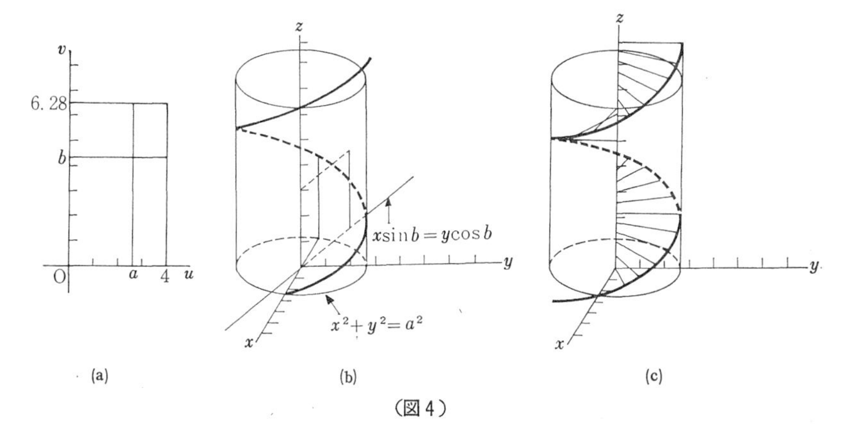

（図4）

描くことはできない．しかし例3と同じようにして，$\boldsymbol{f}$ の値域は描くことができる．a を区間 $0\leqq u\leqq 4$ の間にとり，$u=a$ とおく．

$$\begin{cases} x=a\cos v \\ y=a\sin v\ , \qquad 0\leqq v\leqq 2\pi \\ z=v \end{cases}$$

で，かつ $x^2+y^2=a^2$ である．v は z–軸に沿う距離であるとともに，$(x, y, 0)$ と x 軸とのなす角でもある．$0\leqq v\leqq 2\pi$ に対して，線分 $u=a$ の $\boldsymbol{f}$ のもとでの

像は，xy–平面への投影が半径 a の円であり，軸が z 軸であるような螺線である（図4 (b)）．つぎに，区間 $0 \leqq v \leqq 2\pi$ における一数 b をとり，$v=b$ とおく．

$$\begin{cases} x=u\cos b \\ y=u\sin b \;, \\ z=b \end{cases} \qquad 0\leqq u\leqq 4$$

かつ，$x^2+y^2=u^2$. 線分 $v=b$ の $\boldsymbol{f}$ のもとでの像は，長さ4の線分 $x\sin b=y\cos b$ である．ここで x は $0\leqq x\leqq 4\cos b$ の間を動く（図4 (b)）．a と b をそこで動かすと（図4 (c)）で示される螺線面としての $\boldsymbol{f}$ の値域をうる．

以上の諸例で分るように，例2, 例3における $\boldsymbol{f}$ の値域は曲線であり，一方例4における $\boldsymbol{f}$ の値域は曲面である．このことから，定義域空間の次元が1のときは曲線，定義域空間の次元が2のときは曲面であることが分る[1]．

問1　空間内の1点 (x,y,z) における温度が，$T(x,y,z)=x^2+y^2+z^2$ によって与えられるものと仮定する．時刻 t において，ある粒子の位置が $x=t$，$y=t^2$，$z=t^3$ によって与えられるように動いているものとする．$t=\frac{1}{2}$ の時刻において，粒子の占める位置における温度を求めよ．また，$t=\frac{1}{2}$ のとき，粒子における温度の変化率を求めよ．

問2　関数 $f(x,y)=\sqrt{4-x^2-y^2}$ を考える．
(a) f の定義域をかけ．　(b) f のグラフをかけ．　(c) f の値域をかけ．

問3

$$\boldsymbol{g}(t)=\begin{bmatrix} 2\cos t \\ 3\sin t \end{bmatrix}, \qquad 0\leqq t\leqq 2\pi$$

によって定義される関数 $\boldsymbol{R} \xrightarrow{\boldsymbol{g}} \boldsymbol{R}^2$ がある．
(a) $\boldsymbol{g}$ の値域をかけ．　(b) $\boldsymbol{g}$ のグラフをかけ．

問4　xy–平面から uv–平面への変換が

$$\boldsymbol{f}\begin{bmatrix} x \\ y \end{bmatrix}=\begin{bmatrix} u \\ v \end{bmatrix}, \qquad \begin{cases} u=x \\ v=y(1+x^2) \end{cases}$$

によって定義されている．xy–平面内の直線の像を求めよ．

②　ベクトル空間

線型代数に慣れている読者は *印の問はとばしてよい．

問5*　ベクトル

$$\boldsymbol{a}=\begin{bmatrix} a_1 \\ a_2 \\ \vdots \\ a_n \end{bmatrix}, \qquad \boldsymbol{b}=\begin{bmatrix} b_1 \\ b_2 \\ \vdots \\ b_n \end{bmatrix}$$

---

1)　例外もあるが，このことについては後ほど説明する．

があって，その**和**を

$$\boldsymbol{a}+\boldsymbol{b}=\begin{bmatrix} a_1+b_1 \\ a_2+b_2 \\ \cdots\cdots \\ a_n+b_n \end{bmatrix}$$

ときめる．そのとき

(1) $\boldsymbol{a}+\boldsymbol{b}=\boldsymbol{b}+\boldsymbol{a}$

(2) $\boldsymbol{a}+(\boldsymbol{b}+\boldsymbol{c})=(\boldsymbol{a}+\boldsymbol{b})+\boldsymbol{c}$,　結果を $\boldsymbol{a}+\boldsymbol{b}+\boldsymbol{c}$ とかく．

であることを証明せよ．

問6* ベクトルの成分がすべて0であるものを $\boldsymbol{0}$ とかき，**零ベクトル**という．

(1) $\boldsymbol{a}+\boldsymbol{0}=\boldsymbol{a}$, $\boldsymbol{0}+\boldsymbol{a}=\boldsymbol{a}$

(2) $\boldsymbol{a}+\boldsymbol{x}=\boldsymbol{0}$ をみたすベクトル $\boldsymbol{x}$ が存在する．この $\boldsymbol{x}$ を $-\boldsymbol{a}$ とかく．

(3) $\boldsymbol{a}+(-\boldsymbol{a})=\boldsymbol{0}$　　(4) $\boldsymbol{a}+(-\boldsymbol{b})=\boldsymbol{a}-\boldsymbol{b}$ ときめると，$\boldsymbol{0}-\boldsymbol{a}=-\boldsymbol{a}$

であることを証明せよ．

問7* ベクトル $\boldsymbol{a}$ とスカラー k があったとき，

$$\boldsymbol{a}k=\begin{bmatrix} a_1 \\ a_2 \\ \vdots \\ a_n \end{bmatrix}k=\begin{bmatrix} a_1k \\ a_2k \\ \vdots \\ a_nk \end{bmatrix}$$

をベクトル $\boldsymbol{a}$ のスカラー倍という．このとき

(1) $\boldsymbol{a}1=\boldsymbol{a}$　　(2) $\boldsymbol{a}(km)=(\boldsymbol{a}k)m$

(3) $\boldsymbol{a}(k+m)=\boldsymbol{a}k+\boldsymbol{a}m$（ベクトルの分配律）

(4) $(\boldsymbol{a}+\boldsymbol{b})k=\boldsymbol{a}k+\boldsymbol{b}k$（スカラーの分配律）　(5) $\boldsymbol{a}0=\boldsymbol{0}$　(6) $\boldsymbol{a}(-1)=-\boldsymbol{a}$

であることを証明せよ．

問5～問7は数ベクトルについての性質を吟味するものであったが，抽象的には，まず**ベクトル空間**（vector space）を定義し，その元をベクトルという．そこで，ベクトル空間を定義しておこう．

集合 $\boldsymbol{V}$ の2元 $\boldsymbol{a}, \boldsymbol{b}$ に対して

$$\boldsymbol{a}+\boldsymbol{b}\in\boldsymbol{V}$$

となる演算＋と，

$$\boldsymbol{a}k\in\boldsymbol{V} \quad (k\text{は実数})$$

となる演算（スカラー倍）とが定義されていて，さらに

(V 1)　$\boldsymbol{a}+\boldsymbol{b}=\boldsymbol{b}+\boldsymbol{a}$

(V 2)　$\boldsymbol{a}+(\boldsymbol{b}+\boldsymbol{c})=(\boldsymbol{a}+\boldsymbol{b})+\boldsymbol{c}$

(V3)　すべての元 $\boldsymbol{a}\in\boldsymbol{V}$ に対して

$$\boldsymbol{a}+\boldsymbol{0}=\boldsymbol{0}+\boldsymbol{a}=\boldsymbol{a}$$

となる1つの元 $\boldsymbol{0}\in\boldsymbol{V}$ が存在する．$\boldsymbol{0}$ を**零元**という．

(V4)　すべての元 $\boldsymbol{a}\in\boldsymbol{V}$ に対して

$$\boldsymbol{a}+(-\boldsymbol{a})=\boldsymbol{0}$$

となる1つの元 $-\boldsymbol{a}\in\boldsymbol{V}$ が存在する．$-\boldsymbol{a}$ を**反元**という．

(V5)　$$(\boldsymbol{a}+\boldsymbol{b})k=\boldsymbol{a}k+\boldsymbol{b}k$$

(V6)　$$\boldsymbol{a}(k+m)=\boldsymbol{a}k+\boldsymbol{a}m$$

(V7)　$$\boldsymbol{a}(km)=(\boldsymbol{a}k)m$$

(V8)　すべての元 $\boldsymbol{a}\in\boldsymbol{V}$ に対して，$\boldsymbol{a}1=\boldsymbol{a}$，1は実数

の8つの法則を満足するとき，$\boldsymbol{V}$ をベクトル空間という．

例5　すべての実数に対して定義されている関数全体の集合 $\boldsymbol{V}$ において，

$f, g\in\boldsymbol{V}$ のとき

和を　　$(f+g)(x)=f(x)+g(x)$

スカラー倍を　　$(fk)(x)=f(x)k$

で定義すると，$\boldsymbol{V}$ はベクトル空間を構成する．

また，ある区間で連続な関数全体の集合 $\boldsymbol{W}$，ある区間で微分可能な関数全体の集合 $\boldsymbol{U}$ もベクトル空間である．

③　部 分 空 間

ベクトル空間 $\boldsymbol{V}$ の部分集合 $\boldsymbol{W}$ が

(1)　$\boldsymbol{a}, \boldsymbol{b}\in\boldsymbol{W}$ ならば $\boldsymbol{a}+\boldsymbol{b}\in\boldsymbol{W}$

(2)　$\boldsymbol{a}\in\boldsymbol{W}$ ならば $\boldsymbol{a}k\in\boldsymbol{W}$　（k はスカラー）

という2つの条件をみたすとき，$\boldsymbol{W}$ を線型部分空間，もしくは簡単に**部分空間**（subspace）という．この部分空間の定義は

(1)′　$\boldsymbol{a}, \boldsymbol{b}\in\boldsymbol{W}$ ならば，1次結合 $\boldsymbol{a}\lambda+\boldsymbol{b}\mu\in\boldsymbol{W}$　（λ, μ はスカラー）

という条件をみたすと書きかえてもよい．

例6　部分空間の例をいくつかあげておこう．

（a） 任意のベクトル空間 $\boldsymbol{V}$ に対して，$\boldsymbol{V}$ 自体が1つの部分空間である．（$\boldsymbol{V}$ 以外の部分空間を真部分空間という．）

（b） 零ベクトルのみよりなる $\{\boldsymbol{0}\}$ も $\boldsymbol{V}$ の部分空間である．

（c） ベクトル空間 $\boldsymbol{V}$ のすべてのベクトルの第1成分を0にしたベクトルの集合 $\boldsymbol{W}$ は，$\boldsymbol{V}$ の部分空間である．なぜならば，それらのベクトルの1次結合の第1成分も0だからである．

（d） $\boldsymbol{V}$ をベクトル空間，$\boldsymbol{a}_1, \boldsymbol{a}_2, \cdots, \boldsymbol{a}_n \in \boldsymbol{V}$ とする．

$$\boldsymbol{a}_1k_1+\boldsymbol{a}_2k_2+\cdots+\boldsymbol{a}_nk_n \qquad (k_1, \cdots, k_n \text{ は実数})$$

の形の式を $\boldsymbol{a}_1, \boldsymbol{a}_2, \cdots, \boldsymbol{a}_n$ の **1次結合** (linear combination) という．$\boldsymbol{a}_1, \boldsymbol{a}_2, \cdots, \boldsymbol{a}_n$ のすべての1次結合の集合 $\boldsymbol{W}$ は $\boldsymbol{V}$ の部分空間である．（この $\boldsymbol{W}$ を $\boldsymbol{a}_1, \boldsymbol{a}_2, \cdots, \boldsymbol{a}_n$ によって **生成される部分空間** という．）

定理1　ベクトル空間の任意の部分空間はベクトル空間である．

（証明） $\boldsymbol{U}$ がベクトル空間 $\boldsymbol{V}$ の任意の部分空間であるならば，$\boldsymbol{V}$ で与えた通り，加法とスカラー倍の演算は $\boldsymbol{U}$ の要素にも適用される．なぜなら，$\boldsymbol{x}, \boldsymbol{y} \in \boldsymbol{U} \subset \boldsymbol{V}$ とすると，

$$\boldsymbol{x}+\boldsymbol{y}=\boldsymbol{x}1+\boldsymbol{y}1, \qquad \boldsymbol{x}k=\boldsymbol{x}k+\boldsymbol{y}0$$

となって，これら和とスカラー倍は $\boldsymbol{x}, \boldsymbol{y}$ の1次結合である．(V1)(V2)(V5)(V6)(V7)(V8)は $\boldsymbol{V}$ のすべての元に対して成立するから，当然 $\boldsymbol{U}$ の元に対しても成立する．また，$\boldsymbol{U}$ 内の任意の $\boldsymbol{x}$ に対して，$\boldsymbol{0}=\boldsymbol{x}0$，$\boldsymbol{x}(-1)=-\boldsymbol{x}$ だから，(V3)(V4)も成立する．

定理2　$\boldsymbol{W}_1, \boldsymbol{W}_2$ が $\boldsymbol{V}$ の部分空間であるならば，$\boldsymbol{W}_1 \cap \boldsymbol{W}_2$ も部分空間である．

（証明） $\boldsymbol{a} \in \boldsymbol{W}_1 \cap \boldsymbol{W}_2$ とすると　$\boldsymbol{a} \in \boldsymbol{W}_1$ かつ $\boldsymbol{a} \in \boldsymbol{W}_2$

$\boldsymbol{b} \in \boldsymbol{W}_1 \cap \boldsymbol{W}_2$ とすると　$\boldsymbol{b} \in \boldsymbol{W}_1$ かつ $\boldsymbol{b} \in \boldsymbol{W}_2$

$\therefore$　$\boldsymbol{a}+\boldsymbol{b} \in \boldsymbol{W}_1$ かつ $\boldsymbol{a}+\boldsymbol{b} \in \boldsymbol{W}_2$，　$\boldsymbol{a}\lambda$ についても同じ．

系1　$\boldsymbol{W}_1, \boldsymbol{W}_2, \boldsymbol{W}_3$ を $\boldsymbol{V}$ の部分空間とするとき

$$\boldsymbol{W}_1 \cap \boldsymbol{W}_2 = \boldsymbol{W}_2 \cap \boldsymbol{W}_1, \quad (\boldsymbol{W}_1 \cap \boldsymbol{W}_2) \cap \boldsymbol{W}_3 = \boldsymbol{W}_1 \cap (\boldsymbol{W}_2 \cap \boldsymbol{W}_3)$$

$$\boldsymbol{W} \cap \{\boldsymbol{0}\} = \{\boldsymbol{0}\}, \quad \boldsymbol{W} \cap \boldsymbol{V} = \boldsymbol{W}$$

問8　上の系1を証明せよ．

例7　$\boldsymbol{W}_1, \boldsymbol{W}_2$ が $\boldsymbol{V}$ の部分空間であっても，$\boldsymbol{W}_1 \cup \boldsymbol{W}_2$ は部分空間にならない．

たとえば

$$\boldsymbol{W}_1 = \left\{ \boldsymbol{x} \mid \boldsymbol{x} = \boldsymbol{e}_1 t = \begin{bmatrix} 1 \\ 0 \end{bmatrix} t \right\}$$

$$\boldsymbol{W}_2 = \left\{ \boldsymbol{y} \mid \boldsymbol{y} = \boldsymbol{e}_2 s = \begin{bmatrix} 0 \\ 1 \end{bmatrix} s \right\}$$

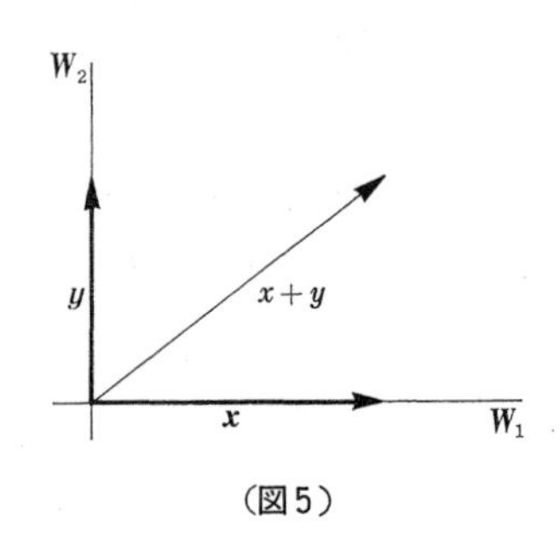

（図5）

とすると，$\boldsymbol{W}_1 \cup \boldsymbol{W}_2 = \{x$ 軸，y 軸$\}$，よって

$\boldsymbol{e}_1 t \in \boldsymbol{W}_1$，$\boldsymbol{e}_2 s \in \boldsymbol{W}_2$ にとると，$\boldsymbol{e}_1 t + \boldsymbol{e}_2 s \notin \boldsymbol{W}_1 \cup \boldsymbol{W}_2$

定理3　$\boldsymbol{W}_1 + \boldsymbol{W}_2 = \{\boldsymbol{x}_1 + \boldsymbol{x}_2 \mid \boldsymbol{x}_1 \in \boldsymbol{W}_1, \boldsymbol{x}_2 \in \boldsymbol{W}_2\}$ を $\boldsymbol{W}_1, \boldsymbol{W}_2$ の和という．
$\boldsymbol{W}_1 + \boldsymbol{W}_2$ は $\boldsymbol{W}_1$ と $\boldsymbol{W}_2$ を含む最小の部分空間である．

（証明）　i）　$\boldsymbol{x}_1, \boldsymbol{y}_1 \in \boldsymbol{W}_1$ ならば，$\boldsymbol{x}_1 + \boldsymbol{y}_1 \in \boldsymbol{W}_1$
　　　$\boldsymbol{x}_2, \boldsymbol{y}_2 \in \boldsymbol{W}_2$ ならば，$\boldsymbol{x}_2 + \boldsymbol{y}_2 \in \boldsymbol{W}_2$　だから

$$(\boldsymbol{x}_1 + \boldsymbol{y}_1) + (\boldsymbol{x}_2 + \boldsymbol{y}_2) = (\boldsymbol{x}_1 + \boldsymbol{x}_2) + (\boldsymbol{y}_1 + \boldsymbol{y}_2) \in \boldsymbol{W}_1 + \boldsymbol{W}_2$$

同様にスカラー倍の場合も証明できる．

よって，$\boldsymbol{W}_1 + \boldsymbol{W}_2$ は部分空間である．

ii）　$\boldsymbol{x}_1 \in \boldsymbol{W}_1$ とすると，$\boldsymbol{x}_1 = \boldsymbol{x}_1 + \boldsymbol{0} \in \boldsymbol{W}_1 + \boldsymbol{W}_2$

よって，$\boldsymbol{W}_1 \subset \boldsymbol{W}_1 + \boldsymbol{W}_2$，同様に $\boldsymbol{W}_2 \subset \boldsymbol{W}_1 + \boldsymbol{W}_2$

iii）　$\boldsymbol{W}_1 \subset \boldsymbol{W}_0$，$\boldsymbol{W}_2 \subset \boldsymbol{W}_0$ なる任意の部分空間 $\boldsymbol{W}_0$ をとると

$\boldsymbol{x}_1 \in \boldsymbol{W}_1$，$\boldsymbol{x}_2 \in \boldsymbol{W}_2$ ならば $\boldsymbol{x}_1 + \boldsymbol{x}_2 \in \boldsymbol{W}_0$ だから

$$\boldsymbol{W}_1 + \boldsymbol{W}_2 \subset \boldsymbol{W}_0$$

よって，$\boldsymbol{W}_1 + \boldsymbol{W}_2$ は $\boldsymbol{W}_1, \boldsymbol{W}_2$ を含む最小の部分空間である．

問9　3次元ベクトル空間 $\boldsymbol{R}^3$ の部分集合のうち，次のどれが部分空間であるか．

①　任意のベクトル $\boldsymbol{x}$ の第1,第2,第3成分をそれぞれ x_1, x_2, x_3 とするとき，$x_1 + x_2 = 0$ なる性質をもつすべてのベクトル．

②　$x_3 = 0$ なる性質をもつすべてのベクトル．

③　①と②とを満足するすべてのベクトル．
④　①もしくは②を満足するすべてのベクトル．
⑤　$x_1=x_2^3$ なる性質をもつすべてのベクトル．
⑥　①と⑤とを満足するすべてのベクトル．

④　ベクトルの１次独立と１次従属

$\boldsymbol{V}$ をベクトル空間，$\boldsymbol{a}_1, \boldsymbol{a}_2, \cdots, \boldsymbol{a}_n \in \boldsymbol{V}$ とする．これらの１次結合が

$$\boldsymbol{a}_1k_1+\boldsymbol{a}_2k_2+\cdots+\boldsymbol{a}_nk_n=\boldsymbol{0} \tag{5}$$

となるのは，$k_1=k_2=\cdots=k_n=0$ なる場合に限るとき，ベクトル $\boldsymbol{a}_1, \boldsymbol{a}_2, \cdots, \boldsymbol{a}_n$ は**１次独立** (linear independent) である．もしも，少くとも１つの０でない k_i の値に対して，(5) 式が成立するとき，$\boldsymbol{a}_1, \boldsymbol{a}_2, \cdots, \boldsymbol{a}_n$ は**１次従属** (linear dependent) であるという．

例 8　数ベクトル

$$\boldsymbol{a}_1=\begin{bmatrix}1\\1\\0\end{bmatrix},\qquad \boldsymbol{a}_2=\begin{bmatrix}1\\1\\1\end{bmatrix},\qquad \boldsymbol{a}_3=\begin{bmatrix}0\\1\\-1\end{bmatrix}$$

は１次独立である．なぜなら，

$$\boldsymbol{a}_1k_1+\boldsymbol{a}_2k_2+\boldsymbol{a}_3k_3=\boldsymbol{0}$$

を成分に分けてかくと

$$\begin{cases}k_1+k_2 =0\\ k_1+k_2+k_3=0\\ \phantom{k_1+{}} k_2-k_3=0\end{cases}$$

これを解くと，$k_1=k_2=k_3=0$ である．

また，

$$\boldsymbol{b}_1=\begin{bmatrix}2\\0\\0\end{bmatrix},\quad \boldsymbol{b}_2=\begin{bmatrix}0\\-2\\0\end{bmatrix},\quad \boldsymbol{b}_3=\begin{bmatrix}0\\0\\3\end{bmatrix},\quad \boldsymbol{b}_4=\begin{bmatrix}2\\-2\\3\end{bmatrix}$$

は，$\boldsymbol{b}_1+\boldsymbol{b}_2+\boldsymbol{b}_3-\boldsymbol{b}_4=\boldsymbol{0}$ であるから，１次従属である．しかし，$\boldsymbol{b}_1, \boldsymbol{b}_2, \boldsymbol{b}_3$ は１次独立であることは容易に分る．

問 10　$\boldsymbol{x}_1=\begin{bmatrix}1\\2\\3\end{bmatrix},\quad \boldsymbol{x}_2=\begin{bmatrix}-1\\2\\1\end{bmatrix},\quad \boldsymbol{x}_3=\begin{bmatrix}1\\1\\1\end{bmatrix},\quad \boldsymbol{x}_4=\begin{bmatrix}1\\1\\0\end{bmatrix}$ は１次従属であることを示せ．

問11　次の各ベクトルのうち，1次独立なものはどれか．

① $\begin{bmatrix}1\\2\end{bmatrix}, \begin{bmatrix}1\\-1\end{bmatrix}$　② $\begin{bmatrix}1\\2\\1\end{bmatrix}, \begin{bmatrix}1\\3\\1\end{bmatrix}, \begin{bmatrix}1\\1\\0\end{bmatrix}$　③ $\begin{bmatrix}a\\c\\b\end{bmatrix}, \begin{bmatrix}b\\a\\c\end{bmatrix}, \begin{bmatrix}c\\b\\a\end{bmatrix}$

例9　Vを変数tについて$n-1$回微分可能な関数全体からなるベクトル空間とする．$f_1(t), f_2(t), \cdots, f_n(t) \in \boldsymbol{V}$ が1次独立であるためには，

$$\begin{cases} f_1(t)k_1+f_2(t)k_2+\cdots+f_n(t)k_n=0 \\ f_1{}'(t)k_1+f_2{}'(t)k_2+\cdots+f_n{}'(t)k_n=0 \\ \quad\cdots\cdots\cdots\cdots \\ f_1{}^{(n-1)}(t)k_1+f_2{}^{(n-1)}(t)k_2+\cdots+f_n{}^{(n-1)}(t)k_n=0 \end{cases}$$

の解が，$k_1=k_2=\cdots=k_n=0$ となることであるから，

$$W=\begin{vmatrix} f_1(t) & f_2(t) & \cdots & f_n(t) \\ f_1{}'(t) & f_2{}'(t) & \cdots & f_n{}'(t) \\ \cdots\cdots\cdots\cdots & & & \\ f_1{}^{(n-1)}(t) & f_2{}^{(n-1)}(t) & \cdots & f_n{}^{(n-1)}(t) \end{vmatrix} \neq 0$$

となることが必要十分である．Wをロンスキー行列式 (Wronskian) という．

問12　変数tのすべての関数のベクトル空間を考える．次の関数の組は1次独立であることを示せ．

① $1, t$　② t, e^t　③ $\cos t, \sin t$　④ $e^t, \log t$

⑤ $\sin t, \sin 2t, \cdots\cdots, \sin nt$ (nは1以上の自然数)

⑤　ベクトル空間の基底と次元

n個の1次独立なベクトル $\boldsymbol{x}_1, \cdots, \boldsymbol{x}_n$ が与えられたとき，それらの1次結合全体の集合

$$\{\boldsymbol{x} \mid \boldsymbol{x}=\sum_{i=1}^{n} \boldsymbol{x}_i\lambda_i\}=\boldsymbol{W}$$

を $\boldsymbol{x}_1, \cdots, \boldsymbol{x}_n$ によって**生成される部分空間** (spanned subspace) という．($\boldsymbol{W}$が部分空間をつくることは容易に分る．各自証明せよ．) とくに，ベクトル空間$\boldsymbol{V}$に対して，$\boldsymbol{W}=\boldsymbol{V}$ ならば，$\{\boldsymbol{x}_1, \cdots \boldsymbol{x}_n\}$ なるベクトルの集合を$\boldsymbol{V}$の**基底** (base) という．

例10

(1)　$\boldsymbol{e}_1=\begin{bmatrix}1\\0\\0\\\vdots\\0\end{bmatrix}, \ \boldsymbol{e}_2=\begin{bmatrix}0\\1\\0\\\vdots\\0\end{bmatrix}, \ \cdots\cdots, \ \boldsymbol{e}_n=\begin{bmatrix}0\\0\\\vdots\\0\\1\end{bmatrix}$ なる集合は，n次元空間$\boldsymbol{R}^n$の

1つの基底をつくる．

(2) 次数が n，もしくはそれ以下の多項式全体のつくる部分空間 $\boldsymbol{P}$ においては

$$\boldsymbol{x}_0=1, \quad \boldsymbol{x}_1=t, \quad \boldsymbol{x}_2=t^2, \quad \cdots, \quad \boldsymbol{x}_n=t^n$$

が基底をつくる．

定理 4 ベクトル空間が n 個のベクトル $\boldsymbol{x}_1, \cdots \boldsymbol{x}_n$ によって生成され，また $\boldsymbol{y}_1, \cdots \boldsymbol{y}_k$ がその空間内の k 個のベクトルで，かつ1次独立ならば， $k \leqq n$

(証明) i) $n=1$ のとき，$\boldsymbol{x}_1$ によって生成される空間は，$\{\boldsymbol{x}_1\lambda\}$ である．そのとき，$\boldsymbol{y}_1, \boldsymbol{y}_2 \in \{\boldsymbol{x}_1\lambda\}$ なる2つのベクトルをとると，

$$\boldsymbol{y}_1=\boldsymbol{x}_1\lambda, \quad \boldsymbol{y}_2=\boldsymbol{x}_1\mu$$
$$\therefore \quad \boldsymbol{y}_1=\boldsymbol{y}_2\nu$$

となって，$\boldsymbol{y}_1$ と $\boldsymbol{y}_2$ は1次独立でない．

ii) $n-1$ 個のベクトルによって生成される任意の空間において，n 個以上の独立なベクトルの存在する部分空間は存在しないものと仮定する．

さて，n 個のベクトル $\boldsymbol{x}_1, \cdots, \boldsymbol{x}_n$ によって生成される空間で，k 個のベクトル $\boldsymbol{y}_1, \cdots, \boldsymbol{y}_k$ $(k>n)$ を含む空間が与えられているとする．もし，$\boldsymbol{y}_1, \cdots, \boldsymbol{y}_k$ が1次従属であることが証明されるならば，定理は n 個のベクトルで生成される空間に対して成立することが分る．そこで，$\boldsymbol{y}_1, \cdots \boldsymbol{y}_{n+1}$ のおのおのが，$\boldsymbol{x}_1, \cdots, \boldsymbol{x}_n$ の1次結合でかくことができる．つまり，

$$\boldsymbol{y}_i=\sum_{i=1}^{n} \boldsymbol{x}_j a_{ij} \qquad (i=1, 2, \cdots, n+1) \qquad \text{(B)}$$

なる如き数 a_{ij} が存在するとしよう．もし $n+1$ 個の数 a_{i1} がすべて0ならば，$\boldsymbol{y}_1, \cdots, \boldsymbol{y}_{n+1}$ はすべて $n-1$ 個のベクトル $\boldsymbol{x}_2, \cdots, \boldsymbol{x}_n$ によって生成される空間内に存在している．それで，帰納法の仮定によって $\boldsymbol{y}_1, \cdots, \boldsymbol{y}_{n+1}$ は1次従属である．

一方，(もし必要なら，適当に番号づけを変えることによって) $a_{11} \fallingdotseq 0$ と仮定し，

$$\boldsymbol{z}_i=\boldsymbol{y}_i-\boldsymbol{y}_1\left(\frac{a_{i1}}{a_{11}}\right) \qquad (i=2, \cdots, n+1) \qquad \text{(C)}$$

とおいた n 個のベクトル $\boldsymbol{z}_2, \cdots, \boldsymbol{z}_{n+1}$ を定義する． $\boldsymbol{x}_1, \cdots, \boldsymbol{x}_n$ を使って $\boldsymbol{y}_i$ を与える方程式 (B) を (C) に代入して

$$\boldsymbol{z}_i=\sum_{j=2}^{n}\boldsymbol{x}_j a_{ij}\left(1-\frac{a_{i1}}{a_{11}}\right) \qquad (i=2, \cdots, n+1)$$

それで $\boldsymbol{z}_2, \cdots, \boldsymbol{z}_{n+1}$ は $n-1$ 個のベクトル $\boldsymbol{x}_2, \cdots, \boldsymbol{x}_n$ の１次結合である．帰納法の仮定によって，すべては０でない

$$\boldsymbol{z}_2\lambda_2+\cdots\cdots+\boldsymbol{z}_{n+1}\lambda_{n+1}=\boldsymbol{0} \qquad \text{(D)}$$

なる如き数 $\lambda_2, \cdots, \lambda_{n+1}$ が存在する．この式 (D) を $\boldsymbol{y}_1, \cdots, \boldsymbol{y}_{n+1}$ をもって表わすと

$$-\boldsymbol{y}_1\frac{\lambda_2 a_{21}+\cdots\cdots+\lambda_{n+1}a_{n+1,1}}{a_{11}}+\boldsymbol{y}_2\lambda_2+\cdots\cdots+\boldsymbol{y}_{n+1}\lambda_{n+1}=\boldsymbol{0} \qquad \text{(E)}$$

しかし， $\lambda_2, \cdots, \lambda_{n+1}$ は少なくとも１つは０でないから，このことは $\boldsymbol{y}_1, \cdots, \boldsymbol{y}_{n+1}$ が１次従属であることを示している．

定理５ n 個のベクトルの集合を基底にもベクトル空間を $\boldsymbol{V}$ とする．そのとき，$\boldsymbol{V}$ のすべての基底は n 個のベクトルから成る．

(証明) $\{\boldsymbol{x}_1, \cdots, \boldsymbol{x}_n\}$ と $\{\boldsymbol{y}_1, \cdots, \boldsymbol{y}_k\}$ を $\boldsymbol{V}$ の２つの基底とする． ２つのベクトルの集合は，それぞれの要素が独立で，生成空間をもつから，先の定理より

$$k\leqq n \qquad \text{かつ} \qquad n\leqq k$$

$$\therefore \quad n=k$$

定理５から，ベクトル空間 $\boldsymbol{V}$ 内の基底を構成するベクトルの個数は一定であることが分る．この個数を $\boldsymbol{V}$ の**次元** (dimension) といい，dim ($\boldsymbol{V}$) とかく．零ベクトルのみよりなる空間の次元は０と規定する．

例 11 (1) 例10 (1) で $\dim(\boldsymbol{R}^n)=n$

(2) 例10 (2) で $\dim(\boldsymbol{P})=n+1$

定理６ $S=\{\boldsymbol{x}_1, \cdots, \boldsymbol{x}_k\}$ をベクトル空間 $\boldsymbol{V}$ 内の１次独立な集合とする．

もし $\boldsymbol{S}$ が基底でなければ，$\boldsymbol{S}$ の要素のベクトルと1次独立なベクトルを付加して $\boldsymbol{V}$ の基底になしうる．

（証明） $\boldsymbol{x}_1, \cdots, \boldsymbol{x}_k$ は1次独立ではあるが，しかし $\boldsymbol{V}$ の要素すべてを生成するものではないとしよう．そのとき，$\boldsymbol{x}_1, \cdots, \boldsymbol{x}_k$ の1次結合で表わされない，あるベクトルがある．それを $\boldsymbol{x}_{k+1}$ とする．もし

$$\boldsymbol{x}_1\lambda_1+\boldsymbol{x}_2\lambda_2+\cdots\cdots+\boldsymbol{x}_{k+1}\lambda_{k+1}=\boldsymbol{0}$$

で，$\lambda_{k+1}\neq 0$ と仮定すると

$$\boldsymbol{x}_{k+1}=\boldsymbol{x}_1\left(\frac{\lambda_1}{\lambda_{k+1}}\right)-\cdots\cdots-\boldsymbol{x}_k\left(\frac{\lambda_k}{\lambda_{k+1}}\right)$$

となるが，$\boldsymbol{x}_{k+1}$ は $\boldsymbol{x}_1, \cdots, \boldsymbol{x}_k$ の1次結合でないことから，このようなことは起りえない．よって

$$\lambda_{k+1}=0$$

かつ

$$\boldsymbol{x}_1\lambda_1+\cdots\cdots+\boldsymbol{x}_k\lambda_k=\boldsymbol{0}$$

$\boldsymbol{x}_1, \cdots, \boldsymbol{x}_k$ は1次独立だから

$$\lambda_1=\cdots\cdots=\lambda_k=0$$

以下同様，この操作は1次独立なベクトルの集合が $\boldsymbol{V}$ を生成するまで続けられる．

定理7 (1) $\dim(\boldsymbol{V})=n$，$\boldsymbol{W}\subset\boldsymbol{V}$ なる部分空間 $\boldsymbol{W}$ をとると，$\dim(\boldsymbol{W})\leqq n$

(2) $\boldsymbol{W}$ の任意の基底が，$\boldsymbol{V}$ の基底に拡大され，かつ $\dim(\boldsymbol{W})=n$ ならば $\boldsymbol{W}=\boldsymbol{V}$

（証明） $\boldsymbol{W}$ が零ベクトルのみからなるとき，次元$=0$．よって，$0\leqq n$.

他方，$\boldsymbol{W}$ 内の零ベクトルでない $\boldsymbol{x}_1$ から始め，定理6を適用する．$\boldsymbol{V}$ のどんな部分集合も，n 個以上の独立なベクトルを含まないから，$\boldsymbol{W}$ の基底も当然 n 個以上の独立なベクトルを含むものではない．そして $\boldsymbol{W}$ の基底は，$\boldsymbol{V}$ の要素（ベクトル）のうち，1次独立なものの集合で，$\boldsymbol{V}$ の部分集合である．必要

なら（定理6を使って）$\boldsymbol{V}$ の基底にまで拡大しうる．かくして，$\boldsymbol{V}$ の基底の部分集合が $\boldsymbol{W}$ の基底となりうるから，$\dim(\boldsymbol{W})\leqq n$.

もしも $\dim(\boldsymbol{W})=n$ ならば，$\boldsymbol{V}$ の基底の部分集合が，$\boldsymbol{V}$ の基底そのものでなければならなくなり，同じベクトルの集合が $\boldsymbol{W}$ と $\boldsymbol{V}$ の両方の１つの基底である．それで $\boldsymbol{W}=\boldsymbol{V}$.

問13　任意の２つの部分空間 $\boldsymbol{W}_1, \boldsymbol{W}_2$ に対して

$$\dim(\boldsymbol{W}_1)+\dim(\boldsymbol{W}_2)=\dim(\boldsymbol{W}_1+\boldsymbol{W}_2)+\dim(\boldsymbol{W}_1\cap\boldsymbol{W}_2)$$

であることを証明せよ．

問14

$$\boldsymbol{a}_1=\begin{bmatrix}1\\2\\0\\4\end{bmatrix},\quad \boldsymbol{a}_2=\begin{bmatrix}-1\\1\\3\\-3\end{bmatrix},\quad \boldsymbol{a}_3=\begin{bmatrix}0\\1\\-5\\-2\end{bmatrix},\quad \boldsymbol{a}_4=\begin{bmatrix}-1\\-9\\-1\\-4\end{bmatrix}\quad \text{とする．}$$

$\boldsymbol{a}_1$ と $\boldsymbol{a}_2$ の生成する $\boldsymbol{R}^4$ の部分空間を $\boldsymbol{W}_1$, $\boldsymbol{a}_3$ と $\boldsymbol{a}_4$ の生成する部分空間を $\boldsymbol{W}_2$ とするとき，$\boldsymbol{W}_1\cap\boldsymbol{W}_2$ の次元および基底を求めよ．

⑥　ベクトルの内積

問15*　２つの n 次元数ベクトル $\boldsymbol{a}, \boldsymbol{b}$ について

$$\boldsymbol{ab}=a_1b_1+a_2b_2+\cdots\cdots+a_nb_n$$

という値を $\boldsymbol{a}, \boldsymbol{b}$ の**内積**という．内積については

(1)　$\boldsymbol{ab}=\boldsymbol{ba}$　　　(2)　$(\boldsymbol{a}+\boldsymbol{b})\boldsymbol{c}=\boldsymbol{ac}+\boldsymbol{bc}$

(3)　$(\boldsymbol{a}k)\boldsymbol{b}=(\boldsymbol{ab})k$　　　(4)　$\boldsymbol{c}(\boldsymbol{a}+\boldsymbol{b})=\boldsymbol{ca}+\boldsymbol{cb}$

(5)　$\boldsymbol{a}(\boldsymbol{b}k)=(\boldsymbol{ab})k$

が成立することを証明せよ．[註，$\boldsymbol{ab}$ は $\boldsymbol{a}\cdot\boldsymbol{b}$ とかくこともある．]

また，

$$\sqrt{\boldsymbol{aa}}=\sqrt{a_1{}^2+a_2{}^2+\cdots\cdots+a_n{}^2}$$

を $\boldsymbol{a}$ の**ノルム**（norm）といい，$\|\boldsymbol{a}\|$ とかく，ノルムについては

(1)　$\|\boldsymbol{a}\|\geqq 0$，等号は $\boldsymbol{a}=\boldsymbol{0}$ のときに限る．

(2)　$\|\boldsymbol{a}k\|=\|\boldsymbol{a}\||k|$

(3)　$|\boldsymbol{ab}|\leqq\|\boldsymbol{a}\|\|\boldsymbol{b}\|$　　　（Schwarz の不等式）

(4)　$\|\boldsymbol{a}+\boldsymbol{b}\|\leqq\|\boldsymbol{a}\|+\|\boldsymbol{b}\|$　　　（３角不等式）

が成立することを証明せよ．

問 16* m 個の n 次元数ベクトル $\boldsymbol{a}_1, \boldsymbol{a}_2, \cdots, \boldsymbol{a}_n$ に対して

(1) $\|\boldsymbol{a}_1+\boldsymbol{a}_2+\cdots\cdots+\boldsymbol{a}_m\| \leqq \|\boldsymbol{a}_1\|+\|\boldsymbol{a}_2\|+\cdots\cdots+\|\boldsymbol{a}_m\|$

(2) $\|\boldsymbol{a}_1+\boldsymbol{a}_2+\cdots\cdots+\boldsymbol{a}_m\| \leqq m \max(\|\boldsymbol{a}_1\|, \|\boldsymbol{a}_2\|, \cdots, \|\boldsymbol{a}_m\|)$

(3) $\boldsymbol{a}_1, \cdots, \boldsymbol{a}_m$ がすべてノルム1のとき，任意のベクトル $\boldsymbol{b}$ に対して，

$$(\boldsymbol{a}_1\boldsymbol{b})^2+(\boldsymbol{a}_2\boldsymbol{b})^2+\cdots\cdots+(\boldsymbol{a}_m\boldsymbol{b})^2 \leqq m\|\boldsymbol{b}\|^2$$

であることを証明せよ．

n 次元数ベクトルの内積の概念は，次のようなベクトル空間における内積のごく特殊なものである．$\boldsymbol{V}$をベクトル空間，任意の $\boldsymbol{a}, \boldsymbol{b} \in \boldsymbol{V}$ に対して，それらの組に1つの実数 $\langle \boldsymbol{a}, \boldsymbol{b} \rangle$ を対応させること，つまり

$$(\boldsymbol{a}, \boldsymbol{b}) \longmapsto \langle \boldsymbol{a}, \boldsymbol{b} \rangle$$

なる対応のうち

(S 1) $$\langle \boldsymbol{a}, \boldsymbol{b} \rangle = \langle \boldsymbol{b}, \boldsymbol{a} \rangle$$

(S 2) $$\langle \boldsymbol{a}, \boldsymbol{b}+\boldsymbol{c} \rangle = \langle \boldsymbol{a}, \boldsymbol{b} \rangle + \langle \boldsymbol{a}, \boldsymbol{c} \rangle$$

(S 3) k を実数とするとき

$$\langle \boldsymbol{a}k, \boldsymbol{b} \rangle = \langle \boldsymbol{a}, \boldsymbol{b}k \rangle = \langle \boldsymbol{a}, \boldsymbol{b} \rangle k$$

(S 4) $$\langle \boldsymbol{a}, \boldsymbol{a} \rangle \geqq 0$$

を満足するものを，$\boldsymbol{V}$ 上の**内積** (scalar product) という，ベクトル空間において，その元の間に内積が定義されているものを**内積空間**という．

例 10 $\boldsymbol{V}$を区間 $[-\pi, \pi]$ で連続な実数値関数全体のつくるベクトル空間とし

$$\langle f, g \rangle = \int_{-\pi}^{\pi} f(t)g(t)dt$$

と定義すると，これは積分の性質を用いて，上の (S 1)〜(S 4) の諸性質を満足するから，$\langle f, g \rangle$ は $\boldsymbol{V}$ 上の内積である．

問 17 ベクトル空間 $\boldsymbol{V}$ の任意の要素 f, g に対して

$$\langle f, g \rangle = \int_{-\pi}^{\pi} f(x)g(x)w(x)dx$$

が内積であるためには，連続関数 $w(x)$ に課すべき条件は何か．

$\boldsymbol{V}$ を内積空間，$\boldsymbol{a}, \boldsymbol{b} \in \boldsymbol{V}$ とする．内積

$$\langle \boldsymbol{a}, \boldsymbol{b} \rangle = 0$$

のとき，$\boldsymbol{a}$ と $\boldsymbol{b}$ は**直交する**といい，記号で $\boldsymbol{a} \perp \boldsymbol{b}$ とかく．

$\boldsymbol{W}$ を $\boldsymbol{V}$ の部分空間とし,

$$\boldsymbol{W}^{\perp}=\{\boldsymbol{x}\mid\boldsymbol{a}\perp\boldsymbol{x},\ \boldsymbol{a}\in\boldsymbol{W},\ \boldsymbol{x}\in\boldsymbol{V}\}$$

とおくと, $\boldsymbol{W}^{\perp}$ は $\boldsymbol{V}$ の部分空間をつくる．なぜなら,

$$\boldsymbol{x}_1,\boldsymbol{x}_2\in\boldsymbol{W}^{\perp},\ \boldsymbol{a}\in\boldsymbol{W}\ \text{のとき}$$

$$\langle\boldsymbol{x}_1+\boldsymbol{x}_2,\boldsymbol{a}\rangle=\langle\boldsymbol{x}_1,\boldsymbol{a}\rangle+\langle\boldsymbol{x}_2,\boldsymbol{a}\rangle=0$$

$$\langle\boldsymbol{x}_1,\boldsymbol{a}k\rangle=\langle\boldsymbol{x}_1,\boldsymbol{a}\rangle k=0k=0$$

となるからである．$\boldsymbol{W}^{\perp}$ を $\boldsymbol{W}$ の**直交空間** (orthogonal subspace) といい, $\boldsymbol{x}\in\boldsymbol{W}^{\perp}$ は $\boldsymbol{W}$ と直交するという．記号で

$$\boldsymbol{x}\perp\boldsymbol{W}$$

とかく．

定理 8　$\sqrt{\langle\boldsymbol{a},\boldsymbol{a}\rangle}=\|\boldsymbol{a}\|$ とおき, $\|\boldsymbol{a}\|$ を $\boldsymbol{a}$ のノルムという．ノルムについては

$$|\langle\boldsymbol{a},\boldsymbol{b}\rangle|\leqq\|\boldsymbol{a}\|\|\boldsymbol{b}\|$$

(証明)
$$0\leqq\langle\boldsymbol{a}k+\boldsymbol{b}m,\ \boldsymbol{a}k+\boldsymbol{b}m\rangle$$
$$=\langle\boldsymbol{a},\boldsymbol{a}\rangle k^2+\langle\boldsymbol{a},\boldsymbol{b}\rangle 2km+\langle\boldsymbol{b},\boldsymbol{b}\rangle m^2$$

$k=\langle\boldsymbol{b},\boldsymbol{b}\rangle$, $m=-\langle\boldsymbol{a},\boldsymbol{b}\rangle$ とおくと，上式は

$$0\leqq\|\boldsymbol{a}\|^2\|\boldsymbol{b}\|^4-2\|\boldsymbol{b}\|^2\langle\boldsymbol{a},\boldsymbol{b}\rangle^2+\|\boldsymbol{b}\|^2\langle\boldsymbol{a},\boldsymbol{b}\rangle^2$$
$$=\|\boldsymbol{a}\|^2\|\boldsymbol{b}\|^4-\|\boldsymbol{b}\|^2\langle\boldsymbol{a},\boldsymbol{b}\rangle^2$$

$\|\boldsymbol{b}\|^2\geqq 0$　だから

$$\|\boldsymbol{a}\|^2\|\boldsymbol{b}\|^2-\langle\boldsymbol{a},\boldsymbol{b}\rangle^2\geqq 0$$
$$\therefore\quad|\langle\boldsymbol{a},\boldsymbol{b}\rangle|\leqq\|\boldsymbol{a}\|\|\boldsymbol{b}\|$$

定理 9　ノルムについては

(1)　$\|\boldsymbol{a}\|\geqq 0$. ただし，等号は $\boldsymbol{a}\in\boldsymbol{V}^{\perp}$ のときに限る．

(2)　任意の実数 k に対して, $\|\boldsymbol{a}k\|=\|\boldsymbol{a}\||k|$

(3)　$\|\boldsymbol{a}+\boldsymbol{b}\|\leqq\|\boldsymbol{a}\|+\|\boldsymbol{b}\|$

が成立する．

（証明）（1）　$\boldsymbol{a}\in V^{\perp}$，任意の$\boldsymbol{v}\in \boldsymbol{V}$をとる．$\langle \boldsymbol{a}, \boldsymbol{v}\rangle=0$．しかるに，$V^{\perp}\subset \boldsymbol{V}$ だから，当然 $\boldsymbol{a}\in \boldsymbol{V}$

$$\therefore \quad \langle \boldsymbol{a}, \boldsymbol{a}\rangle=0$$

いま，$\boldsymbol{v}\notin V^{\perp}$ で，$\langle \boldsymbol{v}, \boldsymbol{v}\rangle=0$ となるものがあるとする．ところが，$\boldsymbol{v}\in \boldsymbol{V}$ だから，$V^{\perp}$ の定義より

$$\boldsymbol{v}\perp V^{\perp}$$

これは矛盾．したがって，$\|\boldsymbol{a}\|=0$ ならば，$\boldsymbol{a}\in V^{\perp}$ に限る．

（2）　省略．

（3）　$\|\boldsymbol{a}+\boldsymbol{b}\|^2=\langle \boldsymbol{a}+\boldsymbol{b}, \boldsymbol{a}+\boldsymbol{b}\rangle$

$$=\langle \boldsymbol{a}, \boldsymbol{a}\rangle+2\langle \boldsymbol{a}, \boldsymbol{b}\rangle+\langle \boldsymbol{b}, \boldsymbol{b}\rangle$$

$$\leqq\|\boldsymbol{a}\|^2+2\|\boldsymbol{a}\|\|\boldsymbol{b}\|+\|\boldsymbol{b}\|^2$$

$$=(\|\boldsymbol{a}\|+\|\boldsymbol{b}\|)^2$$

$$\therefore \quad \|\boldsymbol{a}+\boldsymbol{b}\|\leqq\|\boldsymbol{a}\|+\|\boldsymbol{b}\|$$

定理 10　（1）　**Phytagoras の定理**　　$\boldsymbol{a}\perp\boldsymbol{b}$ ならば

$$\|\boldsymbol{a}+\boldsymbol{b}\|^2=\|\boldsymbol{a}\|^2+\|\boldsymbol{b}\|^2$$

（2）　**平行 4 辺形の法則**

$$\|\boldsymbol{a}+\boldsymbol{b}\|^2+\|\boldsymbol{a}-\boldsymbol{b}\|^2=2\|\boldsymbol{a}\|^2+2\|\boldsymbol{b}\|^2$$

証明は各自演習せよ．とくに $\boldsymbol{a}, \boldsymbol{b}\in \boldsymbol{R}^3$ のときの意味を説明せよ．

⑦　ベクトル関数の分類

例 1 から例 4 までで描かれた曲線なり曲面は，本質的に違った 2 通りの方法で定義されたベクトル関数によるものである．例 1 と例 2 の図で描かれた曲面と曲線はまさしく関数 $\boldsymbol{f}$ のグラフそのものである．この場合，曲線および曲面は**陽形式で**（explicitly）定義されたものという．一方例 3 および例 4 の（図 4 (c)）で示される曲線なり曲面はそれらを確定する関数の値域の図であり，それらは**パラメーター形式で**（parametrically）定義されているという．

これらの術語は実変数実関数ではよく使われたものである．たとえば，関数

$$f(x)=\sqrt{16-x^2}$$

は，原点中心，半径4の上半円を陽形式に定義するし，さらに同じ曲線は

$$\begin{cases}x(t)=4\cos t\\ y(t)=4\sin t'\end{cases}\qquad 0\leqq t\leqq\pi$$

とパラメーター形式で書ける．このようなパラメーター形式の表現で重要なのは，$\boldsymbol{R}^3$ における直線の方程式である．$\boldsymbol{a}$ と $\boldsymbol{b}$ を $\boldsymbol{R}^3$ 内の2点 A，B の位置ベクトルとする．もし，$\boldsymbol{a}\neq\boldsymbol{0}$ ならば

$$\boldsymbol{f}(t)=\boldsymbol{a}t+\boldsymbol{b},\quad -\infty<t<\infty$$

によって定義される関数 $\boldsymbol{R}\xrightarrow{\boldsymbol{f}}\boldsymbol{R}^3$ の値域は，直線をパラメーター形式で確定する．

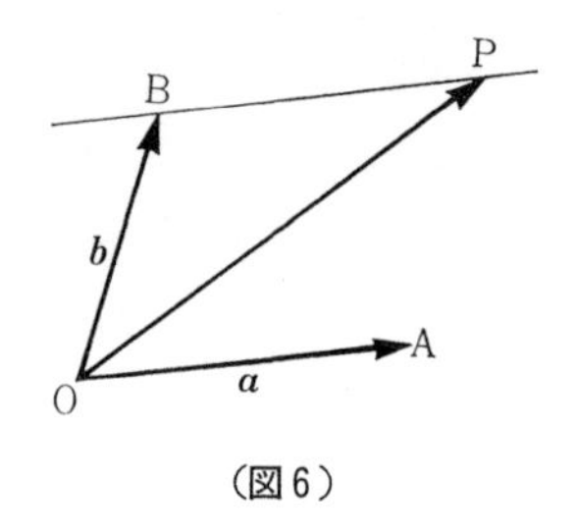

（図6）

曲線と曲面はまた**陰形式で**（implicitly）定義される．たとえば，$\boldsymbol{R}^3$における平面の方程式がそうである．平面 α 上の2点を $\mathrm{O}(x_0,y_0,z_0)$，$\mathrm{H}(x,y,z)$，α に垂直なベクトル（勾配ベクトル，gradient）を

$$\boldsymbol{g}=\begin{bmatrix}a\\ b\\ c\end{bmatrix}$$

とおく．$\boldsymbol{g}\perp\overrightarrow{\mathrm{OH}}$ だから，$\boldsymbol{g}\cdot\overrightarrow{\mathrm{OH}}=0$

$$ax+by+cz=ax_0+by_0+cz_0\equiv d$$

よって，任意のベクトル $\boldsymbol{x}=\begin{bmatrix}x\\ y\\ z\end{bmatrix}$ に対して

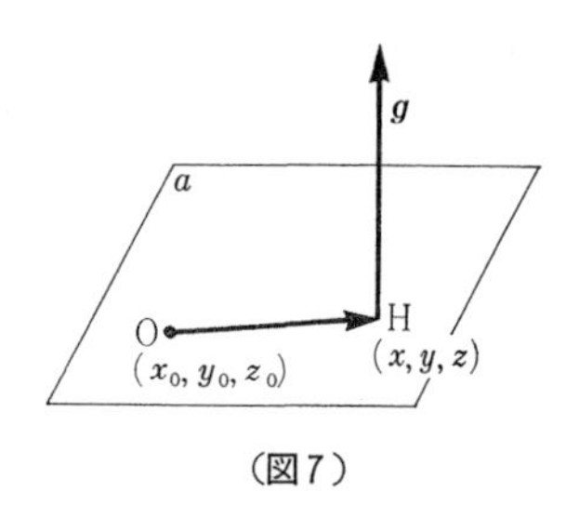

（図7）

$$F(\boldsymbol{x})=ax+by+cz$$

によって定義される関数 $\boldsymbol{R}^3\xrightarrow{F}\boldsymbol{R}$ をとれば，任意の数 d に対して，$F(\boldsymbol{x})=d$ となるようなすべてのベクトル $\boldsymbol{x}$ の集合は，平面を陰形式で確定する．

例 11 $f(x,y,z)=xy+yz+zx$ によって定義される関数を考える．

$$f(x,y,z)=1 \qquad ①$$

をみたす，すべての点 (x,y,z) から成る $\boldsymbol{R}^3$ の部分集合 $\boldsymbol{S}$ は，方程式①によって陰形式で定義される．①において，$z=0$ とおくと，方程式 $xy=1$ を得，それは xy 平面上の双曲線である．この双曲線はもちろん，$\boldsymbol{S}$ と xy–平面の交

わりである．$f(x,y,z)$ は x,y,z に関して対称であるから，他の座標平面もまた $\boldsymbol{S}$ と双曲線で交わる．それは（図8）で示される．もっと一般的に，$\boldsymbol{S}$ と平面 $z=a$（xy に平行）との交わりは

$$xy+ya+ax=1$$

つまり

$$(x+a)(y+a)=a^2+1$$

で与えられる．$u=x+a$，$v=y+a$ とおきかえると，（図9）で示されるような双曲線 $uv=a^2+1$ をうる．座標平面に平行な任意の平面と $\boldsymbol{S}$ との交わりも双曲線であることは，f の x,y,z についての対称性から出てくる．（図8）の影の部は $x,y,z\geqq 0$ の範囲に存在する $\boldsymbol{S}$ なる曲面の部分である．

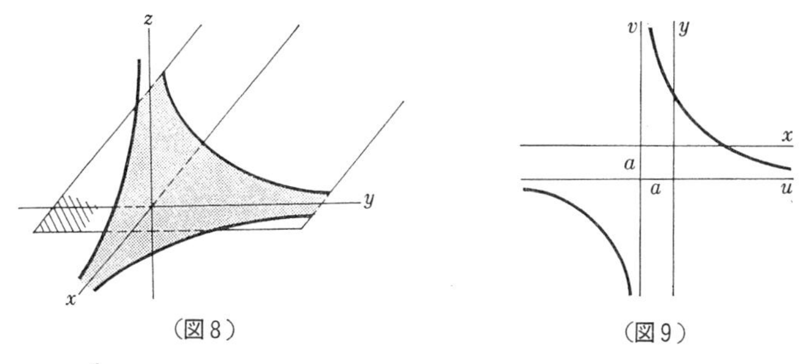

（図8）　（図9）

例12　$\boldsymbol{R}^3 \xrightarrow{\boldsymbol{f}} \boldsymbol{R}^2$ が

$$\boldsymbol{f}(x,y,z)=\begin{bmatrix} xy+yz+zx \\ x+y-z \end{bmatrix}$$

によって定義されているとする．方程式

$$\boldsymbol{f}(\boldsymbol{x})=\begin{bmatrix} 1 \\ 1 \end{bmatrix}$$

によって陰形式で定義される $\boldsymbol{R}^3$ の部分集合は

$$\{\boldsymbol{x} \mid xy+yz+zx=1,\ x+y-z=1\}$$

によって与えられる．$xy+yz+zx=1$ は図（8）で示す通りの曲面である．方程式 $x+y-z=1$ は（図10）に示すよ

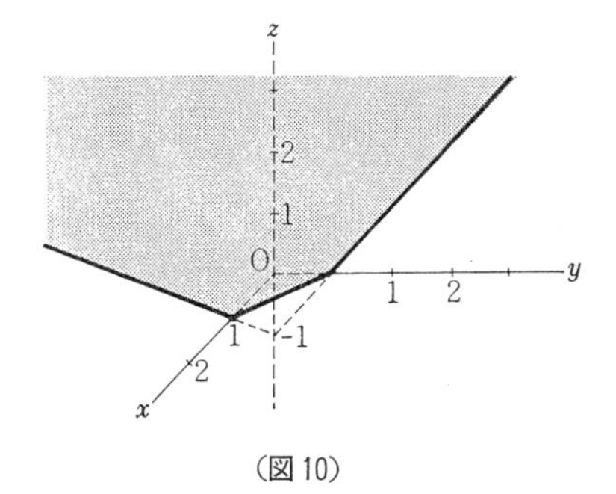

（図10）

うな平面である．両方程式をみたす点の集合は（図8）と（図10）の曲面と平面の交った部分の曲線である．

陽形式表現，パラメーター表現，陰形式表現の区別は，2次元，3次元空間にのみ限定されない．集合 $\boldsymbol{S}$ は

1. $\boldsymbol{S}$ が関数 $\boldsymbol{R}^n \xrightarrow{\boldsymbol{f}} \boldsymbol{R}^m$ の $\boldsymbol{R}^{n+m}$ におけるグラフであるならば，関数は陽形式で定義される．

2. $\boldsymbol{S}$ が関数 $\boldsymbol{R}^n \xrightarrow{\boldsymbol{f}} \boldsymbol{R}^m$ の $\boldsymbol{R}^m$ における値域であるならば，関数はパラメーター形式で定義される．

3. ある関数 $\boldsymbol{R}^{n+m} \xrightarrow{\boldsymbol{f}} \boldsymbol{R}^m$ に対して，$\boldsymbol{S}$ が $\boldsymbol{f}$ の**等位集合**（level set）である；つまり $\boldsymbol{R}^m$ 内ある点 $\boldsymbol{z}_0$ に対して，$\boldsymbol{f}(\boldsymbol{x})=\boldsymbol{z}_0$ であるような $\boldsymbol{f}$ の値域内のすべての $\boldsymbol{x}$ の集合であれば，関数は陰形式で定義される．（とくに等位集合が曲線であれば等位線，曲面であれば等位面という．）

問18* $\boldsymbol{R}^3$ において，2直線の方程式を

$$(l_1)\quad \boldsymbol{x}=\boldsymbol{a}_1t+\boldsymbol{b}, \qquad (l_2)\quad \boldsymbol{x}=\boldsymbol{a}_2t+\boldsymbol{c}$$

とするとき

① 同じ向きに平行である条件は　$\boldsymbol{a}_1=\boldsymbol{a}_2$

　異なる向きに平行である条件は　$\boldsymbol{a}_1+\boldsymbol{a}_2=\boldsymbol{0}$

② $\boldsymbol{a}_1=(a_{11},a_{12},a_{13})$，$\boldsymbol{a}_2=(a_{21},a_{22},a_{23})$ とすれば，(l_1) と (l_2) の交角は

$$\cos\theta=\frac{\boldsymbol{a}_1\boldsymbol{a}_2}{\|\boldsymbol{a}_1\|\|\boldsymbol{a}_2\|}=\frac{a_{11}a_{21}+a_{12}a_{22}+a_{13}a_{23}}{\sqrt{a_{11}^2+a_{12}^2+a_{13}^2}\sqrt{a_{21}^2+a_{22}^2+a_{23}^2}}$$

であることを証明せよ．

問19* 2平面

$(\alpha)\qquad a_1x+b_1y+c_1z=d_1$

$(\beta)\qquad a_2x+b_2y+c_2z=d_2$

とするとき

① $\alpha /\!/ \beta$ である条件は　$\dfrac{a_1}{a_2}=\dfrac{b_1}{b_2}=\dfrac{c_1}{c_2}\neq\dfrac{d_1}{d_2}$

② $\alpha\equiv\beta$ である条件は　$\dfrac{a_1}{a_2}=\dfrac{b_1}{b_2}=\dfrac{c_1}{c_2}=\dfrac{d_1}{d_2}$

③ $\alpha\cap\beta=a$（直線）のとき，交角を θ とすれば，

$$\cos\theta=\frac{a_1a_2+b_1b_2+c_1c_2}{\sqrt{a_1^2+b_1^2+c_1^2}\sqrt{a_2^2+b_2^2+c_2^2}},$$

であることを証明せよ.

問20 次の関数によって陽形式で定義される曲面を描け.

① $f(x,y)=2-x^2-y^2$　② $f(x,y)=1/(x^2+y^2)$　③ $f(x,y)=\sin x$

④ $f(x,y)=0$　⑤ $f\begin{bmatrix}x\\y\end{bmatrix}=e^{x+y}$　⑥ $f\begin{bmatrix}x\\y\end{bmatrix}=\begin{cases}1 & (|x|<|y| \text{ のとき})\\0 & (|x|\geqq|y| \text{ のとき})\end{cases}$

問21 次の関数によってパラメーター形式で定義される曲線を描け.

① $\boldsymbol{f}(t)=\begin{bmatrix}1\\2\\0\end{bmatrix}t+\begin{bmatrix}1\\1\\1\end{bmatrix},\quad -\infty<t<+\infty$　② $\boldsymbol{f}(t)=\begin{bmatrix}t\\t^2\\t^3\end{bmatrix},\quad 0\leqq t\leqq 2$

③ $\boldsymbol{f}(t)=(2t,t),\quad -1\leqq t\leqq 1$　④ $\boldsymbol{f}(t)=(2t,|t|),\quad -1\leqq t\leqq 2$

問22 次の関数によってパラメーター形式で定義される曲面を描け.

① $\boldsymbol{f}\begin{bmatrix}u\\v\end{bmatrix}=\begin{bmatrix}x\\y\\z\end{bmatrix}=\begin{bmatrix}\cos u\ \sin v\\\sin u\ \sin v\\\cos v\end{bmatrix},\quad \begin{cases}0\leqq u\leqq 2\pi\\0\leqq v\leqq \pi/2\end{cases}$

② $\boldsymbol{f}\begin{bmatrix}u\\v\end{bmatrix}=\begin{bmatrix}x\\y\\z\end{bmatrix}=\begin{bmatrix}\cos u\ \cosh v\\\sin u\ \cosh v\\\sinh v\end{bmatrix},\quad \begin{cases}0\leqq u\leqq 2\pi\\-\infty<v<+\infty\end{cases}$

問23 次の陰形式で定義された曲線と曲面を描け.

① $f(x,y)=x+y=1$　② $f(x,y)=(x^2+y^2+1)^2-4x^2=0$

③ $f(x,y,z)=xyz=1$　④ $f(x,y,z)=x^2-y^2-z^2=2$

⑤ $\begin{cases}2x+y+z=2\\x\qquad -z=3\end{cases}$　⑥ $\begin{bmatrix}xyz\\x+y\end{bmatrix}=\begin{bmatrix}1\\0\end{bmatrix}$

問24
$$\boldsymbol{f}\begin{bmatrix}x\\y\end{bmatrix}=\begin{bmatrix}u\\v\end{bmatrix}=\begin{bmatrix}x^2-y^2\\2xy\end{bmatrix}$$
によって定義されたベクトル関数がある. $\boldsymbol{f}$ の座標関数は何か. xy-平面にある定義域空間と uv-平面にある値域空間を考察せよ.

① $\begin{bmatrix}0\\0\end{bmatrix}$ と $\begin{bmatrix}1\\1\end{bmatrix}$ の間で線分 $y=x$ の像を求めよ.

② $0<x$, $0>y$, $x^2+y^2<1$ によって定義される領域の像を求めよ.

③ 直線 $y=0$ と $y=\dfrac{1}{\sqrt{3}}x$ の像の間の角を求めよ.

問題解答

問1 $\dfrac{21}{64}$, 変化率 $\dfrac{27}{16}$

問2 (a) $x^2+y^2\leqq 4$　(c) $0\leqq f\leqq 2$

問3 (a) $\dfrac{x^2}{4}+\dfrac{y^2}{9}=1$

問4　xy-平面上の直線 $ax+by=c$ の f による像は

$$bv=-au^3+cu^2-au+c \quad (3次曲線)$$

問9　①②③

問11　①②は1次独立　③は $a+b+c=0$, または $a=b=c$ のとき1次従属

問12　⑤

$$a_1\sin t+a_2\sin 2t+\cdots\cdots+a_n\sin nt=0$$

の両辺に $\sin kt$ $(k=1,2,\cdots,n)$ を掛け, $-\pi$ から π まで積分すると

$$a_1=a_2=\cdots=a_n=0$$

問14　$\dim(\boldsymbol{W}_1)=\dim(\boldsymbol{W}_2)=2$,　$\dim(\boldsymbol{W}_1+\boldsymbol{W}_2)=3$,　よって　$\dim(\boldsymbol{W}_1\cap\boldsymbol{W}_2)=1$

基底は $\left\{\begin{bmatrix}1\\8\\6\\6\end{bmatrix}\right\}$

問17　$w(x)\geqq 0$

問20

①

②

③

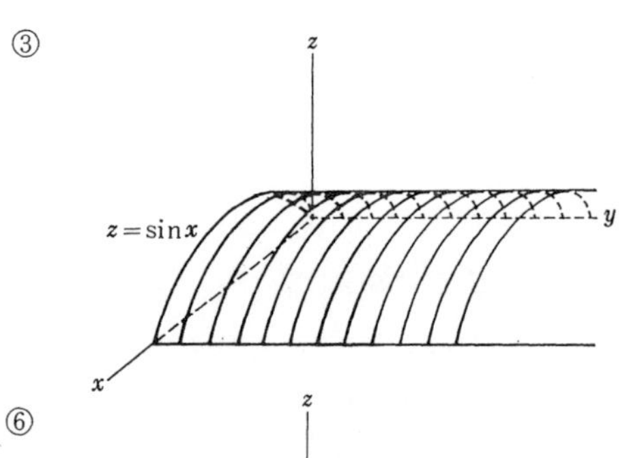

④　xy-平面

⑤

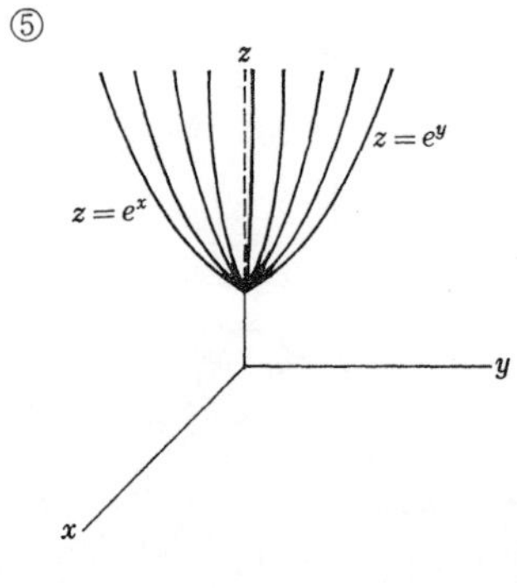

⑥

問21 ①

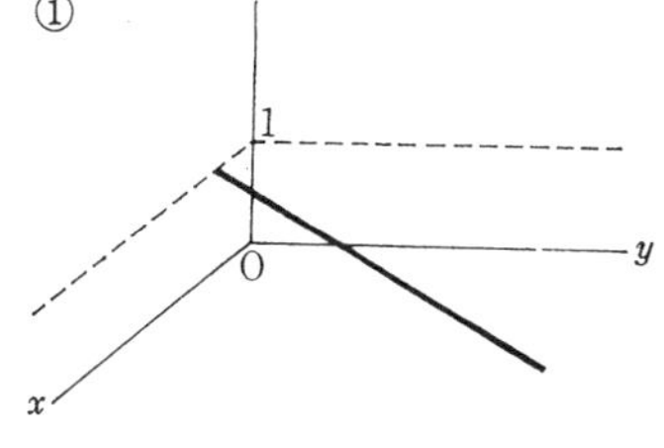

$z=1$ 平面上で $2x-y=1$

②

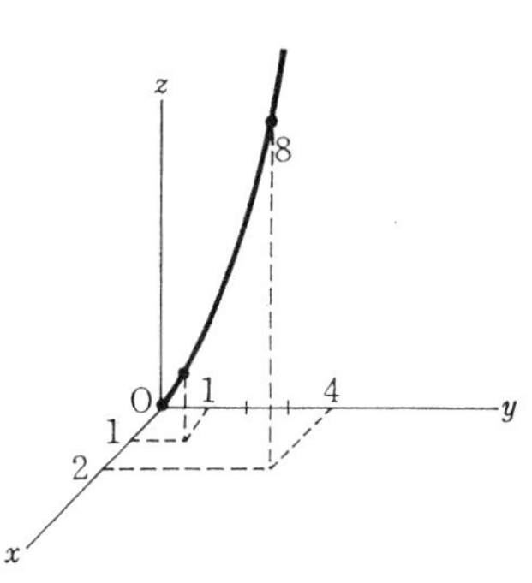

③

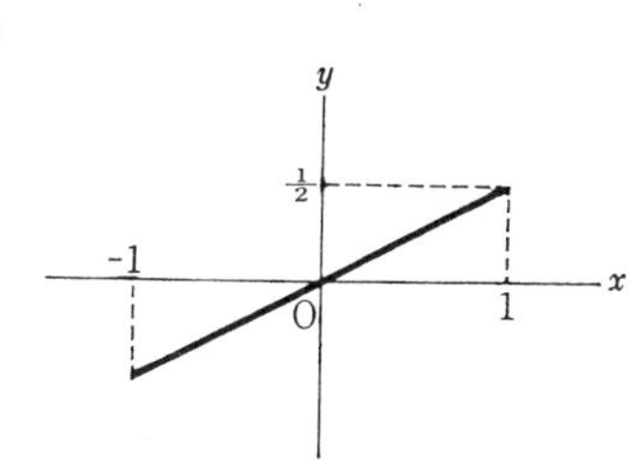

④

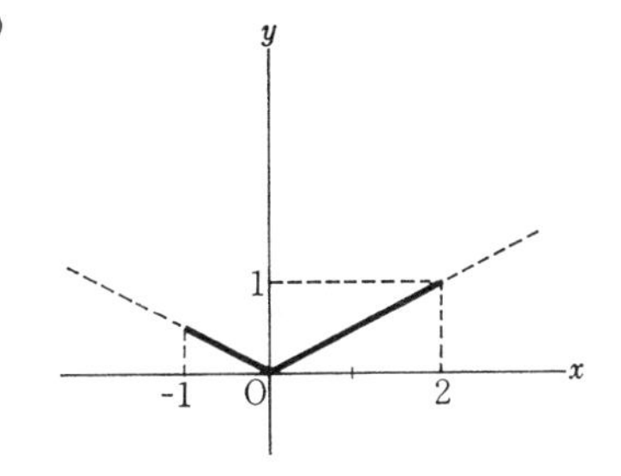

問22 ① $x^2+y^2+z^2=1$, $z\geqq 0$ (原点中心，半径1の上半球)

② $x^2+y^2-z^2=1$ (単葉双曲面)

問23 ①

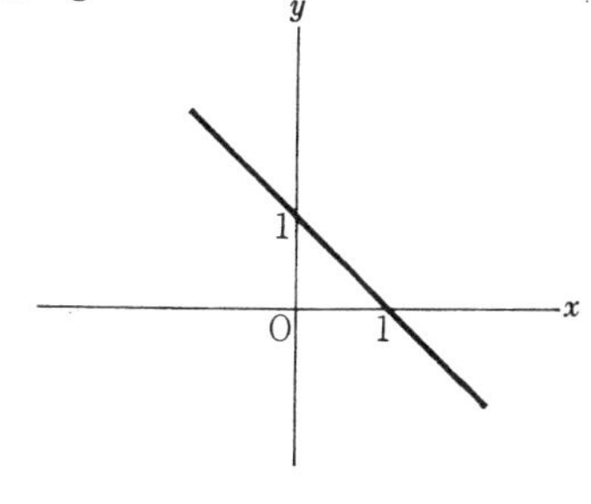

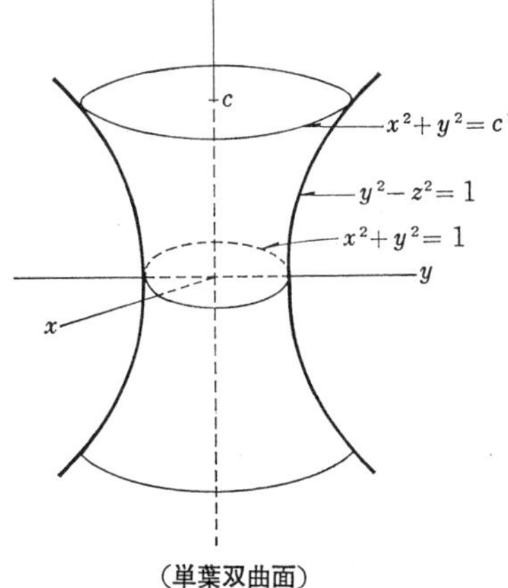

(単葉双曲面)

②

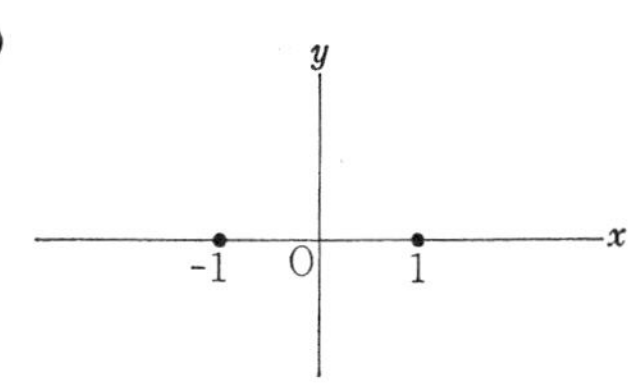

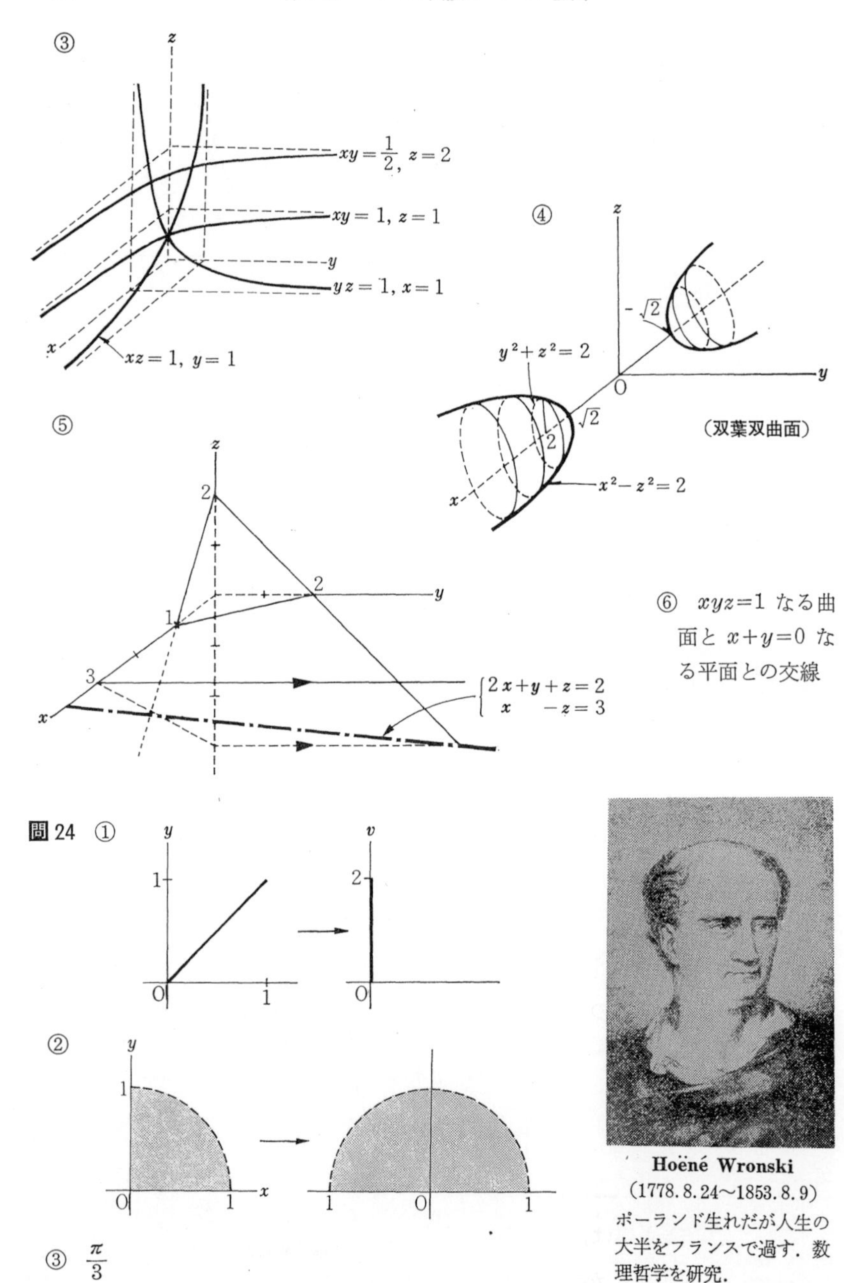

⑥　$xyz=1$ なる曲面と $x+y=0$ なる平面との交線

問24

③　$\frac{\pi}{3}$

Hoëné Wronski
（1778.8.24～1853.8.9）
ポーランド生れだが人生の大半をフランスで過す．数理哲学を研究．

第2講　極限と連続

吾々のもつ常識的な距離感を
うまく抽象化して，距離の概
念がうまれるが，その定義の
仕方は多様である.

① p-乗平均距離

位相とか，トポロジーとかよばれる術語は数学では遠近の度合いを意味するものである．1つの集合 Ω があるとき，その中の2つの要素（Ω を空間，要素を点とよぶと幾何学的なイメージがわく）X, Y について，それらがどの程度近いかを規定することを考えよう．遠近を規定するものに，まず

距　　離

が考えられる．平面上の2点 X, Y の間の直線距離を

$$d(X, Y)$$

と表わす．平面上に直交座標軸をとり，2点 X, Y の座標を $(x_1, x_2), (y_1, y_2)$ とすると

$$d(X, Y)=\sqrt{(x_1-y_1)^2+(x_2-y_2)^2} \tag{1}$$

となる．この直線距離は，次の3つの性質，すなわち

D 1)　$d(X, Y)\geqq 0$，かつ等号は $X=Y$ のときに限り成り立つ（正値性）

D2) $d(X, Y)=d(Y, X)$ (対称性)

D3) $d(X, Y)+d(Y, Z)\geqq d(X, Z)$ (3角不等式)

が成り立つ．D1), D2) は式の形から明らかである．D3) は3角形の2辺の和は1辺より大きいという初等幾何学の知識からも明らかである．

次に直線上の2点 X, Y の間の距離は，直線上に原点をとり，2点 X, Y の座標を $(x_1), (y_1)$ とすると

$$d(X, Y)=|x_1-y_1| \tag{2}$$

で与えられる．もちろん，この式で定義される距離も，D1), D2), D3) の3つの性質をみたしていることは明らかである．

一般に，n 次元空間 $\boldsymbol{R}^n$ において，2点 X, Y の位置ベクトルを

$$\boldsymbol{x}=\begin{bmatrix} x_1 \\ x_2 \\ \vdots \\ x_n \end{bmatrix}, \qquad \boldsymbol{y}=\begin{bmatrix} y_1 \\ y_2 \\ \vdots \\ y_n \end{bmatrix}$$

とすると，2点 X, Y の間の距離は，(1) 式の自然な拡張として

$$d(X, Y)=\sqrt{\sum_{i=1}^{n}(x_i-y_i)^2}=\|\boldsymbol{x}-\boldsymbol{y}\| \tag{3}$$

で与えられる．(3) 式で定義される距離についても，D1), D2), D3) は成立する．ベクトルのノルムの性質，Schwarz の不等式を用いると，これらの性質は容易に証明される．しかし，逆に，D1), D2), D3) という3つの性質をもつような距離という量 $d(X, Y)$ は (3) 式で定義されるものばかりではない．(2) 式の自然な拡張として

$$d_p(X, Y)=\left\{\sum_{i=1}^{n}|x_i-y_i|^p\right\}^{\frac{1}{p}}, \qquad p=1, 2, \cdots\cdots \tag{4}$$

で定義される量を距離にとっても，3つの性質は満足される．(4) 式で定義される距離を **p-乗平均距離** という． $p=2$ のときは，(4) 式は (3) 式と一致する．

例1 平面（2次元空間）$\boldsymbol{R}^2$ において，2点 X, O（原点）の距離が

$$d_p(X, \mathrm{O})=r$$

であるよう点 $\boldsymbol{x}$ の集合は，方程式

$$|x_1|^p+|x_2|^p=r^p$$

をみたす点 X の集合で，これは曲線の追跡法にしたがってグラフを画くことができる．このグラフを p-乗平均距離を用いたときの円という．$p=\infty$ のときは（定理5）を参照のこと．

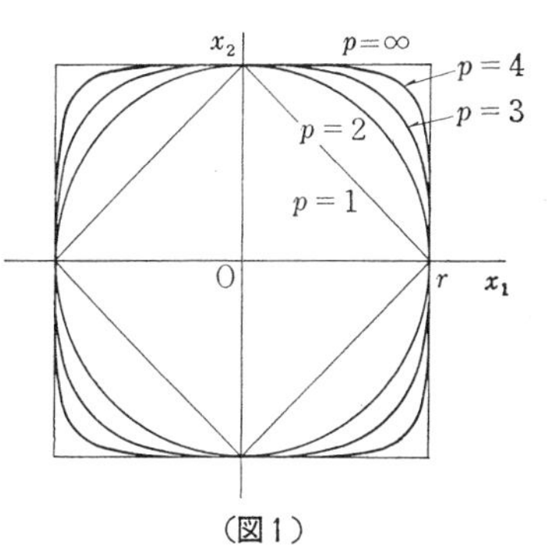

（図1）

問1　任意の集合の要素に対して

$$d(X,Y)=\begin{cases}0 & (X=Y\text{ のとき})\\ 1 & (X\neq Y\text{ のとき})\end{cases}$$

として距離をきめると，これは D1), D2), D3) を満足することを証明せよ．

問2　閉区間 $[0,1]$ で定義されたすべての連続関数の集合 Ω を考える．Ω の要素，$f(x), g(x)$ の間の距離を

$$d(f,g)=\int_0^1|f(x)-g(x)|\,dx$$

ときめると，これは D1), D2), D3) を満足することを証明せよ．

②　ヘルダーの不等式，ミンコフスキーの不等式

この節での目的は，① 節で導入した $d_p(X,Y)$ が D3) を満足することを証明するにある．

定理1　$x>0$ のとき

$$x^\alpha-1\geqq\alpha(x-1)\qquad(\alpha>1\text{ または }\alpha<0)$$

$$x^\alpha-1\leqq\alpha(x-1)\qquad(0<\alpha<1)$$

等号はいずれの場合も $x=1$ のときにかぎる．

（証明）　$f(x)=x^\alpha-1-\alpha(x-1)$ とおく．

$$f'(x)=\alpha(x^{\alpha-1}-1),\qquad f'(1)=0$$

$$f''(x)=\alpha(\alpha-1)x^{\alpha-2},\qquad f''(1)=\alpha(\alpha-1)$$

ゆえに，$\alpha>1$ または $\alpha<0$ のとき，最小値 $f(1)=0$，よって $f(x)\geqq0$

また，$0<\alpha<1$ のとき，最大値 $f(1)=0$，よって $f(x)\leqq0$

系1　$a>0, b>0, \frac{1}{p}+\frac{1}{q}=1$ のとき

$$p<1 \text{ ならば } \quad a^{\frac{1}{p}}b^{\frac{1}{q}} \geqq \frac{a}{p}+\frac{b}{q}$$

$$p>1 \text{ ならば } \quad a^{\frac{1}{p}}b^{\frac{1}{q}} \leqq \frac{a}{p}+\frac{b}{q}$$

等号は $a=b$ の場合に限る.

(証明)　定理1で $\alpha=\frac{1}{p}$, $x=\frac{a}{b}$ とおけばよい.

系2　$x>0, y>0, \frac{1}{p}+\frac{1}{q}=1$ のとき

$$p<1 \text{ ならば } \quad xy \geqq \frac{x^p}{p}+\frac{y^q}{q}$$

$$p>1 \text{ ならば } \quad xy \leqq \frac{x^p}{p}+\frac{y^q}{q}$$

等号は $x^p=y^q$ の場合に限る.

(証明)　系1で $a=x^p, b=y^q$ とおけばよい.

定理2　(Hölder の不等式)

$x_i, y_i \geqq 0$,　$p>1$,　$\frac{1}{p}+\frac{1}{q}=1$ のとき

$$\sum_{i=1}^{n} x_i y_i \leqq \left(\sum_{i=1}^{n} x_i{}^p\right)^{\frac{1}{p}} \left(\sum_{i=1}^{n} y_i{}^q\right)^{\frac{1}{q}}$$

$p<1$ ($p \neq 0$) のときは不等号の向きが反対になる. 等号は $x_i{}^p=ky_i{}^q$ ($i=1, 2, \cdots, n$) のときに限る.

Otto Ludwig Hölder
(1859. 12. 22—1937. 8. 29)

(証明)　定理1の系1において, $p>1$ のとき

$$a=\frac{x_i{}^p}{X},\quad b=\frac{y_i{}^q}{Y},\quad X=\sum_{i=1}^{n} x_i{}^p,\quad Y=\sum_{i=1}^{n} y_i{}^q$$

とおき, $i=1, 2, \cdots, n$ について辺々相加えると

$$\frac{\sum_{i=1}^{n} x_i y_i}{X^{\frac{1}{p}} Y^{\frac{1}{q}}} \leqq \frac{1}{p}\frac{\sum_{i=1}^{n} x_i{}^p}{X}+\frac{1}{q}\frac{\sum_{i=1}^{n} y_i{}^q}{Y}=1$$

$$\therefore \quad \sum_{i=1}^{n} x_i y_i \leqq \left(\sum_{i=1}^{n} x_i{}^p\right)^{\frac{1}{p}} \left(\sum_{i=1}^{n} y_i{}^q\right)^{\frac{1}{q}}$$

他の場合も同様

系 1　数ベクトル $\boldsymbol{x}=\begin{bmatrix} x_1 \\ \vdots \\ x_n \end{bmatrix}$，$\boldsymbol{y}=\begin{bmatrix} y_1 \\ \vdots \\ y_n \end{bmatrix}$ の内積を $\boldsymbol{xy}=\sum_{i=1}^{n} x_i y_i$，$p$-乗ノルムを $\|\boldsymbol{x}\|_p=\left(\sum_{i=1}^{n}|x_i|^p\right)^{\frac{1}{p}}$ とすると，$p>1$，$\dfrac{1}{p}+\dfrac{1}{q}=1$ のとき

$$|\boldsymbol{xy}| \leqq \|\boldsymbol{x}\|_p \|\boldsymbol{y}\|_q$$

$p=2$ のときは Schwarz の不等式になる．

定理 3　(Minkowski の不等式)

$x_i, y_i \geqq 0$，$p>1$ のとき

$$\left\{\sum_{i=1}^{n}(x_i+y_i)^p\right\}^{\frac{1}{p}} \leqq \left(\sum_{i=1}^{n} x_i{}^p\right)^{\frac{1}{p}} + \left(\sum_{i=1}^{n} y_i{}^p\right)^{\frac{1}{q}}$$

$p<1 (p \neq 0)$ のときは，不等号の向きは反対になる．等号は，$x_i=ky_i$ $(i=1, 2, \cdots, n)$ のときに限る．

Hermann Minkowski
(1864.6.22—1909.1.12)

（証明）

$$\sum(x_i+y_i)^p=\sum x_i(x_i+y_i)^{p-1} + \sum y_i(x_i+y_i)^{p-1}$$

右辺について，ヘルダーの不等式を使って，$p>1$ の場合

$$\leqq \left(\sum x_i{}^p\right)^{\frac{1}{p}}\left\{\sum(x_i+y_i)^{q(p-1)}\right\}^{\frac{1}{q}} + \left(\sum y_i{}^p\right)^{\frac{1}{p}}\left\{\sum(x_i+y_i)^{q(p-1)}\right\}^{\frac{1}{q}}$$

$$= \left\{\sum(x_i+y_i)^{q(p-1)}\right\}^{\frac{1}{q}}\left\{\left(\sum x_i{}^p\right)^{\frac{1}{p}} + \left(\sum y_i{}^p\right)^{\frac{1}{p}}\right\}$$

$\dfrac{1}{p}+\dfrac{1}{q}=1$ より $q(p-1)=p$ となるから，両辺を $\left\{\sum(x_i+y_i)^p\right\}^{\frac{1}{q}}$ で割ると，求める不等式をうる．

系 1　n 次元ベクトル $\boldsymbol{x}, \boldsymbol{y}$ に対して

$$\|\boldsymbol{x}+\boldsymbol{y}\|_p \leqq \|\boldsymbol{x}\|_p + \|\boldsymbol{y}\|_p$$

この系を用いると，ベクトル $\boldsymbol{x}, \boldsymbol{y}$ に対して，p-乗平均距離は

$$d_p(X, Y) = \|\boldsymbol{x} - \boldsymbol{y}\|_p$$

だから，

$$\|\boldsymbol{x} - \boldsymbol{z}\|_p = \|(\boldsymbol{x} - \boldsymbol{y}) + (\boldsymbol{y} - \boldsymbol{z})\|_p \leqq \|\boldsymbol{x} - \boldsymbol{y}\|_p + \|\boldsymbol{y} - \boldsymbol{z}\|_p$$

となって，D3) は満足される．

問3 $a, b, c \geqq 0$；$p, q, r > 1$；$\frac{1}{p} + \frac{1}{q} + \frac{1}{r} = 1$ のとき

$$a^{\frac{1}{p}} b^{\frac{1}{q}} c^{\frac{1}{r}} \leqq \frac{a}{p} + \frac{b}{q} + \frac{c}{r}$$

であることを証明せよ．

問4 問3を一般化して，$a_i \geqq 0$，$p_i > 1$，$\sum \frac{1}{p_i} = 1$ のとき

$$a_1^{\frac{1}{p_1}} a_2^{\frac{1}{p_2}} \cdots\cdots a_n^{\frac{1}{p_n}} \leqq \frac{a_1}{p_1} + \frac{a_2}{p_2} + \cdots\cdots + \frac{a_n}{p_n}$$

であることを証明せよ．

問5 $x_i > 0$ $(i = 1, \cdots, n)$ のとき，$x_1, x_2, \cdots, x_n$ の p-乗平均

$$M_p = \left(\frac{x_1^p + x_2^p + \cdots\cdots + x_n^p}{n}\right)^{\frac{1}{p}}$$

において，$\lim_{p \to 0} M_p = \sqrt[n]{x_1 x_2 \cdots x_n}$ となることを証明せよ．（ヒント．ロピタルの定理を用いて，$\lim_{p \to 0} \log M_p$ を求めよ．）

問6 問5において導入した p-乗平均において

$$M_{-1} \leqq \lim_{p \to 0} M_p \leqq M_1$$

であることを証明せよ．（M_1 は相加平均，M_{-1} は調和平均，$\lim_{p \to 0} M_p$ は幾何平均である）

③ p-乗平均距離の相互関係

定理4 (Jensen の不等式)

$x_i \geqq 0$ $(i = 1, 2, \cdots, n)$，$0 < q < p$，$n \geqq 2$ のとき

$$(x_1^q + x_2^q + \cdots\cdots + x_n^q)^{\frac{1}{q}} \geqq (x_1^p + x_2^p + \cdots\cdots + x_n^p)^{\frac{1}{p}}$$

(証明) (1) $x \geqq 0$ に対して，$a > 0$ のとき

$$f(x) = (x + a)^p - x^p - a^p \quad (p > 1)$$

とおくと

$$f'(x)=p\{(x+a)^{p-1}-x^{p-1}\}>0$$

$$f(0)=0$$

だから，$f(x)$ は単調増加，つまり $f(x)\geqq 0$

$$\therefore\ (x+a)^p\geqq x^p+a^p$$

(2) (1) を繰返し用いると，$x_i\geqq 0, p>1$ のとき

$$\begin{aligned}(x_1+x_2+\cdots\cdots+x_n)^p &\geqq (x_1+\cdots\cdots+x_{n-1})^p+x_n{}^p\\ &\geqq\cdots\cdots\cdots\cdots\\ &\geqq x_1{}^p+x_2{}^p+\cdots\cdots+x_n{}^p\end{aligned}$$

Johan Ludvig William Voldemar Jensen
(1859. 5. 8—1925. 3. 5)

よって

$$x_1+x_2+\cdots\cdots+x_n\geqq(x_1{}^p+x_2{}^p+\cdots\cdots+x_n{}^p)^{\frac{1}{p}}$$

(3) $\dfrac{p}{q}>1$ だから，(2) を用いて，$y_i>0$ のとき

$$y_1+y_2+\cdots\cdots+y_n\geqq(y_1{}^{\frac{p}{q}}+y_2{}^{\frac{p}{q}}+\cdots\cdots+y_n{}^{\frac{p}{q}})^{\frac{q}{p}}$$

$y_i{}^{\frac{p}{q}}=x_i{}^p$ とおくと，$y_i=x_i{}^q$ となり

$$x_1{}^q+x_2{}^q+\cdots\cdots+x_n{}^q\geqq(x_1{}^p+x_2{}^p+\cdots\cdots+x_n{}^p)^{\frac{q}{p}}$$

両辺を $\dfrac{1}{q}$ 乗すれば，求める不等式をうる．

系 1 n 次元空間 $\boldsymbol{R}^n$ 内の 2 点 X, Y の間の p-乗平均距離は

$$d_1(X, Y)\geqq d_2(X, Y)\geqq d_3(X, Y)\geqq\cdots\cdots$$

2 点間の常識的な最短距離 $d_2(X, Y)$ より短い距離があるというのは，一寸奇妙な感じがするが，距離というものの定義の仕方によってはこのようなことも起こりうるのである．

次に，$p\to\infty$ となったとき，p-乗平均距離はどうなるか調べてみよう．

定理 5 $x_i>0(i=1, 2, \cdots, n)$ のとき

$$\lim_{p\to\infty}(x_1{}^p+x_2{}^p+\cdots\cdots+x_n{}^p)^{\frac{1}{p}}=\max(x_1, x_2, \cdots\cdots, x_n)$$

$$\lim_{p\to-\infty}(x_1{}^p+x_2{}^p+\cdots\cdots+x_n{}^p)^{\frac{1}{p}}=\min(x_1, x_2, \cdots\cdots, x_n)$$

（証明）　$\max(x_1, x_2, \cdots\cdots, x_n) = x_j$ とおくと

$$x_j \leqq (x_1{}^p + \cdots\cdots + x_n{}^p)^{\frac{1}{p}}$$

$$= x_j\left\{\left(\frac{x_1}{x_j}\right)^p + \cdots\cdots + \left(\frac{x_n}{x_j}\right)^p\right\}^{\frac{1}{p}}$$

$$\leqq x_j \cdot n^{\frac{1}{p}} \qquad \left(\because\ 0 < \frac{x_i}{x_j} \leqq 1\right)$$

$$x_j \leqq \lim_{p\to\infty}(x_1{}^p + \cdots\cdots + x_n{}^p)^{\frac{1}{p}} \leqq \lim_{p\to\infty} x_j \cdot n^{\frac{1}{p}} = x_j$$

2番目の式も同じように証明できる．

系1　$d_\infty(X, Y) \equiv \lim_{p\to\infty} d_p(X, Y) \leqq d_p(X, Y)$

$d_\infty(X, Z) \leqq d_\infty(X, Y) + d_\infty(Y, Z)$

問7　問5で導入した p-乗平均 M_p に対して

$$\lim_{p\to\infty} M_p = \max(x_1, x_2, \cdots, x_n),\ \lim_{p\to-\infty} M_p = \min(x_1, x_2, \cdots, x_n)$$

であることを証明せよ．

系2　n 次元空間の2点 X, Y に対して

$$nd_\infty(X, Y) \geqq d_1(X, Y) \geqq d_2(X, Y) \geqq \cdots\cdots \geqq d_\infty(X, Y)$$

（証明）　$\boldsymbol{x} - \boldsymbol{y} = \boldsymbol{a}$ とおくと，$d_p(X, Y) = \|\boldsymbol{x} - \boldsymbol{y}\|_p = \|\boldsymbol{a}\|_p$

$$\|\boldsymbol{a}\|_1 = |a_1| + |a_2| + \cdots\cdots + |a_n|$$

$$\leqq n \max(|a_1|, |a_2|, \cdots\cdots, |a_n|)$$

$$= n\|\boldsymbol{a}\|_\infty$$

④　近　　傍

①〜③節において，n 次元空間における いろいろな 距離を考えたが， これら以外にも距離の性質 D1), D2), D3) を満たす量であれば，すべて距離とよんでよい．このような距離が定義されているとき，1つの点 $P \in \boldsymbol{R}_n$ の近所として，P を中心とする任意の半径 ε の超球の内部

$$\boldsymbol{U}_\varepsilon(P) = \{X \mid d(P, X) < \varepsilon\}$$

を考えることができる．これを点 P の **ε–近傍** (ε-neighbourhood) という．

近傍が点 P の近くの空間の性質を局所的に規定できるというのは，超球の半径 ε の値がどんな小さい正の値でもとれるということである．ε は定数ではなく，いくらでも 0 に近づく変数である．だから ε–近傍は，点 P を中心としたあらゆる同心球の集合と考えればよい．

点 P の近傍は必ずしも，球形をしていなくてもよい．図のような点 P を含むケッタイな形であってもよい．ただ P の適当な ε–近傍を含んでおればよい．

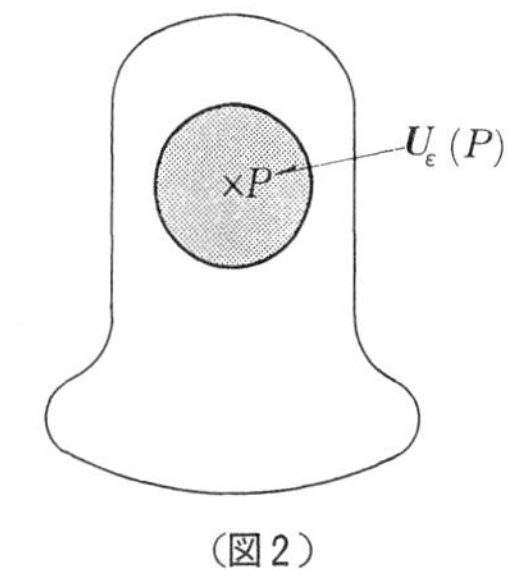

（図2）

すなわち，

適当な $\varepsilon>0$ があって，$\boldsymbol{U}_\varepsilon(P)\subset\boldsymbol{V}$ となるような集合 $\boldsymbol{V}$ を点 P の**近傍**という．

もちろん，P の ε–近傍 $\boldsymbol{U}_\varepsilon(P)$ も明らかに近傍の1つであるが，P の近傍は ε–近傍よりずっと沢山ある．そのような近傍の集合を点 P の**近傍系** (system of neighbourhood) といい，記号で $\boldsymbol{v}(P)$ とかく．

定理 6　点 P の近傍系 $\boldsymbol{v}(P)$ は次の性質をもつ．

N 1)　$\boldsymbol{V}\in\boldsymbol{v}(P)$ ならば $P\in\boldsymbol{V}$

N 2)　$\boldsymbol{V}_1,\boldsymbol{V}_2\in\boldsymbol{v}(P)$ ならば $\boldsymbol{V}_1\cap\boldsymbol{V}_2\in\boldsymbol{v}(P)$

N 3)　$\boldsymbol{V}\in\boldsymbol{v}(P),\boldsymbol{V}\subset\boldsymbol{V}'$ ならば $\boldsymbol{V}'\in\boldsymbol{v}(P)$

N 4)　$\boldsymbol{V}\in\boldsymbol{v}(P)$ に対して適当な $\boldsymbol{W}\in\boldsymbol{v}(P),\boldsymbol{W}\subset\boldsymbol{V}$ があって

$$\boldsymbol{V}\in\boldsymbol{v}(Q)\qquad\qquad(Q\in\boldsymbol{W})$$

N 5)　$P\neq Q$，適当な $\boldsymbol{V}\in\boldsymbol{v}(P),\boldsymbol{W}\in\boldsymbol{v}(Q)$ に対して，$\boldsymbol{V}\cap\boldsymbol{W}=\emptyset$（空集合）としうる．

（証明）

N 1)　は明らか．

N 2)　$\boldsymbol{V}_1,\boldsymbol{V}_2\in\boldsymbol{v}(P)$ より，$\boldsymbol{U}_\varepsilon(P)\subset\boldsymbol{V}_1,\boldsymbol{U}_{\varepsilon'}(P)\subset\boldsymbol{V}_2$ をみたす P の ε–近傍，ε′–近傍が存在する．$\min(\varepsilon,\varepsilon')=\varepsilon''$ とおくと，$\boldsymbol{U}_{\varepsilon''}(P)\subset\boldsymbol{U}_\varepsilon(P),\boldsymbol{U}_{\varepsilon''}(P)\subset$

$\boldsymbol{U}_{\varepsilon'}(P)$ だから

$$\boldsymbol{U}_{\varepsilon''}(P)\subset\boldsymbol{U}_{\varepsilon}(P)\cap\boldsymbol{U}_{\varepsilon'}(P)\subset\boldsymbol{V}_1\cap\boldsymbol{V}_2$$

よって，$\boldsymbol{V}_1\cap\boldsymbol{V}_2$ も P の近傍である．

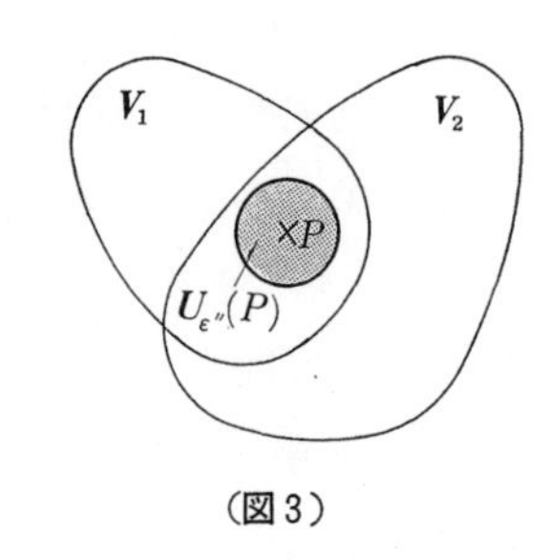

（図3）

N 3)　$\boldsymbol{V}\in\boldsymbol{v}(P)$ より $\boldsymbol{U}_{\varepsilon}(P)\subset\boldsymbol{V}$，$\boldsymbol{V}\subset\boldsymbol{V}'$ より $\boldsymbol{U}_{\varepsilon}(P)\subset\boldsymbol{V}'$

N 4)　$\boldsymbol{V}\in\boldsymbol{v}(P)$ より $\boldsymbol{U}_{\varepsilon}(P)\subset\boldsymbol{V}$，

$$\boldsymbol{W}=\boldsymbol{U}_{\varepsilon}(P)$$

とおくと，任意の $Q\in\boldsymbol{W}$ に対して

$$d(P,Q)<\varepsilon$$

$\varepsilon'=\varepsilon-d(P,Q)>0$ とおくと

$$\boldsymbol{U}_{\varepsilon'}(Q)\subset\boldsymbol{U}_{\varepsilon}(P)$$

となる．なぜなら，$R\in\boldsymbol{U}_{\varepsilon'}(Q)$ をとると，$d(Q,R)<\varepsilon'$ だから

$$d(P,R)\leqq d(P,Q)+d(Q,R)<\varepsilon$$

$$\therefore\ R\in\boldsymbol{U}_{\varepsilon}(P)$$

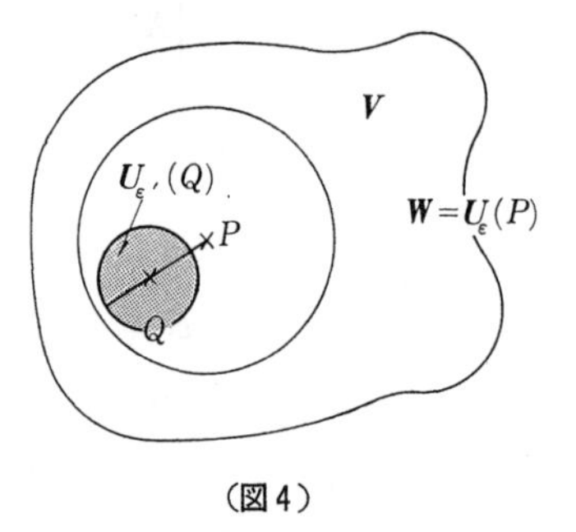

（図4）

よって

$$\boldsymbol{U}_{\varepsilon'}(Q)\subset\boldsymbol{W}\subset\boldsymbol{V}$$

$\boldsymbol{V}$ は Q の近傍である．

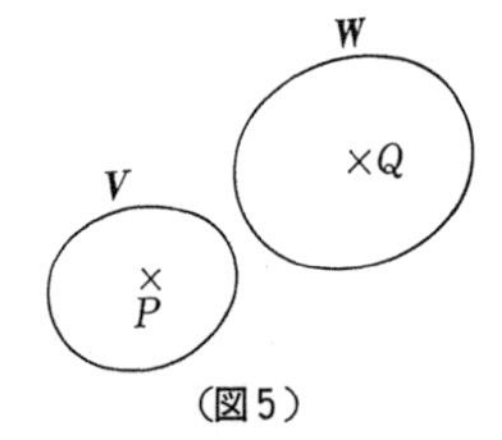

（図5）

N 5)　$\boldsymbol{V}\in\boldsymbol{v}(P)$　より $\boldsymbol{U}_{\varepsilon}(P)=\boldsymbol{V}$

　　$\boldsymbol{W}\in\boldsymbol{v}(Q)$ より $\boldsymbol{U}_{\varepsilon'}(Q)=\boldsymbol{W}$

とおく．$\varepsilon+\varepsilon'<d(P,Q)$ とおくと $\boldsymbol{U}_{\varepsilon}(P)\cap\boldsymbol{U}_{\varepsilon'}(Q)=\emptyset$ ならしめうる．(Q.E.D.)

定理7　距離 $d_2(X,Y)$ で定義される近傍系を $\boldsymbol{v}_2(P)$，距離 $d_1(X,Y)$ で定義される近傍系を $\boldsymbol{v}_1(P)$ とすると $\boldsymbol{v}_1(P)=\boldsymbol{v}_2(P)$

（証明）　$d_1\geqq d_2$ だから

$$d_1(X,Y)<\varepsilon \text{ ならば } d_2(X,Y)<\varepsilon$$

$$\boldsymbol{U}_{\varepsilon}(P)=\{X\mid d_2(P,X)<\varepsilon\}$$

$$\boldsymbol{U}_\varepsilon'(P)=\{X\mid d_1(P,X)<\varepsilon\}$$

とおくと $\boldsymbol{U}_\varepsilon'(P)\subset\boldsymbol{U}_\varepsilon(P)$．したがって

$$\boldsymbol{U}_\varepsilon(P)\subset\boldsymbol{V}\quad \text{ならば}\quad \boldsymbol{U}_\varepsilon'(P)\subset\boldsymbol{V}$$

$$\therefore\quad \boldsymbol{v}_2(P)\supset\boldsymbol{v}_1(P)\qquad\qquad (\mathrm{A})$$

逆に，$\sqrt{2}\,d_2\geqq d_1$ はすぐ証明できるから

$$d_2(X,Y)<\frac{\varepsilon}{\sqrt{2}}\quad \text{ならば}\quad d_1(X,Y)<\varepsilon$$

すなわち

$$\boldsymbol{U}_{\frac{\varepsilon}{\sqrt{2}}}(P)=\left\{X\mid d_2(P,X)<\frac{\varepsilon}{\sqrt{2}}\right\}$$

とおくと　$\boldsymbol{U}_{\frac{\varepsilon}{\sqrt{2}}}(P)\subset\boldsymbol{U}_\varepsilon'(P)$

$$\therefore\quad \boldsymbol{v}_1(P)\supset\boldsymbol{v}_2(P)\qquad\qquad (\mathrm{B})$$

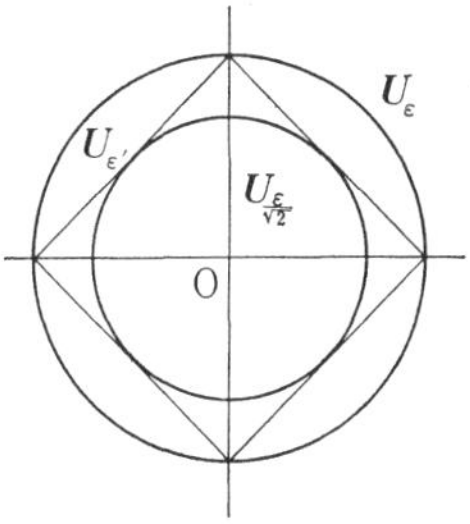

(図6)

(A), (B) より

$$\boldsymbol{v}_1(P)=\boldsymbol{v}_2(P)\qquad\qquad (\mathrm{Q.E.D.})$$

このとき，２つの距離 d_1, d_2 は同値であるという．同値な距離は同じ近傍系を定義する．

系1　p-乗平均距離はすべて同値である．$(1\leqq p\leqq\infty)$

問8　この系を証明せよ．

問9　数直線において，つぎの集合は実数 a の近傍か．ただし $\delta>0$ とする．

(1)　区間 $(a-\delta,\ a+2\delta)$　(2)　区間 $(a-\delta,\ a]$　(3)　$(a-\delta,\ \infty)$

(4)　$\{x\in\boldsymbol{R}\mid |x-a|\leqq\delta\}$　(5)　$\{x\in\boldsymbol{R}\mid x-a$ は有理数$\}$

⑤ 極　　限

$X(\boldsymbol{x})$ の $\boldsymbol{x}$ は点 X の位置ベクトルを表わす．

関数 $\boldsymbol{R}^n\xrightarrow{\ \boldsymbol{f}\ }\boldsymbol{R}^m$ の定義域を $\boldsymbol{D}$ とする．$X(\boldsymbol{x})\in\boldsymbol{D}$ が $X_0(\boldsymbol{x}_0)$ に近づくとき，$\boldsymbol{f}(\boldsymbol{x})$ が $\boldsymbol{y}_0$ にいくらでも近づくならば，$Y_0(\boldsymbol{y}_0)$ を $f(\boldsymbol{x})$ の極限点という．記号で

$$\lim_{x\to x_0}\boldsymbol{f}(\boldsymbol{x})=\boldsymbol{y}_0$$

とかく．論理的にかくと

$$(\forall\varepsilon>0)(\exists\delta>0)\{0<\|\boldsymbol{x}-\boldsymbol{x}_0\|<\delta\longrightarrow\|\boldsymbol{f}(\boldsymbol{x})-\boldsymbol{y}_0\|<\varepsilon\}$$

となる．あるいは

$\boldsymbol{y}_0$ の近傍を $\boldsymbol{V}$ とすると，

$$\boldsymbol{f}(\boldsymbol{D}\cap\boldsymbol{U}_\varepsilon(X_0))\subset\boldsymbol{V}$$

とかいてもよい．ただし

$$\boldsymbol{f}(\boldsymbol{D}\cap\boldsymbol{U}_\varepsilon(X_0))=\{\boldsymbol{f}(X)\mid X\in\boldsymbol{D}\cap\boldsymbol{U}_\varepsilon(X_0)\}$$

である．

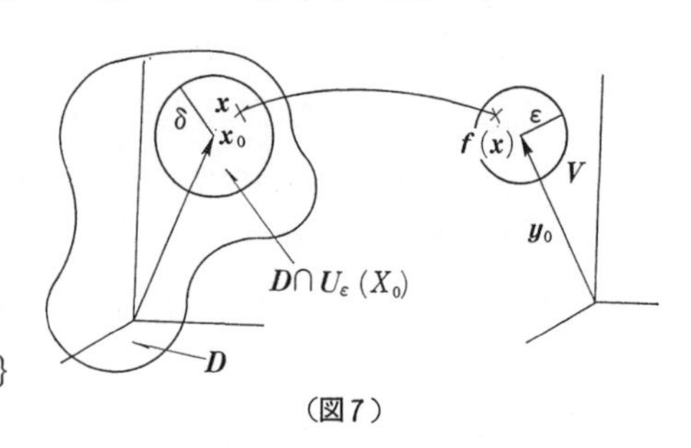

（図7）

例1　$\boldsymbol{R}\xrightarrow{\boldsymbol{f}}\boldsymbol{R}^2$ となる関数 $\boldsymbol{f}(t)=\begin{bmatrix}\cos t\\ \sin t\end{bmatrix}$ は，$\lim_{t\to t_0}\boldsymbol{f}(t)=\boldsymbol{f}(t_0)$ である．

$\cos t, \sin t$ は任意の点 t_0 において連続だから

$$(\forall\varepsilon>0)(\exists\delta>0)\left(0<|t-t_0|<\delta\longrightarrow|\cos t-\cos t_0|<\frac{\varepsilon}{2}\right)$$

$$(\forall\varepsilon>0)(\exists\delta>0)\left(0<|t-t_0|<\delta\longrightarrow|\sin t-\sin t_0|<\frac{\varepsilon}{2}\right)$$

$$\|\boldsymbol{f}(t)-\boldsymbol{f}(t_0)\|=\sqrt{(\cos t-\cos t_0)^2+(\sin t-\sin t_0)^2}$$

$$\leqq|\cos t-\cos t_0|+|\sin t-\sin t_0|<\frac{\varepsilon}{2}+\frac{\varepsilon}{2}=\varepsilon$$

例2　$\boldsymbol{R}^2\xrightarrow{f}\boldsymbol{R}$ の定義域 $\boldsymbol{D}$ は，原点を除く $\boldsymbol{R}^2$ 全体とする．$f(\boldsymbol{x})=\dfrac{e^{x+y}}{x^2+y^2}$

$\boldsymbol{x}=\begin{bmatrix}x\\ y\end{bmatrix}\longrightarrow\boldsymbol{0}=\begin{bmatrix}0\\ 0\end{bmatrix}$ のとき，$y=x$ に沿ってゆくと

$$\lim_{\boldsymbol{x}\to 0}f(\boldsymbol{x})=\lim_{x\to 0}\frac{e^{2x}}{2x^2}=\infty$$

例3　平面 $\boldsymbol{R}^2$ のうち，原点を除くすべての点を定義域とする関数

$$\boldsymbol{R}^2\xrightarrow{f}\boldsymbol{R}\ :\ f(\boldsymbol{x})=\frac{x^2-y^2}{x^2+y^2}$$

を考える．$\boldsymbol{x}=\begin{bmatrix}x\\ y\end{bmatrix}\longrightarrow\begin{bmatrix}0\\ 0\end{bmatrix}$ のとき，$y=\alpha x$ に沿ってゆくと

$$\lim_{\boldsymbol{x}\to\boldsymbol{0}}f(\boldsymbol{x})=\frac{1-\alpha^2}{1+\alpha^2}$$

となって，この値は α に従属する．

[注意]　この例で

$$\lim_{y\to 0}\left[\lim_{x\to 0}\frac{x^2-y^2}{x^2+y^2}\right]=\lim_{y\to 0}\frac{-y^2}{y^2}=-1$$

$$\lim_{x\to 0}\left[\lim_{y\to 0}\frac{x^2-y^2}{x^2+y^2}\right]=\lim_{x\to 0}\frac{x^2}{x^2}=1$$

である．しかし $\lim_{\boldsymbol{x}\to\boldsymbol{0}} f$, すなわち $\lim_{\substack{x\to 0\\ y\to 0}} f$ は上のように存在しない．

問10　次の極限値を求めよ．

(1) $\lim_{\substack{x\to 0\\ y\to 0}}\sqrt{x^2+y^2}$　　(2) $\lim_{\substack{x\to 0\\ y\to 0}}\frac{2xy}{x^2+y^2}$　　(3) $\lim_{\substack{x\to 0\\ y\to 0}}\frac{xy^2}{x^2+y^4}$

定理 8　$\boldsymbol{R}^n \xrightarrow{\boldsymbol{f}} \boldsymbol{R}^m$: $\boldsymbol{f}=\begin{bmatrix} f_1\\ \vdots \\ f_m\end{bmatrix}$, $\boldsymbol{y}_0=\begin{bmatrix} b_1\\ \vdots \\ b_m\end{bmatrix}\in\boldsymbol{R}^m$ とする．

$$\lim_{\boldsymbol{x}\to\boldsymbol{x}_0}\boldsymbol{f}(\boldsymbol{x})=\boldsymbol{y}_0 \tag{A}$$

となるのは，

$$\lim_{\boldsymbol{x}\to\boldsymbol{x}_0} f_i(\boldsymbol{x})=b_i \qquad (i=1, \cdots\cdots, m) \tag{B}$$

になるときに限る．

（証明）(A) が成立するとすると

$$(\forall\varepsilon>0)(\exists\delta>0)\ (0<\|\boldsymbol{x}-\boldsymbol{x}_0\|<\delta \longrightarrow \|\boldsymbol{f}(\boldsymbol{x})-\boldsymbol{y}_0\|<\varepsilon)$$

$$|f_i(\boldsymbol{x})-b_i|\leqq\|\boldsymbol{f}(\boldsymbol{x})-\boldsymbol{y}_0\|<\varepsilon$$

よって (B) が導かれる．

逆に (B) が成立すると，$i=1,\cdots,m$ に対して

$$(\forall\varepsilon>0)(\exists\delta_i>0)\left(0<\|\boldsymbol{x}-\boldsymbol{x}_0\|<\delta_i \longrightarrow |f_i(\boldsymbol{x})-b_i|<\frac{\varepsilon}{\sqrt{m}}\right)$$

いま，$\delta=\min(\delta_1,\cdots,\delta_m)$ にとり，$\boldsymbol{x}$ を $\boldsymbol{f}$ の定義域内にとると

$$0<\|\boldsymbol{x}-\boldsymbol{x}_0\|<\delta \longrightarrow \max\{|f_i(\boldsymbol{x})-b_i|\}\leqq\frac{\varepsilon}{\sqrt{m}}$$

しかるに

$$\|\boldsymbol{x}\|\leqq\sqrt{n}\{\max(|x_1|, \cdots\cdots, |x_n|)\}$$

だから，

$$\|\boldsymbol{f}(\boldsymbol{x})-\boldsymbol{y}_0\|\leqq\sqrt{m}\max_i\{|f_1(\boldsymbol{x})-b_1|, \cdots\cdots, |f_m(\boldsymbol{x})-b_m|\}<\varepsilon$$

例 4 $\boldsymbol{f}(t)=\begin{bmatrix} t \\ t^2 \\ \sin t \end{bmatrix}$ においては $\lim_{t\to 0}\boldsymbol{f}(t)=\begin{bmatrix} \lim_{t\to 0} t \\ \lim_{t\to 0} t^2 \\ \lim_{t\to 0}\sin t \end{bmatrix}=\begin{bmatrix} 0 \\ 0 \\ 0 \end{bmatrix}$

$\boldsymbol{g}(t)=\begin{bmatrix} t \\ t^2 \\ \sin\dfrac{1}{t^2} \end{bmatrix}$ は $t=0$ において極限をもたない.

⑥ 連 続 性

$\boldsymbol{x}$ が $\boldsymbol{x}_0$ に近づくとき，ベクトル関数 $\boldsymbol{f}(\boldsymbol{x})$ が $\boldsymbol{f}(\boldsymbol{x}_0)$ に限りなく近づくとき，$\boldsymbol{f}(\boldsymbol{x})$ は $\boldsymbol{x}=\boldsymbol{x}_0$ において連続であるという．記号で

$$\lim_{\boldsymbol{x}\to\boldsymbol{x}_0}\boldsymbol{f}(\boldsymbol{x})=\boldsymbol{f}(\boldsymbol{x}_0)$$

とかく．論理的には

$$(\forall\varepsilon>0)(\exists\delta>0)\ (0<\|\boldsymbol{x}-\boldsymbol{x}_0\|<\delta \longrightarrow \|\boldsymbol{f}(\boldsymbol{x})-\boldsymbol{f}(\boldsymbol{x}_0)\|<\varepsilon)$$

となる．あるいは，$\boldsymbol{f}(\boldsymbol{x}_0)$ の近傍を $\boldsymbol{V}$ とすると

$$\boldsymbol{f}(\boldsymbol{D}\cap\boldsymbol{U}_\varepsilon(X_0))\subset\boldsymbol{V}$$

となるとき，点 $X_0(\boldsymbol{x}_0)$ で $\boldsymbol{f}(\boldsymbol{x})$ は連続であるという．

定理 9 ベクトル関数が1点で連続であるのは，その座標関数がその点で連続な場合に限る．

問 11 この定理を証明せよ．

問 12 次の関数が連続でない点はどこか．

(1) $\boldsymbol{f}\begin{bmatrix} x \\ y \end{bmatrix}=\begin{bmatrix} \dfrac{1}{x^2}+\dfrac{1}{y^2} \\ x^2+y^2 \end{bmatrix}$ (2) $\boldsymbol{f}\begin{bmatrix} u \\ v \end{bmatrix}=\begin{bmatrix} 3u-4v \\ u+8v \end{bmatrix}$ (3) $\boldsymbol{f}\begin{bmatrix} u \\ v \end{bmatrix}=\begin{bmatrix} v\tan u \\ u\sec v \\ v \end{bmatrix}$

問 13 $\boldsymbol{f}$ と $\boldsymbol{g}$ を同じ定義域と同じ値域をもつベクトル関数とするとき

$$\lim_{\boldsymbol{x}\to\boldsymbol{x}_0}\{\boldsymbol{f}(\boldsymbol{x})+\boldsymbol{g}(\boldsymbol{x})\}=\lim_{\boldsymbol{x}\to\boldsymbol{x}_0}\boldsymbol{f}(\boldsymbol{x})+\lim_{\boldsymbol{x}\to\boldsymbol{x}_0}\boldsymbol{g}(\boldsymbol{x})$$

であることを証せ．ただし $\lim_{\boldsymbol{x}\to\boldsymbol{x}_0}\boldsymbol{f}(\boldsymbol{x})$ と $\lim_{\boldsymbol{x}\to\boldsymbol{x}_0}\boldsymbol{g}(\boldsymbol{x})$ は存在するものとする．

問 題 解 答

問1 D 3) は点 X, Y, Z の位置関係を考慮せよ.

問2 D 3) は $d(f,g)+d(g,h)=\int_0^1|f-g|\,dx+\int_0^1|g-h|\,dx$

$$=\int_0^1\{|f-g|+|g-h|\}\,dx \geqq \int_0^1|f-h|\,dx=d(f,h)$$

問3 $B\geqq 0,\ p,s>1$ かつ $\dfrac{1}{p}+\dfrac{1}{s}=1$ のとき

$$a^{\frac{1}{p}}B^{\frac{1}{s}}\leqq\frac{a}{p}+\frac{B}{s}$$

つづいて $\qquad \dfrac{1}{q}+\dfrac{1}{r}=\dfrac{1}{s},\qquad B^{\frac{1}{s}}=b^{\frac{1}{q}}c^{\frac{1}{r}}$ とおけ.

問5 $\lim\limits_{p\to 0}\log M_p=\lim\limits_{p\to}\dfrac{x_1{}^p\log x_1+\cdots\cdots+x_n{}^p\log x_n}{x_1{}^p+\cdots\cdots+x_n{}^p}=\dfrac{\log x_1\cdots\cdots x_n}{n}$ (ロピタルの定理)

問7 $\max(x_1,\cdots,x_n)=x_j$ とおく.

$$\left(\frac{1}{n}x_j{}^p\right)^{\frac{1}{p}}\leqq\left(\frac{x_1{}^p+\cdots\cdots+x_n{}^p}{n}\right)^{\frac{1}{p}}\leqq\left(\frac{nx_j{}^p}{n}\right)^{\frac{1}{p}}$$

$$n^{-\frac{1}{p}}x_j\leqq M_p\leqq x_j$$

$$\therefore\quad x_j=\lim_{p\to\infty}M_p$$

$\max\left(\dfrac{1}{x_1},\cdots\cdots,\dfrac{1}{x_n}\right)=\dfrac{1}{x_j}$ とおくと,後半も証明できる.

問9 近傍は (1), (3), (4)

問10 (1) 0 (2) $y=mx$ とおくと $2m/(1+m^2)$ (3) $x=ay^2$ とおくと $a/(1+a^2)$

問12 (1) $x=0$ または $y=0$ (2) 不連続点なし

(3) $u=n\pi+\pi/2,\ u=m\pi+\pi/2\ (m,n\in\boldsymbol{N})$

第 3 講　微分幾何学序説

微分幾何は古典的な立体解析幾何学の延長ではあったが，ベクトル記法で面目を一新する．

①　ベクトル値実関数の微分と積分

$\boldsymbol{R} \xrightarrow{\boldsymbol{f}} \boldsymbol{R}^m$ を閉区間 $[a, b]$ で定義された関数

$$\boldsymbol{f}(t)=\begin{bmatrix} f_1(t) \\ \vdots \\ f_m(t) \end{bmatrix}$$

で，おのおのの座標関数は開区間 (a, b) で微分可能とするとき，$\boldsymbol{f}(t)$ を t で微分するということは

$$D\boldsymbol{f}(t)=\begin{bmatrix} Df_1(t) \\ \vdots \\ Df_m(t) \end{bmatrix} \quad \text{で，その結果を} \quad \boldsymbol{f}'(t)=\begin{bmatrix} f_1{}'(t) \\ \vdots \\ f_m{}'(t) \end{bmatrix} \tag{1}$$

で表わす．またこのとき，$\boldsymbol{f}(t)$ は開区間 (a, b) で微分可能であるという．

例 1

① $\boldsymbol{f}(t)=\begin{bmatrix} t \\ t^2 \\ t^3 \end{bmatrix}$ ならば $\boldsymbol{f}'(t)=\begin{bmatrix} 1 \\ 2t \\ 3t^2 \end{bmatrix}$

② $\boldsymbol{f}(t)=\begin{bmatrix} \cos t \\ \sin t \\ t \end{bmatrix}$ ならば $\boldsymbol{f}'(t)=\begin{bmatrix} -\sin t \\ \cos t \\ 1 \end{bmatrix}$

定理 1 $\boldsymbol{f}(t)$, $\boldsymbol{g}(t)$ を区間 $[a,b]$ で定義されたベクトル値実関数, $h(t)$ を区間 $[a,b]$ で定義された実変数実関数とする. $\boldsymbol{f}(t), \boldsymbol{g}(t), h(t)$ いずれも区間 (a,b) で微分可能とするとき

(1) $D\{\boldsymbol{f}(t)+\boldsymbol{g}(t)\}=D\boldsymbol{f}(t)+D\boldsymbol{g}(t)$

(2) $D\{\boldsymbol{f}(t)\boldsymbol{g}(t)\}=\{D\boldsymbol{f}(t)\}\boldsymbol{g}(t)+\boldsymbol{f}(t)\{D\boldsymbol{g}(t)\}$

(3) $D\{\boldsymbol{f}(t)h(t)\}=\{D\boldsymbol{f}(t)\}h(t)+\boldsymbol{f}(t)\{Dh(t)\}$

(4) $D_t\{\boldsymbol{f}(h)t)\}=D_h\boldsymbol{f}(h)\ D_th(t)$

(証明) (2) のみ証明する.

$$\boldsymbol{f}(t)\boldsymbol{g}(t)=\sum_{i=1}^{m} f_i(t)g_i(t)$$

$$\begin{aligned} D\{\boldsymbol{f}(t)\boldsymbol{g}(t)\} &= \sum_{i=1}^{m} D\{f_i(t)g_i(t)\} \\ &= \sum_{i=1}^{m} \{f_i'(t)g_i(t)+f_i(t)g_i'(t)\} \\ &= \sum_{i=1}^{m} f_i'(t)g_i(t)+\sum_{i=1}^{m} f_i(t)g_i'(t) \\ &= \boldsymbol{f}'(t)\boldsymbol{g}(t)+\boldsymbol{f}(t)\boldsymbol{g}'(t)=\text{右辺} \end{aligned}$$

問 1 定理 1 の (1), (3), (4) を証明せよ.

問 2 c を定数, $\boldsymbol{f}(t)$ をベクトル値実関数で, (a,b) で微分可能とするとき

$$D\{c\boldsymbol{f}(t)\}=cD\boldsymbol{f}(t)$$

であることを証明せよ.

問 3 $\boldsymbol{f}(t)$ がベクトル値実関数, ある区間で微分可能で, $\mathbf{0}$ にならないものとするとき

(1) $\boldsymbol{f}(t)\boldsymbol{f}'(t)=\|\boldsymbol{f}(t)\|D\|\boldsymbol{f}(t)\|$ を証明せよ.

(2) $\boldsymbol{f}(t)\boldsymbol{f}'(t)=0$ である場合に限り, $\|\boldsymbol{f}(t)\|$ は定数であることを証明せよ.

$D\boldsymbol{f}(t)=\boldsymbol{f}'(t)$ を

$$\frac{d\boldsymbol{f}(t)}{dt}=\begin{bmatrix} \dfrac{df_1(t)}{dt} \\ \vdots \\ \dfrac{df_m(t)}{dt} \end{bmatrix}$$

とかく. $\dfrac{df_1}{dt}, \cdots, \dfrac{df_m}{dt}$ は, $\boldsymbol{f}(t)=\boldsymbol{y}$ で表わされる曲線の上の任意の点における各座標軸方向の局所正比例の比例定数である.

そこで

$$\frac{d\boldsymbol{f}(t)}{dt}dt=\begin{bmatrix}\dfrac{df_1(t)}{dt}\\ \vdots\\ \dfrac{df_m(t)}{dt}\end{bmatrix}dt=\begin{bmatrix}\dfrac{df_1(t)}{dt}dt\\ \vdots\\ \dfrac{df_m(t)}{dt}dt\end{bmatrix}$$

より

$$d\boldsymbol{f}(t)=\begin{bmatrix}df_1(t)\\ \vdots\\ df_m(t)\end{bmatrix}=\boldsymbol{f}'(t)dt \tag{2}$$

をうる．$d\boldsymbol{f}(t)$ を $\boldsymbol{f}(t)$ の微分という．

定理 2　定理1と同じ条件のもとで

(1)　$d\{\boldsymbol{f}(t)+\boldsymbol{g}(t)\}=d\boldsymbol{f}(t)+d\boldsymbol{g}(t)$　　（関数の和の微分）

(2)　$d\{\boldsymbol{f}(h(t))\}=\boldsymbol{f}'(h)\,dh(t)$　　（合成関数の微分）

である．

$\boldsymbol{R}\xrightarrow{\boldsymbol{F}}\boldsymbol{R}^m$ であるベクトル値実関数 $\boldsymbol{F}$ があって，区間 (a,b) 上で

$$D\boldsymbol{F}(t)=\boldsymbol{f}(t)$$

となるようなベクトル値実関数 $\boldsymbol{f}(t)$ があるとき，$\boldsymbol{F}$ を $\boldsymbol{f}$ の**原始関数**という．

定理 3　$\boldsymbol{f}$ の任意の原始関数 $\boldsymbol{G}$ は，1つ原始関数を $\boldsymbol{F}$ とすると

$$\boldsymbol{G}=\boldsymbol{F}+\boldsymbol{c},\qquad \boldsymbol{c}\text{ は定数ベクトル}$$

（証明）　$d(\boldsymbol{G}-\boldsymbol{F})=d\boldsymbol{G}-d\boldsymbol{F}=\boldsymbol{f}dt-\boldsymbol{f}dt=\boldsymbol{0}$

$\boldsymbol{H}=\boldsymbol{G}-\boldsymbol{F}$ とおくと，$d\boldsymbol{H}=\boldsymbol{0}\,dt$ だから

　すべての i について　$dH_i(t)=0$

$$H_i(t_1)=H_i(t_2)=\text{一定}$$

$$\therefore\quad \boldsymbol{H}(t)=\boldsymbol{c}$$　（Q.E.D.）

　この定理によって，定ベクトル差を無視すると，原始関数は一意的にきまる．それを

$$\int\boldsymbol{f}(t)dt$$

とかく．そして

$$dF(t)=f(t)dt$$

は成分に分けると

$$\begin{bmatrix} dF_1(t) \\ \vdots \\ dF_m(t) \end{bmatrix}=\begin{bmatrix} f_1(t)dt \\ \vdots \\ f_m(t)dt \end{bmatrix}$$

だから，

$$\int f(t)dt=\begin{bmatrix} \int f_1(t)dt \\ \vdots \\ \int f_m(t)dt \end{bmatrix}$$

定理 4　$f(t), g(t)$ を $R \longrightarrow R^m$ なるベクトル値実関数で，原始関数をもつとする．そのとき

(1)　$\int\{f(t)+g(t)\}dt=\int f(t)dt+\int g(t)dt$

(2)　$\int kf(t)dt=k\int f(t)dt$

また，$f(t)$ が t について微分可能，$h(t)$ を微分可能な実数値実関数とするとき

(3)　$\int h'(t)f(t)dt=h(t)f(t)-\int h(t)f'(t)dt$　　（部分積分法）

(4)　$\int f(h)dh=\int f\{h(t)\}h'(t)dt$　　（置換積分法）

問 4　定理 4 を証明せよ．

問 5　$R \xrightarrow{f} R^m$ を区間 $[a,b]$ の上で定義されている関数とする．区間 $[a,b]$ 上の $f(t)$ の定積分を

$$\int_a^b f(t)dt=\begin{bmatrix} \int_a^b f_1(t)dt \\ \vdots \\ \int_a^b f_m(t)dt \end{bmatrix}$$

によって定義する．そのとき

(1)　$\int_a^b kf(t)dt=k\int_a^b f(t)dt$　　（k は任意の実数）

(2) $\int_a^b \boldsymbol{k}\boldsymbol{f}(t)dt=\boldsymbol{k}\int_a^b \boldsymbol{f}(t)dt$　　($\boldsymbol{k}$ は任意の定数ベクトル)

(3) $\boldsymbol{f}(t)$ が区間 (a,b) で微分可能ならば

$$\int_a^b \boldsymbol{f}'(t)dt=\boldsymbol{f}(b)-\boldsymbol{f}(a)$$

(4) さらに $\boldsymbol{g}(t)$ も $\boldsymbol{R} \longrightarrow \boldsymbol{R}^m$ の関数で，$[a,b]$ 上で定義されているならば

$$\int_a^b \{\boldsymbol{f}(t)+\boldsymbol{g}(t)\}dt=\int_a^b \boldsymbol{f}(t)dt+\int_a^b \boldsymbol{g}(t)dt$$

(5) $\left\|\int_a^b \boldsymbol{f}(t)dt\right\| \leqq \int_a^b \|\boldsymbol{f}(t)\|dt$

であることを証明せよ．

問6 (1) $0 \leqq t \leqq \dfrac{\pi}{2}$ に対して，$\boldsymbol{f}(t)=\begin{bmatrix}\cos t\\ \sin t\end{bmatrix}$ のとき，$\int_0^{\frac{\pi}{2}} \boldsymbol{f}(t)dt$ を求めよ．

(2) $0 \leqq t \leqq 1$ に対して，$\boldsymbol{f}(t)=\begin{bmatrix}t\\ t^2\\ t^3\end{bmatrix}$ のとき，$\int_0^1 \boldsymbol{f}(t)dt$ を求めよ．

(3) $\dfrac{d^2\boldsymbol{f}}{dt^2}=D(D\boldsymbol{f})$ ときめる．$\boldsymbol{f}(t)=\begin{bmatrix}5t^2\\ t\\ -t^3\end{bmatrix}$ のとき，$\dfrac{d^2\boldsymbol{f}}{dt^2}$ を求めよ．

(4) $\dfrac{d^2\boldsymbol{f}}{dt^2}=\begin{bmatrix}6t\\ -24t^2\\ 4\sin t\end{bmatrix}$ のとき，$\boldsymbol{f}(t)$ を求めよ．ただし初期値は $\boldsymbol{f}(0)=\begin{bmatrix}2\\ 1\\ 0\end{bmatrix}$,

$\dfrac{d\boldsymbol{f}(0)}{dt}=\begin{bmatrix}-1\\ 0\\ -3\end{bmatrix}$

問7 $\dfrac{d\boldsymbol{x}}{dt}+P(t)\boldsymbol{x}=\boldsymbol{Q}(t)$ を満たすベクトル値実関数 $\boldsymbol{x}$ は

$$\boldsymbol{x}=e^{-\int Pdt}\left\{\int \boldsymbol{Q}e^{\int Pdt}dt+\boldsymbol{c}\right\}$$

であることを示せ．ただし，$\boldsymbol{Q}(t)$ は $\boldsymbol{x}$ と同じ次元のベクトル関数，$\boldsymbol{c}$ は $\boldsymbol{x}$ と同じ次元の定数ベクトルである．

問8 ベクトル値微分方程式

$$\frac{d^2\boldsymbol{x}}{dt^2}+a\frac{d\boldsymbol{x}}{dt}+b\boldsymbol{x}=\boldsymbol{0} \qquad (a,b \text{ は定数})$$

の解は，$\lambda^2+a\lambda+b=0$ の2根を α,β とするとき

$\alpha \neq \beta$ ならば $\boldsymbol{x}(t)=\boldsymbol{c}_1e^{\alpha t}+\boldsymbol{c}_2e^{\beta t}$

$\alpha=\beta$ ならば $\boldsymbol{x}(t)=e^{\alpha t}(\boldsymbol{c}_1t+\boldsymbol{c}_2)$

であることを証明せよ．ただし，$\boldsymbol{c}_1,\boldsymbol{c}_2$ は x と同じ次元の定数ベクトルである．

問9 $\boldsymbol{x}(t),\boldsymbol{y}(t)$ を同じ次元の未知のベクトル値実関数とするとき

(1) $\begin{cases}\dfrac{d\boldsymbol{x}}{dt}=-\boldsymbol{y}\\ \dfrac{d\boldsymbol{y}}{dt}=\boldsymbol{x}\end{cases}$　　(2) $\begin{cases}\dfrac{d\boldsymbol{x}}{dt}=\boldsymbol{y}\\ \dfrac{d\boldsymbol{y}}{dt}=\boldsymbol{x}\end{cases}$

を解け．

② 接線と法線

ベクトル値実関数 $\boldsymbol{x}(t)$ の微分法の意味を幾何学的に考えてみよう．t を時間と考え，$\boldsymbol{x}(t)$ を位置ベクトルと考えると，$\boldsymbol{x}(t)$ の終点 P_t のえがく図形が曲線である．P_t の座標が $(x(t), y(t), z(t))$ ならば

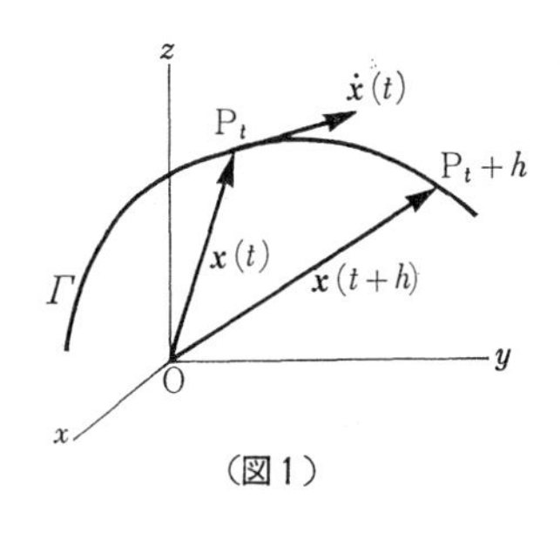

（図1）

$$\boldsymbol{x}(t)=\overrightarrow{\mathrm{OP}_t}=\begin{bmatrix} x(t) \\ y(t) \\ z(t) \end{bmatrix}$$

なのである．（ここでは一般的な次元への拡張も考慮して，3次元空間で考えることにする）各座標関数が t の動くある区間で連続であるとき**連続曲線**，また t について k 回連続微分可能な関数のとき $\boldsymbol{C^k}$**級曲線**という．

Γ を C^k 級曲線 $(k \geqq 1)$ とし，t を定義域内の実数とする．h を t の微小な増分とし，2点 $\mathrm{P}_t, \mathrm{P}_{t+h}$ を結ぶ直線の方向ベクトルは

$$\Delta\boldsymbol{x}(t)=\boldsymbol{x}(t+h)-\boldsymbol{x}(t)$$

もしくは $h \neq 0$ ならば

$$\frac{\Delta\boldsymbol{x}(t)}{\Delta t}=\frac{\boldsymbol{x}(t+h)-\boldsymbol{x}(t)}{\Delta t}$$

である．$h \to 0$ のときの極限 $\dfrac{d\boldsymbol{x}(t)}{dt}$ は，$\mathrm{P}_{t+h} \to \mathrm{P}_t$ のときの極限状態で生ずる直線，つまり Γ の P_t における**接線**（tangent）**の方向ベクトル**である．今後慣習によって，時間 t で微分したものを，$\dot{\boldsymbol{x}}(t)$ とかく．接線の方程式は，パラメーター λ を使って

$$\boldsymbol{X}=\boldsymbol{x}(t)+\dot{\boldsymbol{x}}(t)\lambda \tag{3}$$

もしくは，成分に分けると

$$\begin{cases} X=x(t)+\dot{x}(t)\lambda \\ Y=y(t)+\dot{y}(t)\lambda \\ Z=z(t)+\dot{z}(t)\lambda \end{cases} \tag{4}$$

もしくは　　$\dot{x}(t), \dot{y}(t), \dot{z}(t) \neq 0$　ならば

$$\frac{X-x(t)}{\dot{x}(t)}=\frac{Y-y(t)}{\dot{y}(t)}=\frac{Z-z(t)}{\dot{z}(t)} \qquad (5)$$

[註]　運動からパラメーターとしての時間を無視して曲線そのものを考えるとき，そこに多様体（1次元）の概念が生ずる．

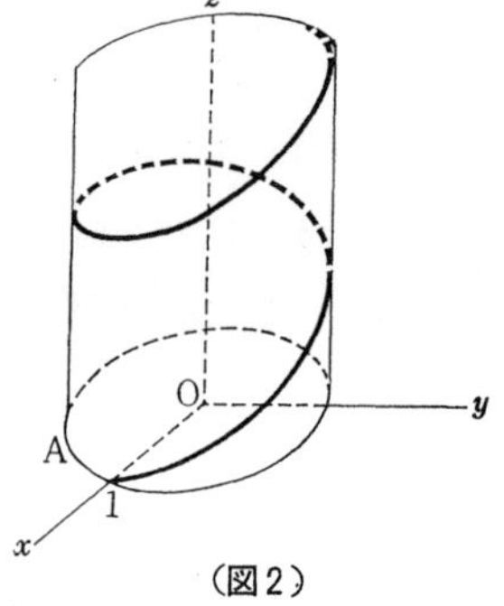

(図2)

[註]　$\boldsymbol{x}(t)=\mathbf{0}$ のとき，すなわち　$\dot{x}(t)=\dot{y}(t)=\dot{z}(t)=0$　なる t の値に対して (5) は直線の方程式にならない．Γ が $\boldsymbol{C}^1$級曲線のとき，

$x^2(t)+y^2(t)+z^2(t)=0$

をみたす特異点では接線は定義されない．

例2　螺線

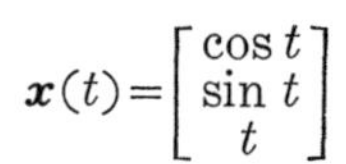

$$\boldsymbol{x}(t)=\begin{bmatrix}\cos t\\ \sin t\\ t\end{bmatrix}$$

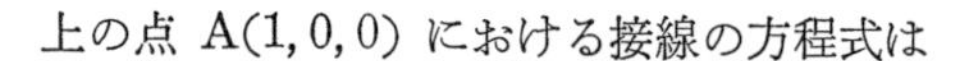

上の点 A(1, 0, 0) における接線の方程式は

$$\boldsymbol{X}=\boldsymbol{x}(0)+\dot{\boldsymbol{x}}(0)\lambda$$

$$\boldsymbol{X}=\begin{bmatrix}0\\1\\1\end{bmatrix}\lambda+\begin{bmatrix}1\\0\\0\end{bmatrix}$$

すなわち

$$X=1, \qquad Y=Z$$

である．

問10　与えられた曲線上の指定された点での接線のパラメーター方程式をかけ．

(1)　$\boldsymbol{x}(t)=\begin{bmatrix}\cos 4t\\ \sin 4t\\ t\end{bmatrix}$, $t=\frac{\pi}{8}$　　　(2)　$\boldsymbol{x}(t)=\begin{bmatrix}t\\ 2t\\ t^2\end{bmatrix}$, $t=1$

(3)　$\boldsymbol{x}(t)=\begin{bmatrix}e^{3t}\\ e^{-3t}\\ 3\sqrt{2}\,t\end{bmatrix}$, $t=1$

問11　曲線 $x=a\cos t$, $y=a\sin t$, $z=ct$ の接線は z 軸と定角をなすことを示せ．

問12　曲線 $x=f(t)$, $y=g(t)$, $z=\int\sqrt{\dot{f}^2+\dot{g}^2}\,dt$ の接線は z 軸と定角をなすことを示せ．

問13　2曲線 $\boldsymbol{x}(t)=\begin{bmatrix}e^t\\ e^{2t}\\ 1-e^{-t}\end{bmatrix}$, $\boldsymbol{y}(t)=\begin{bmatrix}1-t\\ \cos t\\ \sin t\end{bmatrix}$ は点 (1, 1, 0) で交わることを示し，こ

の点におけるそれらの接線の間の角を求めよ．

曲線を質点Pの運動の軌跡と考えると，$\dot{\boldsymbol{x}}(t)$ は**速度ベクトル** (velocity vector) である．また，速度ベクトル $\dot{\boldsymbol{x}}(t)$ が存在すれば

$$\left|\frac{\|\boldsymbol{x}(t+h)-\boldsymbol{x}(t)\|}{|h|}-\|\dot{\boldsymbol{x}}(t)\|\right| \leqq \left\|\frac{\boldsymbol{x}(t+h)-\boldsymbol{x}(t)}{h}-\dot{\boldsymbol{x}}(t)\right\|$$

だから

$$\lim_{h\to 0}\frac{\|\boldsymbol{x}(t+h)-\boldsymbol{x}(t)\|}{|h|}=\|\dot{\boldsymbol{x}}(t)\|$$

となる．$\|\dot{\boldsymbol{x}}(t)\|$ は平均変位量の極限で，**速さ** (speed) である．力学では

$$\boldsymbol{v}(t)=\dot{\boldsymbol{x}}(t), \quad v(t)=\|\dot{\boldsymbol{x}}(t)\| \tag{6}$$

とかくことがある．それで

$$\boldsymbol{t}=\frac{\boldsymbol{v}}{v} \tag{7}$$

は**接線単位ベクトル**という．また

$$\boldsymbol{a}=\frac{d\dot{\boldsymbol{x}}}{dt}=\ddot{\boldsymbol{x}}=\dot{\boldsymbol{v}} \tag{8}$$

を加速度ベクトル (acceleration vector) という．(7) を (8) に代入すると

$$\boldsymbol{a}=\frac{d(v\boldsymbol{t})}{dt}=\frac{dv}{dt}\boldsymbol{t}+v\dot{\boldsymbol{t}} \tag{9}$$

$$\boldsymbol{n}=\frac{\dot{\boldsymbol{t}}}{\|\dot{\boldsymbol{t}}\|} \tag{10}$$

とおくと，$\boldsymbol{n}$ は単位ベクトルである．また，$\|\boldsymbol{t}\|=1$ より $\boldsymbol{t}\dot{\boldsymbol{t}}=0$, よって

$$\boldsymbol{n}\boldsymbol{t}=0 \tag{11}$$

すなわち，$\boldsymbol{n}$ は接線方向と垂直な方向の単位ベクトルで，**主法線単位ベクトル** (principal normal unit vector) という．

曲線 $\Gamma : t \longmapsto \boldsymbol{x}(t)$ 上の点 P_t における主法線の方程式は

$$\boldsymbol{X}=\boldsymbol{x}(t)+\boldsymbol{n}\lambda \tag{12}$$

成分でかくと

$$\frac{X-x(t)}{n_x}=\frac{Y-y(t)}{n_y}=\frac{Z-z(t)}{u_z} \tag{13}$$

または (10) 式を用いて

$$\frac{X-x(t)}{\ddot{x}(t)}=\frac{Y-y(t)}{\ddot{y}(t)}=\frac{Z-z(t)}{\ddot{z}(t)} \tag{14}$$

となる．

問14　螺線　　$\boldsymbol{x}(t)=\begin{bmatrix} a\cos t \\ a\sin t \\ bt \end{bmatrix}$　　（ただし $a,b>0$）

上の任意の点における速度ベクトル，速さ，加速度ベクトル，主法線単位ベクトルを求めよ．

③　ベクトル積

ベクトル積は3次元のベクトルに対してしか定義されない．

ベクトル　$\boldsymbol{t}=\begin{bmatrix} t_x \\ t_y \\ t_z \end{bmatrix}$，$\boldsymbol{n}=\begin{bmatrix} n_x \\ n_y \\ n_z \end{bmatrix}$　に対して

$$b_x=t_yn_z-t_zn_y=\begin{vmatrix} t_y & n_y \\ t_z & n_z \end{vmatrix},\quad b_y=t_zn_x-t_xn_z=-\begin{vmatrix} t_x & n_x \\ t_z & n_z \end{vmatrix},$$

$$b_z=t_xn_y-t_yn_x=\begin{vmatrix} t_x & n_x \\ t_y & n_y \end{vmatrix}$$

を各成分にもつようなベクトルを

$$\boldsymbol{b}=\boldsymbol{t}\times\boldsymbol{n}$$

とかき，$\boldsymbol{t}$ と $\boldsymbol{n}$ の**ベクトル積**（または**外積** outer product）という．

$$\boldsymbol{tb}=t_x(t_yn_z-t_zn_y)+t_y(t_zn_x-t_xn_z)+t_z(t_xn_y-t_yn_x)=0$$

同様にして，$\boldsymbol{nb}=0$ なることもいえるから，ベクトル $\boldsymbol{b}$ は $\boldsymbol{t}$ および $\boldsymbol{n}$（したがって，接線と法線によって作られる平面―接触平面）に垂直である．さらに

$$\begin{aligned} \|\boldsymbol{b}\| &= \sqrt{(t_yn_z-t_zn_y)^2+(t_zn_x-t_xn_z)^2+(t_xn_y-t_yn_x)^2} \\ &= \sqrt{(t_x^2+t_y^2+t_z^2)(n_x^2+n_y^2+n_z^2)-(t_xn_x+t_yn_y+t_zn_z)^2} \\ &= \sqrt{\|\boldsymbol{t}\|^2\|\boldsymbol{n}\|^2-(\boldsymbol{tn})^2} \\ &= \sqrt{\|\boldsymbol{t}\|^2\|\boldsymbol{n}\|^2(1-\cos^2\theta)}=\|\boldsymbol{t}\|\,\|\boldsymbol{n}\|\sin\theta \quad \left(\text{ただし } (\widehat{\boldsymbol{t},\boldsymbol{n}})=\theta=\frac{\pi}{2}\right) \\ &= 1 \qquad (\boldsymbol{t}\perp\boldsymbol{n} \text{ より}) \end{aligned}$$

$\boldsymbol{b}$ を**陪法線単位ベクトル**（binormal unit vector）という．

問15　3次元ベクトル $\boldsymbol{a},\boldsymbol{b},\boldsymbol{c}$ に対して

(1)　$\boldsymbol{a}\times\boldsymbol{b}=-(\boldsymbol{b}\times\boldsymbol{a})$，　$\boldsymbol{a}\times\boldsymbol{a}=\boldsymbol{0}$

(2) $\boldsymbol{a}\times(\boldsymbol{b}+\boldsymbol{c})=\boldsymbol{a}\times\boldsymbol{b}+\boldsymbol{a}\times\boldsymbol{c}$

$(\boldsymbol{b}+\boldsymbol{c})\times\boldsymbol{a}=\boldsymbol{b}\times\boldsymbol{a}+\boldsymbol{c}\times\boldsymbol{a}$

(3) 任意の実数 k に対して

$$(\boldsymbol{a}k)\times\boldsymbol{b}=(\boldsymbol{a}\times\boldsymbol{b})k=\boldsymbol{a}\times(\boldsymbol{b}k)$$

(4) $(\boldsymbol{a}\times\boldsymbol{b})\times\boldsymbol{c}=(\boldsymbol{a}\boldsymbol{c})\boldsymbol{b}-(\boldsymbol{b}\boldsymbol{c})\boldsymbol{a}$

(5) $\boldsymbol{a}(\boldsymbol{b}\times\boldsymbol{c})=-\boldsymbol{b}(\boldsymbol{a}\times\boldsymbol{c})$

(6) $\boldsymbol{a}(\boldsymbol{a}\times\boldsymbol{b})=0$

であることを証明せよ．

問16 $\quad \boldsymbol{i}=\begin{bmatrix}1\\0\\0\end{bmatrix},\quad \boldsymbol{j}=\begin{bmatrix}0\\1\\0\end{bmatrix},\quad \boldsymbol{k}=\begin{bmatrix}0\\0\\1\end{bmatrix}$ に対して

(1) $\boldsymbol{i}\times\boldsymbol{i}=\boldsymbol{j}\times\boldsymbol{j}=\boldsymbol{k}\times\boldsymbol{k}=\boldsymbol{0}$

(2) $\boldsymbol{j}\times\boldsymbol{k}=-\boldsymbol{k}\times\boldsymbol{j}=\boldsymbol{i},\ \boldsymbol{k}\times\boldsymbol{i}=-\boldsymbol{i}\times\boldsymbol{k}=\boldsymbol{j},\ \boldsymbol{i}\times\boldsymbol{j}=-\boldsymbol{j}\times\boldsymbol{i}=\boldsymbol{k}$

であることを証明せよ．

問17 $\boldsymbol{f}(t),\boldsymbol{g}(t)$ を $\boldsymbol{R}\longrightarrow\boldsymbol{R}^3$ なるベクトル値実関数とするとき

(1) $D(\boldsymbol{f}\times\boldsymbol{g})=(D\boldsymbol{f})\times\boldsymbol{g}+\boldsymbol{f}\times(D\boldsymbol{g})$

(2) $D(\boldsymbol{f}\times\boldsymbol{f}')=\boldsymbol{f}\times\boldsymbol{f}''$

(3) $\int(\boldsymbol{f}\times\boldsymbol{g}')dt=\boldsymbol{f}\times\boldsymbol{g}-\int(\boldsymbol{f}'\times\boldsymbol{g})dt$

であることを証明せよ．

曲線 $\Gamma : t\longmapsto\boldsymbol{x}(t)$ 上の点 P_t（位置ベクトルは $\boldsymbol{x}(t)$）を含み

$\dot{\boldsymbol{x}}(t),\ \ddot{\boldsymbol{x}}(t)$ を含む平面を**接触平面** (osculating plane)

$\ddot{\boldsymbol{x}}(t),\ \dot{\boldsymbol{x}}(t)\times\ddot{\boldsymbol{x}}(t)$ を含む平面を**法平面** (normal plane)

$\dot{\boldsymbol{x}}(t),\ \dot{\boldsymbol{x}}(t)\times\ddot{\boldsymbol{x}}(t)$ を含む平面を**展直面** (rectifying plane)

という．

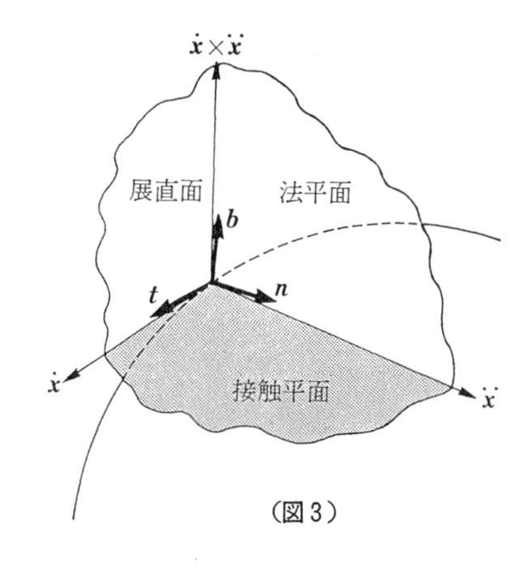

（図3）

例3 螺線

$$\boldsymbol{x}(t)=\begin{bmatrix}\cos t\\ \sin t\\ t\end{bmatrix},$$

$t=\dfrac{\pi}{2}$ における接触平面，法平面，展直面の方程式を求めよ．

（解）

$$\boldsymbol{x}(t)=\begin{bmatrix}-\sin t\\ \cos t\\ 1\end{bmatrix},$$

$$\ddot{\boldsymbol{x}}(t)=\begin{bmatrix}-\cos t\\-\sin t\\0\end{bmatrix},\qquad \dot{\boldsymbol{x}}(t)\times\ddot{\boldsymbol{x}}(t)=\begin{bmatrix}\sin t\\-\cos t\\1\end{bmatrix}$$

$$\boldsymbol{x}\left(\frac{\pi}{2}\right)=\begin{bmatrix}0\\1\\\frac{\pi}{2}\end{bmatrix},\ \dot{\boldsymbol{x}}\left(\frac{\pi}{2}\right)=\begin{bmatrix}-1\\0\\1\end{bmatrix},\ \ddot{\boldsymbol{x}}\left(\frac{\pi}{2}\right)=\begin{bmatrix}0\\-1\\0\end{bmatrix},\ \dot{\boldsymbol{x}}\left(\frac{\pi}{2}\right)\times\ddot{\boldsymbol{x}}\left(\frac{\pi}{2}\right)=\begin{bmatrix}1\\0\\1\end{bmatrix}$$

接触平面

$$\left(X,\ Y-1,\ Z-\frac{\pi}{2}\right)\begin{bmatrix}1\\0\\1\end{bmatrix}=0,\qquad X+Z=\frac{\pi}{2}$$

法平面

$$\left(X,\ Y-1,\ Z-\frac{\pi}{2}\right)\begin{bmatrix}-1\\0\\1\end{bmatrix}=0,\qquad -X+Z=\frac{\pi}{2}$$

展直面

$$\left(X,\ Y-1,\ Z-\frac{\pi}{2}\right)\begin{bmatrix}0\\-1\\0\end{bmatrix}=0,\qquad Y=1$$

問18　曲線 $\Gamma : t\longmapsto\begin{bmatrix}t\\t^2\\t^3\end{bmatrix}$ 上の点 P_t における接触平面，法平面，展直面を求めよ．

④　曲線弧の長さ

曲線 Γ が $t\longmapsto\boldsymbol{f}(t)$ によって規定されているものとする．$\boldsymbol{f}(t)$ の定義域は，閉区間 $[a,b]$ とする．この定義域を細分して

$$\triangle : a=t_0<t_1<t_2<\cdots<t_K=b$$

とする．$\boldsymbol{f}(t_k)$ $(k=0,1,\cdots,K)$ なる点は Γ 上に存在することはいうまでもない．Γ に接する折れ線の長さは

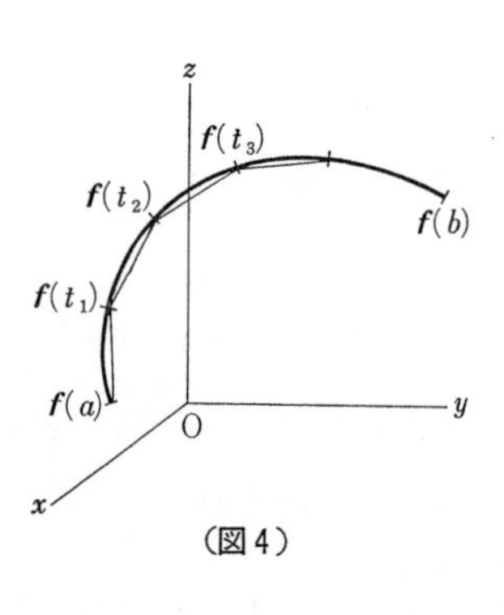

（図4）

$$l_\triangle=\sum_{k=1}^{K}\|\boldsymbol{f}(t_k)-\boldsymbol{f}(t_{k-1})\|$$

$$=\sum_{k=1}^{K}\sqrt{\sum_{i=1}^{m}\{f_i(t_k)-f_i(t_{k-1})\}^2}$$

である．いま，もし各部分区間 $[t_{k-1}, t_k]$ 毎に，$\boldsymbol{f}(t)$ が C^1 級である（このとき，$\boldsymbol{f}(t)$ は区間毎に滑らか piecewise smooth という）ならば，Γ の長さは積分計算で求めることができる．

定理 5 $[a, b]$ で定義された $\boldsymbol{R} \longrightarrow \boldsymbol{R}^m$ なる関数 $\boldsymbol{f}(t)$ が，区間毎に滑らかであるとする．そのとき $\boldsymbol{f}(a)$ から $\boldsymbol{f}(b)$ までの曲線弧の長さは

$$l = \int_a^b \|\boldsymbol{f}'(t)\| dt$$

である．

（証明） 区間毎に滑らかであるから

$$\lim_{t_k \to t_{k-1}} \frac{\boldsymbol{f}(t_k) - \boldsymbol{f}(t_{k-1})}{t_k - t_{k-1}} = \boldsymbol{f}'(t_{k-1})$$

$$\boldsymbol{f}(t_k) - \boldsymbol{f}(t_{k-1}) = (t_k - t_{k-1})\{\boldsymbol{f}'(t_{k-1}) + \varepsilon_k\}$$

ただし，$\displaystyle\lim_{t_k \to t_{k-1}} \varepsilon_k = \boldsymbol{0}$

かくして

$$l_\triangle = \sum_{k=1}^{K} \|\boldsymbol{f}(t_k) - \boldsymbol{f}(t_{k-1})\|$$

とおくと

$$\sum_{k=1}^{K} \{\|\boldsymbol{f}'(t_{k-1})\| - \|\varepsilon_k\|\}(t_k - t_{k-1}) \leqq l_\triangle \leqq \sum_{k=1}^{K} \{\|\boldsymbol{f}'(t_{k-1})\| + \|\varepsilon_k\|\}(t_k - t_{k-1})$$

$\boldsymbol{f}'(t)$ は連続だから，$\|\boldsymbol{f}'(t)\|$ も連続，かつ $\|\triangle\| = \max\limits_{1 \leqq k \leqq K}(t_k - t_{k-1})$ とおくと

$$\lim_{\|\triangle\| \to 0} \sum_{k=1}^{K} \|\boldsymbol{f}'(t_{k-1})\|(t_k - t_{k-1}) = \int_b^a \|\boldsymbol{f}'(t)\| dt$$

よって

$$\lim_{\|\triangle\| \to 0} l_\triangle = \int_a^b \|\boldsymbol{f}'(t)\| dt \tag{16}$$

$\|\boldsymbol{f}'(t)\| dt = \sqrt{f_1'^2 + \cdots + f_m'^2}\, dt$ を線素 (line element) という．

例 4 螺線 $\boldsymbol{x}(t) = \begin{bmatrix} \cos t \\ \sin t \\ t \end{bmatrix}$ の $0 \leqq t \leqq 1$ の間の長さは

$$l = \int_0^1 \sqrt{(-\sin t)^2 + (\cos t)^2 + 1}\, dt = \sqrt{2}$$

例5 $\boldsymbol{R} \longrightarrow \boldsymbol{R}$ の関数で，$y=f(x)$ の形にかける曲線は，x をパラメーターとすると，

$$\boldsymbol{g}(x)=\begin{bmatrix} x \\ f(x) \end{bmatrix}$$

とかける．もし $f(x)$ が $\mathbf{C}^1$ 級の関数ならば，$a \leqq x \leqq b$ における曲線弧の長さは

$$l=\int_a^b \sqrt{1+\{f'(x)\}^2}\,dx$$

である．

問19 問10で与えた曲線の次の区間に対するそれぞれの長さを求めよ．

(1) $0 \leqq t \leqq \dfrac{\pi}{8}$　　(2) $1 \leqq t \leqq 3$　　(3) $0 \leqq t \leqq \dfrac{1}{3}$

問20 曲線 $x=2a(\sin^{-1}t+t\sqrt{1-t^2})$，$y=2at^2$，$z=4at$ の点 $t=t_1$ から点 $t=t_2$ までの長の弧長 l を求めよ．($a>0$ とする)

⑤ Frenet-Serret の公式 (曲線論における基本公式)

曲線論では，パラメーターとして t の代りに，弧長 s をとる．いま，平面上で半径 R の円周上の定点 $\mathrm{A}(R, \mathrm{O})$ から出発する動点の位置ベクトルを，弧長 $\overset{\frown}{\mathrm{AP}}=s$ で表わすと

$$\boldsymbol{x}(s)=\begin{bmatrix} R\cos\dfrac{s}{R} \\ R\sin\dfrac{s}{R} \end{bmatrix}$$

と表わされる．s について微分すると

$$\boldsymbol{x}'(s)=\begin{bmatrix} -\sin\dfrac{s}{R} \\ \cos\dfrac{s}{R} \end{bmatrix},\quad \boldsymbol{x}''(s)=\begin{bmatrix} -\dfrac{1}{R}\cos\dfrac{s}{R} \\ -\dfrac{1}{R}\sin\dfrac{s}{R} \end{bmatrix}$$

$$\therefore\quad \|\boldsymbol{x}''(s)\|=\frac{1}{R}$$

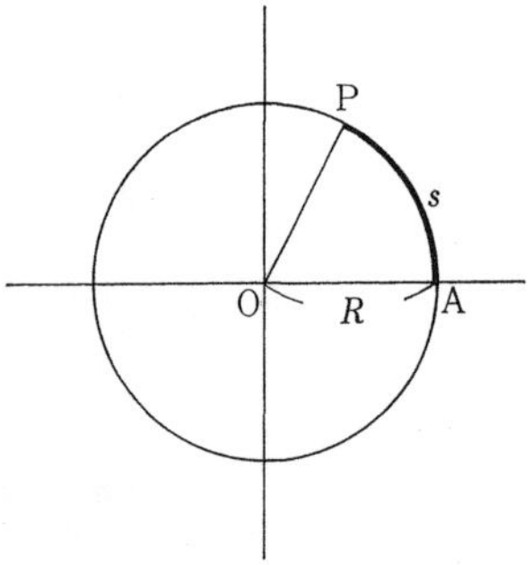

(図5)

つまり，$\|\boldsymbol{x}''(s)\|$ の逆数は円の半径であり，R が大きくなる程 $\|\boldsymbol{x}''(s)\|$ は小さく，曲り方はゆるやかになるので，$\|\boldsymbol{x}''(s)\|$ を **曲率**(curvature)，その逆数を **曲率半径** と名づける．このことを利用して，曲線論における基本公式を導こう．

曲線 $\Gamma : t \longmapsto \boldsymbol{x}(t)$ に対して

$$\frac{d\boldsymbol{x}}{ds}=\boldsymbol{x}', \qquad \frac{d^2\boldsymbol{x}}{ds^2}=\boldsymbol{x}''$$

とかく．合成関数の微分法によって

$$\boldsymbol{x}'=\dot{\boldsymbol{x}}\frac{dt}{ds}, \qquad \frac{ds}{dt}=\sqrt{\dot{x}^2+\dot{y}^2+\dot{z}^2}=v$$

より

$$\boldsymbol{x}'=\frac{\dot{\boldsymbol{x}}}{v}=\boldsymbol{t}$$

$$\frac{d\boldsymbol{t}}{ds}=\frac{d\boldsymbol{x}'}{ds}=\boldsymbol{x}''$$

一方，

$$\boldsymbol{n}=\frac{\dot{\boldsymbol{t}}}{\|\dot{\boldsymbol{t}}\|}=\frac{\boldsymbol{t}'}{\|\boldsymbol{t}'\|}=\frac{\boldsymbol{x}''}{\|\boldsymbol{x}''\|}$$

$\|\boldsymbol{x}''\|=\kappa$ （曲率）とおくと

$$\frac{d\boldsymbol{t}}{ds}=\boldsymbol{n}\kappa \tag{17}$$

陪法線単位ベクトル $\boldsymbol{b}$ について，$\boldsymbol{bb}=1$． 両辺を s について微分すると

$$2\boldsymbol{bb}'\frac{ds}{dt}=0, \qquad \frac{ds}{dt}\neq 0$$

より

$$\boldsymbol{bb}'=0$$

$$\boldsymbol{b}'\perp\boldsymbol{b} \tag{18}$$

一方，$\boldsymbol{b}=\boldsymbol{t}\times\boldsymbol{n}$ を s について微分すると

$$\begin{aligned}\boldsymbol{b}'&=\boldsymbol{t}'\times\boldsymbol{n}+\boldsymbol{t}\times\boldsymbol{n}'\\&=(\boldsymbol{n}\kappa)\times\boldsymbol{n}+\boldsymbol{t}\times\boldsymbol{n}'=\boldsymbol{t}\times\boldsymbol{n}'\end{aligned}$$

$$\boldsymbol{b}'\perp\boldsymbol{t} \tag{19}$$

(18) (19) 式より

$$\boldsymbol{b}' \parallel \boldsymbol{b}\times\boldsymbol{t} \tag{20}$$

すなわち，

$$\boldsymbol{b}' \parallel \boldsymbol{n} \tag{21}$$

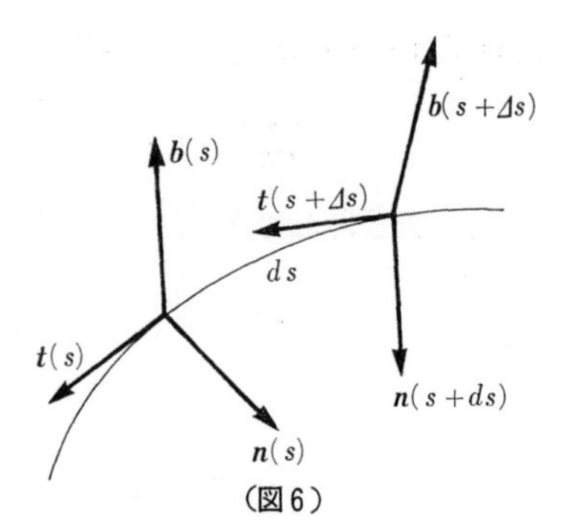

（図6）

$\boldsymbol{b}'$ は接触平面の法線方向にあり，したがって，$\|\boldsymbol{b}'\|$ は道程に関する変化率（回転率）の絶対値を示す．そこで

$$\frac{d\boldsymbol{b}}{ds}=\boldsymbol{n}(-\tau) \tag{22}$$

τ の前の符号はこのようにきめる．τ を**捩率**（torsion），その逆数を**捩率半径**という．

主法線単位ベクトルについて考えると，$\boldsymbol{n}=\boldsymbol{b}\times\boldsymbol{t}$　だから

$$\begin{aligned}\frac{d\boldsymbol{n}}{ds}&=\boldsymbol{b}'\times\boldsymbol{t}+\boldsymbol{b}\times\boldsymbol{t}'\\&=\boldsymbol{n}(-\tau)\times\boldsymbol{t}+\boldsymbol{b}\times(\boldsymbol{n}\kappa)\\&=(\boldsymbol{n}\times\boldsymbol{b})(-\kappa)+\tau(\boldsymbol{t}\times\boldsymbol{n})\\&=\boldsymbol{t}(-\kappa)+\boldsymbol{b}\tau\end{aligned} \tag{23}$$

(17), (22), (23) をあわせて，曲線 Γ についての Frenet-Serret の公式をうる．

$$\begin{cases}\dfrac{d\boldsymbol{t}}{ds}= & \boldsymbol{n}\kappa & \\ \dfrac{d\boldsymbol{n}}{ds}=\boldsymbol{t}(-\kappa) & & +\boldsymbol{b}\tau \\ \dfrac{d\boldsymbol{b}}{ds}= & \boldsymbol{n}(-\tau) & \end{cases} \tag{24}$$

(24) 式は Γ 上の任意の点Pにおける動座標系（**動標構** moving frame ともいう）$\mathrm{P}(\boldsymbol{t},\boldsymbol{n},\boldsymbol{b})$ の道程に対する変化の具合を示している．

例6　パラメーター t を用いて，曲線 $\boldsymbol{x}(t)$ の曲率，捩率を与える式は

$$\kappa^2=\frac{(\dot{\boldsymbol{x}}\dot{\boldsymbol{x}})(\ddot{\boldsymbol{x}}\ddot{\boldsymbol{x}})-(\dot{\boldsymbol{x}}\ddot{\boldsymbol{x}})^2}{(\dot{\boldsymbol{x}}\dot{\boldsymbol{x}})^3},\quad \tau=\frac{\dot{\boldsymbol{x}}(\ddot{\boldsymbol{x}}\times\dddot{\boldsymbol{x}})}{(\dot{\boldsymbol{x}}\dot{\boldsymbol{x}})(\ddot{\boldsymbol{x}}\ddot{\boldsymbol{x}})-(\dot{\boldsymbol{x}}\ddot{\boldsymbol{x}})^2}$$

である．このことを証明せよ．

（解）　$\dfrac{ds}{dt}=\dot{s}$，$\dfrac{d^2s}{dt^2}=\ddot{s}$　とおく．合成関数の微分より

$$\begin{aligned}\dot{\boldsymbol{x}}&=\boldsymbol{x}'\dot{s}\\ \ddot{\boldsymbol{x}}&=\boldsymbol{x}''(\dot{s})^2+\boldsymbol{x}'\ddot{s}\end{aligned} \tag{25}$$

$\|\boldsymbol{x}'\|^2=(\boldsymbol{x}')^2=1$　より，　$\boldsymbol{x}'\boldsymbol{x}''=0$．(25) 式を平方すると

$$\ddot{\boldsymbol{x}}\ddot{\boldsymbol{x}}=(\boldsymbol{x}'')^2(\dot{s})^4+2(\boldsymbol{x}''\boldsymbol{x}')(\dot{s})^2\ddot{s}+(\boldsymbol{x}')^2(\ddot{s})^2$$

$$=\kappa^2(\dot{s})^4+(\ddot{s})^2 \tag{26}$$

一方，　$\dot{s}=\|\dot{\boldsymbol{x}}\|$　より，　$(\dot{s})^2=\dot{\boldsymbol{x}}\dot{\boldsymbol{x}}$．　両辺 t について微分すると

$$2\dot{s}\ddot{s}=2\dot{\boldsymbol{x}}\ddot{\boldsymbol{x}}$$

$$(\dot{\boldsymbol{x}}\dot{\boldsymbol{x}})(\ddot{\boldsymbol{x}}\ddot{\boldsymbol{x}})=\kappa^2=\kappa^2(\dot{s})^6+(\dot{s})^2(\ddot{s})^2$$

$$=\kappa^2(\dot{\boldsymbol{x}}\dot{\boldsymbol{x}})^3+(\dot{\boldsymbol{x}}\ddot{\boldsymbol{x}})^2$$

$$\therefore\quad \kappa^2=\frac{(\dot{\boldsymbol{x}}\dot{\boldsymbol{x}})(\ddot{\boldsymbol{x}}\ddot{\boldsymbol{x}})-(\dot{\boldsymbol{x}}\ddot{\boldsymbol{x}})^2}{(\dot{\boldsymbol{x}}\dot{\boldsymbol{x}})^3}$$

(25) 式を t について微分すると

$$\dddot{\boldsymbol{x}}=\boldsymbol{x}'''(\dot{s})^3+3\boldsymbol{x}''\dot{s}\ddot{s}+\boldsymbol{x}'\dddot{s}$$

$$\dot{\boldsymbol{x}}(\ddot{\boldsymbol{x}}\times\dddot{\boldsymbol{x}})=\boldsymbol{x}'s[\{\boldsymbol{x}''(\dot{s})^2+\boldsymbol{x}'\ddot{s}\}\times\{\boldsymbol{x}'''(\dot{s})^3+3\boldsymbol{x}''\dot{s}\ddot{s}+\boldsymbol{x}'\dddot{s}\}]$$

$$=\boldsymbol{x}'\dot{s}[(\boldsymbol{x}''\times\boldsymbol{x}''')(\dot{s})^5+(\boldsymbol{x}'\times\boldsymbol{x}''')\ddot{s}(\dot{s})^3+3(\boldsymbol{x}'\times\boldsymbol{x}'')\dot{s}(\ddot{s})^2$$
$$+(\boldsymbol{x}''\times\boldsymbol{x}')(\dot{s})^2\dddot{s}]$$

$$=\boldsymbol{x}'(\boldsymbol{x}''\times\boldsymbol{x}''')(\dot{s})^6+\boldsymbol{x}'(\boldsymbol{x}'\times\boldsymbol{x}''')\ddot{s}(\dot{s})^4+\boldsymbol{x}'(\boldsymbol{x}'\times\boldsymbol{x}'')(3(\dot{s})^2(\ddot{s})^2-(\dot{s})^3\dddot{s})$$

$$=\boldsymbol{x}'(\boldsymbol{x}''\times\boldsymbol{x}''')(\dot{s})^6$$

$$\tau=-\boldsymbol{n}(\boldsymbol{t}\times\boldsymbol{n}')$$

$$=-\frac{\boldsymbol{x}''}{\kappa}\left(\boldsymbol{x}'\times\frac{\boldsymbol{x}'''}{\kappa}\right)$$

$$=\frac{1}{\kappa^2}\boldsymbol{x}'(\boldsymbol{x}''\times\boldsymbol{x}''')$$

$$=\frac{1}{\kappa^2(\dot{s})^6}\dot{\boldsymbol{x}}(\ddot{\boldsymbol{x}}\times\dddot{\boldsymbol{x}})$$

$$=\frac{\dot{\boldsymbol{x}}(\ddot{\boldsymbol{x}}\times\dddot{\boldsymbol{x}})}{(\dot{\boldsymbol{x}}\dot{\boldsymbol{x}})(\ddot{\boldsymbol{x}}\ddot{\boldsymbol{x}})-(\dot{\boldsymbol{x}}\ddot{\boldsymbol{x}})^2}$$

たとえば，螺線

$$\boldsymbol{x}(t)=\begin{bmatrix} a\cos t \\ a\sin t \\ bt \end{bmatrix}\qquad (a, b>0)$$

の場合，上式を用いて計算すると

$$\kappa=\frac{a}{a^2+b^2},\qquad \tau=\frac{b}{a^2+b^2}$$

問21 曲線 $x=3t$, $y=3t^2$, $z=2t^3$ の曲率と捩率を求めよ.

問22 曲線 $x=e^t$, $y=e^{-t}$, $z=\sqrt{2}t$ の曲率と捩率を求めよ.

問23 曲線が平面曲線であるための必要十分条件を求めよ.

問24 平面上の曲線の場合の Frenet-Serret の公式を出せ.

問25 曲率と捩率が一定であるような曲線は螺線か(例6の逆).

問題解答

問 3 (1) 左辺$=\sum_{i=1}^{m} f_i(t)f_i'(t)$, 右辺$=\sqrt{\sum_{i=1}^{m} f_i(t)^2}\times\sum_{i=1}^{m} f_i(t)f_i'(t)\Big/\sqrt{\sum_{i=1}^{m} f_i(t)^2}$

問 5 (5) Schwarz の不等式から

$$\boldsymbol{f}(u)\int_a^b \boldsymbol{f}(t)dt \leqq \|\boldsymbol{f}(u)\|\left\|\int_a^b \boldsymbol{f}(t)dt\right\|$$

両辺を u について a から b まで積分すると

$$\left[\int_a^b \boldsymbol{f}(t)dt\right]^2 \leqq \left(\int_a^b \|\boldsymbol{f}(u)\|du\right)\left\|\int_a^b \boldsymbol{f}(t)dt\right\|$$

問 6 (1) $\begin{bmatrix}1\\1\end{bmatrix}$, (2) $\begin{bmatrix}\frac{1}{2}\\ \frac{1}{3}\\ \frac{1}{4}\end{bmatrix}$, (3) $\begin{bmatrix}10\\0\\-6t\end{bmatrix}$, (4) $\boldsymbol{f}(t)=\begin{bmatrix}t^3-t+2\\-2t^4+1\\-4\sin t+t\end{bmatrix}$

問 9 (1) $\boldsymbol{x}=\boldsymbol{c}_1\cos t+\boldsymbol{c}_2\sin t$, $\boldsymbol{y}=\boldsymbol{c}_1\sin t-\boldsymbol{c}_2\cos t$

(2) $\boldsymbol{x}=\boldsymbol{c}_1e^t+\boldsymbol{c}_2e^{-t}$, $\boldsymbol{y}=\boldsymbol{c}_1e^t-\boldsymbol{c}_2e^{-t}$

問10 (1) $\begin{bmatrix}0\\1\\ \frac{\pi}{8}\end{bmatrix}+\begin{bmatrix}-4\\0\\1\end{bmatrix}\lambda$ (2) $\begin{bmatrix}1\\2\\1\end{bmatrix}+\begin{bmatrix}1\\2\\2\end{bmatrix}\lambda$ (3) $\begin{bmatrix}e^3\\e^{-3}\\3\sqrt{2}\end{bmatrix}+\begin{bmatrix}3e^3\\-3e^{-3}\\3\sqrt{2}\end{bmatrix}\lambda$

問11 $\cos\theta=\pm\dfrac{c}{\sqrt{a^2+c^2}}$ (一定) **問12** $\pm\dfrac{\pi}{4}$ **問13** $\dfrac{\pi}{2}$

問14 $\boldsymbol{v}=\begin{bmatrix}-a\sin t\\a\cos t\\b\end{bmatrix}$, $v=\sqrt{a^2+b^2}$, $\boldsymbol{a}=\begin{bmatrix}-a\cos t\\-a\sin t\\0\end{bmatrix}$, $\boldsymbol{n}=\begin{bmatrix}-\cos t\\-\sin t\\0\end{bmatrix}$,

問18 接触平面 $3t^2X-3tY+Z-t^3=0$

法平面 $X+2tY+3t^2Z-t-2t^3-3t^5=0$

展直面 $Y+3tZ-t^2-3t^4=0$

問19 (1) $\dfrac{\pi}{8}\sqrt{33}$ (2) $\dfrac{3}{2}(\sqrt{41}-1)+\dfrac{5}{4}\log\left(\dfrac{6+\sqrt{41}}{5}\right)$ (3) $e-\dfrac{1}{e}$

問 20 $l=4\sqrt{2}a(t_2-t_1)$ **問 21** $\kappa=\tau=\dfrac{2}{3(1+2t^2)^2}$

問 22 $\kappa=\dfrac{\sqrt{2}}{(e^t+e^{-t})^2}$, $\tau=\dfrac{-\sqrt{2}}{(e^t+e^{-t})^2}$

問 23 捩率 $\tau=0$, つまり, $\dot{x}(\ddot{x}\times\dddot{x})=0$

問 24 $x''=-\kappa y'$, $y''=\kappa x'$

第4講　偏　微　分

多次元の世界にも正比例の法
則は存在する．

①　偏導関数

fを$\boldsymbol{R}^n \longrightarrow \boldsymbol{R}$である実数値ベクトル関数とする．そのとき，$f$の定義域内の点$(x_1, x_2, \cdots, x_n)$に対して

$$\lim_{\Delta x_i \to 0} \frac{f(x_1, \cdots, x_i + \Delta x_i, \cdots, x_n) - f(x_1, \cdots, x_n)}{\Delta x_i} \tag{1}$$

が存在するとき，これを

$$\frac{\partial f(\boldsymbol{x})}{\partial x_i}, \text{ または略して } \frac{\partial f}{\partial x_i}, \ f_{x_i} \tag{2}$$

と記し，第i番目の変数x_iに関するfの**偏導関数** (partially derivative) という．∂は丸いd, ラウンド・ディーとよむ．

$\dfrac{\partial f}{\partial x_i}$の定義域は，極限値 (1) が存在するような，すべての$\boldsymbol{x} = \begin{bmatrix} x_1 \\ \vdots \\ x_n \end{bmatrix}$から成り，明らかに$f$の定義域の部分集合である．だから，$\dfrac{\partial f}{\partial x_i}$の定義域は空集合になりうることもある．

また，定義によって，$\dfrac{\partial f}{\partial x_i}$ は $x_1, \cdots, x_{i-1}, x_{i+1}, \cdots, x_n$ を固定して（条件付），x_i を変数とみて，1変数 x_i の関数としての f を x_i について微分することであると考えればよい．$\boldsymbol{x}=\boldsymbol{a}$ のときの偏導関数の値 $\dfrac{\partial f(\boldsymbol{a})}{\partial x_i}$ を，$\boldsymbol{x}=\boldsymbol{a}$ における f の x_i に関する偏微分係数という．

例1　$f(x, y, z)=x^2y+y^2z+z^2x$ において，

$$\frac{\partial f}{\partial x}=2xy+z^2,\quad \frac{\partial f}{\partial y}=2yz+x^2,\quad \frac{\partial f}{\partial z}=2zx+y^2$$

$$\frac{\partial f(1,2,3)}{\partial x}=\frac{\partial f(1,2,3)}{\partial y}=13,\qquad \frac{\partial f(1,2,3)}{\partial z}=10$$

例2　$f(u, v)=\sin u\cos v$

$$\frac{\partial f}{\partial u}=\cos u\cos v,\qquad \frac{\partial f}{\partial v}=-\sin u\sin v$$

$$\frac{\partial f(0,0)}{\partial u}=1,\qquad \frac{\partial f(0,0)}{\partial v}=0$$

問1　$\dfrac{\partial f}{\partial x}, \dfrac{\partial f}{\partial y}$ を求めよ．

① $f=x^2+x\sin(x+y)$　② $f=\sin x\cos(x+y)$　③ $f=e^{x+y+1}$

④ $f=\tan^{-1}\dfrac{y}{x}$　⑤ $f=x^y$　⑥ $f=\log_x y$

問2　$\dfrac{\partial f}{\partial x}, \dfrac{\partial f}{\partial y}$ を求め，とくに $x=y=0$ における場合を吟味せよ．

① $f=\sqrt{x^2+y^2}$　② $f=(\sqrt{x^2+y^2}-1)^2$　③ $f=\dfrac{xy}{\sqrt{x^2+y^2}}$, $f(0,0)=0$

$\boldsymbol{f}$ を $\boldsymbol{R}^n \longrightarrow \boldsymbol{R}^m$ なるベクトル値ベクトル関数とする．このときも $\dfrac{\partial \boldsymbol{f}}{\partial x_i}$ は(1)式によって定義される．ただし(1)式の商と極限はベクトル関数になる．それで

$$\boldsymbol{f}(\boldsymbol{x})=\begin{bmatrix} f_1(\boldsymbol{x}) \\ f_2(\boldsymbol{x}) \\ \vdots \\ f_m(\boldsymbol{x}) \end{bmatrix} \text{ ならば，} \frac{\partial \boldsymbol{f}(\boldsymbol{x})}{\partial x_i}=\begin{pmatrix} \dfrac{\partial f_1(\boldsymbol{x})}{\partial x_i} \\ \dfrac{\partial f_2(\boldsymbol{x})}{\partial x_i} \\ \vdots \\ \dfrac{\partial f_m(\boldsymbol{x})}{\partial x_i} \end{pmatrix}$$

例3　$\boldsymbol{f}\begin{bmatrix} u \\ v \end{bmatrix}=\begin{bmatrix} u\cos v \\ u\sin v \\ v \end{bmatrix}$ ならば

$$\frac{\partial \boldsymbol{f}}{\partial u}=\begin{bmatrix}\cos v\\ \sin v\\ 0\end{bmatrix}, \qquad \frac{\partial \boldsymbol{f}}{\partial v}=\begin{bmatrix}-u\sin v\\ u\cos v\\ 1\end{bmatrix}$$

問3 $\dfrac{\partial \boldsymbol{f}}{\partial u}, \dfrac{\partial \boldsymbol{f}}{\partial v}$ を求めよ．また，指定されたベクトル $\begin{bmatrix}u\\ v\end{bmatrix}$ に対する偏微分係数の値を求めよ．

① $\boldsymbol{f}\begin{bmatrix}u\\ v\end{bmatrix}=\begin{bmatrix}u\\ v\\ u^2+v^2\end{bmatrix}$, $\begin{bmatrix}u\\ v\end{bmatrix}=\begin{bmatrix}1\\ 2\end{bmatrix}$ における偏微分係数.

② $\boldsymbol{f}\begin{bmatrix}u\\ v\end{bmatrix}=\begin{bmatrix}\cos u\sin v\\ \sin u\sin v\\ \cos v\end{bmatrix}$, $\begin{bmatrix}u\\ v\end{bmatrix}=\begin{bmatrix}\frac{\pi}{4}\\ \frac{\pi}{4}\end{bmatrix}$ における偏微分係数.

② 正比例関数

$\boldsymbol{U}, \boldsymbol{V}$ をベクトル空間とすると，$\boldsymbol{U}\xrightarrow{\boldsymbol{f}}\boldsymbol{V}$ なる関数があって，

(L1) $\forall \boldsymbol{x}, \boldsymbol{y}\in\boldsymbol{U}$, $\boldsymbol{f}(\boldsymbol{x}+\boldsymbol{y})=\boldsymbol{f}(\boldsymbol{x})+\boldsymbol{f}(\boldsymbol{y})$

(L2) 任意の数 c に対して

$$\boldsymbol{f}(\boldsymbol{x}c)=\boldsymbol{f}(\boldsymbol{x})c$$

が成立つとき，$\boldsymbol{f}$ を**正比例関数**という．

例4 $\boldsymbol{U}=\boldsymbol{R}^3$ は3次元ベクトルのつくるベクトル空間，$\boldsymbol{V}=\boldsymbol{R}^2$ を2次元ベクトルのつくるベクトル空間とし，$\boldsymbol{R}^3\xrightarrow{\boldsymbol{f}}\boldsymbol{R}^2$ を

$$\boldsymbol{f}\begin{bmatrix}x\\ y\\ z\end{bmatrix}=\begin{bmatrix}x\\ y\end{bmatrix}$$

とおくと，$\boldsymbol{f}$ は正比例関数である．なぜなら，$\boldsymbol{u}=\begin{bmatrix}x_1\\ y_1\\ z_1\end{bmatrix}$, $\boldsymbol{v}=\begin{bmatrix}x_2\\ y_2\\ z_2\end{bmatrix}$ に対して

$$\boldsymbol{f}(\boldsymbol{u}+\boldsymbol{v})=\boldsymbol{f}\begin{bmatrix}x_1+x_2\\ y_1+y_2\\ z_1+z_2\end{bmatrix}=\begin{bmatrix}x_1+x_2\\ y_1+y_2\end{bmatrix}=\begin{bmatrix}x_1\\ y_1\end{bmatrix}+\begin{bmatrix}x_2\\ y_2\end{bmatrix}=\boldsymbol{f}(\boldsymbol{u})+\boldsymbol{f}(\boldsymbol{v})$$

また，数 c に対して

$$\boldsymbol{f}(\boldsymbol{u}c)=\boldsymbol{f}\begin{bmatrix}x_1c\\ y_1c\\ z_1c\end{bmatrix}=\begin{bmatrix}x_1c\\ y_1c\end{bmatrix}=\begin{bmatrix}x_1\\ y_1\end{bmatrix}c=\boldsymbol{f}(\boldsymbol{u})c$$

問4 次の関数のうち，正比例関数であるものはどれか．

(a) $\begin{bmatrix} x \\ y \\ z \end{bmatrix} = \begin{bmatrix} x \\ z \end{bmatrix}$ で定義される $\boldsymbol{R}^3 \xrightarrow{\boldsymbol{f}} \boldsymbol{R}^2$

(b) $\boldsymbol{f}(\boldsymbol{x}) = -\boldsymbol{x}$ で定義される $\boldsymbol{R}^4 \xrightarrow{\boldsymbol{f}} \boldsymbol{R}^4$

(c) $\boldsymbol{f}(\boldsymbol{x}) = \boldsymbol{x} + \begin{bmatrix} 0 \\ -1 \\ 0 \end{bmatrix}$ で定義される $\boldsymbol{R}^3 \xrightarrow{\boldsymbol{f}} \boldsymbol{R}^3$

(d) $\boldsymbol{f}(\boldsymbol{x}) = \begin{bmatrix} 2x+y \\ y \end{bmatrix}$ で定義される $\boldsymbol{R}^2 \xrightarrow{\boldsymbol{f}} \boldsymbol{R}^2$

(e) $f\begin{bmatrix} x \\ y \end{bmatrix} = xy$ で定義される $\boldsymbol{R}^2 \xrightarrow{f} \boldsymbol{R}$

問5 $\boldsymbol{V}$ をすべての数に対して定義される関数全体の集合とする．$\boldsymbol{V}$ はベクトル空間であることを証明せよ．また，$\boldsymbol{V}$ をすべての次数の導関数をもつ関数の集合とする．微分(作用)素 $\boldsymbol{V} \xrightarrow{D} \boldsymbol{V}$ は正比例関数であることを証明せよ．

関数 $\boldsymbol{U} \xrightarrow{\boldsymbol{f}} \boldsymbol{V}$ において，任意の $\boldsymbol{x} \in \boldsymbol{U}$ に対して，定ベクトル $\boldsymbol{y}_0 \in \boldsymbol{V}$ があって，

$$\boldsymbol{f}(\boldsymbol{x}) = \boldsymbol{y}_0 \tag{3}$$

のとき，$\boldsymbol{f}$ を**定数関数** (constant function) という．今後，正比例関数はとくに $\boldsymbol{l}(\boldsymbol{x})$ または $\boldsymbol{L}(\boldsymbol{x})$ とかく．定数関数と正比例関数の和の関数

$$\boldsymbol{a}(\boldsymbol{x}) = \boldsymbol{l}(\boldsymbol{x}) + \boldsymbol{y}_0 \tag{4}$$

を，**アフィン関数** (affine function) という．

③ 正比例関数と行列

たとえば，次のような表で示される数種の油があったとしよう．

特性 ＼ 油	P	Q	R
密　度　g/c.c	a_{11}	a_{12}	a_{31}
単位熱量　cal/c.c	a_{12}	a_{22}	a_{32}
単　価　円/c.c	a_{13}	a_{23}	a_{33}

いま，油 P を x_1c.c, 油 Q を x_2c.c, 油 R を x_3c.c とって混合すると，

重さ　y_1g $= (a_{11}x_1 + a_{12}x_2 + a_{13}x_3)$g/c.c×c.c

熱量　$y_2$cal$=(a_{21}x_1+a_{22}x_2+a_{23}x_3)$cal/c.c×c.c

価格　y_3円 $=(a_{31}x_1+a_{32}x_2+a_{33}x_3)$円/c.c×c.c

となる．これは明らかに $\begin{bmatrix} x_1 \\ x_2 \\ x_3 \end{bmatrix} \longrightarrow \begin{bmatrix} y_1 \\ y_2 \\ y_3 \end{bmatrix}$ という対応を示しており，まとめて

$$\begin{bmatrix} y_1 \\ y_2 \\ y_3 \end{bmatrix} = \begin{bmatrix} a_{11} & a_{12} & a_{13} \\ a_{21} & a_{22} & a_{23} \\ a_{31} & a_{32} & a_{33} \end{bmatrix} \begin{bmatrix} x_1 \\ x_2 \\ x_3 \end{bmatrix} \tag{5}$$

とかく．ここで

$$\begin{bmatrix} a_{11} & a_{12} & a_{13} \\ a_{21} & a_{22} & a_{23} \\ a_{31} & a_{32} & a_{33} \end{bmatrix}$$

は，タテ列，ヨコ行をもつので，行列（matrix）という．（matrix の語源はラテン語の māter（母）の複数主格 mātris である．）行列の一般的な表現は

$$\boldsymbol{A} = \begin{bmatrix} a_{11} & a_{12} & \cdots & a_{1n} \\ a_{21} & a_{22} & \cdots & a_{2n} \\ \cdots & \cdots & \cdots & \cdots \\ a_{m1} & a_{m2} & \cdots & a_{mn} \end{bmatrix} \tag{6}$$

で，m 行・n 列からなるので，$m \times n$ 行列といい，各 a_{ij} を行列の要素という．行列は上述のように内包量的な性格をもつのが典型的なものであるが，特殊な場合として各要素が外延量であることもある．$m \times n$ 行列 $\boldsymbol{A}$ を横ワリにして，

$$\boldsymbol{A} = \begin{bmatrix} a_{11} & a_{12} & \cdots & a_{1n} \\ a_{21} & a_{22} & \cdots & a_{2n} \\ \cdots & \cdots & \cdots & \cdots \\ a_{m1} & a_{m2} & \cdots & a_{mn} \end{bmatrix} = \begin{bmatrix} \boldsymbol{a}_{1.} \\ \boldsymbol{a}_{2.} \\ \vdots \\ \boldsymbol{a}_{m.} \end{bmatrix} \tag{7}$$

のように，横ベクトルのペアと考える．そして $\boldsymbol{R}^n \longrightarrow \boldsymbol{R}^m$ への関数として，

$$\boldsymbol{L}_A(\boldsymbol{x}) = \boldsymbol{A}\boldsymbol{x} = \begin{bmatrix} \boldsymbol{a}_{1.}\boldsymbol{x} \\ \boldsymbol{a}_{2.}\boldsymbol{x} \\ \vdots \\ \boldsymbol{a}_{m.}\boldsymbol{x} \end{bmatrix}, \qquad \boldsymbol{x} \in \boldsymbol{R}^n \tag{8}$$

を考える．ここで $\boldsymbol{a}_{i.}\boldsymbol{x}$ はベクトルの内積である．すると内積についての性質から，$\boldsymbol{x}, \boldsymbol{y} \in \boldsymbol{R}^n$，$c \in \boldsymbol{R}$ に対して

$$\begin{aligned} \boldsymbol{A}(\boldsymbol{x}+\boldsymbol{y}) &= \boldsymbol{A}\boldsymbol{x}+\boldsymbol{A}\boldsymbol{y} \\ \boldsymbol{A}(\boldsymbol{x}c) &= (\boldsymbol{A}\boldsymbol{x})c \end{aligned} \tag{9}$$

であることが分る．この $\boldsymbol{L}_{\boldsymbol{A}}(\boldsymbol{x})$ を，行列 $\boldsymbol{A}$ に附随する正比例関数という．

逆に，$\boldsymbol{R}^n \xrightarrow{\boldsymbol{L}} \boldsymbol{R}^m$ なる正比例関数をとる．$\boldsymbol{R}^n$ の単位ベクトルを $\boldsymbol{e}_1, \boldsymbol{e}_2, \cdots, \boldsymbol{e}_n$ とする．任意のベクトル $\boldsymbol{x}$ は，1次結合

$$\boldsymbol{x}=\boldsymbol{e}_1x_1+\cdots+\boldsymbol{e}_nx_n$$

とかけるから，

$$\boldsymbol{L}(\boldsymbol{x})=\boldsymbol{L}(\boldsymbol{e}_1)x_1+\boldsymbol{L}(\boldsymbol{e}_2)x_2+\cdots+\boldsymbol{L}(\boldsymbol{e}_n)x_n$$

となる．一方，$\boldsymbol{R}^m$ の単位ベクトルを $\boldsymbol{e}_1', \boldsymbol{e}_2', \cdots, \boldsymbol{e}_m'$ とすると

$$\boldsymbol{L}(\boldsymbol{e}_1)=\boldsymbol{e}_1'a_{11}+\cdots+\boldsymbol{e}_m'a_{m1}=\begin{bmatrix} a_{11} \\ a_{21} \\ \vdots \\ a_{m1} \end{bmatrix}, \cdots,$$

$$\boldsymbol{L}(\boldsymbol{e}_n)=\boldsymbol{e}_1'a_{1n}+\cdots+\boldsymbol{e}_m'a_{mn}=\begin{bmatrix} a_{1n} \\ a_{2n} \\ \vdots \\ a_{mn} \end{bmatrix}$$

と変換され，結局

$$\boldsymbol{L}(\boldsymbol{x})=\begin{bmatrix} a_{11} \\ a_{21} \\ \vdots \\ a_{m1} \end{bmatrix}x_1+\cdots\cdots+\begin{bmatrix} a_{1n} \\ a_{2n} \\ \vdots \\ a_{mn} \end{bmatrix}x_n$$

$$=\begin{bmatrix} a_{11}x_1+a_{12}x_2+\cdots+a_{1n}x_n \\ a_{21}x_1+a_{22}x_2+\cdots+a_{2n}x_n \\ \cdots\cdots\cdots\cdots \\ a_{m1}x_1+a_{m2}x_2+\cdots+a_{mn}x_n \end{bmatrix}=\begin{bmatrix} a_{11} & \cdots & a_{1n} \\ a_{21} & \cdots & a_{2n} \\ \cdots & \cdots & \cdots \\ a_{m1} & \cdots & a_{mn} \end{bmatrix}\begin{bmatrix} x_1 \\ x_2 \\ \vdots \\ x_n \end{bmatrix}=\boldsymbol{A}\boldsymbol{x} \qquad (10)$$

となって，$\boldsymbol{L}$ は $\boldsymbol{L}_{\boldsymbol{A}}$ と一致する．$\boldsymbol{A}$ を正比例関数 $\boldsymbol{L}$ に附随する行列という．

例 5　$\boldsymbol{f}\begin{bmatrix} x \\ y \\ z \end{bmatrix}=\begin{bmatrix} x \\ y \end{bmatrix}$ のとき，$\boldsymbol{f}$ に附随する行列は $\begin{bmatrix} 1 & 0 & 0 \\ 0 & 1 & 0 \end{bmatrix}$ である．

なぜなら，$\boldsymbol{x}=\boldsymbol{e}_1x+\boldsymbol{e}_2y+\boldsymbol{e}_3z$ とおくと

$$\boldsymbol{f}(\boldsymbol{x})=\boldsymbol{f}(\boldsymbol{e}_1)x+\boldsymbol{f}(\boldsymbol{e}_2)y+\boldsymbol{f}(\boldsymbol{e}_3)z=\begin{bmatrix} x \\ y \end{bmatrix}$$

となるには，

$$\begin{bmatrix} x \\ y \end{bmatrix}=\begin{bmatrix} 1 \\ 0 \end{bmatrix}x+\begin{bmatrix} 0 \\ 1 \end{bmatrix}y+\begin{bmatrix} 0 \\ 0 \end{bmatrix}z$$

と分解されるからである．

問6　次の正比例関数に附随する行列を求めよ．

(1)　$\boldsymbol{f}\begin{bmatrix} x_1 \\ x_2 \\ x_3 \\ x_4 \end{bmatrix} = \begin{bmatrix} x_1 \\ x_2 \end{bmatrix}$,　$\boldsymbol{R}^4 \xrightarrow{\boldsymbol{f}} \boldsymbol{R}^2$　　(2)　$\boldsymbol{f}\begin{bmatrix} x \\ y \end{bmatrix} = \begin{bmatrix} 3x \\ 5y \end{bmatrix}$,　$\boldsymbol{R}^2 \xrightarrow{\boldsymbol{f}} \boldsymbol{R}^2$

(3)　$\boldsymbol{f}(\boldsymbol{x}) = \boldsymbol{x}7$,　$\boldsymbol{R}^n \xrightarrow{\boldsymbol{f}} \boldsymbol{R}^n$　　(4)　$\boldsymbol{f}(\boldsymbol{x}) = -\boldsymbol{x}$,　$\boldsymbol{R}^n \xrightarrow{\boldsymbol{f}} \boldsymbol{R}^n$

問7　すべての正比例関数 $\boldsymbol{R}^n \xrightarrow{\boldsymbol{L}} \boldsymbol{R}^m$ はいたるところで連続であること，およびこのような $\boldsymbol{L}$ に対して

$$\|\boldsymbol{L}(\boldsymbol{x})\| \leqq |k|\,\|\boldsymbol{x}\| \quad (\boldsymbol{x} \in \boldsymbol{R}^n)$$

となる実数 k が存在することを証明せよ．

④　局所近似アフィン関数

この節では，任意のベクトル関数 $\boldsymbol{f}(\boldsymbol{x})$ を，その定義域内の１点 $\boldsymbol{x}_0$ の近くで，アフィン関数 $\boldsymbol{a}(\boldsymbol{x})$ によって近似しうるかどうかを研究しよう．近似しうるための条件は，まず，第１に

$$\boldsymbol{f}(\boldsymbol{x}_0) = \boldsymbol{a}(\boldsymbol{x}_0) \tag{11}$$

である．これは１点 $\boldsymbol{x}_0$ において，$\boldsymbol{f}(\boldsymbol{x})$ と $\boldsymbol{a}(\boldsymbol{x})$ が一致するということにすぎない．しかし，この条件から，

$$\boldsymbol{a}(\boldsymbol{x}) = \boldsymbol{l}(\boldsymbol{x}) + \boldsymbol{y}_0$$

$$\boldsymbol{f}(\boldsymbol{x}_0) = \boldsymbol{l}(\boldsymbol{x}_0) + \boldsymbol{y}_0$$

が出てきて，辺々相減ずると

$$\boldsymbol{a}(\boldsymbol{x}) = \boldsymbol{l}(\boldsymbol{x} - \boldsymbol{x}_0) + \boldsymbol{f}(\boldsymbol{x}_0)$$

がえられる．よって

$$\boldsymbol{f}(\boldsymbol{x}) - \boldsymbol{a}(\boldsymbol{x}) = \boldsymbol{f}(\boldsymbol{x}) - \boldsymbol{f}(\boldsymbol{x}_0) - \boldsymbol{l}(\boldsymbol{x} - \boldsymbol{x}_0) \tag{12}$$

である．そこで，近似のための第２条件として

$$\lim_{\boldsymbol{x} \to \boldsymbol{x}_0} \{\boldsymbol{f}(\boldsymbol{x}) - \boldsymbol{a}(\boldsymbol{x})\} = \boldsymbol{0} \tag{13}$$

を課すると，正比例関数 $\boldsymbol{l}(\boldsymbol{x})$ は連続だから

$$\lim_{\boldsymbol{x} \to \boldsymbol{x}_0} \boldsymbol{l}(\boldsymbol{x} - \boldsymbol{x}_0) = \boldsymbol{l}(\boldsymbol{0}) = \boldsymbol{0} \tag{14}$$

よって

$$\lim_{\boldsymbol{x}\to\boldsymbol{x}_0}\{\boldsymbol{f}(\boldsymbol{x})-\boldsymbol{f}(\boldsymbol{x}_0)\}=\boldsymbol{0} \tag{15}$$

がえられる．しかしこの条件は $\boldsymbol{f}(\boldsymbol{x})$ が $\boldsymbol{x}_0$ において連続であるというにすぎない．そこで $\boldsymbol{f}(\boldsymbol{x})-\boldsymbol{a}(\boldsymbol{x})$ の各座標関数値が，$\|\boldsymbol{x}-\boldsymbol{x}_0\|$ に比して高位の無限小であるという条件，つまり

$$\lim_{\boldsymbol{x}\to\boldsymbol{x}_0}\frac{\boldsymbol{f}(\boldsymbol{x})-\boldsymbol{f}(\boldsymbol{x}_0)-\boldsymbol{l}(\boldsymbol{x}-\boldsymbol{x}_0)}{\|\boldsymbol{x}-\boldsymbol{x}_0\|}=\boldsymbol{0} \tag{16}$$

という条件をつけねばならない．そこで，(16) 式をみたす正比例関数 $\boldsymbol{l}(\boldsymbol{x})$ が存在するとき，$\boldsymbol{f}(\boldsymbol{x})$ は $\boldsymbol{x}_0$ において，**微分可能** (differentiable) であるという．もしも，$\boldsymbol{f}(\boldsymbol{x})$ がその定義域内のすべての点 $\boldsymbol{x}$ において微分可能ならば，$\boldsymbol{f}(\boldsymbol{x})$ はいたる処で微分可能であるという．

さて，(16) 式は

$$\boldsymbol{f}(\boldsymbol{x})=\boldsymbol{f}(\boldsymbol{x}_0)+\boldsymbol{l}(\boldsymbol{x}-\boldsymbol{x}_0)+\|\boldsymbol{x}-\boldsymbol{x}_0\|\boldsymbol{z}(\boldsymbol{x}-\boldsymbol{x}_0) \tag{17}$$

もしくは，$\boldsymbol{x}-\boldsymbol{x}_0=\boldsymbol{h}$ とおいて

$$\boldsymbol{f}(\boldsymbol{x}_0+\boldsymbol{h})=\boldsymbol{f}(\boldsymbol{x}_0)+\boldsymbol{l}(\boldsymbol{h})+\|\boldsymbol{h}\|\boldsymbol{z}(\boldsymbol{h}) \tag{18}$$

とおきかえてもよい．ただし，$\boldsymbol{z}(\boldsymbol{h})$ は $\boldsymbol{h}\to\boldsymbol{0}$ のとき，$\boldsymbol{z}(\boldsymbol{h})\to\boldsymbol{0}$ となる関数である．

定理 1 点 $\boldsymbol{x}_0$ において，$\boldsymbol{f}(\boldsymbol{x})$ のアフィン近似関数 $\boldsymbol{l}(\boldsymbol{x})$，$\boldsymbol{m}(\boldsymbol{x})$ があれば，$\boldsymbol{l}(\boldsymbol{x})=\boldsymbol{m}(\boldsymbol{x})$ である．（すなわち，$\boldsymbol{x}_0$ における $\boldsymbol{f}(\boldsymbol{x})$ のアフィン近似関数は1つに限る）

（証明）

$$\boldsymbol{f}(\boldsymbol{x}_0+\boldsymbol{h})=\boldsymbol{f}(\boldsymbol{x}_0)+\boldsymbol{l}(\boldsymbol{h})+\|\boldsymbol{h}\|\boldsymbol{z}_1(\boldsymbol{h})$$
$$\boldsymbol{f}(\boldsymbol{x}_0+\boldsymbol{h})=\boldsymbol{f}(\boldsymbol{x}_0)+\boldsymbol{m}(\boldsymbol{h})+\|\boldsymbol{h}\|\boldsymbol{z}_2(\boldsymbol{h})$$

であり，かつ

$$\lim_{\|\boldsymbol{h}\|\to 0}\boldsymbol{z}_1(\boldsymbol{h})=\lim_{\|\boldsymbol{h}\|\to 0}\boldsymbol{z}_2(\boldsymbol{h})=\boldsymbol{0}$$

となるような，2つの関数 $\boldsymbol{z}_1, \boldsymbol{z}_2$ があったとしよう．t を十分小さい正数とすると，$\boldsymbol{x}_0+\boldsymbol{h}t$ は，明らかに $\boldsymbol{x}_0$ の近傍の中にあるようにできる．したがって，

$$\boldsymbol{f}(\boldsymbol{x}_0+\boldsymbol{h}t)=\boldsymbol{f}(\boldsymbol{x}_0)+\boldsymbol{l}(\boldsymbol{h}t)+\|\boldsymbol{h}t\|\boldsymbol{z}_1(\boldsymbol{h}t)$$
$$\boldsymbol{f}(\boldsymbol{x}_0+\boldsymbol{h}t)=\boldsymbol{f}(\boldsymbol{x}_0)+\boldsymbol{m}(\boldsymbol{h}t)+\|\boldsymbol{h}t\|\boldsymbol{z}_2(\boldsymbol{h}t)$$

辺々相減ずれば

$$\mathbf{0}=\boldsymbol{l}(\boldsymbol{h}t)-\boldsymbol{m}(\boldsymbol{h}t)+\|\boldsymbol{h}t\|\{\boldsymbol{z}_1(\boldsymbol{h}t)-\boldsymbol{z}_2(\boldsymbol{h}t)\}$$

$\boldsymbol{l}, \boldsymbol{m}$ はいずれも正比例関数であるから,

$$\boldsymbol{m}(\boldsymbol{h})t-\boldsymbol{l}(\boldsymbol{h})t=\|\boldsymbol{h}\|\,|t|\,\{\boldsymbol{z}_1(\boldsymbol{h}t)-\boldsymbol{z}_2(\boldsymbol{h}t)\}$$

$t>0$ だから

$$\boldsymbol{m}(\boldsymbol{h})-\boldsymbol{l}(\boldsymbol{h})=\|\boldsymbol{h}\|\{\boldsymbol{z}_1(\boldsymbol{h}t)-\boldsymbol{z}_2(\boldsymbol{h}t)\}$$

$t\to 0$ とすると, $\|\boldsymbol{h}t\|\to 0$ だから

$$\lim_{\|\boldsymbol{h}t\|\to 0}\{\boldsymbol{z}_1(\boldsymbol{h}t)-\boldsymbol{z}_2(\boldsymbol{h}t)\}=\mathbf{0}$$

しかるに, $\boldsymbol{l}(\boldsymbol{h})-\boldsymbol{m}(\boldsymbol{h})$ は t に無関係な一定のベクトルだから, このことは

$$\boldsymbol{l}(\boldsymbol{h})=\boldsymbol{m}(\boldsymbol{h})$$

でなければ成立しない. この式は, 任意のベクトル $\boldsymbol{h}$ に対して成り立つから,

$$\boldsymbol{l}=\boldsymbol{m} \qquad \text{(Q.E.D.)}$$

つづいて, それでは, 近似関数の主体である $\boldsymbol{l}$ はどんな形をしているかをみてみよう.

〔1〕 $\boldsymbol{R}\xrightarrow{f}\boldsymbol{R}$ のとき, (16) 式は

$$\lim_{x\to x_0}\frac{f(x)-f(x_0)-l(x-x_0)}{|x-x_0|}=0$$

となる. これは

$$\lim_{x\to x_0}\frac{f(x)-f(x_0)}{x-x_0}=l \tag{19}$$

と同値であるから, $l=f'(x_0)=\dfrac{df(x_0)}{dx}$ である.

〔2〕 $\boldsymbol{R}\xrightarrow{\boldsymbol{f}}\boldsymbol{R}^m$ のとき, (16) 式は成分に分けると

$$\lim_{x\to x_0}\frac{f_i(x)-f_i(x_0)-l_i(x-x_0)}{|x-x_0|}=0 \tag{20}$$

となり, 〔1〕と同じように, $l_i=f_i'(x_0)$ である. つまり, アフィン近似関数は

$$\begin{bmatrix} a_1(x) \\ a_2(x) \\ \vdots \\ a_m(x) \end{bmatrix}=\begin{bmatrix} f_1'(x_0) \\ f_2'(x_0) \\ \vdots \\ f_m'(x_0) \end{bmatrix}(x-x_0)+\begin{bmatrix} f_1(x_0) \\ f_2(x_0) \\ \vdots \\ f_m(x_0) \end{bmatrix} \tag{21}$$

である.

〔3〕 $\boldsymbol{R}^n \xrightarrow{f} \boldsymbol{R}$ のとき，(16) 式を成分に分けると

$$\lim_{\boldsymbol{x}\to\boldsymbol{x}_0} \frac{f\begin{bmatrix} x_1 \\ x_2 \\ \vdots \\ x_n \end{bmatrix} - f\begin{bmatrix} x_{10} \\ x_{20} \\ \vdots \\ x_{n0} \end{bmatrix} - (l_1, l_2, \cdots\cdots, l_n)\begin{bmatrix} x_1 - x_{10} \\ x_2 - x_{20} \\ \vdots \\ x_n - x_{n0} \end{bmatrix}}{\|\boldsymbol{x}-\boldsymbol{x}_0\|} = 0 \qquad (22)$$

ここで，$x_1 = x_{10}, \cdots, x_i \fallingdotseq x_{i0}, x_{i+1} = x_{i+10}, \cdots, x_n = x_{n0}$ とおくと，上式は

$$\lim_{\boldsymbol{x}\to\boldsymbol{x}_0} \frac{f\begin{bmatrix} x_{10} \\ \vdots \\ x_i \\ \vdots \\ x_{n0} \end{bmatrix} - f\begin{bmatrix} x_{10} \\ \vdots \\ x_{i0} \\ \vdots \\ x_{n0} \end{bmatrix} - (l_1, l_2, \cdots\cdots, l_n)\begin{bmatrix} 0 \\ \vdots \\ x_i - x_{i0} \\ \vdots \\ 0 \end{bmatrix}}{|x_i - x_{i0}|} = 0 \qquad (23)$$

より，

$$l_i = \frac{\partial f(\boldsymbol{x}_0)}{\partial x_i} \qquad (i = 1, \cdots\cdots, n)$$

となる．よって，アフィン近似関数は

$$a\begin{bmatrix} x_1 \\ x_2 \\ \vdots \\ x_n \end{bmatrix} = \left[\frac{\partial f(\boldsymbol{x}_0)}{\partial x_1}, \ \frac{\partial f(\boldsymbol{x}_0)}{\partial x_2}, \ \cdots, \ \frac{\partial f(\boldsymbol{x}_0)}{\partial x_n}\right]\begin{bmatrix} x_1 - x_{10} \\ x_2 - x_{20} \\ \vdots \\ x_n - x_{n0} \end{bmatrix} + f\begin{bmatrix} x_{10} \\ x_{20} \\ \vdots \\ x_{n0} \end{bmatrix} \qquad (24)$$

である.

〔4〕 $\boldsymbol{R}^n \xrightarrow{\boldsymbol{f}} \boldsymbol{R}^m$ のとき，〔2〕と〔3〕の場合を混合すればよい.

$$\boldsymbol{l} = \begin{pmatrix} \dfrac{\partial f_1(\boldsymbol{x}_0)}{\partial x_1} & \dfrac{\partial f_1(\boldsymbol{x}_0)}{\partial x_2} & \cdots\cdots & \dfrac{\partial f_1(\boldsymbol{x}_0)}{\partial x_n} \\ \dfrac{\partial f_2(\boldsymbol{x}_0)}{\partial x_1} & \dfrac{\partial f_2(\boldsymbol{x}_0)}{\partial x_2} & \cdots\cdots & \dfrac{\partial f_2(\boldsymbol{x}_0)}{\partial x_n} \\ & \cdots\cdots\cdots\cdots\cdots\cdots & & \\ \dfrac{\partial f_m(\boldsymbol{x}_0)}{\partial x_1} & \dfrac{\partial f_m(\boldsymbol{x}_0)}{\partial x_2} & \cdots\cdots & \dfrac{\partial f_m(\boldsymbol{x}_0)}{\partial x_n} \end{pmatrix} \qquad (25)$$

である．この行列を $\boldsymbol{x}_0$ における $\boldsymbol{f}$ の**ヤコービ行列** (Jacobian matrix) という．今後ヤコービ行列は $\boldsymbol{J}$ とかく．C. G. Jacobi (1804–1851) はドイツの数学者の名前である.

例 6　関数 $\boldsymbol{f}\begin{bmatrix} x \\ y \\ z \end{bmatrix}=\begin{bmatrix} x^2+e^y \\ x+y\sin z \end{bmatrix}$ のとき，ヤコービ行列は

$$\boldsymbol{J}=\begin{bmatrix} 2x, & e^y, & 0 \\ 1, & \sin z, & y\cos z \end{bmatrix}$$

点 $\begin{bmatrix} 1 \\ 1 \\ \pi \end{bmatrix}$ におけるヤコービ行列は $\begin{bmatrix} 2 & e & 0 \\ 1 & 0 & -1 \end{bmatrix}$ である．よって，この点におけるアフィン近似関数は

$$\begin{bmatrix} a_1 \\ a_2 \end{bmatrix}=\begin{bmatrix} 2 & e & 0 \\ 1 & 0 & -1 \end{bmatrix}\begin{bmatrix} x-1 \\ y-1 \\ z-\pi \end{bmatrix}+\begin{bmatrix} 1+e \\ 1 \end{bmatrix}$$

すなわち

$$\begin{bmatrix} a_1 \\ a_2 \end{bmatrix}=\begin{bmatrix} 2x+ey-1 \\ x-z+\pi \end{bmatrix}$$

問 8　次のおのおのの場合に，ヤコービ行列を計算せよ．

① $\boldsymbol{f}\begin{bmatrix} x \\ y \end{bmatrix}=\begin{bmatrix} x+y \\ x^2y \end{bmatrix}$　② $\boldsymbol{f}\begin{bmatrix} x \\ y \end{bmatrix}=\begin{bmatrix} \sin x \\ \cos xy \end{bmatrix}$　③ $\boldsymbol{f}\begin{bmatrix} x \\ y \end{bmatrix}=\begin{bmatrix} e^{xy} \\ \log x \end{bmatrix}$

④ $\boldsymbol{f}\begin{bmatrix} x \\ y \\ z \end{bmatrix}=\begin{bmatrix} xy \\ yz \\ zx \end{bmatrix}$　⑤ $\boldsymbol{f}\begin{bmatrix} x \\ y \\ z \end{bmatrix}=\begin{bmatrix} xyz \\ x^2z \end{bmatrix}$　⑥ $\boldsymbol{f}\begin{bmatrix} x \\ y \\ z \end{bmatrix}=\begin{bmatrix} \sin xyz \\ xz \end{bmatrix}$

問 9　$\boldsymbol{R}\xrightarrow{\boldsymbol{f}}\boldsymbol{R}^2$ なる関数

$$\boldsymbol{f}(t)=\begin{bmatrix} t-1 \\ t^2-3t+2 \end{bmatrix},\quad t\in\boldsymbol{R}$$

がある．① $t=0$ の近くで $\boldsymbol{f}$ を近似するるアフィン関数を求めよ．② $\boldsymbol{f}(t)$ のグラフと，$t=0$ の近くでの $\boldsymbol{f}$ を近似するアフィン関数のグラフをかけ．

問 10　$\boldsymbol{R}^2\xrightarrow{f}\boldsymbol{R}$ なる関数

$$f(x,y)=4-x^2-y^2$$

において，$(2,0)$ の近くでの f を近似するアフィン関数を求めよ．

⑤ 微　　分

関数 $\boldsymbol{R}^n\xrightarrow{\boldsymbol{f}}\boldsymbol{R}^m$ の定義域内の 1 点 $\boldsymbol{x}_0$ の近くの近似アフィン関数は

$$\boldsymbol{a}(\boldsymbol{x})=\boldsymbol{J}(\boldsymbol{x}-\boldsymbol{x}_0)+\boldsymbol{f}(\boldsymbol{x}_0)$$

であった．1変数の場合と同じように，

$$\boldsymbol{x}-\boldsymbol{x}_0=d\boldsymbol{x}$$

とおいたときの，ローカルな変化法則，つまり局所正比例法則を

$$d\boldsymbol{f}=\boldsymbol{J}d\boldsymbol{x}$$

または

$$d_{\boldsymbol{x}_0}\boldsymbol{f}=\boldsymbol{J}d\boldsymbol{x} \tag{26}$$

とおき，$\boldsymbol{x}_0$ における $\boldsymbol{f}$ の**微分** (differential) という．(26) 式を成分に分けてかくと

$$\begin{bmatrix} df_1 \\ df_2 \\ \vdots \\ df_m \end{bmatrix}=\begin{pmatrix} \dfrac{\partial f_1}{\partial x_1} & \dfrac{\partial f_1}{\partial x_2} & \cdots\cdots & \dfrac{\partial f_1}{\partial x_n} \\ \dfrac{\partial f_2}{\partial x_1} & \dfrac{\partial f_2}{\partial x_2} & \cdots\cdots & \dfrac{\partial f_2}{\partial x_n} \\ & \cdots\cdots\cdots\cdots & & \\ \dfrac{\partial f_m}{\partial x_1} & \dfrac{\partial f_m}{\partial x_2} & \cdots\cdots & \dfrac{\partial f_m}{\partial x_n} \end{pmatrix}\begin{bmatrix} dx_1 \\ dx_2 \\ \vdots \\ dx_n \end{bmatrix} \tag{27}$$

である．

④ 節において，$\boldsymbol{f}$ が微分可能ならば，その微分はヤコービ行列で表わされることをしった．そこで，次に，1つのベクトル関数が微分可能かどうかを調べることにしよう．

$\boldsymbol{R}^n$ の部分集合 $\boldsymbol{S}$ の**内点** (interior point) $\boldsymbol{x}_0$ を定義しよう．$\boldsymbol{x}_0$ の ε- 近傍で $\boldsymbol{S}$ に含まれているものが存在する場合，すなわち

$$\exists\varepsilon>0 : \{\boldsymbol{x} \mid \|\boldsymbol{x}-\boldsymbol{x}_0\|<\varepsilon\}\subset\boldsymbol{S}$$

のとき，$\boldsymbol{x}_0$ は $\boldsymbol{S}$ の内点という．内点の集合を**開集合** (open set) という．空集合も開集合の中に入れる．

問11　$\boldsymbol{R}^n$ の2つの部分開集合の共通部分は開集合であることを証明せよ．

問12　$\boldsymbol{R}^n$ の部分集合 $\boldsymbol{S}_1, \boldsymbol{S}_2, \cdots$ が開集合であれば，$\boldsymbol{S}_1\cup\boldsymbol{S}_2\cup\cdots\cdots$ も開集合であることを証明せよ．

定理2　$\boldsymbol{R}^n \xrightarrow{\boldsymbol{f}} \boldsymbol{R}^m$ の定義域は開集合 $\boldsymbol{D}$ で，その上で，$\boldsymbol{f}$ の座標関数の偏導関数 $\dfrac{\partial f_i}{\partial x_j}$ が連続ならば，$\boldsymbol{f}$ は $\boldsymbol{D}$ のあらゆる点で微分可能である．

(証明)　$\boldsymbol{J}$ を $\boldsymbol{f}$ のヤコービ行列とする．$\boldsymbol{J}$ が

$$\lim_{\boldsymbol{x}\to\boldsymbol{x}_0}\frac{\boldsymbol{f}(\boldsymbol{x})-\boldsymbol{f}(\boldsymbol{x}_0)-\boldsymbol{J}(\boldsymbol{x}-\boldsymbol{x}_0)}{\|\boldsymbol{x}-\boldsymbol{x}_0\|}=\boldsymbol{0} \tag{28}$$

を満足することを示しえたら，証明は完結する．ベクトル関数の場合，各座標関数が極限関数をもてば，ベクトル関数も極限をもつから，$\boldsymbol{f}$ の座標関数の1つについて (28) 式を証明するだけでよい．だから，f を実数値ベクトル関数と仮定する．さて，

$$\boldsymbol{x}=\begin{bmatrix}x_1\\x_2\\\vdots\\x_n\end{bmatrix},\quad \boldsymbol{x}_0=\begin{bmatrix}a_1\\a_2\\\vdots\\a_n\end{bmatrix},\quad \boldsymbol{y}_k=\begin{pmatrix}x_1\\\vdots\\x_k\\a_{k+1}\\\vdots\\a_n\end{pmatrix},\quad k=0,1,2,\cdots,n$$

とおくと，$\boldsymbol{y}_0=\boldsymbol{x}_0$，$\boldsymbol{y}_n=\boldsymbol{x}$．そのとき

$$f(\boldsymbol{x})-f(\boldsymbol{x}_0)=\sum_{k=1}^{n}\{f(\boldsymbol{y}_k)-f(\boldsymbol{y}_{k-1})\}$$

$\boldsymbol{y}_k$ と $\boldsymbol{y}_{k-1}$ は第 k 番目の座標が異なるだけだから，平均値の定理により

$$f(\boldsymbol{y}_k)-f(\boldsymbol{y}_{k-1})=(x_k-a_k)\frac{\partial f(\boldsymbol{z}_k)}{\partial x_k}$$

ただし，$\boldsymbol{z}_k$ は $\boldsymbol{y}_k$ と $\boldsymbol{y}_{k-1}$ を結ぶ線分上の点である．よって

$$f(\boldsymbol{x})-f(\boldsymbol{x}_0)=\sum_{k=1}^{n}(x_k-a_k)\frac{\partial f(\boldsymbol{z}_k)}{\partial x_k}$$

一方，$\boldsymbol{f}$ の座標関数 f のヤコービ行列を $\boldsymbol{J}_f$ とすると

$$\boldsymbol{J}_f(\boldsymbol{x}-\boldsymbol{x}_0)=\left[\frac{\partial f(\boldsymbol{x}_0)}{\partial x_1},\ \cdots\cdots,\ \frac{\partial f(\boldsymbol{x}_0)}{\partial x_n}\right]\begin{bmatrix}x_1-a_1\\\vdots\\x_n-a_n\end{bmatrix}$$

$$=\sum_{k=1}^{n}(x_k-a_k)\frac{\partial f(\boldsymbol{x}_0)}{\partial x_k}$$

そこで

$$|f(\boldsymbol{x})-f(\boldsymbol{x}_0)-\boldsymbol{J}_f(\boldsymbol{x}-\boldsymbol{x}_0)|=\left|\sum_{k=1}^{n}\left\{\frac{\partial f(\boldsymbol{z}_k)}{\partial x_k}-\frac{\partial f(\boldsymbol{x}_0)}{\partial x_k}\right\}(x_k-a_k)\right|$$

$$\leqq\sum_{k=1}^{n}\left|\frac{\partial f(\boldsymbol{z}_k)}{\partial x_k}-\frac{\partial f(\boldsymbol{x}_0)}{\partial x_k}\right|\|\boldsymbol{x}-\boldsymbol{x}_0\|$$

$\dfrac{\partial f}{\partial x_k}$ は $\boldsymbol{x}_0$ において連続だから，$\boldsymbol{x}\to\boldsymbol{x}_0$ のとき $\boldsymbol{z}_k\to\boldsymbol{x}_0$. ゆえに (28) 式が証明できた．

例 7　$x^2+y^2<1$ なる範囲で

$$f(x,y)=\sqrt{1-x^2-y^2}$$

なる関数を考える．ヤコービ行列は

$$\left[\frac{\partial f}{\partial x},\ \frac{\partial f}{\partial y}\right]=\left[\frac{-x}{\sqrt{1-x^2-y^2}},\ \frac{-y}{\sqrt{1-x^2-y^2}}\right]$$

で，これは $x^2+y^2<1$ においては連続である．よって f は $x^2+y^2<1$ なる範囲で微分可能である．

問 13　次の関数で微分可能でない点はどこか．

① $\boldsymbol{f}\begin{bmatrix}x\\y\end{bmatrix}=\begin{bmatrix}\dfrac{1}{x^2}+\dfrac{1}{y^2}\\x^2+y^2\end{bmatrix}$　　② $\boldsymbol{f}\begin{bmatrix}x\\y\end{bmatrix}=\begin{bmatrix}\sqrt{x^2+y^2}\\x+y\end{bmatrix}$

問 14　$\displaystyle\lim_{\boldsymbol{h}\to\boldsymbol{0}}\frac{\varphi(\boldsymbol{h})}{\|\boldsymbol{h}\|}=0$ のとき，$\varphi(\boldsymbol{h})=o(\|\boldsymbol{h}\|)$ とかき，$\varphi(\boldsymbol{h})$ は $\|\boldsymbol{h}\|$ より**高位の無限小**であるという．高位の無限小に関しては

(1)　$\varphi_1,\varphi_2=o(\|\boldsymbol{h}\|)$ ならば，$\varphi_1+\varphi_2=o(\|\boldsymbol{h}\|)$ である．

(2)　$\varphi=o(\|\boldsymbol{h}\|)$，$\psi$ が有界関数ならば，$\varphi\psi=o(\|\boldsymbol{h}\|)$ である．

(3)　$\varphi_1=o(\|\boldsymbol{h}\|)$，$|\varphi_2|\leqq|\varphi_1|$ ならば，$\varphi_2=o(\|\boldsymbol{h}\|)$ である．

ことを証明せよ．

⑥ 行　列　式

2 つの 2 次元数ベクトル $\boldsymbol{a},\boldsymbol{b}$ を 2 辺とする平行 4 辺形に，図のように正負の符号をつける．

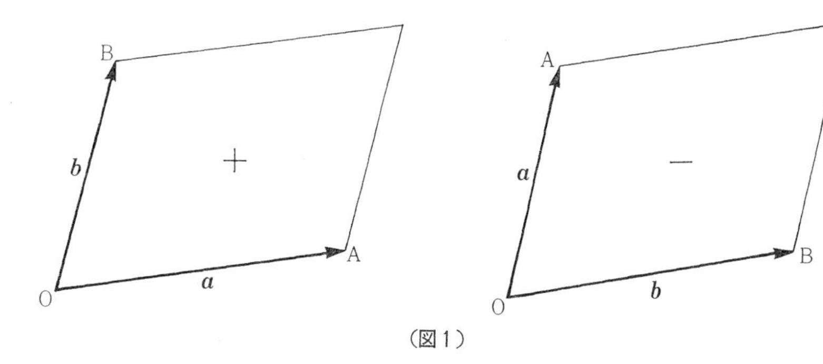

(図 1)

この符号つき面積を $\boldsymbol{a}\wedge\boldsymbol{b}$ とかき，**交代積** (alternative product) という．

定理 3 2次元数ベクトル $\boldsymbol{a}, \boldsymbol{b}, \boldsymbol{c}$ に対して

1) $\boldsymbol{a}\wedge\boldsymbol{a}=0$

2) 複1次性 $\boldsymbol{a}\wedge(\boldsymbol{b}+\boldsymbol{c})=\boldsymbol{a}\wedge\boldsymbol{b}+\boldsymbol{a}\wedge\boldsymbol{c}$

$(\boldsymbol{b}+\boldsymbol{c})\wedge\boldsymbol{a}=\boldsymbol{b}\wedge\boldsymbol{a}+\boldsymbol{c}\wedge\boldsymbol{a}$

$(\boldsymbol{a}\lambda)\wedge\boldsymbol{b}=\boldsymbol{a}\wedge(\boldsymbol{b}\lambda)=(\boldsymbol{a}\wedge\boldsymbol{b})\lambda$

3) 交代性 $\boldsymbol{a}\wedge\boldsymbol{b}=-\boldsymbol{b}\wedge\boldsymbol{a}$

(証明) 1) 2) は平面上に画かれた平行4辺形から判断すれば明らかである．3) については

$$\begin{aligned}0&=(\boldsymbol{a}+\boldsymbol{b})\wedge(\boldsymbol{a}+\boldsymbol{b})\\&=(\boldsymbol{a}\wedge\boldsymbol{a})+(\boldsymbol{a}\wedge\boldsymbol{b})+(\boldsymbol{b}\wedge\boldsymbol{a})+(\boldsymbol{b}\wedge\boldsymbol{b})\\&=(\boldsymbol{a}\wedge\boldsymbol{b})+(\boldsymbol{b}\wedge\boldsymbol{a})\end{aligned}$$

(Q.E.D.)

さて，2次元空間の基底 $\boldsymbol{e}_1=\begin{bmatrix}1\\0\end{bmatrix}$, $\boldsymbol{e}_2=\begin{bmatrix}0\\1\end{bmatrix}$ に対して，2次元ベクトルは

$$\boldsymbol{a}=\begin{bmatrix}a_1\\a_2\end{bmatrix}=\boldsymbol{e}_1a_1+\boldsymbol{e}_2a_2,\ \boldsymbol{b}=\begin{bmatrix}b_1\\b_2\end{bmatrix}=\boldsymbol{e}_1b_1+\boldsymbol{e}_2b_2$$

と表わされる．$\boldsymbol{a}, \boldsymbol{b}$ の交代積をとると

$$\begin{aligned}\boldsymbol{a}\wedge\boldsymbol{b}&=(\boldsymbol{e}_1\wedge\boldsymbol{e}_2)a_1b_2+(\boldsymbol{e}_2\wedge\boldsymbol{e}_1)a_2b_1\\&=(\boldsymbol{e}_1\wedge\boldsymbol{e}_2)(a_1b_2-a_2b_1)\end{aligned}$$

となる．$\boldsymbol{e}_1\wedge\boldsymbol{e}_2$ は基底ベクトルの作る単位面積をもつ正方形であるから，平行4辺形の面積は，$\boldsymbol{e}_1\wedge\boldsymbol{e}_2$ の $a_1b_2-a_2b_1$ 倍になっている．この倍率を

$$a_1b_2-a_2b_1=|\boldsymbol{a}, \boldsymbol{b}|=\begin{vmatrix}a_1&b_1\\a_2&b_2\end{vmatrix}$$

とかき，**2次の行列式**という．

次に3次元数ベクトル $\boldsymbol{a}, \boldsymbol{b}, \boldsymbol{c}$ を3辺とする平行6面体の体積で，右手系を正ときめるとき，体積を

$$\boldsymbol{a}\wedge\boldsymbol{b}\wedge\boldsymbol{c}$$

で表わす．これも交代積という．

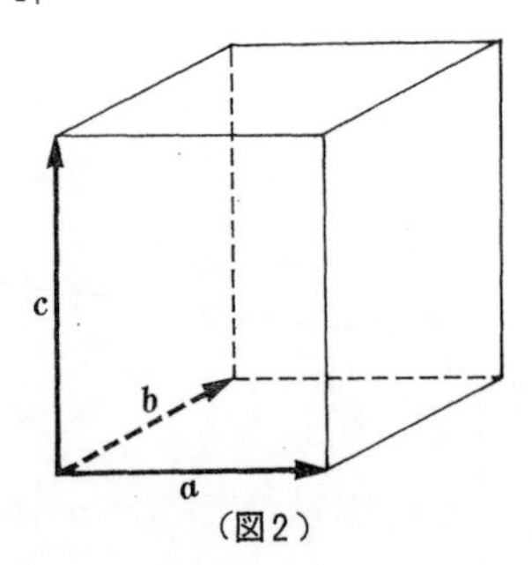

(図2)

定理 4　3次元数ベクトルについて

1)　$\boldsymbol{a}\wedge\boldsymbol{a}\wedge\boldsymbol{c}=\boldsymbol{a}\wedge\boldsymbol{b}\wedge\boldsymbol{b}=\boldsymbol{c}\wedge\boldsymbol{b}\wedge\boldsymbol{c}=0$

2)　$(\boldsymbol{a}+\boldsymbol{a}')\wedge\boldsymbol{b}\wedge\boldsymbol{c}=\boldsymbol{a}\wedge\boldsymbol{b}\wedge\boldsymbol{c}+\boldsymbol{a}'\wedge\boldsymbol{b}\wedge\boldsymbol{c}$

$\boldsymbol{a}\wedge(\boldsymbol{b}+\boldsymbol{b}')\wedge\boldsymbol{c}=\boldsymbol{a}\wedge\boldsymbol{b}\wedge\boldsymbol{c}+\boldsymbol{a}\wedge\boldsymbol{b}'\wedge\boldsymbol{c}$

$(\boldsymbol{a}\lambda)\wedge\boldsymbol{b}\wedge\boldsymbol{c}=(\boldsymbol{a}\wedge\boldsymbol{b}\wedge\boldsymbol{c})\lambda$　　など

3)　$\boldsymbol{a}\wedge\boldsymbol{b}\wedge\boldsymbol{c}=-(\boldsymbol{a}\wedge\boldsymbol{c}\wedge\boldsymbol{b})=-(\boldsymbol{b}\wedge\boldsymbol{a}\wedge\boldsymbol{c})$ など

(証明)　1) 2) は直観的に明らかである．3) については

$$\begin{aligned}0&=\boldsymbol{a}\wedge(\boldsymbol{b}+\boldsymbol{c})\wedge(\boldsymbol{b}+\boldsymbol{c})\\&=\boldsymbol{a}\wedge\boldsymbol{b}\wedge\boldsymbol{b}+\boldsymbol{a}\wedge\boldsymbol{b}\wedge\boldsymbol{c}+\boldsymbol{a}\wedge\boldsymbol{c}\wedge\boldsymbol{b}+\boldsymbol{a}\wedge\boldsymbol{c}\wedge\boldsymbol{c}\\&=\boldsymbol{a}\wedge\boldsymbol{b}\wedge\boldsymbol{c}+\boldsymbol{a}\wedge\boldsymbol{c}\wedge\boldsymbol{b}\end{aligned}$$

のようにすればよい．　(Q.E.D.)

3次元空間の基底 $\boldsymbol{e}_1=\begin{bmatrix}1\\0\\0\end{bmatrix}$, $\boldsymbol{e}_2=\begin{bmatrix}0\\1\\0\end{bmatrix}$, $\boldsymbol{e}_3=\begin{bmatrix}0\\0\\1\end{bmatrix}$ に対して，3次元ベクトルは

$$\boldsymbol{a}=\begin{bmatrix}a_1\\a_2\\a_3\end{bmatrix}=\boldsymbol{e}_1a_1+\boldsymbol{e}_2a_2+\boldsymbol{e}_3a_3$$

$$\boldsymbol{b}=\begin{bmatrix}b_1\\b_2\\b_3\end{bmatrix}=\boldsymbol{e}_1b_1+\boldsymbol{e}_2b_2+\boldsymbol{e}_3b_3$$

$$\boldsymbol{c}=\begin{bmatrix}c_1\\c_2\\c_3\end{bmatrix}=\boldsymbol{e}_1c_1+\boldsymbol{e}_2c_2+\boldsymbol{e}_3c_3$$

と表わされる．そして，$\boldsymbol{a}, \boldsymbol{b}, \boldsymbol{c}$ の交代積を計算すると

$$\boldsymbol{a}\wedge\boldsymbol{b}\wedge\boldsymbol{c}=(\boldsymbol{e}_1\wedge\boldsymbol{e}_2\wedge\boldsymbol{e}_3)\left\{a_1\begin{vmatrix}b_2&c_2\\b_3&c_3\end{vmatrix}-a_2\begin{vmatrix}b_1&c_1\\b_3&c_3\end{vmatrix}+a_3\begin{vmatrix}b_1&c_1\\b_2&c_2\end{vmatrix}\right\}$$

と書き表わされ，右辺を

$$=(\boldsymbol{e}_1\wedge\boldsymbol{e}_2\wedge\boldsymbol{e}_3)\begin{vmatrix}a_1&b_1&c_1\\a_2&b_2&c_2\\a_3&b_3&c_3\end{vmatrix}=(\boldsymbol{e}_1\wedge\boldsymbol{e}_2\wedge\boldsymbol{e}_3)\,|\boldsymbol{a}, \boldsymbol{b}, \boldsymbol{c}|$$

と記す．このことは，ベクトル $\boldsymbol{a}, \boldsymbol{b}, \boldsymbol{c}$ を相隣る3辺とする平行6面体の体積

は，単位立方体 $\boldsymbol{e}_1\wedge\boldsymbol{e}\wedge_2\wedge\boldsymbol{e}_3$ の体積 $|\boldsymbol{a},\boldsymbol{b},\boldsymbol{c}|$ 倍になっていることを示す．この倍数 $|\boldsymbol{a},\boldsymbol{b},\boldsymbol{c}|$ を3次の**行列式**という．

このような方法で，n 次の行列式を定義することはできるが，以下の説明で行列式を用いるのは3次以下の場合だけであるので，これ以上深入りはやめて，詳しいことは線型代数の書物をみられたい．

定理5　正比例関数 $\boldsymbol{f}:\boldsymbol{R}^n\longrightarrow\boldsymbol{R}^m$ において，定義域の空間 $\boldsymbol{R}^n$ における直線は，$\boldsymbol{f}$ によって $\boldsymbol{R}^m$ の直線に写される．

（証明）正比例関数は $\boldsymbol{y}=\boldsymbol{f}(\boldsymbol{x})=\boldsymbol{A}\boldsymbol{x}$ と表現される．$\boldsymbol{x}$ は n 次元数ベクトル，$\boldsymbol{A}$ は $m\times n$ 型行列，$\boldsymbol{y}$ は m 次元数ベクトルである．

一方，1点 $\mathrm{P}(\boldsymbol{a})$ と方向ベクトル $\boldsymbol{n}$ が与えられている直線の方程式は

$$\boldsymbol{x}=\boldsymbol{a}+\boldsymbol{n}t,\ t\in\boldsymbol{R}$$

で与えられる．

したがって

$$\begin{aligned}\boldsymbol{f}(\boldsymbol{x})&=\boldsymbol{A}\{\boldsymbol{a}+\boldsymbol{n}t\}\\&=\boldsymbol{A}\boldsymbol{a}+\boldsymbol{A}\boldsymbol{n}t\\&\equiv\boldsymbol{a}'+\boldsymbol{n}'t\end{aligned}$$

となって，$\boldsymbol{f}$ による像は直線である．

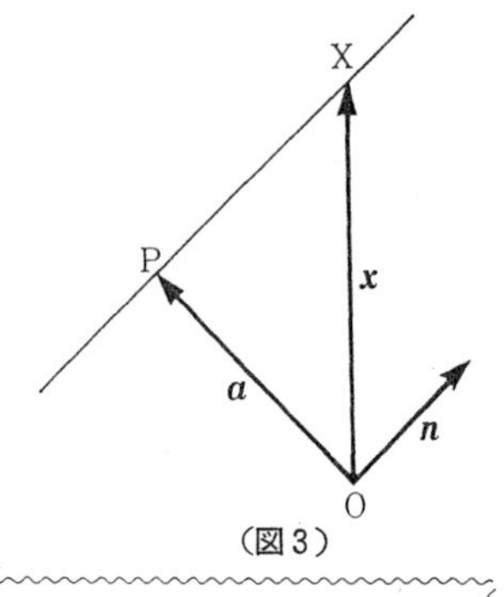

（図3）

（系）$\begin{bmatrix}y_1\\y_2\\y_3\end{bmatrix}=\begin{bmatrix}a_{11}&a_{12}&a_{13}\\a_{21}&a_{22}&a_{23}\\a_{31}&a_{32}&a_{33}\end{bmatrix}\begin{bmatrix}x_2\\x_2\\x_3\end{bmatrix}$ によって，$x_1x_2x_3$- 空間での単位立方体は，$y_1y_2y_3$- 空間での平行6面体に写され，体積の拡大率は

$$\begin{vmatrix}a_{11}&a_{12}&a_{13}\\a_{21}&a_{22}&a_{23}\\a_{31}&a_{32}&a_{33}\end{vmatrix}$$

で与えられる．

関数 $\boldsymbol{f}:\boldsymbol{R}^n\longrightarrow\boldsymbol{R}^n$ に対して，$\boldsymbol{x}=\boldsymbol{x}_0$ における局所正比例は

$$d\boldsymbol{y}=\boldsymbol{J}d\boldsymbol{x}$$

すなわち

$$\begin{bmatrix} dy_1 \\ dy_2 \\ \vdots \\ dy_n \end{bmatrix} = \begin{pmatrix} \dfrac{\partial f_1(\boldsymbol{x}_0)}{\partial x_1} & \dfrac{\partial f_1(\boldsymbol{x}_0)}{\partial x_2} & \cdots\cdots & \dfrac{\partial f_1(\boldsymbol{x}_0)}{\partial x_n} \\ \dfrac{\partial f_2(\boldsymbol{x}_0)}{\partial x_1} & \dfrac{\partial f_2(\boldsymbol{x}_0)}{\partial x_2} & \cdots\cdots & \dfrac{\partial f_2(\boldsymbol{x}_0)}{\partial x_n} \\ & \cdots\cdots\cdots\cdots\cdots & & \\ \dfrac{\partial f_n(\boldsymbol{x}_0)}{\partial x_1} & \dfrac{\partial f_n(\boldsymbol{x}_0)}{\partial x_2} & \cdots\cdots & \dfrac{\partial f_n(\boldsymbol{x}_0)}{\partial x_n} \end{pmatrix} \begin{bmatrix} dx_1 \\ dx_2 \\ \vdots \\ dx_n \end{bmatrix}$$

で与えられる．このとき，正比例法則の係数の行列の行列式 $|\boldsymbol{J}|$ を**ヤコービ行列式**（Jacobian）という．Jacobian は

$$\frac{\partial(y_1, \cdots, y_n)}{\partial(x_1, \cdots, x_n)} \quad \text{または} \quad \frac{\partial(f_1, f_2, \cdots, f_n)}{\partial(x_1, x_2, \cdots, x_n)}$$

ともかく．Jacobian の幾何学的意味は，$n=3$ の場合は上の系の通りである．

例 7　$\begin{bmatrix} x \\ y \end{bmatrix} = f\begin{bmatrix} r \\ \theta \end{bmatrix} = \begin{bmatrix} r\cos\theta \\ r\sin\theta \end{bmatrix}$ において，

$$|\boldsymbol{J}| = \begin{vmatrix} \cos\theta & -r\sin\theta \\ \sin\theta & r\cos\theta \end{vmatrix} = r$$

問 15　次の関数の Jacobian を，指定した点で求めよ．

(1)　$\boldsymbol{f}\begin{bmatrix} u \\ v \end{bmatrix} = \begin{bmatrix} u^2+2uv+3v \\ u-v \end{bmatrix}$，$\boldsymbol{u}_0 = \begin{bmatrix} 0 \\ 2 \end{bmatrix}$

(2)　$\boldsymbol{f}\begin{bmatrix} x \\ y \end{bmatrix} = \begin{bmatrix} x^2-y^2 \\ 2xy \end{bmatrix}$，$\boldsymbol{x}_0 = \begin{bmatrix} 6 \\ -2 \end{bmatrix}$

(3)　$\boldsymbol{f}\begin{bmatrix} \gamma \\ \varphi \\ \theta \end{bmatrix} = \begin{bmatrix} \gamma\cos\theta\sin\varphi \\ \gamma\sin\theta\sin\varphi \\ \gamma\cos\varphi \end{bmatrix}$，$\boldsymbol{x}_0 = \begin{bmatrix} \gamma \\ \varphi \\ \theta \end{bmatrix}$

問 16　$\begin{cases} a_{11}x_1 + a_{12}x_2 + a_{13}x_3 = b_1 \\ a_{21}x_1 + a_{22}x_2 + a_{23}x_3 = b_2 \\ a_{31}x_1 + a_{32}x_2 + a_{33}x_3 = b_3 \end{cases}$ を

$$\begin{bmatrix} a_{11} \\ a_{21} \\ a_{31} \end{bmatrix} x_1 + \begin{bmatrix} a_{12} \\ a_{22} \\ a_{32} \end{bmatrix} x_2 + \begin{bmatrix} a_{13} \\ a_{23} \\ a_{33} \end{bmatrix} x_3 = \begin{bmatrix} b_1 \\ b_2 \\ b_3 \end{bmatrix}$$

すなわち

$$\boldsymbol{a}_{\cdot 1}x_1 + \boldsymbol{a}_{\cdot 2}x_2 + \boldsymbol{a}_{\cdot 3}x_3 = \boldsymbol{b}$$

とおくと

$$(\boldsymbol{a}_{\cdot 1} \wedge \boldsymbol{a}_{\cdot 2} \wedge \boldsymbol{a}_{\cdot 3})x_1 = \boldsymbol{b} \wedge \boldsymbol{a}_{\cdot 2} \wedge \boldsymbol{a}_{\cdot 3}$$

であることを証明し，$|\boldsymbol{a}_{\cdot 1}, \boldsymbol{a}_{\cdot 2}, \boldsymbol{a}_{\cdot 3}| \neq 0$ ならば

$$x_1 = \frac{|\boldsymbol{b}, \boldsymbol{a}_{\cdot 2}, \boldsymbol{a}_{\cdot 3}|}{|\boldsymbol{a}_{\cdot 1}, \boldsymbol{a}_{\cdot 2}, \boldsymbol{a}_{\cdot 3}|} \qquad \text{(Cramér の公式)}$$

であることを示せ．また，x_2, x_3 の値も求めよ．

問17　$\boldsymbol{a}, \boldsymbol{b}, \boldsymbol{c}$ が3次元数ベクトルであるとき，

1)　$|\boldsymbol{a}, \boldsymbol{b}, \boldsymbol{c}| \neq 0$ ならば $\boldsymbol{a}, \boldsymbol{b}, \boldsymbol{c}$ は1次独立である．

2)　$\boldsymbol{a}, \boldsymbol{b}, \boldsymbol{c}$ が1次従属ならば，$|\boldsymbol{a}. \boldsymbol{b}, \boldsymbol{c}|=0$ である．

ことを証明せよ．また，1), 2) の逆の命題は成立するか．

問題解答

問1　①　$\dfrac{\partial f}{\partial x}=2x+\sin(x+y)+x\cos(x+y)$，$\dfrac{\partial f}{\partial y}=x\cos(x+y)$

②　$\dfrac{\partial f}{\partial x}=\cos(2x+y)$，$\dfrac{\partial f}{\partial y}=-\sin x\sin(x+y)$　　③　$\dfrac{\partial f}{\partial x}=\dfrac{\partial f}{\partial y}=\epsilon^{x+y+1}$

④　$\dfrac{\partial f}{\partial x}=-\dfrac{y}{x^2+y^2}$，$\dfrac{\partial f}{\partial y}=\dfrac{x}{x^2+y^2}$

⑤　$f=e^{x\log x}$ とせよ．$\dfrac{\partial f}{\partial x}=x^{y-1}y$，$\dfrac{\partial f}{\partial y}=x^y\log x$

⑥　$\dfrac{\partial f}{\partial x}=-\dfrac{\log y}{x(\log x)^2}$，$\dfrac{\partial f}{\partial y}=\dfrac{1}{y\log x}$

問2　①　$\dfrac{\partial f}{\partial x}=\dfrac{x}{\sqrt{x^2+y^2}}$，$\dfrac{\partial f}{\partial y}=\dfrac{y}{\sqrt{x^2+y^2}}$，$\dfrac{\partial f(0,0)}{\partial x}$ と $\dfrac{\partial f(0,0)}{\partial y}$ はともに存在しない．[左方，右方偏微分係数は $-1,1$ でそれぞれ存在する]

②　$\dfrac{\partial f}{\partial x}=2x\left(1-\dfrac{1}{\sqrt{x^2+y^2}}\right)$，$\dfrac{\partial f}{\partial y}=2y\left(1-\dfrac{1}{\sqrt{x^2+y^2}}\right)$，$\dfrac{\partial f(0,0)}{\partial x}$ と $\dfrac{\partial f(0,0)}{\partial y}$ は存在しない．　　③　$\dfrac{\partial f}{\partial x}=\dfrac{y^3}{(x^2+y^2)^{3/2}}$，$\dfrac{\partial f}{\partial y}=\dfrac{x^3}{(x^2+y^2)^{3/2}}$，$\dfrac{\partial f(0,0)}{\partial x}=\dfrac{\partial f(0,0)}{\partial y}$ $=0$

問3　①　$\dfrac{\partial \boldsymbol{f}}{\partial u}=\begin{bmatrix}1\\0\\2u\end{bmatrix}$，$\dfrac{\partial \boldsymbol{f}}{\partial v}=\begin{bmatrix}0\\1\\2v\end{bmatrix}$　　②　$\dfrac{\partial \boldsymbol{f}}{\partial u}=\begin{bmatrix}-\sin u\sin v\\\cos u\sin v\\0\end{bmatrix}$，$\dfrac{\partial \boldsymbol{f}}{\partial v}=\begin{bmatrix}\cos u\cos v\\\sin u\cos v\\-\sin v\end{bmatrix}$

問4　正比例関数は (a) (b) (d)

問6　(1)　$\begin{bmatrix}1&0&0&0\\0&1&0&0\end{bmatrix}$　　(2)　$\begin{bmatrix}3&0\\0&5\end{bmatrix}$　　(3)　$\begin{bmatrix}7&&O\\&7&\\O&&\ddots\ 7\end{bmatrix}$　　(4)　$\begin{bmatrix}-1&&O\\&-1&\\O&&\ddots\ -1\end{bmatrix}$

問7　$\boldsymbol{x}=\boldsymbol{e}_1x_1+\boldsymbol{e}_2x_2+\cdots\cdots+\boldsymbol{e}_nx_n$，$\boldsymbol{L}(\boldsymbol{x})=\boldsymbol{L}(\boldsymbol{e}_1)x_1+\cdots\cdots+\boldsymbol{L}(\boldsymbol{e}_n)x_n$

$\|\boldsymbol{L}(\boldsymbol{x})\|\leqq|x_1|\,\|\boldsymbol{L}(\boldsymbol{e}_1)\|+\cdots\cdots+|x_n|\,\|\boldsymbol{L}(\boldsymbol{e}_n)\|$

すべての i について $|x_i|\leqq\|\boldsymbol{x}\|$，$|k|=\|\boldsymbol{L}(\boldsymbol{e}_1)\|+\cdots\cdots+\|\boldsymbol{L}(\boldsymbol{e}_n)\|$ とおけ．

問8　①　$\begin{bmatrix}1&1\\2xy&x^2\end{bmatrix}$　　②　$\begin{bmatrix}\cos x&0\\-y\sin xy&-x\sin xy\end{bmatrix}$　　③　$\begin{bmatrix}ye^{xy}&xe^{xy}\\\dfrac{1}{x}&0\end{bmatrix}$

④ $\begin{bmatrix} y & x & 0 \\ 0 & z & y \\ z & 0 & x \end{bmatrix}$ ⑤ $\begin{bmatrix} yz & xz & xy \\ 2xz & 0 & x^2 \end{bmatrix}$ ⑥ $\begin{bmatrix} yz\cos xyz & xz\cos xyz & yx\cos xyz \\ z & 0 & x \end{bmatrix}$

問 9 ① $\boldsymbol{a}(t)=\begin{bmatrix} t-1 \\ -3t+2 \end{bmatrix}$ ② $\boldsymbol{f}$ のグラフは2次関数

問 10 $a(x,y)=-4x+8$ **問 13** ① $x=0$ または $y=0$ ② 原点

問 15 (1) -7 (2) 160 (3) $-r^2\sin\varphi$

問 16 $x_2=\dfrac{|\boldsymbol{a}_{\cdot 1},\boldsymbol{b},\boldsymbol{a}_{\cdot 3}|}{|\boldsymbol{a}_{\cdot 1},\boldsymbol{a}_{\cdot 2},\boldsymbol{a}_{\cdot 3}|}$, $x_3=\dfrac{|\boldsymbol{a}_{\cdot 1},\boldsymbol{a}_{\cdot 2},\boldsymbol{b}|}{|\boldsymbol{a}_{\cdot 1},\boldsymbol{a}_{\cdot 2},\boldsymbol{a}_{\cdot 3}|}$

問 17 2) は 1) の対偶, 1) 2) の逆も真である.

第5講　合成関数の微分

多次元の世界でも2つの正比
例法則は合成できて，また1
つの正比例となる．

① 合成関数

$\boldsymbol{R}^n \xrightarrow{\boldsymbol{f}} \boldsymbol{R}^m$ なる関数

$$\boldsymbol{y}=\boldsymbol{f}(\boldsymbol{x})$$

と，$\boldsymbol{R}^m \xrightarrow{\boldsymbol{g}} \boldsymbol{R}^p$ なる関数

$$\boldsymbol{z}=\boldsymbol{g}(\boldsymbol{y})$$

があって，$\boldsymbol{f}$ の値域の一部が，$\boldsymbol{g}$ の定義域と共通である場合，2つの関数の合成関数

$$(\boldsymbol{g}\circ\boldsymbol{f})(\boldsymbol{x})$$

を，

$$(\boldsymbol{g}\circ\boldsymbol{f})(\boldsymbol{x})=\boldsymbol{g}\{\boldsymbol{f}(\boldsymbol{x})\}$$

と定義する．2つの関数の合成関数の抽象的な図をかけば，次のようになる．

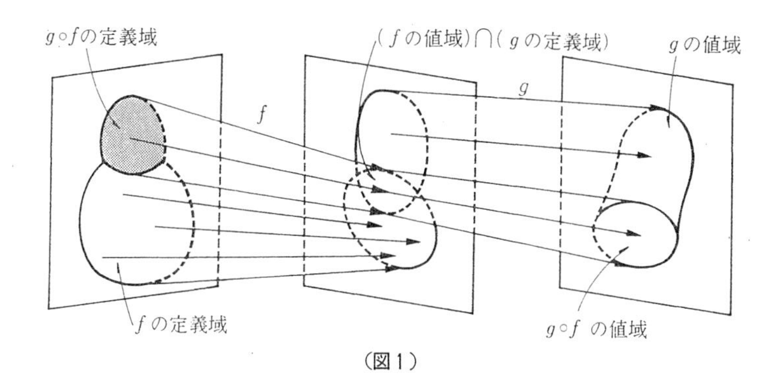

(図1)

もし，$(\boldsymbol{f}$ の値域$)\cap(\boldsymbol{g}$ の定義域$)=\phi$ ならば，合成関数はできないものとする．

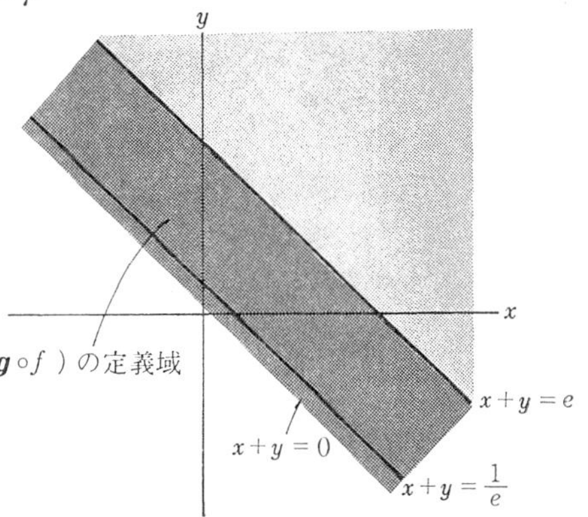

(図2)

例1 $\boldsymbol{R}^2 \xrightarrow{f} \boldsymbol{R}$，また

$\boldsymbol{R} \xrightarrow{\boldsymbol{g}} \boldsymbol{R}^3$ として，

$$t=f\begin{bmatrix} x \\ y \end{bmatrix}=\log^2(x+y),$$

$$\boldsymbol{z}=\boldsymbol{g}(t)=\begin{bmatrix} t \\ t^2 \\ t^3 \end{bmatrix},$$

ただし $\log^n A=(\log A)^n$，$-1\leqq t\leqq 1$ とおくと

$$(\boldsymbol{g}\circ f)\begin{bmatrix} x \\ y \end{bmatrix}=\begin{bmatrix} \log^2(x+y) \\ \log^4(x+y) \\ \log^6(x+y) \end{bmatrix}$$

ただし，　fの定義域：　$\{(x, y)\mid 0<x+y\}$

fの値域　：　$\{t\mid 0\leqq t\}$

$\boldsymbol{g}$ の定義域：　$\{t\mid -1\leqq t\leqq 1\}$

$(f$ の値域$)\cap(\boldsymbol{g}$ の定義域$)=\{t\mid 0\leqq t\leqq 1\}$

よって，

$$(\boldsymbol{g}\circ f)\text{ の定義域} = \{(x, y) \mid 0 \leqq \log^2(x+y) \leqq 1\}$$
$$= \left\{(x, y) \,\middle|\, \frac{1}{e} \leqq x+y \leqq e\right\}$$

問1　$(\boldsymbol{g}\circ\boldsymbol{f})(\boldsymbol{x})$ を求めよ．

(1)　$\boldsymbol{y}=\boldsymbol{f}(x)=\begin{bmatrix} r\cos x \\ r\sin x \end{bmatrix}$,　　$z=g(\boldsymbol{y})$

(2)　$\boldsymbol{y}=\boldsymbol{f}(\boldsymbol{x})=\begin{bmatrix} {x_1}^2+x_1x_2+1 \\ {x_2}^2+2 \end{bmatrix}$,　　$\boldsymbol{z}=\boldsymbol{g}(\boldsymbol{y})=\begin{bmatrix} y_1+y_2 \\ 2y_1 \\ {y_2}^2 \end{bmatrix}$

問2　$\boldsymbol{R}^m \xrightarrow{\boldsymbol{f}} \boldsymbol{R}^n$, $\boldsymbol{R}^n \xrightarrow{\boldsymbol{g}} \boldsymbol{R}^p$, $\boldsymbol{R}^p \xrightarrow{\boldsymbol{h}} \boldsymbol{R}^q$ とするとき

$$\{\boldsymbol{h}\circ(\boldsymbol{g}\circ\boldsymbol{f})\}(\boldsymbol{x}) = \{(\boldsymbol{h}\circ\boldsymbol{g})\circ\boldsymbol{f}\}(\boldsymbol{x}),\quad \text{ただし } \boldsymbol{x}\in\boldsymbol{R}^m$$

が成立つことを証明せよ．

定理1　$\boldsymbol{U}, \boldsymbol{V}, \boldsymbol{W}$ をベクトル空間とし，$\boldsymbol{f}$ および $\boldsymbol{g}$ を

$$\boldsymbol{U} \xrightarrow{\boldsymbol{f}} \boldsymbol{V},\quad \boldsymbol{V} \xrightarrow{\boldsymbol{g}} \boldsymbol{W}$$

となる正比例関数とする．そのとき，合成関数$\boldsymbol{g}\circ\boldsymbol{f}$も正比例関数である．

（証明）　$\forall \boldsymbol{u}, \boldsymbol{v}\in\boldsymbol{U}$ に対して

$$(\boldsymbol{g}\circ\boldsymbol{f})(\boldsymbol{u}+\boldsymbol{v}) = \boldsymbol{g}\{\boldsymbol{f}(\boldsymbol{u}+\boldsymbol{v})\}$$
$$= \boldsymbol{g}\{\boldsymbol{f}(\boldsymbol{u})+\boldsymbol{f}(\boldsymbol{v})\}$$
$$= \boldsymbol{g}\{\boldsymbol{f}(\boldsymbol{u})\}+\boldsymbol{g}\{\boldsymbol{f}(\boldsymbol{v})\} = (\boldsymbol{g}\circ\boldsymbol{f})(\boldsymbol{u})+(\boldsymbol{g}\circ\boldsymbol{f})(\boldsymbol{v})$$
$$(\boldsymbol{g}\circ\boldsymbol{f})(\boldsymbol{u}c) = \boldsymbol{g}\{\boldsymbol{f}(\boldsymbol{u}c)\}$$
$$= \boldsymbol{g}\{\boldsymbol{f}(\boldsymbol{u})c\} = \boldsymbol{g}\{\boldsymbol{f}(\boldsymbol{u})\}c$$
$$= \{(\boldsymbol{g}\circ\boldsymbol{f})(\boldsymbol{u})\}c$$

定理2　$\boldsymbol{U}, \boldsymbol{V}, \boldsymbol{W}$ をベクトル空間とし，$\boldsymbol{f}, \boldsymbol{g}$ および $\boldsymbol{h}$ を

$$\boldsymbol{U} \xrightarrow{\boldsymbol{f}} \boldsymbol{V},\quad \boldsymbol{V} \xrightarrow{\boldsymbol{g}} \boldsymbol{W},\quad \boldsymbol{V} \xrightarrow{\boldsymbol{h}} \boldsymbol{W}$$

なる正比例関数とすると，分配律

$$(\boldsymbol{g}+\boldsymbol{h})\circ\boldsymbol{f} = \boldsymbol{g}\circ\boldsymbol{f}+\boldsymbol{h}\circ\boldsymbol{f}$$

が成立する．いうまでもなく，$\boldsymbol{g}+\boldsymbol{h}$ は正比例関数である．

問3　この定理を証明せよ．

問4　$\boldsymbol{U}$をベクトル空間とし，$\boldsymbol{f}$と$\boldsymbol{g}$を

$$\boldsymbol{U}\xrightarrow{\boldsymbol{f}}\boldsymbol{U},\quad \boldsymbol{U}\xrightarrow{\boldsymbol{g}}\boldsymbol{U}$$

なる正比例関数とする．一般に$\boldsymbol{f}\circ\boldsymbol{g}\neq\boldsymbol{g}\circ\boldsymbol{f}$であることを例をあげて説明せよ．

② 行列の和と積

$\boldsymbol{R}^n\xrightarrow{\boldsymbol{L_A}}\boldsymbol{R}^m$, $\boldsymbol{R}^n\xrightarrow{\boldsymbol{L_B}}\boldsymbol{R}^m$ なる正比例関数があるとき，

$$\boldsymbol{L_A}(\boldsymbol{x})=\boldsymbol{A}\boldsymbol{x}$$
$$\boldsymbol{L_B}(\boldsymbol{x})=\boldsymbol{B}\boldsymbol{x}$$
$$\boldsymbol{L}(\boldsymbol{x})=\boldsymbol{L_A}(\boldsymbol{x})+\boldsymbol{L_B}(\boldsymbol{x})$$

とおくと

$$\boldsymbol{L}(\boldsymbol{x})=(\boldsymbol{A}+\boldsymbol{B})\boldsymbol{x}$$

となる．ここで成分を計算すれば分るように

$$\boldsymbol{A}+\boldsymbol{B}=\begin{bmatrix} a_{11} & a_{12} & \cdots & a_{1n} \\ a_{21} & a_{22} & \cdots & a_{2n} \\ \cdots & \cdots & \cdots & \cdots \\ a_{m1} & a_{m2} & \cdots & a_{mn} \end{bmatrix}+\begin{bmatrix} b_{11} & b_{12} & \cdots & b_{1n} \\ b_{21} & b_{22} & \cdots & b_{2n} \\ \cdots & \cdots & \cdots & \cdots \\ b_{m1} & b_{m2} & \cdots & b_{mn} \end{bmatrix}=\begin{bmatrix} a_{11}+b_{11}, & \cdots, & a_{1n}+b_{1n} \\ a_{21}+b_{21}, & \cdots, & a_{2n}+b_{2n} \\ \cdots & \cdots & \cdots \\ a_{m1}+b_{m1}, & \cdots, & a_{mn}+b_{mn} \end{bmatrix}$$

である．つまり，２つの線型関数が重ね合せうるときに，行列の和の演算がひきおこされる．

問5　$\boldsymbol{A},\boldsymbol{B},\boldsymbol{C}$をいずれも同じ型の行列とするとき

(1)　$\boldsymbol{A}+\boldsymbol{B}=\boldsymbol{B}+\boldsymbol{A}$　（可換律）

(2)　$\boldsymbol{A}+(\boldsymbol{B}+\boldsymbol{C})=(\boldsymbol{A}+\boldsymbol{B})+\boldsymbol{C}$　（結合律）

(3)　$\boldsymbol{A}+\boldsymbol{O}=\boldsymbol{O}+\boldsymbol{A}=\boldsymbol{A}$，ただし$\boldsymbol{O}$は各要素が0である行列（零行列）である．

このことを証明せよ．

$\boldsymbol{R}^n\xrightarrow{\boldsymbol{L_A}}\boldsymbol{R}^m$ において，$\boldsymbol{x}k\in\boldsymbol{R}^n$（$k$は実数）を$\boldsymbol{L_A}(\boldsymbol{x})$に代入する．$\boldsymbol{L_A}(\boldsymbol{x}k)$の第$i$行目は

$$[a_{i1}, a_{i2}, \cdots, a_{in}]\begin{bmatrix} x_1k \\ x_2k \\ \vdots \\ x_nk \end{bmatrix}=\sum_{j=1}^{n} a_{ij}(x_jk)=\sum_{j=1}^{n}(a_{ik}k)x_j$$

であるから

$$\boldsymbol{L_A}(\boldsymbol{x}k)=\begin{bmatrix} a_{11}k, & a_{12}k, & \cdots, & a_{1n}k \\ a_{21}k, & a_{22}k, & \cdots, & a_{2n}k \\ \cdots & \cdots & \cdots & \cdots \\ a_{m1}k, & a_{m2}k, & \cdots, & a_{mn}k \end{bmatrix}\begin{bmatrix} x_1 \\ x_2 \\ \vdots \\ x_n \end{bmatrix}\equiv(\boldsymbol{A}k)\boldsymbol{x}$$

となる．この $\boldsymbol{A}k=\begin{bmatrix} a_{11}k, & \cdots, & a_{1n}k \\ \cdots & \cdots & \cdots \\ a_{m1}k, & \cdots, & a_{mn}k \end{bmatrix}$ を，行列 $\boldsymbol{A}$ のスカラー倍という．明らかに

$$\boldsymbol{L_A}(\boldsymbol{x}k)=\boldsymbol{L_{Ak}}(\boldsymbol{x})$$

である．

問6　$\boldsymbol{A},\boldsymbol{B}$ を同じ型の行列とするとき，次の諸性質を証明せよ．

(1)　$(\boldsymbol{A}k)h=\boldsymbol{A}(kh)$　　（スカラー倍の結合律）

(2)　$\boldsymbol{A}(k+h)=\boldsymbol{A}k+\boldsymbol{A}h$　　（スカラーに対する行列の分配律）

(3)　$(\boldsymbol{A}+\boldsymbol{B})k=\boldsymbol{A}k+\boldsymbol{B}k$　　（行列に対するスカラーの分配律）

(4)　$\boldsymbol{A}1=\boldsymbol{A}$

(5)　$\boldsymbol{A}0=\boldsymbol{O}$

(6)　$\boldsymbol{A}(-1)=-\boldsymbol{A}$ とおき，$\boldsymbol{B}-\boldsymbol{A}=\boldsymbol{B}+(-\boldsymbol{A})$ と考えると行列の減法ができる．

$\boldsymbol{R}^n \xrightarrow{\boldsymbol{f}} \boldsymbol{R}^m$，$\boldsymbol{R}^m \xrightarrow{\boldsymbol{g}} \boldsymbol{R}^p$ において，$\boldsymbol{f}(\boldsymbol{x})=\boldsymbol{L_A}(\boldsymbol{x}), \boldsymbol{g}(\boldsymbol{y})=\boldsymbol{L_B}(\boldsymbol{y})$ とおく．（定理1）によって $\boldsymbol{g}\circ\boldsymbol{f}$ は正比例関数であるが，それがどんな行列を附随させているか調べてみよう．

$$\begin{cases} \boldsymbol{f}(\boldsymbol{x})=\boldsymbol{y}=\boldsymbol{A}\boldsymbol{x} \\ \boldsymbol{g}(\boldsymbol{y})=\boldsymbol{z}=\boldsymbol{B}\boldsymbol{y} \end{cases}$$

を要素に分けて

$$\begin{bmatrix} y_1 \\ y_2 \\ \vdots \\ y_m \end{bmatrix}=\begin{bmatrix} a_{11}x_1+a_{12}x_2+\cdots+a_{1n}x_n \\ a_{21}x_1+a_{22}x_2+\cdots+a_{2n}x_n \\ \cdots\cdots\cdots\cdots\cdots\cdots \\ a_{m1}x_1+a_{m1}x_2+\cdots+a_{mn}x_n \end{bmatrix} \tag{1}$$

$$\begin{bmatrix} z_1 \\ z_2 \\ \vdots \\ z_p \end{bmatrix}=\begin{bmatrix} b_{11}y_1+b_{12}y_2+\cdots+b_{1m}y_m \\ b_{21}y_1+b_{22}y_2+\cdots+b_{2m}y_m \\ \cdots\cdots\cdots\cdots\cdots\cdots \\ b_{p1}y_1+b_{p2}y_2+\cdots+b_{pm}y_m \end{bmatrix} \tag{2}$$

(2) の一般成分

$$z_i=\sum_{j=1}^{m} b_{ij}y_j$$

に (1) の一般成分

$$y_j=\sum_{k=1}^{n}a_{jk}x_k$$

を代入すると

$$z_i=\sum_{j=1}^{m}b_{ij}\,(\sum_{k=1}^{n}a_{jk}x_k)=\sum_{k=1}^{n}\,(\sum_{j=1}^{m}b_{ij}a_{jk})x_k$$

となる．したがって

$$\boldsymbol{z}=\boldsymbol{B}(\boldsymbol{A}\boldsymbol{x})\equiv\boldsymbol{M}\boldsymbol{x}$$

とおいた行列$\boldsymbol{M}$の第i行第k列の成分m_{ik}は$\sum_{j=1}^{m}b_{ij}a_{jk}$である．この行列$\boldsymbol{M}$を

$$\boldsymbol{M}=\boldsymbol{B}\boldsymbol{A}=\begin{bmatrix}\sum_{j=1}^{m}b_{1j}a_{j1}, & \sum_{j=1}^{m}b_{1j}a_{j2}, & \cdots, & \sum_{j=1}^{m}b_{1j}a_{jn}\\ \cdots & \cdots & \cdots & \cdots\\ \sum_{j=1}^{m}b_{pj}a_{j1}, & \sum_{j=1}^{m}b_{pj}a_{j2}, & \cdots, & \sum_{j=1}^{m}b_{pj}a_{jn}\end{bmatrix}=\begin{bmatrix}\boldsymbol{b}_{1.}\boldsymbol{a}_{.1}, & \cdots, & \boldsymbol{b}_{1.}\boldsymbol{a}_{.n}\\ \cdots & \cdots & \cdots\\ \boldsymbol{b}_{p.}\boldsymbol{a}_{.1}, & \cdots, & \boldsymbol{b}_{p.}\boldsymbol{a}_{.n}\end{bmatrix}$$

とおき，行列$\boldsymbol{B}$と$\boldsymbol{A}$の積という．$\boldsymbol{L_B}\circ\boldsymbol{L_A}=\boldsymbol{L_{BA}}$である．

例2　$\boldsymbol{A}=\begin{bmatrix}0 & 3 & 9\\ 1 & 4 & 7\\ 2 & 5 & 8\end{bmatrix}$，$\boldsymbol{B}=\begin{bmatrix}1 & 2 & 3\\ 4 & 6 & 5\end{bmatrix}$において，$\boldsymbol{BA}$，$\boldsymbol{AB}$を求めよ．

（解）$\boldsymbol{A}$は3×3型，$\boldsymbol{B}$は2×3型，ゆえに$\boldsymbol{AB}$は存在しない．$\boldsymbol{BA}$は次のようにして計算すればよい．

				0	3	6	← $\boldsymbol{A}$
				1	4	7	
				2	5	8	
$\boldsymbol{B}$ →	1	2	3	8	26	44	← $\boldsymbol{BA}$
	4	5	6	17	62	107	

ヨコとタテの内積を計算せよ．

問7　次の諸性質を証明せよ．

(1)　$(\boldsymbol{AB})k=(\boldsymbol{A}k)\boldsymbol{B}=\boldsymbol{A}(\boldsymbol{B}k)$

(2)　$\boldsymbol{A}(\boldsymbol{BC})=(\boldsymbol{AB})\boldsymbol{C}$

ただし，$\boldsymbol{A}$は$m\times n$，$\boldsymbol{B}$は$n\times p$，$\boldsymbol{C}$は$p\times q$型の行列とする．

(3)　$(\boldsymbol{A}+\boldsymbol{B})\boldsymbol{C}=\boldsymbol{AC}+\boldsymbol{BC}$

ただし，$\boldsymbol{A},\boldsymbol{B}$は$m\times n$，$\boldsymbol{C}$は$n\times p$型の行列とする．

(4)　一般に$\boldsymbol{AB}\fallingdotseq\boldsymbol{BA}$

(5)　$\boldsymbol{AO}_{n\times p}=\boldsymbol{O}_{m\times p}$，ただし，$\boldsymbol{A}$は$m\times n$型の行列，$\boldsymbol{O}_{n\times p}$は$n\times p$型の零行列とする．

問8 次の計算をせよ．

(1) $\begin{bmatrix} 2 & -1 \\ 3 & -2 \\ 4 & 0 \end{bmatrix}+\begin{bmatrix} 3 & 2 \\ 1 & 1 \\ -4 & 0 \end{bmatrix}-\begin{bmatrix} 1 & 2 \\ 0 & 1 \\ -1 & 3 \end{bmatrix}$ (2) $\begin{bmatrix} x & y & z \\ p & q & r \\ u & v & w \end{bmatrix}+\begin{bmatrix} 1-x & -y & -z \\ -p & 1-q & -r \\ -u & -v & 1-w \end{bmatrix}$

(3) $\begin{bmatrix} 1 & 0 & -1 \\ 0 & 2 & 3 \end{bmatrix}\begin{bmatrix} 2 & -1 & 4 \\ 1 & 0 & -2 \\ 0 & 3 & 1 \end{bmatrix}$ (4) $\begin{bmatrix} 0 & 2 \\ -1 & 0 \\ 3 & 1 \end{bmatrix}\begin{bmatrix} 1 & 0 & -1 \\ 0 & 2 & 3 \end{bmatrix}$

③ 合成関数の導関数

定理3 $\boldsymbol{R}^m \xrightarrow{\boldsymbol{f}} \boldsymbol{R}^n$ なる関数 $\boldsymbol{f}$ が $\boldsymbol{x}_0$ で微分可能，$\boldsymbol{R}^n \xrightarrow{\boldsymbol{g}} \boldsymbol{R}^p$ なる関数が $\boldsymbol{f}(\boldsymbol{x}_0)$ で微分可能ならば，合成関数 $\boldsymbol{R}^m \xrightarrow{\boldsymbol{g}\circ\boldsymbol{f}} \boldsymbol{R}^p$ もまた $\boldsymbol{x}_0$ で微分可能で，

$$(\boldsymbol{g}\circ\boldsymbol{f})'(\boldsymbol{x}_0)=(\boldsymbol{g}'(\boldsymbol{f}(\boldsymbol{x}_0))\boldsymbol{f}'(\boldsymbol{x}_0)$$

（証明） (i) 前半の証明は，$\boldsymbol{x}_0$ が $\mathrm{Dom}(\boldsymbol{g}\circ\boldsymbol{f})$ の内点であることを示せばよい．（$\boldsymbol{f}$の定義域を $\mathrm{Dom}\,\boldsymbol{f}$ とかくことにする．）

$\boldsymbol{g}$ は $\boldsymbol{f}(\boldsymbol{x}_0)$ にて微分可能だから，点 $\boldsymbol{y}_0=\boldsymbol{f}(\boldsymbol{x}_0)$ は定義によって $\mathrm{Dom}\,\boldsymbol{g}$ の内点である．そこで

$$(\exists\delta'>0, \boldsymbol{y}\in\mathrm{Dom}\boldsymbol{g})(\|\boldsymbol{y}-\boldsymbol{y}_0\|<\delta')$$

$\boldsymbol{x}_0$ で微分可能な関数 $\boldsymbol{f}$ は，そこで連続でもある．なお，その上，$\boldsymbol{x}_0$ は定義によって，$\mathrm{Dom}\,\boldsymbol{f}$ の内点である．そこで

$$(\exists\delta>0)(\|\boldsymbol{x}-\boldsymbol{x}_0\|<\delta \longrightarrow \boldsymbol{x}\in\mathrm{Dom}\,\boldsymbol{f} \quad \text{かつ}$$
$$\|\boldsymbol{f}(\boldsymbol{x})-\boldsymbol{y}_0\|=\|\boldsymbol{f}(\boldsymbol{x})-\boldsymbol{f}(\boldsymbol{x}_0)\|<\delta')$$

しかし，δ' は後半の不等式が成立すれば，$\boldsymbol{f}(\boldsymbol{x})\in\mathrm{Dom}\,\boldsymbol{g}$ となるようにえらばれる．かくして，$\|\boldsymbol{x}-\boldsymbol{x}_0\|<\delta$ をみたす任意の点 $\boldsymbol{x}\in\boldsymbol{R}^m$ は $\mathrm{Dom}(\boldsymbol{g}\circ\boldsymbol{f})$ 内に存在する．

(ii) 後半の証明

行列 $\boldsymbol{g}'(\boldsymbol{y}_0)\boldsymbol{f}'(\boldsymbol{x}_0)$ は，$\boldsymbol{x}_0$ における $\boldsymbol{g}\circ\boldsymbol{f}$ の微分であるための条件式，

$$(\boldsymbol{g}\circ\boldsymbol{f})(\boldsymbol{x})-(\boldsymbol{g}\circ\boldsymbol{f})(\boldsymbol{x}_0)-\boldsymbol{g}'(\boldsymbol{y}_0)\boldsymbol{f}'(\boldsymbol{x}_0)(\boldsymbol{x}-\boldsymbol{x}_0)$$
$$=\|\boldsymbol{x}-\boldsymbol{x}_0\|\boldsymbol{z}(\boldsymbol{x}-\boldsymbol{x}_0) \tag{3}$$

ただし $\lim_{\boldsymbol{x}\to\boldsymbol{x}_0} \boldsymbol{z}(\boldsymbol{x}-\boldsymbol{x}_0)=\boldsymbol{0}$

を満足する．$\boldsymbol{f}$ と $\boldsymbol{g}$ は $\boldsymbol{x}_0$ と $\boldsymbol{y}_0$ においてそれぞれ微分可能だから

$$\boldsymbol{f}(\boldsymbol{x})-\boldsymbol{f}(\boldsymbol{x}_0)=\boldsymbol{f}'(\boldsymbol{x}_0)(\boldsymbol{x}-\boldsymbol{x}_0)+\|\boldsymbol{x}-\boldsymbol{x}_0\|\boldsymbol{z}_1(\boldsymbol{x}-\boldsymbol{x}_0) \tag{4}$$

$$\boldsymbol{g}(\boldsymbol{y})-\boldsymbol{g}(\boldsymbol{y}_0)=\boldsymbol{g}'(\boldsymbol{y}_0)(\boldsymbol{y}-\boldsymbol{y}_0)+\|\boldsymbol{y}-\boldsymbol{y}_0\|\boldsymbol{z}_2(\boldsymbol{y}-\boldsymbol{y}_0) \tag{5}$$

ただし $\lim_{\boldsymbol{x}\to\boldsymbol{x}_0} \boldsymbol{z}_1(\boldsymbol{x}-\boldsymbol{x}_0)=\lim_{\boldsymbol{y}\to\boldsymbol{y}_0} \boldsymbol{z}_2(\boldsymbol{y}-\boldsymbol{y}_0)=\boldsymbol{0}$

である．(4) を (5) に代入すると

$$\begin{aligned}(\boldsymbol{g}\circ\boldsymbol{f})(\boldsymbol{x})-(\boldsymbol{g}\circ\boldsymbol{f})(\boldsymbol{x}_0)=\boldsymbol{g}'(\boldsymbol{y}_0)\{\boldsymbol{f}'(\boldsymbol{x}_0)(\boldsymbol{x}-\boldsymbol{x}_0)+\|\boldsymbol{x}-\boldsymbol{x}_0\|\boldsymbol{z}_1(\boldsymbol{x}-\boldsymbol{x}_0)\}\\ +\|\boldsymbol{f}(\boldsymbol{x})-\boldsymbol{f}(\boldsymbol{x}_0)\|\boldsymbol{z}_2(\boldsymbol{f}(\boldsymbol{x})-\boldsymbol{f}(\boldsymbol{x}_0))\end{aligned}$$

をうる．行列演算によって，上式の右辺を展開し，移項すると

$$\begin{aligned}&(\boldsymbol{g}\circ\boldsymbol{f})(\boldsymbol{x})-(\boldsymbol{g}\circ\boldsymbol{f})(\boldsymbol{x}_0)-\boldsymbol{g}'(\boldsymbol{y}_0)\boldsymbol{f}'(\boldsymbol{x}_0)(\boldsymbol{x}-\boldsymbol{x}_0)\\ &\quad=\|\boldsymbol{x}-\boldsymbol{x}_0\|\boldsymbol{g}'(\boldsymbol{y}_0)\boldsymbol{z}_1(\boldsymbol{x}-\boldsymbol{x}_0)+\|\boldsymbol{f}(\boldsymbol{x})-\boldsymbol{f}(\boldsymbol{x}_0)\|\boldsymbol{z}_2(\boldsymbol{f}(\boldsymbol{x})-\boldsymbol{f}(\boldsymbol{x}_0))\end{aligned} \tag{6}$$

$\boldsymbol{f}$ は $\boldsymbol{x}_0$ にて微分可能だから

$$\begin{aligned}\|\boldsymbol{f}(\boldsymbol{x})-\boldsymbol{f}(\boldsymbol{x}_0)\|&=\|\boldsymbol{f}'(\boldsymbol{x}_0)(\boldsymbol{x}-\boldsymbol{x}_0)+\|\boldsymbol{x}-\boldsymbol{x}_0\|\boldsymbol{z}_1(\boldsymbol{x}-\boldsymbol{x}_0)\|\\ &\leqq k\|\boldsymbol{x}-\boldsymbol{x}_0\|+\|\boldsymbol{x}-\boldsymbol{x}_0\|\,\|\boldsymbol{z}_1\|\end{aligned}$$

これより $\boldsymbol{x}\to\boldsymbol{x}_0$ のとき，$\boldsymbol{f}(\boldsymbol{x})\to\boldsymbol{f}(\boldsymbol{x}_0)$．よって $\|\boldsymbol{x}-\boldsymbol{x}_0\|\to 0$ のとき，(6) の左辺は $\boldsymbol{0}$ に近づく． (Q.E.D.)

例 3 $\boldsymbol{w}=\boldsymbol{g}(\boldsymbol{y})=\begin{bmatrix} g_1(x,y,z) \\ g_2(x,y,z) \end{bmatrix}$, $\boldsymbol{y}=\boldsymbol{f}(\boldsymbol{x})=\begin{bmatrix} f_1(s,t) \\ f_2(s,t) \\ f_3(s,t) \end{bmatrix}$ (7)

とおくと，

$$(\boldsymbol{g}\circ\boldsymbol{f})'(\boldsymbol{x})=\left[\frac{\partial \boldsymbol{w}}{\partial s},\ \frac{\partial \boldsymbol{w}}{\partial t}\right]=\begin{bmatrix} \dfrac{\partial g_1}{\partial s} & \dfrac{\partial g_1}{\partial t} \\ \dfrac{\partial g_2}{\partial s} & \dfrac{\partial g_2}{\partial t} \end{bmatrix}$$

一方，それぞれの関数の微分法によって

$$\boldsymbol{g}'(\boldsymbol{y})=\left[\frac{\partial \boldsymbol{g}}{\partial x},\ \frac{\partial \boldsymbol{g}}{\partial y},\ \frac{\partial \boldsymbol{g}}{\partial z}\right]=\begin{bmatrix} \dfrac{\partial g_1}{\partial x} & \dfrac{\partial g_1}{\partial y} & \dfrac{\partial g_1}{\partial z} \\ \dfrac{\partial g_2}{\partial x} & \dfrac{\partial g_2}{\partial y} & \dfrac{\partial g_2}{\partial z} \end{bmatrix}$$

$$\boldsymbol{f}'(\boldsymbol{x})=\left[\frac{\partial \boldsymbol{f}}{\partial s},\ \frac{\partial \boldsymbol{f}}{\partial t}\right]=\begin{bmatrix}\dfrac{\partial f_1}{\partial s} & \dfrac{\partial f_1}{\partial t}\\ \dfrac{\partial f_2}{\partial s} & \dfrac{\partial f_2}{\partial t}\\ \dfrac{\partial f_3}{\partial s} & \dfrac{\partial f_3}{\partial t}\end{bmatrix}$$

合成関数の微分法によって

$$\begin{bmatrix}\dfrac{\partial g_1}{\partial s} & \dfrac{\partial g_1}{\partial t}\\ \dfrac{\partial g_2}{\partial s} & \dfrac{\partial g_2}{\partial t}\end{bmatrix}=\begin{bmatrix}\dfrac{\partial g_1}{\partial x} & \dfrac{\partial g_1}{\partial y} & \dfrac{\partial g_1}{\partial z}\\ \dfrac{\partial g_2}{\partial x} & \dfrac{\partial g_2}{\partial y} & \dfrac{\partial g_2}{\partial z}\end{bmatrix}\begin{bmatrix}\dfrac{\partial f_1}{\partial s} & \dfrac{\partial f_1}{\partial t}\\ \dfrac{\partial f_2}{\partial s} & \dfrac{\partial f_2}{\partial t}\\ \dfrac{\partial f_3}{\partial s} & \dfrac{\partial f_3}{\partial t}\end{bmatrix} \tag{8}$$

例 4　例 3 の退化型として

$$\boldsymbol{w}=\begin{bmatrix}g_1(u,v)\\ g_2(u,v)\end{bmatrix},\qquad \boldsymbol{f}(t)=\begin{bmatrix}u\\ v\end{bmatrix}=\begin{bmatrix}f_1(t)\\ f_2(t)\end{bmatrix} \tag{9}$$

のとき

$$\frac{d\boldsymbol{w}}{dt}=\begin{bmatrix}\dfrac{dg_1}{dt}\\ \dfrac{dg_2}{dt}\end{bmatrix}=\begin{bmatrix}\dfrac{\partial g_1}{\partial u} & \dfrac{\partial g_1}{\partial v}\\ \dfrac{\partial g_2}{\partial u} & \dfrac{\partial g_2}{\partial v}\end{bmatrix}\begin{bmatrix}\dfrac{du}{dt}\\ \dfrac{dv}{dt}\end{bmatrix} \tag{10}$$

例 5　やはり例 3 の退化型として

$$w=g(u,v),\qquad \boldsymbol{f}(t)=\begin{bmatrix}u\\ v\end{bmatrix}=\begin{bmatrix}f_1(t)\\ f_2(t)\end{bmatrix} \tag{11}$$

のとき

$$\frac{dw}{dt}=\left[\frac{\partial g}{\partial u}\ \ \frac{\partial g}{\partial v}\right]\begin{bmatrix}\dfrac{du}{dt}\\ \dfrac{dv}{dt}\end{bmatrix} \tag{12}$$

問 9　$f\begin{bmatrix}x\\ y\end{bmatrix}=\log^2(x+y)$，$\boldsymbol{g}(t)=\begin{bmatrix}t\\ t^2\\ t^3\end{bmatrix}$ において，$\boldsymbol{x}_0=\begin{bmatrix}1\\ 1\end{bmatrix}$ における $(\boldsymbol{g}\circ f)'(\boldsymbol{x}_0)$ を計算せよ．ただし $(\log t)^n$ を $\log^n t$ とかく．

問 10　$\boldsymbol{f}\begin{bmatrix}x\\ y\end{bmatrix}=\begin{bmatrix}x^2+xy+1\\ y^2+1\end{bmatrix}$，$\boldsymbol{g}\begin{bmatrix}u\\ v\end{bmatrix}=\begin{bmatrix}u+v\\ 2u\\ v^2\end{bmatrix}$ が与えられているとする．$\boldsymbol{x}_0=\begin{bmatrix}1\\ 1\end{bmatrix}$ における合成関数 $\boldsymbol{g}\circ\boldsymbol{f}$ の微分の行列（ヤコビアン行列）を求めよ．

問11　$\boldsymbol{x}=\boldsymbol{f}(t)=\begin{bmatrix} t \\ t^2-4 \\ e^{t-2} \end{bmatrix}$,　　$-\infty<t<+\infty$

とパラメーター表現されている曲線を考える．gを$\boldsymbol{R}^3$に定義域をもつ実関数で微分可能とする．もし

$$\boldsymbol{x}_0=\begin{bmatrix} 2 \\ 0 \\ 1 \end{bmatrix}\ \text{かつ}\ \frac{\partial g(\boldsymbol{x}_0)}{\partial x}=4,\ \frac{\partial g(\boldsymbol{x}_0)}{\partial y}=2,\ \frac{\partial g(\boldsymbol{x}_0)}{\partial z}=2$$

ならば，$t=2$における$\dfrac{d(g\circ\boldsymbol{f})}{dt}$はいくらか．

問12　$u=f(x,y)$において，変数変換　$x=r\cos\theta$，$y=r\sin\theta$を行なう．

$$\frac{\partial f}{\partial x}=x^2+2xy-y^2,\qquad \frac{\partial f}{\partial y}=x^2-2xy+2$$

が与えられたとき，$r=2$かつ$\theta=\dfrac{\pi}{2}$における$\dfrac{\partial f}{\partial \theta}$の値を求めよ．

例6　$f(tx,ty)=t^mf(x,y)$，$m\geqq 1$が成り立つ$f(x,y)$を$\boldsymbol{m}$ **次の同次関数**という．

$$\frac{\partial f}{\partial x}\cdot x+\frac{\partial f}{\partial y}\cdot y=mf(x,y)$$

であることを示そう．

$$w=f(u,v),\qquad \begin{bmatrix} u \\ v \end{bmatrix}=\begin{bmatrix} tx \\ ty \end{bmatrix}$$

とおく．

$$\frac{\partial w}{\partial t}=\begin{bmatrix} \dfrac{\partial f}{\partial u} & \dfrac{\partial f}{\partial v} \end{bmatrix}\begin{bmatrix} \dfrac{\partial u}{\partial t} \\ \dfrac{\partial v}{\partial t} \end{bmatrix}=\frac{\partial f}{\partial u}\cdot x+\frac{\partial f}{\partial v}\cdot y$$

一方

$$\frac{\partial w}{\partial t}=\frac{\partial}{\partial t}t^mf(x,y)=mt^{m-1}f(x,y)$$

$$\therefore\quad \frac{\partial f}{\partial u}\cdot x+\frac{\partial f}{\partial v}\cdot y=mt^{m-1}f(x,y)$$

$t=1$とおくと，$u=x$，$v=y$だから

$$\frac{\partial f}{\partial x}\cdot x+\frac{\partial f}{\partial y}\cdot y=mf(x\cdot y)$$

一般に

$$f(tx_1, tx_2, \cdots, tx_n)=t^m f(x_1, x_2, \cdots, x_n)$$

のとき

$$\frac{\partial f}{\partial x_1}\cdot x_1+\cdots\cdots+\frac{\partial f}{\partial x_n}\cdot x_n=mf(x_1, x_2, \cdots, x_n)$$

これを **Euler の微分方程式**という. 逆にこの微分方程式が成立するとき, f は m 次の同次関数になるが証明は省略する.

問 13 $w=\sqrt{x^2+y^2+z^2}$, かつ $\begin{bmatrix} x \\ y \\ z \end{bmatrix}=\begin{bmatrix} r\cos\theta \\ r\sin\theta \\ r \end{bmatrix}$ $(r>0)$

のとき, $\left(\dfrac{\partial w}{\partial r}, \dfrac{\partial w}{\partial \theta}\right)$ を求めよ.

問 14 $w=f(ax^2+bxy+cy^2)$, $y=x^2+x+1$ のとき, $x=-1$ における $\dfrac{dw}{dx}$ の値を求めよ.

問 15 $z=g(r,\theta)=f(x,y)$, $x=r\cos\theta$, $y=r\sin\theta$ のとき

$$\left(\frac{\partial g}{\partial r}\right)^2+\frac{1}{r^2}\left(\frac{\partial g}{\partial \theta}\right)^2=\left(\frac{\partial f}{\partial x}\right)^2+\left(\frac{\partial f}{\partial y}\right)^2$$

であることを証明せよ.

■問 題 解 答■

問 1 (1) $(g\circ\boldsymbol{f})(x)=g\begin{bmatrix} r\cos x \\ r\sin x \end{bmatrix}$, (2) $(\boldsymbol{g}\circ\boldsymbol{f})(\boldsymbol{x})=\begin{bmatrix} x_1{}^2+x_1x_2+x_2{}^2+3 \\ 2(x_1{}^2+x_1x_2+1) \\ (x_2{}^2+2)^2 \end{bmatrix}$

問 4 $\boldsymbol{f}\begin{bmatrix} x \\ y \\ z \end{bmatrix}=\begin{bmatrix} x \\ y \\ 0 \end{bmatrix}$, $\boldsymbol{g}\begin{bmatrix} x \\ y \\ z \end{bmatrix}=\begin{bmatrix} x \\ z \\ 0 \end{bmatrix}$ とすると, $\boldsymbol{f}\circ\boldsymbol{g}\begin{bmatrix} x \\ y \\ z \end{bmatrix}=\begin{bmatrix} x \\ z \\ 0 \end{bmatrix}$, $\boldsymbol{g}\circ\boldsymbol{f}\begin{bmatrix} x \\ y \\ z \end{bmatrix}=\begin{bmatrix} x \\ 0 \\ 0 \end{bmatrix}$

問 7 (2) $\boldsymbol{AB}=(\sum_{j=1}^{n} a_{ij}b_{jk})$

$$(\boldsymbol{AB})\boldsymbol{C}=(\sum_{k=1}^{p}(\sum_{j=1}^{n} a_{ij}b_{jk})c_{kl})=(\sum_{k=1}^{p}\sum_{j=1}^{n} a_{ij}(b_{jk}c_{kl}))$$

$$=(\sum_{j=1}^{n} a_{ij}(\sum_{k=1}^{p} b_{jk}c_{kl}))=\boldsymbol{A}(\boldsymbol{BC})$$

問 8 (1) $\begin{bmatrix} 4 & -1 \\ 4 & -2 \\ 1 & -3 \end{bmatrix}$ (2) $\begin{bmatrix} 1 & 0 & 0 \\ 0 & 1 & 0 \\ 0 & 0 & 1 \end{bmatrix}$ (3) $\begin{bmatrix} 2 & -4 & 3 \\ 2 & 9 & -1 \end{bmatrix}$ (4) $\begin{bmatrix} 0 & 4 & 6 \\ -1 & 0 & 1 \\ 3 & 2 & 0 \end{bmatrix}$

問 9 $\begin{bmatrix} \log 2 & \log 2 \\ 2\log^3 2 & 2\log^3 2 \\ 3\log^5 2 & 3\log^5 2 \end{bmatrix}$

問10 $\begin{bmatrix} 3 & 3 \\ 6 & 2 \\ 0 & 8 \end{bmatrix}$

問11 14

問12 8

問13 $\left(\dfrac{\partial w}{\partial r},\ \dfrac{\partial w}{\partial \theta}\right)=\left(\dfrac{\partial w}{\partial x},\ \dfrac{\partial w}{\partial y},\ \dfrac{\partial w}{\partial z}\right)\begin{bmatrix} \dfrac{\partial x}{\partial r} & \dfrac{\partial x}{\partial \theta} \\ \dfrac{\partial y}{\partial r} & \dfrac{\partial y}{\partial \theta} \\ \dfrac{\partial z}{\partial r} & \dfrac{\partial z}{\partial \theta} \end{bmatrix}$

$$=\left(\frac{x\cos\theta+y\sin\theta+z}{\sqrt{x^2+y^2+z^2}},\ \frac{-xr\sin\theta+yr\cos\theta}{\sqrt{x^2+y^2+z^2}}\right)$$

問14 $f'(a-b+c)(-2a+2b-2c)$

第 6 講　陰関数と逆関数

天地陰陽二気相応じて万物は化成すと，その昔「易経」は説いた．陰と陽，正と逆の概念は数学でも理論の発展の根源となる．

① 逆関数

$\boldsymbol{R}^n \xrightarrow{\boldsymbol{f}} \boldsymbol{R}^m$ なる関数，$\boldsymbol{y}=\boldsymbol{f}(\boldsymbol{x})$ において，$\boldsymbol{f}$ の値域の中のおのおの要素が，正しく $\boldsymbol{f}$ の定義域の中の1つの要素の像であるとき，すなわち

$$\boldsymbol{x}\neq\boldsymbol{x}' \quad \text{ならば} \quad \boldsymbol{f}(\boldsymbol{x})\neq\boldsymbol{f}(\boldsymbol{x}')$$

のとき，変数 $\boldsymbol{x}$ を $\boldsymbol{y}$ の関数で表わし，$\boldsymbol{x}=\boldsymbol{f}^{-1}(\boldsymbol{y})$ とかく．$\boldsymbol{f}^{-1}$ を $\boldsymbol{f}$ の**逆関数** (inverse function) という．$\boldsymbol{f}^{-1}$ の定義域は $\boldsymbol{f}$ の値域であり，$\boldsymbol{f}^{-1}$ の値域は $\boldsymbol{f}$ の定義域であることは明らかである．

関数と逆関数の例は

$$\begin{cases} f(x)=x^2 & (x\geqq 0) \\ f^{-1}(y)=\sqrt{y} & (y\geqq 0) \end{cases}$$

$$\begin{cases} f(x)=e^x & (-\infty<x<+\infty) \\ f^{-1}(y)=\log y & (y>0) \end{cases}$$

$$\begin{cases} f(x)=\sin x & \left(-\dfrac{\pi}{2}\leqq x\leqq\dfrac{\pi}{2}\right) \\ f^{-1}(y)=\sin^{-1} y & (-1\leqq y\leqq 1) \end{cases}$$

である.

[注意]　逆関数 f^{-1} を $\dfrac{1}{f}$ と混同してはならない.

問1　$(\boldsymbol{f}^{-1})^{-1}=\boldsymbol{f}$ であることを証明せよ.

問2　次の関数のどれが逆関数をもつか．もつ場合，その形を求めよ.

(1)　$f(x)=\cosh x$　　$(-\infty<x<\infty)$

(2)　$f(x)=\cosh x$　　$(0\leqq x<\infty)$

(3)　$f(x)=\tan x$　　$\left(0\leqq x\leqq\dfrac{\pi}{4}\right)$

(4)　$f(x)=\tan x$　　$\left(\dfrac{7}{4}\pi\leqq x<\dfrac{11}{4}\pi,\ x\fallingdotseq\dfrac{10\pi}{4}\right)$

(5)　$f(x)=x^2-2x+1$　　$(1\leqq x<\infty)$

(6)　$f(x)=x^2-3x+2$　　$(0\leqq x<\infty)$

②　逆　行　列

数ベクトル $\boldsymbol{x},\boldsymbol{y}$ に対して，正比例の対応

$$\boldsymbol{x}\longmapsto\boldsymbol{y}=\boldsymbol{A}\boldsymbol{x} \tag{1}$$

および，その逆対応

$$\boldsymbol{y}\longmapsto\boldsymbol{x}=\boldsymbol{B}\boldsymbol{y} \tag{2}$$

を考える．(1) と (2) を合成すると

$$\boldsymbol{y}=\boldsymbol{A}\boldsymbol{x}=\boldsymbol{A}(\boldsymbol{B}\boldsymbol{y})=(\boldsymbol{A}\boldsymbol{B})\boldsymbol{y}$$

となる．そこで

$$\boldsymbol{A}\boldsymbol{B}=\boldsymbol{E}\ (\text{単位行列})$$

となる $\boldsymbol{B}$ が存在するとき，$\boldsymbol{B}\equiv\boldsymbol{A}^{-1}$ とおき，$\boldsymbol{A}$ の**逆行列**という．$\boldsymbol{A}^{-1}$ が存在するとき，$\boldsymbol{A}$ を**正則な行列** (regular matrix) という.

逆行列の性質として，$\boldsymbol{A}$ と $\boldsymbol{B}$ が正則であれば

(Ⅰ)　$\boldsymbol{A}\boldsymbol{A}^{-1}=\boldsymbol{A}^{-1}\boldsymbol{A}=\boldsymbol{E}$

(Ⅱ)　$(\boldsymbol{A}\boldsymbol{B})^{-1}=\boldsymbol{B}^{-1}\boldsymbol{A}^{-1}$

が成立する．なぜなら，

（Ⅰ）　$\boldsymbol{AA}^{-1}=\boldsymbol{E}$ は定義より明らか．$\boldsymbol{XA}=\boldsymbol{E}$ をみたす行列 $\boldsymbol{X}$ は

$$\begin{aligned}\boldsymbol{X}=\boldsymbol{XE}&=\boldsymbol{X}(\boldsymbol{AA}^{-1})\\&=(\boldsymbol{XA})\boldsymbol{A}^{-1}=\boldsymbol{EA}^{-1}=\boldsymbol{A}^{-1}\end{aligned}$$

（Ⅱ）　$(\boldsymbol{AB})(\boldsymbol{B}^{-1}\boldsymbol{A}^{-1})$ を結合律を用いて計算すればよい．

問3　$\boldsymbol{A}$ が正則なとき，$(\boldsymbol{A}^{-1})^{-1}=\boldsymbol{A}$ であることを証明せよ．

問4　n 次正方正則行列は乗法に関して群をなすことを証明せよ．

次に逆行列を計算する方法を説明してみよう．まず

$$\boldsymbol{A}=\begin{bmatrix}a_{11} & a_{12}\cdots a_{1n}\\ a_{21} & a_{22}\cdots a_{2n}\\ \cdots\cdots & \cdots\cdots\\ a_{m1} & a_{m2}\cdots a_{mn}\end{bmatrix}=\begin{bmatrix}\boldsymbol{a}_{1.}\\ \boldsymbol{a}_{2.}\\ \vdots\\ \boldsymbol{a}_{m.}\end{bmatrix}$$

に，次の3つの行列

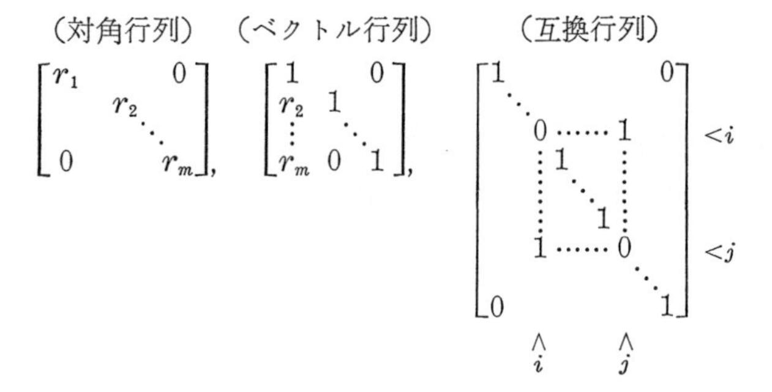

を左側から掛けると，結果は

$$\begin{bmatrix}r_1a_{11} & r_1a_{12} & \cdots r_1a_{1n}\\ r_2a_{21} & r_2a_{22} & \cdots r_2a_{2n}\\ \cdots\cdots & \cdots\cdots & \cdots\cdots\\ r_ma_{m1} & r_ma_{m2} & \cdots r_ma_{mn}\end{bmatrix},\quad \begin{bmatrix}a_{11} & a_{12} & \cdots & a_{1n}\\ a_{21}+r_2a_{11} & a_{22}+r_2a_{12} & \cdots & a_{2n}+r_2a_{1n}\\ \cdots\cdots & \cdots\cdots & \cdots & \cdots\cdots\\ a_{m1}+r_ma_{11} & a_{m2}+r_ma_{12} & \cdots & a_{mn}+r_ma_{1n}\end{bmatrix},$$

$$\begin{bmatrix}a_{11}\cdots a_{1n}\\ \cdots\cdots\\ a_{j1}\cdots a_{jn}\\ \cdots\cdots\\ a_{i1}\cdots a_{in}\\ \cdots\cdots\\ a_{m1}\cdots a_{mn}\end{bmatrix}\begin{matrix}\\ \\ <i\\ \\ <j\\ \\ \\ \end{matrix}$$

となる．このことを

$$
\begin{array}{r|l|}
(r_1\times)\longrightarrow & a_{11}\ \cdots\cdots\ a_{1n} \\
(r_2\times)\longrightarrow & a_{21}\ \cdots\cdots\ a_{2n} \\
 & \quad\cdots\cdots\cdots\cdots \\
(r_m\times)\longrightarrow & a_{m1}\ \cdots\cdots\ a_{mn} \\
\hline
 & r_1a_{11}\ \cdots r_1a_{1n} \\
 & r_2a_{21}\ \cdots r_2a_{2n} \\
 & \quad\cdots\cdots\cdots\cdots \\
 & r_ma_{m1}\cdots r_ma_{mn}
\end{array}
\qquad
\begin{array}{c|l|}
(\times r_m)\cdots(\times r_2) & a_{11}\quad a_{12}\ \cdots\cdots\ a_{1n} \\
\downarrow\qquad\quad + & a_{21}\ \cdots\cdots\cdots\cdots\ a_{2n} \\
 & \quad\cdots\cdots\cdots\cdots\cdots \\
+\qquad\qquad & a_{m1}\ \cdots\cdots\cdots\cdots\ a_{mn} \\
\hline
 & a_{11}\ \cdots\cdots\cdots\cdots\ a_{1n} \\
 & a_{21}+r_2a_{11}\ \cdots\ a_{2n}+r_2a_{1n} \\
 & \quad\cdots\cdots\cdots\cdots\cdots \\
 & a_{m1}+r_ma_{11}\cdots a_{mn}+r_ma_{1n}
\end{array}
$$

$$
\begin{array}{c|l|}
 & a_{11}\ \cdots\cdots\ a_{1n} \\
 & \quad\cdots\cdots\cdots \\
\curvearrowright & a_{i1}\ \cdots\cdots\ a_{in} \\
 & \quad\cdots\cdots\cdots \\
\curvearrowleft & a_{j1}\ \cdots\cdots\ a_{jn} \\
 & \quad\cdots\cdots\cdots \\
 & a_{m1}\ \cdots\cdots\ a_{mn} \\
\hline
 & a_{11}\ \cdots\cdots\ a_{1n} \\
 & \quad\cdots\cdots\cdots \\
 & a_{j1}\ \cdots\cdots\ a_{jn} \\
 & \quad\cdots\cdots\cdots \\
 & a_{i1}\ \cdots\cdots\ a_{in} \\
 & \quad\cdots\cdots\cdots \\
 & a_{m1}\ \cdots\cdots\ a_{mn}
\end{array}
$$

というように，計算過程（アルゴリズム）を明示してかくことにする．対角行列，ベクトル行列，互換行列を行列 $\boldsymbol{A}$ にかけて，結果を出すことを $\boldsymbol{A}$ の**基本変形**（elementary transformation）という．基本変形は（ヨコ）行についてだけでなく，（タテ）列についても行なわれる．そのときは行列の転置行列をとって基本変形を施こし，結果の行列を転置すればよい．

> **定理 1**　$\boldsymbol{A}$ が n 次の正則行列とするとき，これに基本変形を有限回くり返し適用して，単位行列に導くことができる．

（証明）　$\boldsymbol{A}$ は正則だから，$a_{11}, a_{21}, \cdots, a_{n1}$ の中に少なくとも 1 つ 0 でないものがある．もし全部 0 ならば $\boldsymbol{A}^{-1}\boldsymbol{A}$ の (1–1) 要素は 0 となって，結果は単位行列にならない．したがって，互換行列を掛けることによって，$a_{11}\neq 0$ となしうる．

$$
\begin{array}{c|l|}
\left(\dfrac{1}{a_{11}}\times\right)\longrightarrow & a_{11}\quad a_{12}\ \cdots\ a_{1n} \\
 & a_{21}\quad a_{22}\ \cdots\ a_{2n} \\
 & \quad\cdots\cdots\cdots\cdots \\
 & a_{n1}\quad a_{n2}\ \cdots\ a_{nn} \\
\hline
\end{array}
$$

$$\begin{array}{l|cccc|}
\times(-a_{21})\cdots\times(-a_{n1}) & 1 & \dfrac{a_{12}}{a_{11}} & \cdots & \dfrac{a_{1n}}{a_{11}} \\
\downarrow \quad \downarrow & a_{21} & a_{22} & \cdots & a_{2n} \\
+ \qquad & & \cdots\cdots & & \\
\qquad + & a_{n1} & a_{n2} & \cdots & a_{nn} \\
\hline
 & 1 & a_{12}' & \cdots & a_{1n}' \\
 & 0 & a_{22}' & \cdots & a_{2n}' \\
 & \vdots & \cdots\cdots & & \\
 & 0 & a_{n2}' & \cdots & a_{nn}'
\end{array}$$

ここで $a_{12}'=\dfrac{a_{12}}{a_{11}}, \cdots, a_{1n}'=\dfrac{a_{1n}}{a_{11}}$

$$a_{22}'=a_{22}-\frac{a_{12}a_{21}}{a_{11}}, \cdots\cdots$$

などとおく．

第2列について，第1列と同じ操作を行って，a_{22}' を1に，他の要素を全部0にすればよい．以下同様．

定理 2　$\boldsymbol{A}$ が正則行列ならば，$\boldsymbol{AX}=\boldsymbol{E}$ の両辺に，基本変形を施すことによって，$\boldsymbol{A}$ の逆行列 $\boldsymbol{X}$ を求めることができる．

（証明）$\boldsymbol{A}$ は正則だから，$\boldsymbol{AX}=\boldsymbol{E}$ となる行列 $\boldsymbol{X}$ は存在する．両辺に基本変形を施すと，

$$(\boldsymbol{P}_k\boldsymbol{P}_{k-1}\cdots\cdots\boldsymbol{P}_1\boldsymbol{A})\boldsymbol{X}=\boldsymbol{P}_k\boldsymbol{P}_{k-1}\cdots\cdots\boldsymbol{P}_1\boldsymbol{E}$$

となり，有限な k に対して

$$\boldsymbol{P}_k\boldsymbol{P}_{k-1}\cdots\cdots\boldsymbol{P}_1\boldsymbol{A}=\boldsymbol{E}$$

となしうる．ただし，$\boldsymbol{P}_1, \cdots, \boldsymbol{P}_k$ は対角行列か，ベクトル行列か，互換行列のいずれかである．よって

$$\boldsymbol{X}=\boldsymbol{A}^{-1}=\boldsymbol{P}_k\cdots\cdots\boldsymbol{P}_1$$

例 1　$\begin{bmatrix} 0 & 1 & 2 \\ 1 & 2 & 6 \\ 2 & 3 & 8 \end{bmatrix}^{-1}$ を求めよ．

（解）

$$\begin{array}{c|ccc|ccc}
\curvearrowleft & 0 & 1 & 2 & 1 & 0 & 0 \\
 & 1 & 2 & 6 & 0 & 1 & 0 \\
 & 2 & 3 & 8 & 0 & 0 & 1 \\
\hline
\times(-2) & 1 & 2 & 6 & 0 & 1 & 0 \\
\downarrow & 0 & 1 & 2 & 1 & 0 & 0 \\
+ & 2 & 3 & 8 & 0 & 0 & 1 \\
\hline
\end{array}$$

このような方法をガウスの掃出し法 (sweeping out method) という．

操作						
+ ↑	1	2	6	0	1	0
$\times(-2)$ ↓	0	1	2	1	0	0
+	0	−1	−4	0	−2	1
+ ↑	1	0	2	−2	1	0
+	0	1	2	1	0	0
↑	0	0	−2	1	−2	1
	1	0	0	−1	−1	1
	0	1	0	2	−2	1
$\times\left(-\frac{1}{2}\right)\longrightarrow$	0	0	−2	1	−2	1
	1	0	0	−1	−1	1
	0	1	0	2	−2	1
	0	0	1	$-\frac{1}{2}$	1	$-\frac{1}{2}$ ⟹ 答

問5　次の行列の逆行列を求めよ．

(1) $\begin{bmatrix} a & b \\ c & d \end{bmatrix}$, ただし $ad-bc\fallingdotseq 0$　　(2) $\begin{bmatrix} 1 & 1 & 1 \\ 2 & -3 & 2 \\ -1 & -3 & -2 \end{bmatrix}$

(3) $\begin{bmatrix} 3 & 1 & 1 & 1 \\ 1 & 3 & 1 & 1 \\ 1 & 1 & 3 & 1 \\ 1 & 1 & 1 & 3 \end{bmatrix}$　　(4) $\begin{bmatrix} 2 & -1 & 1 & 6 \\ 1 & 0 & 2 & 3 \\ -1 & 1 & 1 & -2 \\ 0 & 1 & 2 & 1 \end{bmatrix}$

(5) 対角行列
(6) ベクトル行列
(7) 互換行列

③ アフィン関数の逆関数

正比例関数 $\boldsymbol{R}^n \xrightarrow{\boldsymbol{L}} \boldsymbol{R}^m$, すなわち

$$\boldsymbol{y}=\boldsymbol{L}(\boldsymbol{x}), \quad (\boldsymbol{x}\in\boldsymbol{R}^n,\ \boldsymbol{y}\in\boldsymbol{R}^m)$$

の逆関数 $\boldsymbol{L}^{-1}$ があれば，それは正比例関数である．なぜなら，

$$\begin{aligned}\boldsymbol{L}(\boldsymbol{x}_1a+\boldsymbol{x}_2b)&=\boldsymbol{L}(\boldsymbol{x}_1)a+\boldsymbol{L}(\boldsymbol{x}_2)b\\&=\boldsymbol{y}_1a+\boldsymbol{y}_2b\end{aligned}$$

両辺に $\boldsymbol{L}^{-1}$ をかけると

$$\begin{aligned}\boldsymbol{L}^{-1}(\boldsymbol{y}_1a+\boldsymbol{y}_2b)&=\boldsymbol{x}_1a+\boldsymbol{x}_2b\\&=\boldsymbol{L}^{-1}(\boldsymbol{y}_1)a+\boldsymbol{L}^{-1}(\boldsymbol{y}_2)b\end{aligned}$$

例2　$\boldsymbol{A}\begin{bmatrix} x \\ y \\ z \end{bmatrix}=\begin{bmatrix} 4 & 0 & 5 \\ 0 & 1 & -6 \\ 3 & 0 & 4 \end{bmatrix}\begin{bmatrix} x-1 \\ y-0 \\ z-1 \end{bmatrix}+\begin{bmatrix} 1 \\ 5 \\ 2 \end{bmatrix}$

によって定義されるアフィン関数 $\boldsymbol{R}^3 \xrightarrow{\boldsymbol{A}} \boldsymbol{R}^3$ を考察しよう．一般に，アフィン関数

$$\boldsymbol{y}=\boldsymbol{A}(\boldsymbol{x})=\boldsymbol{L}(\boldsymbol{x}-\boldsymbol{x}_0)+\boldsymbol{y}_0 \tag{3}$$

は，正比例関数 $\boldsymbol{L}(\boldsymbol{x})$ の係数行列 $\boldsymbol{L}$ が逆行列をもつ場合，逆関数をもつ．この例では

$$\boldsymbol{x}_0=\begin{bmatrix}1\\0\\1\end{bmatrix}, \qquad \boldsymbol{L}(\boldsymbol{x})=\begin{bmatrix}4&0&5\\0&1&-6\\3&0&4\end{bmatrix}\begin{bmatrix}x\\y\\z\end{bmatrix}$$

$$\begin{bmatrix}4&0&5\\0&1&-6\\3&0&4\end{bmatrix}^{-1}=\begin{bmatrix}4&0&-5\\-18&1&24\\-3&0&4\end{bmatrix}$$

を，(3) の逆関数

$$\boldsymbol{x}=\boldsymbol{A}^{-1}(\boldsymbol{y})=\boldsymbol{L}^{-1}(\boldsymbol{y}-\boldsymbol{y}_0)+\boldsymbol{x}_0 \tag{4}$$

に代入して

$$\boldsymbol{A}^{-1}\begin{bmatrix}u\\v\\w\end{bmatrix}=\begin{bmatrix}4&0&-5\\-18&1&24\\-3&0&4\end{bmatrix}\begin{bmatrix}u-1\\v-5\\w-2\end{bmatrix}+\begin{bmatrix}1\\0\\1\end{bmatrix}$$

をうる．

問 6 次のアフィン関数に対して，その逆関数 $\boldsymbol{A}^{-1}$ を求めよ．

(1) $A(x)=7x+2$

(2) $\boldsymbol{A}\begin{bmatrix}u\\v\end{bmatrix}=\begin{bmatrix}1&3\\2&4\end{bmatrix}\begin{bmatrix}u-1\\v-2\end{bmatrix}+\begin{bmatrix}3\\4\end{bmatrix}$

さて，正比例関数 $\boldsymbol{R}^n \xrightarrow{\boldsymbol{L}} \boldsymbol{R}^m$ が逆関数をもつかどうかを決める判定基準を考えよう．そこでまず，次の例題から考えよう．

例 3 $\begin{bmatrix}3&5&10&4\\0&1&2&1\\1&-1&2&0\end{bmatrix}$ に基本変形を施すとき，行についての基本変形で

$\begin{bmatrix}1&0&0&-\frac{1}{3}\\0&1&0&\frac{1}{3}\\0&0&1&\frac{1}{3}\end{bmatrix}$ に，次に列についての基本変形で $\begin{bmatrix}1&0&0&0\\0&1&0&0\\0&0&1&0\end{bmatrix}$ となる．

問7　次の行列について，（例3）と同じ操作を施すと，結果はどうなるか．

(1) $\begin{bmatrix} 2 & 0 & 7 \\ 3 & 3 & 6 \\ 2 & 2 & 4 \end{bmatrix}$　　(2) $\begin{bmatrix} 3 & 4 & 1 & 0 \\ -1 & 2 & 0 & -1 \\ 3 & -2 & 2 & 2 \\ 1 & 4 & -1 & -1 \end{bmatrix}$

定理3　正比例関数 $\boldsymbol{R}^n \xrightarrow{\boldsymbol{L}} \boldsymbol{R}^m$ の係数の行列 $\boldsymbol{M}$ に対して，行に関する基本演算と列に関する基本演算をくり返し適用すると，$\boldsymbol{M}$ は

$$\underbrace{\begin{bmatrix} \boldsymbol{E} & 0 \\ 0 & 0 \end{bmatrix}}_{n\text{列}}\Big\} m\text{行}$$

の形に誘導できる．

（証明）（例3）の変形を想起して各自試みよ．

この $\boldsymbol{E}$ の次数を r とするとき，r を $\boldsymbol{M}$ の**階数**といい，$\mathrm{rank}\,\boldsymbol{M}=r$ とかく．

（定理3）により，$\boldsymbol{R}^n \xrightarrow{\boldsymbol{L}} \boldsymbol{R}^m$ が逆関数をもつためには，

$$m=n,\ \ \mathrm{rank}\,\boldsymbol{M}=n$$

であることが必要にして十分である．

④　陰　関　数

関数 $\boldsymbol{R}^{n+m} \xrightarrow{\boldsymbol{F}} \boldsymbol{R}^m$ を考察しよう．$\boldsymbol{R}^{n+m}$ 内の任意の要素は

$$(x_1, \cdots, x_n, y_1, \cdots, y_m) \text{ または } (\boldsymbol{x}, \boldsymbol{y})$$

$$\text{ただし } \boldsymbol{x}=(x_1, \cdots, x_n),\ \ \boldsymbol{y}=(y_1, \cdots, y_m)$$

で表わすことができる．この方法で，関数 $\boldsymbol{F}$ は

$$\boldsymbol{x}\in\boldsymbol{R}^n,\ \ \boldsymbol{y}\in\boldsymbol{R}^m$$

なる2つのベクトルの関数，もしくは $\boldsymbol{R}^{n+m}$ 内の単一ベクトル $(\boldsymbol{x}, \boldsymbol{y})$ の関数と考えられる．

そこで，関数 $\boldsymbol{R}^n \xrightarrow{\boldsymbol{f}} \boldsymbol{R}^m$ は，もしも $\boldsymbol{f}$ の定義域におけるすべての $\boldsymbol{x}$ に対して

$$\boldsymbol{F}(\boldsymbol{x}, \boldsymbol{f}(\boldsymbol{x}))=\boldsymbol{0} \tag{4}$$

ならば，方程式

$$\boldsymbol{F}(\boldsymbol{x},\boldsymbol{y})=\boldsymbol{0} \tag{5}$$

によって陰伏的に定義されるという．(5) の形の関数を陰関数という．

例 4　$\boldsymbol{R}^2 \xrightarrow{F} \boldsymbol{R}$，$\boldsymbol{R} \xrightarrow{f} \boldsymbol{R}$ において，

$$F(x,y)=x^2+y^2-1$$

とおく．f の定義域内のすべての x に対して

$$F(x,f(x))=x^2+f^2(x)-1=0$$

となる条件は，次のような f によってみたされる．

$$f_1=\sqrt{1-x^2} \qquad (-1\leqq x\leqq 1)$$

$$f_2=-\sqrt{1-x^2} \qquad (-1\leqq x\leqq 1)$$

$$f_3=\begin{cases} \sqrt{1-x^2} & \left(-\dfrac{1}{2}\leqq x<0\right) \\ -\sqrt{1-x^2} & (0\leqq x\leqq 1) \end{cases}$$

f_1, f_2, f_3 のグラフは次の図に示す通りである．これら3つの関数は，方程式 $x^2+y^2-1=0$ によって陰伏的に定義されている．

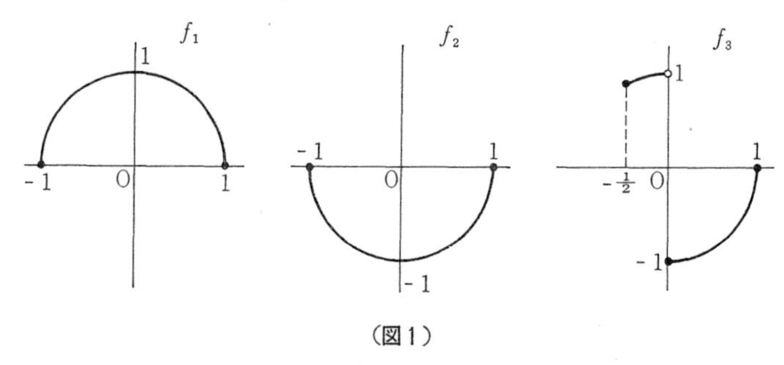

（図1）

例 5　方程式

$$x+y+z-1=0$$

$$2x \quad +z+2=0$$

は x の関数として，y と z を確定する．すなわち

$$y=x+3,\ \ z=-2x-2$$

関数 $\boldsymbol{R}^3 \xrightarrow{\boldsymbol{F}} \boldsymbol{R}^2$ を用いて，上の方程式を表わすと

$$\boldsymbol{F}\left(x,\begin{bmatrix} y \\ z \end{bmatrix}\right)=\begin{bmatrix} x+y+z-1 \\ 2x \quad +z+2 \end{bmatrix}$$

$$=\begin{bmatrix}1\\2\end{bmatrix}x+\begin{bmatrix}1&1\\0&1\end{bmatrix}\begin{bmatrix}y\\z\end{bmatrix}+\begin{bmatrix}-1\\2\end{bmatrix}=\begin{bmatrix}0\\0\end{bmatrix}$$

とかける．陰伏的に定義された関数 $\boldsymbol{R}\xrightarrow{\boldsymbol{f}}\boldsymbol{R}^2$ は

$$\boldsymbol{f}(x)=\begin{bmatrix}y\\z\end{bmatrix}=\begin{bmatrix}x+3\\-2x-2\end{bmatrix}$$

である．

（例４）で陰伏的に定義された関数は連続性を必要としないことを示しているが，本講で関与してくる関数は，連続性のみならず，微分可能性も仮定される関数とする．

定理４　$\boldsymbol{R}^{n+m}\xrightarrow{\boldsymbol{F}}\boldsymbol{R}^m$，$\boldsymbol{R}^n\xrightarrow{\boldsymbol{f}}\boldsymbol{R}^m$ が微分可能であり，かつ $\boldsymbol{y}=\boldsymbol{f}(\boldsymbol{x})$ が $\boldsymbol{F}(\boldsymbol{x},\boldsymbol{y})=\boldsymbol{0}$ をみたすならば

$$\boldsymbol{f}'(\boldsymbol{x})=-\boldsymbol{F_y}^{-1}(\boldsymbol{x},\boldsymbol{f}(\boldsymbol{x}))\boldsymbol{F_x}(\boldsymbol{x},\boldsymbol{f}(\boldsymbol{x}))$$

である．ただし

$$\boldsymbol{F_y}\equiv\frac{\partial\boldsymbol{F}}{\partial\boldsymbol{y}}=\begin{bmatrix}\frac{\partial F_1}{\partial y_1}\cdots\cdots\frac{\partial F_1}{\partial y_m}\\ \cdots\cdots\cdots\cdots\\ \frac{\partial F_m}{\partial y_1}\cdots\cdots\frac{\partial F_m}{\partial y_m}\end{bmatrix},\quad \boldsymbol{F_x}\equiv\frac{\partial\boldsymbol{F}}{\partial\boldsymbol{x}}=\begin{bmatrix}\frac{\partial F_1}{\partial x_1},\cdots\cdots,\frac{\partial F_1}{\partial x_n}\\ \cdots\cdots\cdots\cdots\\ \frac{\partial F_m}{\partial x_1},\cdots\cdots,\frac{\partial F_m}{\partial x_n}\end{bmatrix}$$

で，$\boldsymbol{F_y}$ は逆行列をもつものとする．

（証明）　$\boldsymbol{F}(\boldsymbol{x},\boldsymbol{y})=\boldsymbol{0}$ をベクトル $\boldsymbol{x}$ について微分する．合成関数の微分法により，

$$\boldsymbol{F_x}+\boldsymbol{F_y}\cdot\boldsymbol{f}'=0$$

より明らか．

例６　$\boldsymbol{R}^2\xrightarrow{F}\boldsymbol{R}$，$\boldsymbol{R}\xrightarrow{f}\boldsymbol{R}$ が微分可能とし，f の定義域の内のすべての x に対して，$F(x,f(x))=0$ とする．そのとき，$F(x,f(x))=0$ に対して適用される合成関数の微分法は

$$\frac{\partial F(x,f(x))}{\partial x}+\frac{\partial F(x,f(x))}{\partial y}\frac{dy}{dx}=0$$

$\dfrac{\partial F}{\partial y}\equiv F_y\neq 0$ ならば

$$\frac{dy}{dx}=f'(x)=-\frac{F_x(x, f(x))}{F_y(x, f(x))}$$

例7 微分可能なベクトル関数

$$\boldsymbol{F}(u, v, x, y)=\begin{bmatrix} F_1(u, v, x, y) \\ F_2(u, v, x, y) \end{bmatrix}$$

が与えられ，かつ方程式

$$\begin{cases} F_1(u, v, x, y)=0 \\ F_2(u, v, x, y)=0 \end{cases} \tag{A}$$

が微分可能な関数 $(x, y)=\boldsymbol{f}(u, v)$ を陰伏的に定義していると仮定する．合成関数の微分法によって，(A) を u と v について微分すると

$$\frac{\partial F_1}{\partial u}+\frac{\partial F_1}{\partial x}\frac{\partial x}{\partial u}+\frac{\partial F_1}{\partial y}\frac{\partial y}{\partial u}=0, \qquad \frac{\partial F_1}{\partial v}+\frac{\partial F_1}{\partial x}\frac{\partial x}{\partial v}+\frac{\partial F_1}{\partial y}\frac{\partial y}{\partial v}=0$$

$$\frac{\partial F_2}{\partial u}+\frac{\partial F_2}{\partial x}\frac{\partial x}{\partial u}+\frac{\partial F_2}{\partial y}\frac{\partial y}{\partial u}=0, \qquad \frac{\partial F_2}{\partial v}+\frac{\partial F_2}{\partial x}\frac{\partial x}{\partial v}+\frac{\partial F_2}{\partial y}\frac{\partial y}{\partial v}=0$$

をうる．これらの方程式は

$$\begin{bmatrix} \dfrac{\partial F_1}{\partial u} & \dfrac{\partial F_1}{\partial u} \\ \dfrac{\partial F_2}{\partial u} & \dfrac{\partial F_2}{\partial v} \end{bmatrix}+\begin{bmatrix} \dfrac{\partial F_1}{\partial x} & \dfrac{\partial F_1}{\partial y} \\ \dfrac{\partial F_2}{\partial x} & \dfrac{\partial F_2}{\partial y} \end{bmatrix}\begin{bmatrix} \dfrac{\partial x}{\partial u} & \dfrac{\partial x}{\partial v} \\ \dfrac{\partial y}{\partial u} & \dfrac{\partial y}{\partial v} \end{bmatrix}=0 \tag{B}$$

よって，

$$\boldsymbol{f}'(u, v)=\begin{bmatrix} \dfrac{\partial x}{\partial u} & \dfrac{\partial x}{\partial v} \\ \dfrac{\partial y}{\partial u} & \dfrac{\partial y}{\partial v} \end{bmatrix}=-\begin{bmatrix} \dfrac{\partial F_1}{\partial x} & \dfrac{\partial F_1}{\partial y} \\ \dfrac{\partial F_2}{\partial x} & \dfrac{\partial F_2}{\partial y} \end{bmatrix}^{-1}\begin{bmatrix} \dfrac{\partial F_1}{\partial u} & \dfrac{\partial F_1}{\partial v} \\ \dfrac{\partial F_2}{\partial u} & \dfrac{\partial F_2}{\partial v} \end{bmatrix} \tag{C}$$

行列 $\boldsymbol{f}'(u, v)$ を求めるために，一意に方程式 (B) を解きうるためには，方程式 (C) において表わされる逆行列が存在することが本質的である．そしてこのことは，はじめの方程式の数が，陰伏的に確定された変数の数に等しいことを意味する．あるいは，F と f の値域が同次元であるといってもよい．

問8 方程式 $\begin{cases} x^2+y^2+z^2-5=0 \\ xyz+2=0 \end{cases}$

が与えられており，$(x, y)=\boldsymbol{f}(z)$ は上の方程式によって陰伏的に定義されている．$\boldsymbol{f}'(z)$ を求めよ．

問9 方程式 $\begin{cases} x^2y+yz=0 \\ xyz+1=0 \end{cases}$

が与えられており，$(x,y)=\boldsymbol{f}(z)$ は上の方程式によって陰伏的に定義されている．$\boldsymbol{f}'(z)$ を求めよ．

問10　方程式 $\begin{cases} x+y-u-v=0 \\ x-y+2u+v=0 \end{cases}$

が与えられており，$(x,y)=\boldsymbol{f}(u,v)$ は上の方程式によって陰伏的に定義されている．$\boldsymbol{f}'(u,v)$ を求めよ．

問11　方程式 $\begin{cases} x^2+yu+xv+w=0 \\ x+y+uvw+1=0 \end{cases}$

が与えられており，$(x,y)=\boldsymbol{f}(u,v,w)$ は上の方程式によって陰伏的に定義されている．$\boldsymbol{f}'(u,v,w)$ を（定理 4）の形にかけ．

⑤ 逆関数の定理

非線型なベクトル関数 $\boldsymbol{R}^n \xrightarrow{\boldsymbol{f}} \boldsymbol{R}^m$ が与えられている．この関数が

(1)　逆関数をもつか，どうか？

(2)　もしもつとすれば，その逆関数の性質は如何？

ということを問うてみよう．直観的にこの疑問に答えることは容易でない．しかし，アフィン関数については逆関数の存在の条件を求めうるし，また逆関数を explicit に計算しうる．その上，もし $\boldsymbol{f}$ が点 $\boldsymbol{x}_0$ において微分可能ならば，その点の近くで 1 つのアフィン関数によって近似しうる．以上の予備知識から，もし $\boldsymbol{f}$ の定義域が $\boldsymbol{x}_0$ に十分近い点の集合に限定され，その近似アフィン関数が逆関数をもてば，$\boldsymbol{f}$ も逆関数をもちうることは推測しうる．

定理 5　逆関数の定理

$\boldsymbol{R}^n \xrightarrow{\boldsymbol{f}} \boldsymbol{R}^n$ は $\boldsymbol{f}'(\boldsymbol{x}_0)$ が逆行列をもつような，連続で微分可能な関数とする．そのとき，$\boldsymbol{x}_0$ を含む開集合 $\boldsymbol{N}$ が存在し，定義域を $\boldsymbol{N}$ に限定するとき，そこでは $\boldsymbol{f}$ は連続で微分可能な逆関数 $\boldsymbol{f}^{-1}$ をもつ．さらにヤコービ行列については

$$(\boldsymbol{f}^{-1})'(\boldsymbol{y}_0)=(\boldsymbol{f}'(\boldsymbol{x}_0))^{-1},\quad \text{ただし}\quad \boldsymbol{y}_0=\boldsymbol{f}(\boldsymbol{x}_0)$$

1 変数の場合，逆関数の微分は

$$Df^{-1}(y)=\frac{1}{Df(x)}$$

であったことの拡張である．

（証明）$\boldsymbol{f}^{-1}$ の存在は複雑な証明なので省略する．一たん存在が保証されると，$\boldsymbol{N}$ 上で

$$\boldsymbol{f}^{-1}\circ\boldsymbol{f}=\boldsymbol{I}\quad（恒等関数）$$

合成関数の微分法によって

$$(\boldsymbol{f}^{-1})'(\boldsymbol{y}_0)\cdot\boldsymbol{f}'(\boldsymbol{x}_0)=\boldsymbol{E}\quad（\boldsymbol{E}は単位行列）$$

$$\therefore\quad(\boldsymbol{f}^{-1})'(\boldsymbol{y}_0)=(\boldsymbol{f}'(\boldsymbol{x}_0))^{-1}\qquad\text{(Q.E.D.)}$$

この定理の条件をみたす関数 $\boldsymbol{f}$ は $\boldsymbol{N}$ 上で **C¹- 可逆**，または $\boldsymbol{x}_0$ において局所的 C¹- 可逆であるという．

例8　$\boldsymbol{f}\begin{bmatrix}x\\y\end{bmatrix}=\begin{bmatrix}x^2-2xy^2\\x+y\end{bmatrix}\qquad(-\infty<x,y<\infty)$

なる関数で，点 $\boldsymbol{x}_0=\begin{bmatrix}1\\-1\end{bmatrix}$ におけるヤコービ行列は

$$\boldsymbol{f}'(\boldsymbol{x}_0)=\begin{bmatrix}3x^2-2y^2 & -4xy\\1 & 1\end{bmatrix}_{\substack{x=1\\y=-1}}=\begin{bmatrix}1 & 4\\1 & 1\end{bmatrix}$$

によって定義される．$\boldsymbol{f}$ は明らかに連続で微分可能だから，$\boldsymbol{x}_0$ を含むある開集合で $\boldsymbol{f}$ は逆関数 $\boldsymbol{f}^{-1}$ をもつ．その上，

$$\boldsymbol{y}_0=\boldsymbol{f}(\boldsymbol{x}_0)=\begin{bmatrix}-1\\0\end{bmatrix}$$

に対して，

$$(\boldsymbol{f}^{-1})(\boldsymbol{y}_0)=\begin{bmatrix}1 & 4\\1 & 1\end{bmatrix}^{-1}=\begin{bmatrix}-\dfrac{1}{3} & \dfrac{4}{3}\\[2mm]\dfrac{1}{3} & -\dfrac{1}{3}\end{bmatrix}$$

$\boldsymbol{x}_0$ の近くでの $\boldsymbol{f}$ の近似アフィン関数は

$$\begin{aligned}\boldsymbol{A}(\boldsymbol{x})&=\boldsymbol{f}(\boldsymbol{x}_0)+\boldsymbol{f}'(\boldsymbol{x}_0)(\boldsymbol{x}-\boldsymbol{x}_0)\\&=\boldsymbol{y}_0+\boldsymbol{f}'(\boldsymbol{x}_0)(\boldsymbol{x}-\boldsymbol{x}_0)\end{aligned}$$

逆関数の近似アフィン関数は

$$\begin{aligned}\boldsymbol{A}^{-1}(\boldsymbol{y})&=\boldsymbol{f}^{-1}(\boldsymbol{y}_0)+(\boldsymbol{f}^{-1})'(\boldsymbol{y}_0)(\boldsymbol{y}-\boldsymbol{y}_0)\\&=\boldsymbol{x}_0+(\boldsymbol{f}'(\boldsymbol{x}_0))^{-1}(\boldsymbol{y}-\boldsymbol{y}_0)\end{aligned}$$

$$\therefore\quad \boldsymbol{A}^{-1}\begin{bmatrix} u \\ v \end{bmatrix}=\begin{bmatrix} 1 \\ -1 \end{bmatrix}+\begin{bmatrix} -\frac{1}{3} & \frac{4}{3} \\ \frac{1}{3} & -\frac{1}{3} \end{bmatrix}\begin{bmatrix} u+1 \\ v \end{bmatrix}=\begin{bmatrix} -\frac{1}{3} & \frac{4}{3} \\ \frac{1}{3} & -\frac{1}{3} \end{bmatrix}\begin{bmatrix} u \\ v \end{bmatrix}+\begin{bmatrix} \frac{2}{3} \\ -\frac{2}{3} \end{bmatrix}$$

問12 $\boldsymbol{f}\begin{bmatrix} x \\ y \end{bmatrix}=\begin{bmatrix} x^2-y^2 \\ 2xy \end{bmatrix}$において，点$\begin{bmatrix} 1 \\ 2 \end{bmatrix}$の近傍で $\boldsymbol{f}^{-1}$ を近似するアフィン関数を求めよ．

問13 $\boldsymbol{f}\begin{bmatrix} x \\ y \end{bmatrix}=\begin{bmatrix} x^3+2xy+y^2 \\ x^2+y \end{bmatrix}$において，点$\begin{bmatrix} 1 \\ 1 \end{bmatrix}$の近傍で $\boldsymbol{f}^{-1}$ を近似するアフィン関数を求めよ．

問14 次の関数が与えられた点において，局所的 $\boldsymbol{C}^1$- 可逆であるか．

(1) $\boldsymbol{f}(x,y)=(x^3y+1,\ x^2+y^2)$，　点 $(1,2)$

(2) $\boldsymbol{f}\begin{bmatrix} x \\ y \end{bmatrix}=\begin{bmatrix} x+y \\ y^{\frac{1}{4}} \end{bmatrix}$，　点 $\begin{bmatrix} 1 \\ 16 \end{bmatrix}$

(3) $\boldsymbol{f}\begin{bmatrix} x \\ y \end{bmatrix}=\begin{bmatrix} \dfrac{x}{x^2+y^2} \\ \dfrac{y}{x^2+y^2} \end{bmatrix}$，　点 $\begin{bmatrix} x \\ y \end{bmatrix}\neq\begin{bmatrix} 0 \\ 0 \end{bmatrix}$

⑥ 陰関数の定理

（定理4）で $\boldsymbol{f}$ と $\boldsymbol{F}$ が微分可能なとき，$\boldsymbol{f}$ が方程式 $\boldsymbol{F}(\boldsymbol{x},\boldsymbol{f}(\boldsymbol{x}))=\boldsymbol{0}$ をみたすという条件のもとに，陰伏的に定義された関数 $\boldsymbol{f}$ の導関数を求める問題を考察した．行列を使って $\boldsymbol{f}'(\boldsymbol{x}_0)$ を求めるには，$\boldsymbol{F}_{\boldsymbol{y}}(\boldsymbol{x}_0,\boldsymbol{f}(\boldsymbol{x}_0))$ が逆行列をもつことが必要であった．これと同じ条件のもとで，$\boldsymbol{F}$ によって陰伏的に定義された微分可能な $\boldsymbol{f}$ が存在するか，どうか？　それについて次の定理が成立する．

定理6（陰関数の定理）$\boldsymbol{R}^{n+m}\xrightarrow{\boldsymbol{F}}\boldsymbol{R}^m$ を連続で微分可能な関数とする．ある $\boldsymbol{x}_0\in\boldsymbol{R}^n$ と $\boldsymbol{y}_0\in\boldsymbol{R}^m$ に対して

(i) $\boldsymbol{F}(\boldsymbol{x}_0,\boldsymbol{y}_0)=\boldsymbol{0}$

(ii) $\boldsymbol{F}_{\boldsymbol{y}}(\boldsymbol{x}_0,\boldsymbol{y}_0)$ は逆行列をもつ

と仮定する．そのとき，$\boldsymbol{x}_0$ のある近傍 $\boldsymbol{N}$ 内のすべての $\boldsymbol{x}$ に対して

$$\boldsymbol{f}(\boldsymbol{x}_0)=\boldsymbol{y}_0,\qquad \boldsymbol{F}(\boldsymbol{x},\boldsymbol{f}(\boldsymbol{x}))=\boldsymbol{0}$$

となる，連続で微分可能な関数 $\boldsymbol{R}^n\xrightarrow{\boldsymbol{f}}\boldsymbol{R}^m$ が存在する．

（証明）　$\boldsymbol{H}(\boldsymbol{x},\boldsymbol{y})=(\boldsymbol{x},\boldsymbol{F}(\boldsymbol{x},\boldsymbol{y}))$

とおくことによって，$\boldsymbol{F}$ を関数 $\boldsymbol{R}^{n+m}\xrightarrow{\boldsymbol{H}}\boldsymbol{R}^{n+m}$ に拡張する．$\boldsymbol{F}$ の座標関数 $F_1,\cdots,F_m$ を用いて，$\boldsymbol{H}$ の座標関数を表わすと

$$\begin{aligned}
H_1(\boldsymbol{x},\boldsymbol{y})&=x_1\\
H_2(\boldsymbol{x},\boldsymbol{y})&=\quad x_2\\
&\cdots\cdots\cdots\cdots\\
H_n(\boldsymbol{x},\boldsymbol{y})&=\qquad\quad x_n\\
H_{n+1}(\boldsymbol{x},\boldsymbol{y})&=F_1(x_1,\ \cdots\cdots,x_n,y_1,\cdots\cdots,y_m)\\
&\cdots\cdots\cdots\cdots\\
H_{n+m}(\boldsymbol{x},\boldsymbol{y})&=F_m(x_1,\cdots\cdots,x_n,y_1,\cdots\cdots,y_m)
\end{aligned}$$

によって与えられる．$(\boldsymbol{x}_0,\boldsymbol{y}_0)$ における $\boldsymbol{H}$ のヤコービ行列は

$$\boldsymbol{J}=\begin{pmatrix}
1 & 0 & \cdots\cdots & 0 & 0 & \cdots\cdots & 0\\
0 & 1 & \cdots\cdots & 0 & 0 & \cdots\cdots & 0\\
 & \cdots & \cdots & \cdots & \cdots & \cdots & \\
0 & 0 & \cdots\cdots & 1 & 0 & \cdots\cdots & 0\\
\dfrac{\partial F_1}{\partial x_1} & \dfrac{\partial F_1}{\partial x_2} & \cdots\cdots & \dfrac{\partial F_1}{\partial x_n} & \dfrac{\partial F_1}{\partial y_1} & \cdots\cdots & \dfrac{\partial F_1}{\partial y_m}\\
 & \cdots & \cdots & \cdots & \cdots & \cdots & \\
\dfrac{\partial F_m}{\partial x_1} & \dfrac{\partial F_m}{\partial x_2} & \cdots\cdots & \dfrac{\partial F_m}{\partial x_n} & \dfrac{\partial F_m}{\partial y_1} & \cdots\cdots & \dfrac{\partial F_m}{\partial y_m}
\end{pmatrix}$$

ここですべての偏導関数の値は，$(\boldsymbol{x}_0,\boldsymbol{y}_0)$ において求められる．

$\boldsymbol{J}$ は行について基本変形を施すと

$$\begin{bmatrix}
1 & 0 & & 0 & \\
 & \ddots & & & \\
0 & 1 & & & \\
 & & \dfrac{\partial F_1}{\partial y_1} & \cdots & \dfrac{\partial F_1}{\partial y_m}\\
 & 0 & & \cdots\cdots\cdots &
\end{bmatrix}$$

となり，さらに

$$\begin{bmatrix}
\dfrac{\partial F_1}{\partial y_1} & \cdots\cdots & \dfrac{\partial F_1}{\partial y_m}\\
 & \cdots\cdots\cdots & \\
\dfrac{\partial F_m}{\partial y_1} & \cdots\cdots & \dfrac{\partial F_m}{\partial y_m}
\end{bmatrix}$$

が逆行列をもつことが分っているから，結局 $\boldsymbol{J}$ は $\boldsymbol{E}$ に基本変形される．それで $\boldsymbol{J}$ は逆行列をもつ．関数 $\boldsymbol{H}$ は確かに連続で微分可能である．それで $(\boldsymbol{x}_0,\boldsymbol{y}_0)$ のまわりの開集合に対して，逆関数の定理を適用して，$\boldsymbol{H}(\boldsymbol{x}_0,\boldsymbol{y}_0)$ を含む $\boldsymbol{R}^{n+m}$ 内のある開集合 $\boldsymbol{N}'$ から，$\boldsymbol{H}$ の逆関数 $\boldsymbol{H}^{-1}$ を求めうる．

$$\boldsymbol{H}(\boldsymbol{x}_0,\boldsymbol{y}_0)=(\boldsymbol{x}_0,\boldsymbol{F}(\boldsymbol{x}_0,\boldsymbol{y}_0))=(\boldsymbol{x}_0,\boldsymbol{0})$$

だから，$(\boldsymbol{x},\boldsymbol{0})$ が $\boldsymbol{N}'$ 内にあるような $\boldsymbol{R}^n$ 内のすべての点 $\boldsymbol{x}$ の集合 $\boldsymbol{N}$ は開集

合で，明らかに $\boldsymbol{x}_0$ を含む．

$\boldsymbol{G}_1$ は $\boldsymbol{R}^{n+m}$ 内の点のはじめの n 個の変数をえらぶところの関数，$\boldsymbol{G}_2$ はあとの m 個の変数をえらぶところの関数とする．かくして，

$$\boldsymbol{G}_1(\boldsymbol{x},\boldsymbol{y})=\boldsymbol{x},\quad \boldsymbol{G}_2(\boldsymbol{x},\boldsymbol{y})=\boldsymbol{y}.$$

$\boldsymbol{H}(\boldsymbol{x},\boldsymbol{y})=(\boldsymbol{x},\boldsymbol{F}(\boldsymbol{x},\boldsymbol{y}))$ だから，関数 $\boldsymbol{H}$ は $\boldsymbol{x}$ の恒等関数である．よって $\boldsymbol{H}^{-1}$ も $\boldsymbol{x}$ についての恒等関数である．そこで

$$\boldsymbol{G}_1=\boldsymbol{G}_1\circ\boldsymbol{H}^{-1}.$$

$\forall\boldsymbol{x}\in\boldsymbol{N}$ に対して

$$\boldsymbol{f}(\boldsymbol{x})=\boldsymbol{G}_2\{\boldsymbol{H}^{-1}(\boldsymbol{x},\boldsymbol{0})\}$$

によって $\boldsymbol{f}$ を定義する．そのとき

$$\begin{aligned}\boldsymbol{H}^{-1}(\boldsymbol{x},\boldsymbol{0})&=(\boldsymbol{G}_1\{\boldsymbol{H}^{-1}(\boldsymbol{x},\boldsymbol{0})\},\ \boldsymbol{G}_2\{\boldsymbol{H}^{-1}(\boldsymbol{x},\boldsymbol{0})\})\\&=(\boldsymbol{x},\boldsymbol{f}(\boldsymbol{x}))\end{aligned}$$

両辺に $\boldsymbol{H}$ を掛けると，$\forall\boldsymbol{x}\in\boldsymbol{N}$ に対して

$$(\boldsymbol{x},\boldsymbol{0})=\boldsymbol{H}(\boldsymbol{x},\boldsymbol{f}(\boldsymbol{x}))=(\boldsymbol{x},\boldsymbol{F}(\boldsymbol{x},\boldsymbol{f}(\boldsymbol{x})))$$

$$\therefore\ \boldsymbol{0}=\boldsymbol{F}(\boldsymbol{x},\boldsymbol{f}(\boldsymbol{x}))$$

また，明らかに，$\boldsymbol{f}$ は連続で微分可能な２つの関数の合成関数だから，連続で微分可能．（Q.E.D.）

例 9　方程式 $\begin{cases}z^3x+w^2y^3+2xy=0\\xyzw-1=0\end{cases}$

は，$\boldsymbol{x}=\begin{bmatrix}x\\y\end{bmatrix}$，$\boldsymbol{y}=\begin{bmatrix}z\\w\end{bmatrix}$ とおくと，$\boldsymbol{F}(\boldsymbol{x},\boldsymbol{y})=\boldsymbol{0}$ の形にかきうる．

$$\boldsymbol{x}_0=\begin{bmatrix}-1\\-1\end{bmatrix},\qquad \boldsymbol{y}_0=\begin{bmatrix}1\\1\end{bmatrix}$$

とおく，明らかに $\boldsymbol{F}(\boldsymbol{x}_0,\boldsymbol{y}_0)=\boldsymbol{0}$，かつ

$$\boldsymbol{F}_{\boldsymbol{y}}(1,1)=\begin{bmatrix}-3z^2 & -2w\\ w & z\end{bmatrix}_{\binom{z}{w}=\binom{1}{1}}=\begin{bmatrix}-3 & -2\\ 1 & 1\end{bmatrix}$$

で，$\boldsymbol{F}_{\boldsymbol{y}}$ の逆行列は存在する．よって

$$\begin{bmatrix}z\\w\end{bmatrix}=\boldsymbol{f}\begin{bmatrix}x\\y\end{bmatrix}$$

となる関数は，$\boldsymbol{F}$ によって陰伏的に定義されている．

問題解答

問2 (2) $f^{-1}(y)=\log(y+\sqrt{y^2-1})$ $(y\geqq 1)$ (3) $f^{-1}(y)=\tan^{-1}y$ $(0\leqq y\leqq 1)$

(4) $f^{-1}(y)=\tan^{-1}y$ $(-\infty<y<+\infty)$ (5) $f^{-1}(y)=1+\sqrt{y}$ $(y\geqq 0)$

問5 (1) $\begin{bmatrix} \dfrac{d}{ad-bc} & \dfrac{-b}{ad-bc} \\ \dfrac{-c}{ad-bc} & \dfrac{a}{ad-bc} \end{bmatrix}$ (2) $\begin{bmatrix} \dfrac{12}{5} & -\dfrac{1}{5} & 1 \\ \dfrac{2}{5} & -\dfrac{1}{5} & 0 \\ -\dfrac{9}{5} & \dfrac{2}{5} & -1 \end{bmatrix}$ (3) $\begin{bmatrix} 5 & -1 & -1 & -1 \\ -1 & 5 & -1 & -1 \\ -1 & -1 & 5 & -1 \\ -1 & -1 & -1 & 5 \end{bmatrix}\dfrac{1}{12}$

(4) $\begin{bmatrix} -3 & 2 & -5 & 2 \\ -1 & -1 & -3 & 3 \\ 0 & 1 & 1 & -1 \\ 1 & -1 & 1 & 0 \end{bmatrix}$ (5) $\begin{bmatrix} \dfrac{1}{r_1} & & & 0 \\ & \dfrac{1}{r_2} & & \\ & & \ddots & \\ 0 & & & \dfrac{1}{r_m} \end{bmatrix}$ (6) $\begin{bmatrix} 1 & & 0 \\ -r_2 & 1 & \\ \vdots & & \ddots \\ -r_m & 0 & 1 \end{bmatrix}$ (7) 元の行列

問6 ① $A^{-1}(y)=\dfrac{1}{7}y-\dfrac{2}{7}$ ② $\boldsymbol{A}^{-1}\begin{bmatrix} x \\ y \end{bmatrix}=\begin{bmatrix} -2 & \dfrac{3}{2} \\ 1 & -\dfrac{1}{2} \end{bmatrix}\begin{bmatrix} x-3 \\ y-4 \end{bmatrix}+\begin{bmatrix} 1 \\ 2 \end{bmatrix}$

問7 (1) $\begin{bmatrix} 1 & 0 & 0 \\ 0 & 1 & 0 \\ 0 & 0 & 0 \end{bmatrix}$ (2) $\begin{bmatrix} 1 & 0 & 0 & 0 \\ 0 & 1 & 0 & 0 \\ 0 & 0 & 1 & 0 \\ 0 & 0 & 0 & 0 \end{bmatrix}$

問8 $\boldsymbol{f}'(z)=\begin{bmatrix} \dfrac{x(y^2-z^2)}{z(x^2-y^2)} \\ \dfrac{y(z^2-x^2)}{z(x^2-y^2)} \end{bmatrix}$

問9 $\boldsymbol{f}'(z)=\begin{bmatrix} \dfrac{x^3y}{x^2yz-yz^2} \\ \dfrac{-2x^2y^2+y^2z}{x^2yz-yz^2} \end{bmatrix}=\begin{bmatrix} \dfrac{x^3}{z(x^2-z)} \\ \dfrac{-y(2x^2-z)}{z(x^2-z)} \end{bmatrix}$ 問10 $\boldsymbol{f}'(u,v)=\begin{bmatrix} -\dfrac{1}{2} & 0 \\ \dfrac{3}{2} & 1 \end{bmatrix}$

問11 $\boldsymbol{f}'=\begin{bmatrix} \dfrac{\partial x}{\partial u} & \dfrac{\partial x}{\partial v} & \dfrac{\partial x}{\partial w} \\ \dfrac{\partial y}{\partial u} & \dfrac{\partial y}{\partial v} & \dfrac{\partial y}{\partial w} \end{bmatrix}=-\begin{bmatrix} 2x+v & u \\ 1 & 1 \end{bmatrix}^{-1}\begin{bmatrix} y & x & 1 \\ vw & uw & uv \end{bmatrix}$

問12 $\begin{bmatrix} \dfrac{1}{10} & \dfrac{1}{5} \\ -\dfrac{1}{5} & \dfrac{1}{10} \end{bmatrix}\begin{bmatrix} u \\ v \end{bmatrix}+\begin{bmatrix} \dfrac{1}{2} \\ 1 \end{bmatrix}$

問13 $\begin{bmatrix} -\dfrac{1}{3} & \dfrac{4}{3} \\ \dfrac{2}{3} & -\dfrac{5}{3} \end{bmatrix}\begin{bmatrix} u \\ v \end{bmatrix}+\begin{bmatrix} -\dfrac{1}{3} \\ \dfrac{5}{3} \end{bmatrix}$

問14 いずれも $\boldsymbol{C}^1$-可逆

第7講　Taylor近似式

ある関数のテイラー近似式が，
その関数に収束する場合のみ，
ラグランジュは力学や物理学は
もちろん解析学一般のなかで，
意義あるのだと考えた．

①　高階偏導関数

$\boldsymbol{f}$ を $\boldsymbol{R}^n \longrightarrow \boldsymbol{R}^m$ であるベクトル値ベクトル関数とする．そのとき，$\boldsymbol{f}$ の定義域内の点 $(x_1, x_2, \cdots, x_n)$ に対して，偏導関数

$$\frac{\partial \boldsymbol{f}}{\partial x_i} \quad (i=1, 2, \cdots, n)$$

が存在し，さらにそれらが各変数について微分可能とするとき，x_i についての偏導関数を

$$\frac{\partial\left(\dfrac{\partial \boldsymbol{f}}{\partial x_i}\right)}{\partial x_j} \equiv \frac{\partial^2 \boldsymbol{f}}{\partial x_j \partial x_i} \equiv \boldsymbol{f}_{x_i x_j} \qquad \begin{bmatrix} i=1, 2, \cdots, n & \\ j=1, 2, \cdots, n, & i \neq j \end{bmatrix}$$

とかく．$i=j$ のときはとくに

$$\frac{\partial^2 \boldsymbol{f}}{\partial {x_i}^2} \equiv \boldsymbol{f}_{x_i x_i}$$

とかく．

定理 1 $\boldsymbol{R}^2 \xrightarrow{f} \boldsymbol{R}$ なる実数値ベクトル関数において，定義域内の開集合 $\boldsymbol{U}$ において，$\dfrac{\partial f}{\partial x}$, $\dfrac{\partial f}{\partial y}$, $\dfrac{\partial^2 f}{\partial x \partial y}$, $\dfrac{\partial^2 f}{\partial y \partial x}$ が存在して連続であれば

$$\frac{\partial^2 f}{\partial x \partial y} = \frac{\partial^2 f}{\partial y \partial x} \qquad \text{(Schwarz)}$$

偏導関数，高次偏導関数の定義を用いるとかえってむつかしい．

（証明） $\varphi(x) = f(x, y+\Delta y) - f(x, y)$ とおくと

$$\Phi(x, y) = f(x+\Delta x, y+\Delta y) - f(x+\Delta x, y) - f(x, y+\Delta y) + f(x, y)$$
$$= \varphi(x+\Delta x)\varphi(x)$$

平均値の定理より

$$= \varphi'(x+\theta\Delta x)\Delta x \qquad (0<\theta<1)$$
$$= \{f_x(x+\theta\Delta x, y+\Delta y) - f_x(x+\theta\Delta x, y)\}\Delta x$$
$$= f_{xy}(x+\theta\Delta x, y+\theta_1\Delta y)\Delta x\Delta y$$
$$(0<\theta_1<1)$$

同様にして，

$$\psi(y) = f(x+\Delta x, y) - f(x, y)$$

とおくと，

$$\Phi(x, y) = \psi(y+\Delta y) - \psi(y)$$
$$= \psi'(y+\theta_2\Delta y)\Delta y \qquad (0<\theta_2<1)$$
$$= \{f_y(x+\Delta x, y+\theta_2\Delta y) - f_y(x, y+\theta_2\Delta y)\}\Delta y$$
$$= f_{yx}(x+\theta_3\Delta x, y+\theta_2\Delta y)\Delta y\Delta x \qquad (0<\theta_3<1)$$

$(x, y+\Delta y)$ $(x+\Delta x, y+\Delta y)$
(x, y) $(x+\Delta x, y)$

$$\therefore \quad f_{xy}(x+\theta\Delta x, y+\theta_1\Delta y) = f_{yx}(x+\theta_3\Delta x, y+\theta_2\Delta y)$$

$\Delta x \to 0$, $\Delta y \to 0$ とすれば，f_{xy}. f_{yx} は連続であるから

$$f_{xy}(x, y) = f_{yx}(x, y) \qquad \text{(Q.E.D.)}$$

問1 $\dfrac{\partial^2 f}{\partial y \partial x}$, $\dfrac{\partial^2 f}{\partial x \partial y}$ を求めよ．

① $f(x, y) = xy + x^2y^3$ ② $f(x, y) = \sin(x^2+y^2)$ ③ $f(x, y) = \dfrac{1}{x^2+y^2}$

問2 3変数の関数 $f(x, y, z)$ が

$$\frac{\partial^2 f}{\partial x^2}+\frac{\partial^2 f}{\partial y^2}+\frac{\partial^2 f}{\partial z^2}=0$$

を満足するとき，Laplace の方程式を満足するという．次にあげる関数はいずれも Laplace の方程式を満足することを証明せよ．

① $f(x,y,z)=x^2+y^2-2z^2$　② $f(x,y,z)=e^{3x+4y}\cos 5z$

③ $f(x,y,z)=\dfrac{1}{\sqrt{x^2+y^2+z^2}}$

問3　$f(x_1,x_2,\cdots,x_n)=\dfrac{1}{(x_1{}^2+x_2{}^2+\cdots+x_n{}^2)^{\frac{n-2}{2}}}$　のとき

$$f_{x_1x_1}+f_{x_2x_2}+\cdots+f_{x_nx_n}=0$$

であることを示せ．

問4　c を定数とし，$z=\sin(x+ct)+\cos(2x+2ct)$ とするとき

$$\frac{\partial^2 z}{\partial t^2}=c^2\frac{\partial^2 z}{\partial x^2}$$

であることを示せ．

例1　$f(x,y)=\begin{cases}2xy\dfrac{x^2-y^2}{x^2+y^2} & (x^2+y^2\neq 0 \text{ のとき}) \\ 0 & (x=y=0 \text{ のとき})\end{cases}$

という関数をとると，原点で $\dfrac{\partial^2 f(0,0)}{\partial x\partial y}=+2$, $\dfrac{\partial^2 f(0,0)}{\partial y\partial x}=-2$ である．この例は Peano による．事実計算すると

$$\frac{\partial f(x,y)}{\partial x}=\frac{2y(x^2-y^2)}{x^2+y^2}+\frac{8x^2y^3}{(x^2+y^2)^2}$$

$$\frac{\partial f(x,y)}{\partial y}=\frac{2x(x^2-y^2)}{x^2+y^2}-\frac{8x^3y^2}{(x^2+y^2)^2}$$

$$\frac{\partial f(0,y)}{\partial y}=-2y,\qquad \frac{\partial f(x,0)}{\partial y}=2x$$

$$\therefore\quad \frac{\partial^2 f(0,0)}{\partial y\partial x}=-2,\qquad \frac{\partial^2 f(0,0)}{\partial x\partial y}=2$$

$\boldsymbol{f}$ の偏導関数 $\dfrac{\partial \boldsymbol{f}}{\partial x_1}, \cdots, \dfrac{\partial \boldsymbol{f}}{\partial x_n}$ の偏導関数

$$\frac{\partial^2 \boldsymbol{f}}{\partial x_j\partial x_i}$$

を2階偏導関数という．2階偏導関数に連続性を仮定しておくと，(定理1) より

$$\frac{\partial^2 \boldsymbol{f}}{\partial x_j \partial x_i}=\frac{\partial^2 \boldsymbol{f}}{\partial x_i \partial x_j} \qquad (i \neq j)$$

となる．2階偏導関数がさらに偏導関数

$$\frac{\partial^3 \boldsymbol{f}}{\partial x_k \partial x_j \partial x_i}$$

をもてば，これを3階偏導関数という．このようにして逐次高階の偏導関数を定義することができる．この場合，各階の偏導関数が連続であれば，微分の順序の交換が可能だから，同じ変数をまとめて

$$\frac{\partial^{\alpha_1+\alpha_2+\cdots+\alpha_n} \boldsymbol{f}}{(\partial x_1)^{\alpha_1}(\partial x_2)^{\alpha_2}\cdots(\partial x_n)^{\alpha_n}} \qquad (\alpha_1, \alpha_2, \cdots \alpha_n \geqq 0)$$

の形にかくことができる．上の偏導関数が開集合 $\boldsymbol{U}(\subset \boldsymbol{R}^n)$ で存在し，$\alpha_1+\alpha_2+\cdots\alpha_n \leqq r$ で，さらに $\boldsymbol{U}$ 上で連続のとき，$\boldsymbol{f}$ は $\boldsymbol{U}$ 上で $\boldsymbol{r}$ **回連続微分可能な関数**，または C^r **級関数**という．そして

$$\boldsymbol{f}(\boldsymbol{x}) \in \mathrm{C}^r$$

とかく．

② 偏微分作用素

$\boldsymbol{R} \xrightarrow{f} \boldsymbol{R}$ なる関数で，$f(x) \in \mathrm{C}^r$ とする．そのとき，微分演算

$$D \equiv \frac{d}{dx} \qquad (x\text{ について微分せよ})$$

を考える．この演算命令 D を**単純微分作用素** (simple differential operator) という．

$$\underbrace{DD\cdots D}_{m\text{回}}f \text{ は } \frac{d}{dx}\left(\frac{d}{dx}\cdots\left(\frac{df}{dx}\right)\right)\cdots\Big)\Big)=\frac{d^m f}{dx^m}$$

を表わすので，

$$D^m f \qquad \text{または} \quad \left(\frac{d}{dx}\right)^m f$$

と略記する．$D^0 f$ は f そのものである．

このことを n 変数の場合に拡張して

$$D_i \equiv \frac{\partial}{\partial x_i} \qquad (i=1, \cdots, n)$$

とおく．$\boldsymbol{f}(\boldsymbol{x}) \in \mathbf{C}^r$ のとき，微分の順序は変更できるから，x_1 について α_1 回，x_2 について α_2 回，$\cdots$，x_n について α_n 回偏微分したものは，すべて

$$D_1{}^{\alpha_1} D_2{}^{\alpha_2} \cdots D_n{}^{\alpha_n} \boldsymbol{f} \qquad \text{または} \quad \left(\frac{\partial}{\partial x_1}\right)^{\alpha_1}\left(\frac{\partial}{\partial x_2}\right)^{\alpha_2} \cdots\cdots \left(\frac{\partial}{\partial x_n}\right)^{\alpha_n} \boldsymbol{f}$$

とかける．$\alpha_1+\alpha_2+\cdots+\alpha_n$ を**単純微分作用素の階数**という．

$$D \equiv \sum c D_1{}^{\alpha_1} D_2{}^{\alpha_2} \cdots D_n{}^{\alpha_n} \qquad (c \text{ は定数})$$

の形のものを**微分作用素**という．$\max(\alpha_1+\alpha_2+\cdots+\alpha_n)$ を D の**階数**という．

定理 2　$\boldsymbol{f}(\boldsymbol{x}), \boldsymbol{g}(\boldsymbol{x})$ は同じ開集合の上で定義され，$\boldsymbol{f}(\boldsymbol{x}), \boldsymbol{g}(\boldsymbol{x}) \in \mathbf{C}^r$ とする．微分作用素 D, D', D'' の階数の和が r またはそれ以下の範囲内で

1) $D(c\boldsymbol{f}) = cD\boldsymbol{f}$

2) $D(\boldsymbol{f}+\boldsymbol{g}) = D\boldsymbol{f}+D\boldsymbol{g}$

3) $(DD')\boldsymbol{f} \equiv D(D'\boldsymbol{f}) = (D'D)\boldsymbol{f}$

4) $D(D'+D'')\boldsymbol{f} = DD'\boldsymbol{f}+DD''\boldsymbol{f}$

（証明）　1) $D_i(c\boldsymbol{f}) = cD_i\boldsymbol{f}$

2) $D_i(\boldsymbol{f}+\boldsymbol{g}) = D_i\boldsymbol{f}+D_i\boldsymbol{g}$

などより明らか．

微分作用素の加法や乗法は，この定理によって，あたかも多項式の加法や乗法を行なうように行われる．微分作用素を単純微分作用素の和として表わすことを，標準形に直すという．

例 2　$\left(3\frac{\partial}{\partial x}+2\frac{\partial}{\partial y}\right)\left(\frac{\partial}{\partial x}+4\frac{\partial}{\partial y}\right)$，

$$= 3\left(\frac{\partial}{\partial x}\right)^2 + 14\frac{\partial}{\partial x}\frac{\partial}{\partial y} + 8\left(\frac{\partial}{\partial y}\right)^2$$

$(3D_1+2D_2)(D_1+4D_2)$

$$= 3D_1{}^2 + 14D_1D_2 + 8D_2{}^2$$

問 5　次の微分作用素を標準形に直せ．

① $(3D_1+2D_2)^2$　② $(D_1-D_2)(D_1+D_2)$　③ $(D_1+D_2)^3$

④ $\left(h\frac{\partial}{\partial x}+k\frac{\partial}{\partial y}\right)^2$　⑤ $\left(h\frac{\partial}{\partial x}+k\frac{\partial}{\partial y}\right)^3$

③ テイラー近似値（多変数の場合）

前に［『現代の綜合数学』Ⅱ，320—321頁参照］，$f(x)\in\mathbf{C}^{n+1}$, $x=x_0$ の近傍で

$$f(x)=f(x_0)+\frac{1}{1!}f'(x_0)(x-x_0)+\cdots\cdots+\frac{1}{n!}f^{(n)}(x_0)(x-x_0)^n+R_{n+1}$$

ただし

$$R_{n+1}=(-1)^n\int_{x0}^{x}\frac{(t-x)^n}{n!}f^{(n+1)}(t)dt$$

と展開できることを述べた．このことを先ず，$\boldsymbol{R}^2\xrightarrow{f}\boldsymbol{R}$ なる2変数の関数に拡張してみよう．$f(x,y)\in\mathbf{C}^{n+1}$, (x_0,y_0) の近傍での n 次の Taylor 近似式は

$$\begin{aligned}f(x,y)&\fallingdotseq f(x_0,y_0)\\&+\frac{1}{1!}\{(x-x_0)f_x(x_0,y_0)+(y-y_0)f_y(x_0,y_0)\}\\&+\frac{1}{2!}\{(x-x_0)^2f_{xx}(x_0,y_0)+2(x-x_0)(y-y_0)f_{xy}(x_0,y_0)\\&+(y-y_0)^2f_{yy}(x_0,y_0)\}+\cdots\cdots\cdots\\&+\frac{1}{n!}\sum_{k=0}^{n}\binom{n}{k}(x-x_0)^k(y-y_0)^{n-k}f_{x^ky^{n-k}}(x_0,y_0)\end{aligned}\tag{A}$$

で与えられる．

例3 $f(x,y)=\sqrt{1+x^2+y^2}$ の，原点 $(0,0)$ での2次の Taylor 近似式を求めよう．

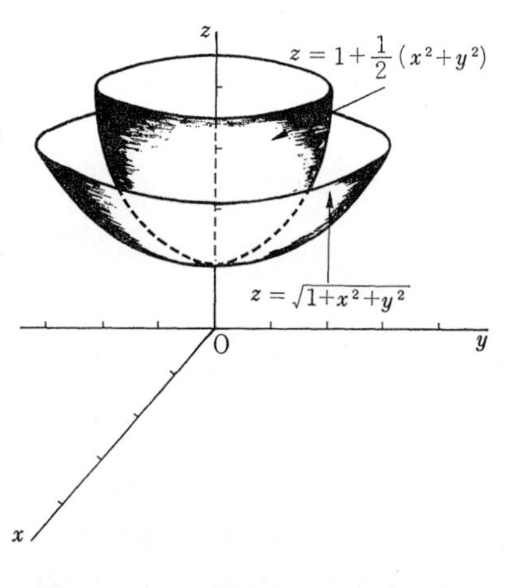

（図1）

$$f_x(x,y)=\frac{x}{\sqrt{1+x^2+y^2}},$$

$$f_y(x,y)=\frac{y}{\sqrt{1+x^2+y^2}},$$

$$f_{xx}(x,y)=\frac{1+y^2}{\sqrt{(1+x^2+y^2)^3}},$$

$$f_{yy}(x,y)=\frac{1+x^2}{\sqrt{(1+x^2+y^2)^3}},$$

$$f_{xy}(x,y)=\frac{-xy}{\sqrt{(1+x^2+y^2)^3}}$$

よって

$$f_x(0,0)=f_y(0,0)=f_{xy}(0,0)=0, \quad f_{xx}(0,0)=f_{yy}(0,0)=1$$

$$\therefore \quad f(x,y) \fallingdotseq 1+\frac{1}{2}(x^2+y^2)$$

問 6　次の関数の原点 (0, 0) における 2 次までの項を含む Taylor 近似式を求めよ．

① $f(x,y)=\sin xy$　　② $f(x,y)=\sin(x^2+y^2)$

③ $f(x,y)=e^{x+y}$　　④ $f(x,y)=e^x \sin y$

⑤ $f(x,y)=xe^{x+y}$　　⑥ $f(x,y)=e^{\sin(x+y)}$

問 7　$f(x,y)=xe^y$ に近似する，点 (2, 0) における 2 次までの多項式を求めよ．$f(x,y)=x^{y+1}$ のときはどうか．

Taylor の近似式を簡単に表現するために，微分作用素

$$D=h\frac{\partial}{\partial x}+k\frac{\partial}{\partial y}$$

を導入する．$x-x_0=h, y-y_0=k$ とおくと，(A) 式は

$$\begin{aligned} f(x_0+h, y_0+k) &\fallingdotseq f(x_0, y_0) \\ &+\left(h\frac{\partial}{\partial x}+k\frac{\partial}{\partial y}\right)f(x_0,y_0)+\frac{1}{2!}\left(h\frac{\partial}{\partial x}+k\frac{\partial}{\partial y}\right)^2 f(x_0,y_0) \\ &+\cdots\cdots+\frac{1}{n!}\left(h\frac{\partial}{\partial x}+k\frac{\partial}{\partial y}\right)^n f(x_0,y_0) \qquad \text{(B)} \end{aligned}$$

とかける．

例 4　$f(x,y)=x^2e^y$ において，点 (1, 1) における近似式の 3 次の項を求めよ．

(解)　$x-1=h, y-1=k$ とおく．近似式の 3 次の項は

$$\begin{aligned} &\frac{1}{3!}\left(h\frac{\partial}{\partial x}+k\frac{\partial}{\partial y}\right)^3 f(1,1) \\ &=\frac{1}{3!}\left\{h^3\left(\frac{\partial}{\partial x}\right)^3+3h^2k\left(\frac{\partial}{\partial x}\right)^2\left(\frac{\partial}{\partial y}\right)+3hk^2\left(\frac{\partial}{\partial x}\right)\left(\frac{\partial}{\partial y}\right)^2+k^3\left(\frac{\partial}{\partial y}\right)^3\right\}f(1,1) \\ &=\frac{1}{3!}\{3h^2k2e+3hk^22e+k^3e\} \\ &=e(x-1)^2(y-1)+e(x-1)(y-1)^2+\frac{e}{6}(y-1)^3 \end{aligned}$$

例 5　$(x_1+x_2+\cdots+x_n)^N$ を展開しよう．この展開式の任意の項は，係数を無視すると

$$x_1{}^{p_1}x_2{}^{p_2}\cdots x_n{}^{p_n}$$

という形をしている．ただし

$$p_1+p_2+\cdots+p_n=N$$

である．このような単項式の項数は，n 個のものから重複を許して N 個とる場合の数に等しく，全部で ${}_n\mathrm{H}_N$ 項ある．

つぎに $x_1{}^{p_1}x_2{}^{p_2}\cdots x_n{}^{p_n}$ の係数は，p_1 個の x_1, p_2 個の x_2, $\cdots p_n$ 個の x_n を1列に配列する数に等しく，それは

$$\binom{N}{p_1, p_2, \cdots, p_n}=\frac{N!}{p_1!\,p_2!\cdots p_n!}$$

である．したがって

$$(x_1+x_2+\cdots x_n)^N$$
$$=\sum_{\substack{p_1+p_2+\cdots+p_n=N\ \text{とな}\\ \text{るすべての}\ p_1,p_2,\cdots,p_n}}\frac{N!}{p_1!\,p_2!\cdots p_n!}x_1{}^{p_1}x_2{}^{p_2}\cdots x_n{}^{p_n}$$

となる．すると，$\boldsymbol{R}^n \xrightarrow{f} \boldsymbol{R}$ なる n 変数実関数の定義域内の点 $\boldsymbol{x}_0=(a_1, a_2, \cdots, a_n)$ における $f(x_1, x_2, \cdots x_n)$ の近似式は，$f(\boldsymbol{x})\in\mathrm{C}^{N+1}$ のとき

$$x_i-a_i=h_i \qquad (i=1, 2, \cdots, n)$$

とおくと

$$f(\boldsymbol{x})\fallingdotseq f(\boldsymbol{x}_0)+\frac{1}{1!}\left(h_1\frac{\partial}{\partial x_1}+\cdots+h_n\frac{\partial}{\partial x_n}\right)f(\boldsymbol{x}_0)$$
$$+\frac{1}{2!}\left(h_1\frac{\partial}{\partial x_1}+\cdots+h_n\frac{\partial}{\partial x_n}\right)^2 f(\boldsymbol{x}_0)+\cdots+\frac{1}{N!}\left(h_1\frac{\partial}{\partial x_1}+\cdots+h_n\frac{\partial}{\partial x_n}\right)^N f(\boldsymbol{x}_0) \tag{C}$$

というように，(B) 式を拡張してかくことができる．

以上のことをまとめて

定理3 $\boldsymbol{R}^n \xrightarrow{f} \boldsymbol{R}$ なる関数 $f(\boldsymbol{x})$ は，$\boldsymbol{x}_0$ の近傍で C^{N+1} 級関数とする．$T_N(\boldsymbol{x}-\boldsymbol{x}_0)$ を $\boldsymbol{x}_0$ における f の N 次の Taylor 近似式，すなわち

$$D=h_1\frac{\partial}{\partial x_1}+h_2\frac{\partial}{\partial x_2}+\cdots+h_n\frac{\partial}{\partial x_n}, \quad x_i-a_i=h_i \quad (i=1, \cdots, n)$$

とおいて

$$T_N(\boldsymbol{x}-\boldsymbol{x}_0)=f(\boldsymbol{x}_0)+Df(\boldsymbol{x}_0)+\frac{1}{2!}D^2f(\boldsymbol{x}_0)+\cdots+\frac{1}{N!}D^Nf(\boldsymbol{x}_0)$$

とする．そのとき

$$\lim_{\boldsymbol{x}\to\boldsymbol{x}_0}\frac{f(\boldsymbol{x})-T_N(\boldsymbol{x}-\boldsymbol{x}_0)}{\|\boldsymbol{x}-\boldsymbol{x}_0\|^N}=0 \qquad \text{(D)}$$

で，かつ T_N はこの性質を満足する唯一つの N 次多項式である．

（証明）　$\boldsymbol{h}=\boldsymbol{x}-\boldsymbol{x}_0$ とおき

$$F(t)=f(\boldsymbol{x}_0+t(\boldsymbol{x}-\boldsymbol{x}_0))=f(\boldsymbol{x}_0+t\boldsymbol{h})$$

とする．$\boldsymbol{y}=\boldsymbol{x}_0+t\boldsymbol{h}$ とおくと

$$\begin{aligned}F'(t)&=\frac{\partial f(\boldsymbol{y})}{\partial x_1}\frac{dx_1}{dt}+\cdots+\frac{\partial f(\boldsymbol{y})}{\partial x_n}\frac{dx_n}{dt}\\&=\left(h_1\frac{\partial}{\partial x_1}+\cdots+h_n\frac{\partial}{\partial x_n}\right)f(\boldsymbol{y})\\&=Df(\boldsymbol{y})\end{aligned}$$

$$F^{(k)}(t)=D^kf(\boldsymbol{y})$$

とおくと

$$\begin{aligned}\frac{d}{dt}F^{(k)}(t)&=F^{(k+1)}(t)\\&=\frac{d}{dt}\{D^kf(\boldsymbol{y})\}\\&=\frac{\partial D^kf(\boldsymbol{y})}{\partial x_1}\frac{dx_1}{dt}+\cdots+\frac{\partial D^kf(\boldsymbol{y})}{\partial x_n}\frac{dx_n}{dt}\\&\underset{(\text{(定理2)の3})}{=}D_k\left(\frac{\partial f}{\partial x_1}h_1+\cdots+\frac{\partial f}{\partial x_n}h_n\right)=D^kDf(\boldsymbol{y})\\&=D^{k+1}f(\boldsymbol{y})\end{aligned}$$

さて，Maclaurin の近似式

$$\begin{aligned}F(1)=F(0)+F'(0)+\frac{1}{2!}F''(0)+\cdots+\frac{1}{N!}F^{(N)}(0)\\+(-1)^N\int_0^1\frac{(t-1)^N}{N!}F^{(N+1)}(t)dt\end{aligned} \qquad \text{(E)}$$

(E) 式を f を用いてかくと，

$$F(1)=f(\boldsymbol{x}),\quad F(0)=f(\boldsymbol{x}),\quad F^{(k)}(0)=D^k f(\boldsymbol{x}_0)$$

$$f(\boldsymbol{x})=f(\boldsymbol{x}_0)+Df(\boldsymbol{x}_0)+\frac{1}{2!}D^2 f(\boldsymbol{x}_0)+\cdots+\frac{1}{N!}D^N f(\boldsymbol{x}_0)+R_{N+1}$$

となる．ここで

$$R_{N+1}=(-1)^N\int_0^1\frac{(t-1)^N}{N!}F^{(N+1)}(t)dt$$

$$=\int_0^1\frac{(1-t)^N}{N!}F^{(N+1)}(t)dt$$

$$\underset{\text{部分積分}}{=}\left[\frac{(1-t)^N}{N!}F^{(N)}(t)\right]_0^1+\int_0^1\frac{(1-t)^{N-1}}{(N-1)!}F^{(N)}(t)dt$$

$$=-\frac{1}{N!}F^{(N)}(0)+\frac{1}{(N-1)!}\int_0^1(1-t)^{N-1}F^{(N)}(t)dt$$

$$=\frac{1}{(N-1)!}\int_0^1(1-t)^{N-1}[F^{(N)}(t)-F^{(N)}(0)]dt$$

$$=\frac{1}{(N-1)!}\int_0^1(1-t)^{N-1}[D^N f(\boldsymbol{x}_0+t\boldsymbol{h})-D^N f(\boldsymbol{x}_0)]dt$$

$$|R_{N+1}|\leqq\frac{1}{(N-1)!}\max_{0\leqq t\leqq 1}|[D^N f(\boldsymbol{x}_0+t\boldsymbol{h})-D^N f(\boldsymbol{x}_0)]|$$

$$\leqq\max_{0\leqq t\leqq 1}\left|\left(h_1\frac{\partial}{\partial x_1}+\cdots+h_n\frac{\partial}{\partial x_n}\right)^N f(\boldsymbol{x}_0+t\boldsymbol{h})-\left(h_1\frac{\partial}{\partial x_1}+\cdots+h_n\frac{\partial}{\partial x_n}\right)^N f(\boldsymbol{x}_0)\right|$$

$$=\max_{0\leqq t\leqq 1}\left|\sum_{k_1+k_2+\cdots+k_n=N}\binom{N}{k_1k_2\cdots k_n}h_1{}^{k_1}\cdots h_n{}^{k_n}\left\{\frac{\partial^N f(\boldsymbol{x}_0+t\boldsymbol{h})}{\partial x_1{}^{k_1}\cdots\partial x_n{}^{k_n}}-\frac{\partial^N f(\boldsymbol{x}_0)}{\partial x_1{}^{k_1}\cdots\partial x_n{}^{k_n}}\right\}\right.$$

すべての i について，$|h_i|\leqq\|\boldsymbol{h}\|$ だから

$$\frac{|h_1{}^{k_1}h_2{}^{k_2}\cdots h_n{}^{k_n}|}{\|\boldsymbol{h}\|^N}\leqq 1$$

$$\therefore\quad\frac{|R_{N+1}|}{\|\boldsymbol{h}\|^N}\leqq\sum_{k_1+\cdots+k_n=N}\binom{N}{k_1\cdots k_n}\max_{0\leqq t\leqq 1}\left|\frac{\partial^N f(\boldsymbol{x}_0+t\boldsymbol{h})}{\partial x_1{}^{k_1}\cdots\partial x_n{}^{k_n}}-\frac{\partial^N f(\boldsymbol{x}_0)}{\partial x_1{}^{k_1}\cdots\partial x_n{}^{k_n}}\right|\qquad\text{(F)}$$

仮定によって，$\boldsymbol{x}_0$ において，$f(\boldsymbol{x})\in\mathbf{C}^N$．そこで $\boldsymbol{h}\to\boldsymbol{0}$ のとき (F) の式の max 以下の項は 0 に近づく．つまり f が N 次の多項式であれば，それは N 次の Taylor 近似式であることを，(F) 式は示す．

T_N が (D) 式をみたす唯一つの N 次多項式であることの証明は，T_N および T_N' を (D) 式をみたす多項式とする．(D) によって

$$\lim_{\boldsymbol{h}\to 0}\frac{T_N(\boldsymbol{h})-T_N'(\boldsymbol{h})}{||\boldsymbol{h}||^N}=0$$

である．そこで，$T_N(\boldsymbol{h})-T_N'(\boldsymbol{h})$ が恒等的に0でないと仮定して

$$P_k(\boldsymbol{h})+R(\boldsymbol{h})=T_N(\boldsymbol{h})-T_N'(\boldsymbol{h})$$

とおく．ただし P_k は T_N-T_N' の中で0でない最低次数の項を k 次の項としたときの k 次多項式である．そこで $P_k(\boldsymbol{h}_0)\neq 0$ となる $\boldsymbol{h}_0$ が存在する．

他方，$k\leqq N$ だから

$$\begin{aligned}0&=\lim_{t\to 0}\frac{T_N(t\boldsymbol{h}_0)-T_N'(t\boldsymbol{h}_0)}{||t\boldsymbol{h}_0||^k}\\&=\lim_{t\to 0}\frac{P_k(t\boldsymbol{h}_0)+R(t\boldsymbol{h}_0)}{||t\boldsymbol{h}_0||^k}\\&=\frac{P_k(\boldsymbol{h}_0)}{||\boldsymbol{h}_0||^k}+\lim_{t\to 0}\frac{R(t\boldsymbol{h}_0)}{|t|^k||\boldsymbol{h}_0||^k}\end{aligned}$$

Rの各項は k 次以上だから，上の極限の第2項は0に収束する．よって $P_k(\boldsymbol{h}_0)=0$．これは，$P_k(\boldsymbol{h}_0)\neq 0$ と矛盾．

$$\therefore\quad T_N(\boldsymbol{h})\equiv T_N'(\boldsymbol{h}) \qquad \text{(Q.E.D.)}$$

例 6　$f(x,y)=x^2y+x^3+y^3$ の $x_0=(1,-1)$ における Taylor 近似式を求めるには，（定理 3）で $h_1=x-1$，$h_2=y+1$，$D=h_1\dfrac{\partial}{\partial x}+h_2\dfrac{\partial}{\partial y}$ とおく．

$$\frac{\partial f}{\partial x}=2xy+3x^2,\qquad \frac{\partial f}{\partial y}=x^2+3y^2$$

$$\frac{\partial^2 f}{\partial x^2}=2y+6x,\quad \frac{\partial^2 f}{\partial x\partial y}=2x,\quad \frac{\partial^2 f}{\partial y^2}=6y$$

$$\frac{\partial^3 f}{\partial x^3}=6,\quad \frac{\partial^3 f}{\partial x^2\partial y}=2,\quad \frac{\partial^3 f}{\partial x\partial y^2}=0,\quad \frac{\partial^3 f}{\partial y^3}=6$$

それ以上の偏導関数は0，$f(\boldsymbol{x}_0)=-1$

$$\frac{\partial f(\boldsymbol{x}_0)}{\partial x}=1,\qquad \frac{\partial f(\boldsymbol{x}_0)}{\partial y}=4$$

$$\frac{\partial^2 f(\boldsymbol{x}_0)}{\partial x^2}=4,\quad \frac{\partial^2 f(\boldsymbol{x}_0)}{\partial x\partial y}=2,\quad \frac{\partial^2 f(\boldsymbol{x}_0)}{\partial y^2}=-6$$

$$\begin{aligned}\therefore\quad f(x,y)=&-1+\{(x-1)+4(y+1)\}\\&+\frac{1}{2!}\{4(x-1)^2+4(x-1)(y+1)-6(y+1)^2\}\end{aligned}$$

$$+\frac{1}{3!}\{6(x-1)^3+6(x-1)^2(y+1)+6(y+1)^3\}$$

これを $f(x,y)$ の $x-1$, $y+1$ についてのべき展開式ともいう.

例7 $f(x,y)=e^{x+y}$, $\boldsymbol{x}_0=(0,0)$ における2次の Taylor 近似式を求めよう.

$$h_1=x,\ h_2=y,\ \frac{\partial f}{\partial x}=\frac{\partial f}{\partial y}=\frac{\partial f}{\partial x^2}=\cdots=e^{x+y},\quad \frac{\partial f(\boldsymbol{x}_0)}{\partial x}=\frac{\partial f(\boldsymbol{x}_0)}{\partial y}=\cdots=1$$

$$f(x,y)\fallingdotseq 1+\frac{1}{1!}(x+y)+\frac{1}{2!}(x+y)^2$$

$$\frac{|R_3|}{\|\boldsymbol{h}\|^2}=\frac{\left|\frac{1}{3!}(x+y)^3+\cdots\right|}{x^2+y^2}\longrightarrow 0$$

だから，これは唯一の2次の近似式である.

$e^t\fallingdotseq 1+t+\frac{1}{2!}t^2+\cdots$ で $t=x+y$ とおいた場合と考えればよい.

例8 $f(x,y)=e^{xy}\sin(x+y)$ において，点 $\boldsymbol{x}_0=(0,0)$ における3次の近似式を求めよう.

$$\frac{\partial f(\boldsymbol{x}_0)}{\partial x}=\frac{\partial f(\boldsymbol{x}_0)}{\partial y}=1,\quad \frac{\partial^2 f(\boldsymbol{x}_0)}{\partial x^2}=\frac{\partial^2 f(\boldsymbol{x}_0)}{\partial x\partial y}=\frac{\partial^2 f(\boldsymbol{x}_0)}{\partial y^2}=0$$

$$\frac{\partial^3 f(\boldsymbol{x}_0)}{\partial x^3}=\frac{\partial^3 f(\boldsymbol{x}_0)}{\partial y^3}=-1,\quad \frac{\partial^3 f(\boldsymbol{x}_0)}{\partial x\partial y^2}=\frac{\partial^3 f(\boldsymbol{x}_0)}{\partial x^2\partial y}=1$$

より

$$f(x,y)=\frac{1}{1!}(x+y)+\frac{1}{3!}(-x^3+3x^2y+3xy^2-y^3)+R_4$$

$\frac{|R_3|}{\|\boldsymbol{h}\|^3}$ は1次以上で，$\boldsymbol{h}\to\boldsymbol{0}$ のとき，0に収束する.

これはまた

$$e^{xy}=1+xy+\frac{1}{2!}(xy)^2+R_3$$

$$\sin(x+y)=(x+y)-\frac{1}{3!}(x+y)^3+R_4'$$

を辺々相乗じて

$$e^{xy}\sin(x+y)=(x+y)+x^2y+xy^2-\frac{1}{3!}(x+y)^3+R$$

としてもよい．結果は同じである．

問8 ① $\boldsymbol{x}_0=(1,2,0)$ における，$f(x,,y,z‘=(x+y)^2e^z$

② $\boldsymbol{x}_0=(1,2,-1)$ における，$f(xy,z)=xy^2z^3$

の，2次の Taylor 近似式を求めよ．

問9 単項式 xy^2z^2 を，$x-1, y, z+1$ でべき展開せよ．

問10 $\boldsymbol{x}_0=(0,0,\cdots,0)$ における，$f(\boldsymbol{x})=e^{-x_1^2-x_2^2-\cdots-x_n^2}$ の2次の Taylor 近似式を求めよ．

問11 $\boldsymbol{x}_0=(0,0,\cdots,0)$ における，$f(\boldsymbol{x})=\sin(x_1+x_2+\cdots+x_n)$ の3次の Taylor 近似式を求めよ．

問12 $\boldsymbol{x}_0=(0,0)$ における，$\log\cos(x+y)$ の2次の Taylor 近似式を

① 直接計算法で

② 1変数の場合の近似式のおきかえによって

求めよ．$\boldsymbol{x}_0=(0,0,\cdots,0)$ における $\log\cos(x_1+x_2+\cdots+x_n)$ の場合はどうか．

問13 $\boldsymbol{x}_0=(0,\cdots,0)$ における，

$$\prod_{i=1}^{n}\frac{1}{1+x_i{}^2}$$

の2次の Taylor 近似式を求めよ．

■問 題 解 答■

問1

	①	②	③
$\dfrac{\partial^2 f}{\partial f\partial x}$	$1+6xy^2$	$-4xy\sin(x^2+y^2)$	$\dfrac{8xy}{(x^2+y^2)^3}$
$\dfrac{\partial^2 f}{\partial x\partial y}$	$1+6xy^2$	$-4xy\sin(x^2+y^2)$	$\dfrac{8xy}{(x^2+y^2)^3}$

問5 ① $9D_1{}^2+12D_1D_2+4D_2{}^2$ ② $D_1{}^2-D_2{}^2$ ③ $D_1{}^3+3D_1{}^2D_2+3D_1D_2{}^2+D_2{}^3$

④ $h^2\left(\dfrac{\partial}{\partial x}\right)^2+2hk\dfrac{\partial}{\partial x}\dfrac{\partial}{\partial y}+k^2\left(\dfrac{\partial}{\partial y}\right)^2$

⑤ $h^3\left(\dfrac{\partial}{\partial x}\right)^3+3h^2k\left(\dfrac{\partial}{\partial x}\right)^2\left(\dfrac{\partial}{\partial y}\right)+3hk^2\left(\dfrac{\partial}{\partial x}\right)\left(\dfrac{\partial}{\partial y}\right)^2+k^3\left(\dfrac{\partial}{\partial y}\right)^3$

問6 ① xy ② x^2+y^2 ③ $1+x+y+\dfrac{1}{2}(x^2+2xy+y^2)$ ④ $y+xy$

⑤ $x+\dfrac{1}{2}(2x^2+2xy)$ ⑥ $1+x+y+\dfrac{1}{2}(x^2+2xy+y^2)$

問7 $2+(x-2)+2y+y^2+(x-2)y$,

$2+(x-2)+(2\log 2)y+\dfrac{1}{2}\{2(1+\log 2)(x-2)y+2(\log 2)^2y^2\}$

問8 ① $9+\{6(x-1)+6(y-2)+9z\}+\frac{1}{2!}\{2(x-1)^2+2(y-2)^2+9z^2$
$+4(x-1)(y-2)+12(y-2)z+12z(x-1)\}$

② $-4+\{-4(x-1)-4(y-2)+12(z+1)\}+\{-(y-2)^2-12(z+1)^2$
$-4(x-1)(y-2)+12(y-2)(z+1)+12(x-1)(z+1)\}$

問9 $y^2+(x-1)y^2-2y^2(z+1)-2(x-1)y^2(z+1)+y^2(z+1)^2+(x-1)y^2(z+1)^2$

問10 $1-(x_1^2+x_2^2+\cdots+x_n^2)$

問11 $(x_1+x_2+\cdots+x_n)-\frac{1}{3!}(x_1+x_2+\cdots+x_n)^3$

問12 $-\frac{1}{2!}(x^2+2xy+y^2)$

問13 $1-(x_1^2+x_2^2+\cdots+x_n^2)$

Guiseppe Peano
(1858. 8. 27—1932. 4. 20)

1890年トリノ大学の無限小解析の教授となって以来，終世トリノに定住した．彼の人生は年代順に無限小解析，数学基礎論，比較言語学の3分野の研究に割かれた．

Hermann Amandus Schwarz
(1843. 1. 25—1921. 11. 30)

ハルレ，チューリヒ工科大，ゲッチンゲンの教授から1892年ワイヤストライスの後をついでベルリン大学教授となる。幾何学的直観力に恵まれ，解析的厳密性を身につけ，等角写像論や変分法に貢献した．

第 8 講　Fourier 級数

任意の関数が，３角級数で表わされるという事実は，ディリクレをして，関数の定義を再検討させた程，重要な事実であった．

① 部分空間への正射影

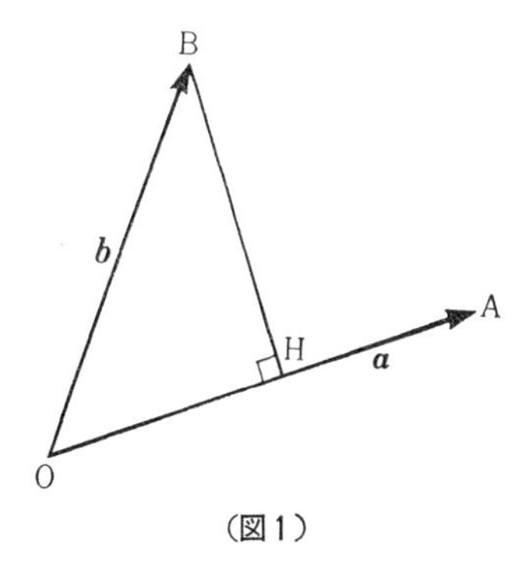

(図１)

3次元ユークリッド空間において，

$$\overrightarrow{\mathrm{OA}}=\boldsymbol{a}, \quad \overrightarrow{\mathrm{OB}}=\boldsymbol{b}$$

とおく．Bから OA へ垂線 BH を下す．このとき，ベクトル $\overrightarrow{\mathrm{OH}}$ をベクトル $\overrightarrow{\mathrm{OB}}$ の $\overrightarrow{\mathrm{OA}}$ 上への**正射影**といい，記号で

$$\overrightarrow{\mathrm{OH}}=\mathrm{proj}_{\boldsymbol{a}}\,\boldsymbol{b}$$

とかく．$\overrightarrow{\mathrm{OH}}$ を $\boldsymbol{a}, \boldsymbol{b}$ を用いて表わすことを考えよう．

$\overrightarrow{\mathrm{OH}}=\boldsymbol{a}x$ とおくと，$\overrightarrow{\mathrm{BH}}=\boldsymbol{a}x-\boldsymbol{b}$．かつ $\overrightarrow{\mathrm{OA}}\perp\overrightarrow{\mathrm{BH}}$ だから，内積

$$\langle \boldsymbol{a}x-\boldsymbol{b}, \boldsymbol{a}\rangle=0$$

すなわち

$$x=\frac{\langle \boldsymbol{a}, \boldsymbol{b}\rangle}{\|\boldsymbol{a}\|^2}$$

$$\therefore \quad \overrightarrow{\mathrm{OH}}=\mathrm{proj}_{\boldsymbol{a}}\,\boldsymbol{b}=\boldsymbol{a}\cdot\frac{\langle \boldsymbol{a}, \boldsymbol{b}\rangle}{\|\boldsymbol{a}\|^2} \tag{1}$$

この公式は，一般的に n 次元数ベクトルに対して成り立つし，さらに一般のベクトル空間の要素であるベクトルに対しても，(1) 式をもって，あるベクトル $\boldsymbol{a}$ の上への $\boldsymbol{b}$ の**正射影**と定義する．

さて，ベクトル $\boldsymbol{b}$ を正射影の式を用いて

$$\begin{aligned}\boldsymbol{b}=\begin{bmatrix} b_1 \\ b_2 \\ \vdots \\ b_n \end{bmatrix}&=\begin{bmatrix} b_1 \\ 0 \\ \vdots \\ 0 \end{bmatrix}+\begin{bmatrix} 0 \\ b_2 \\ \vdots \\ 0 \end{bmatrix}+\cdots\cdots+\begin{bmatrix} 0 \\ \vdots \\ 0 \\ b_n \end{bmatrix}\\ &=\mathrm{proj}_{\boldsymbol{e}_1}\boldsymbol{b}+\mathrm{proj}_{\boldsymbol{e}_2}\boldsymbol{b}+\cdots\cdots+\mathrm{proj}_{\boldsymbol{e}_n}\boldsymbol{b}\\ &=\boldsymbol{e}_1\langle \boldsymbol{e}_1, \boldsymbol{b}\rangle+\boldsymbol{e}_2\langle \boldsymbol{e}_2, \boldsymbol{b}\rangle+\cdots\cdots+\boldsymbol{e}_n\langle \boldsymbol{e}_n, \boldsymbol{b}\rangle \end{aligned} \tag{2}$$

とかくことにする．ここで，$\boldsymbol{e}_1, \boldsymbol{e}_2, \cdots, \boldsymbol{e}_n$ は n 次元ユークリッド空間の基底となる単位ベクトルを示す．

この式を一般化して，ベクトル空間 $\boldsymbol{V}$ の部分空間 $\boldsymbol{W}$ の基底を

$$\{\boldsymbol{a}_1, \boldsymbol{a}_2, \cdots, \boldsymbol{a}_n\}$$

とするとき，$\boldsymbol{v}\in\boldsymbol{V}$ の $\boldsymbol{W}$ への正射影は

$$\mathrm{proj}_{\boldsymbol{W}}\,\boldsymbol{v}=\boldsymbol{a}_1\frac{\langle \boldsymbol{a}_1, \boldsymbol{v}\rangle}{\|\boldsymbol{a}_1\|^2}+\boldsymbol{a}_2\frac{\langle \boldsymbol{a}_2, \boldsymbol{v}\rangle}{\|\boldsymbol{a}_2\|^2}+\cdots\cdots+\boldsymbol{a}_n\frac{\langle \boldsymbol{a}_n, \boldsymbol{v}\rangle}{\|\boldsymbol{a}_n\|^2} \tag{3}$$

と定義する．

問 1 ベクトル $\boldsymbol{b}=\begin{bmatrix} 1 \\ 2 \\ 3 \end{bmatrix}$ を，直線 $\frac{x}{2}=\frac{y}{3}=\frac{z}{4}$ に正射影したベクトルを求めよ．

② 3角多項式のつくるベクトル空間

閉区間 $[-\pi, \pi]$ 上のすべての連続関数の集合 $\boldsymbol{V}$ はベクトル空間をつくる（第1講，例5）．さらに

$$\int_{-\pi}^{\pi} f(x)g(x)dx\ ;\ f(x), g(x)\in\boldsymbol{V}$$

によって内積 $\langle f, g\rangle$ を定義すると，$\boldsymbol{V}$ は内積空間をつくる．各正整数 N に対して，

$$\boldsymbol{W}=\left\{g(x)|g(x)=\frac{a_0}{2}+\sum_{k=1}^{N}(a_k\cos kx+b_k\sin kx)\right\} \tag{4}$$

を考えると，$\boldsymbol{W}$ は $\boldsymbol{V}$ の部分空間になっている．

第 1 講，問 12 においては，

$$\sin t, \sin 2t, \cdots, \sin nt \qquad (n \geqq 1)$$

は 1 次独立であることを知ったが，同様にして

$$1, \cos x, \cos 2x, \cdots, \cos Nx, \sin x, \sin 2x, \cdots, \sin Nx$$

も 1 次独立であることを検証しうる．このことから，上記の部分空間 $\boldsymbol{W}$ は，

$$\{1, \cos x, \cos 2x, \cdots, \cos Nx, \sin x, \sin 2x, \cdots, \sin Nx\}$$

を基底としてもつ．これらの基底は

おのおのの k に対して

$$\langle 1, \cos kx \rangle = \int_{-\pi}^{\pi} \cos kx \, dx = 0$$

$$\langle 1, \sin kx \rangle = \int_{-\pi}^{\pi} \sin kx \, dx = 0$$

おのおのの k と l に対して

$$\langle \cos kx, \sin lx \rangle = \int_{-\pi}^{\pi} \cos kx \sin lx \, dx = 0$$

および，$k \neq l$ なる k と l に対して

$$\langle \cos kx, \cos lx \rangle = \int_{-\pi}^{\pi} \cos kx \cos lx \, dx = 0$$

$$\langle \sin kx, \sin lx \rangle = \int_{-\pi}^{\pi} \sin kx \sin lx \, dx = 0$$

となるから，互いに直交する．

さらに

$$\|1\|^2 = \int_{-\pi}^{\pi} 1^2 dx = 2\pi$$

$$\|\cos kx\|^2 = \langle \cos kx, \cos kx \rangle = \int_{-\pi}^{\pi} \cos^2 kx \, dx = \pi$$

$$\|\sin kx\|^2 = \pi$$

となることから，基底を正規化（ノルムを 1 にする）して

$$\{\boldsymbol{c}_0, \boldsymbol{c}_1, \boldsymbol{c}_2, \cdots, \boldsymbol{c}_N, \boldsymbol{s}_1, \cdots, \boldsymbol{s}_N\}$$

とする．ここで

$$\boldsymbol{c}_0=\frac{1}{\sqrt{2\pi}}, \quad \boldsymbol{c}_k=\frac{1}{\sqrt{\pi}}\cos kx, \quad \boldsymbol{s}_k=\frac{1}{\sqrt{\pi}}\sin kx$$

である．そしてこれらを**正規直交基底**という．

$f(x)\in\boldsymbol{V}$ を任意にとり，$f(x)$ の $\boldsymbol{W}$ への正射影を求めると

$$\mathrm{proj}_{\boldsymbol{W}}f(x)=\sum_{k=0}^{N}\boldsymbol{c}_k\langle f,\boldsymbol{c}_k\rangle+\sum_{k=1}^{N}\boldsymbol{s}_k\langle f,\boldsymbol{s}_k\rangle \tag{5}$$

である．ここで

$$\langle f,\boldsymbol{c}_0\rangle=\frac{1}{\sqrt{2\pi}}\int_{-\pi}^{\pi}f(x)dx$$

$$\langle f,\boldsymbol{c}_k\rangle=\frac{1}{\sqrt{\pi}}\int_{-\pi}^{\pi}f(x)\cos kx\,dx$$

$$\langle f,\boldsymbol{s}_k\rangle=\frac{1}{\sqrt{\pi}}\int_{-\pi}^{\pi}f(x)\sin kx\,dx$$

である．さらに

$$\left.\begin{aligned}\frac{a_0}{2}&=\frac{1}{\sqrt{2\pi}}\langle f,\boldsymbol{c}_0\rangle=\frac{1}{2\pi}\int_{-\pi}^{\pi}f(x)dx\\ a_k&=\frac{1}{\sqrt{\pi}}\langle f,\boldsymbol{c}_k\rangle=\frac{1}{\pi}\int_{-\pi}^{\pi}f(x)\cos kx\,dx\\ b_k&=\frac{1}{\sqrt{\pi}}\langle f,\boldsymbol{s}_k\rangle=\frac{1}{\pi}\int_{-\pi}^{\pi}f(x)\sin kx\,dx\end{aligned}\right\} \tag{6}$$

とおくと，

$$\mathrm{proj}_{\boldsymbol{W}}f(x)=\frac{a_0}{2}+\sum_{k=1}^{N}(a_k\cos kx+b_k\sin kx) \tag{7}$$

となる．

a_k, b_k を $f(x)$ の **Fourier 係数**という．

問2　$f(x)$ が $[-\pi,\pi]$ で偶関数のとき

$$\mathrm{proj}_{\mathbf{W}}f(x)=\frac{a_0}{2}+\sum_{k=1}^{N}a_k\cos kx,$$

また $f(x)$ が $[-\pi,\pi]$ で奇関数のとき

$$\mathrm{proj}_{\mathbf{W}}f(x)=\sum_{k=1}^{N}b_k\sin kx$$

であることを証明せよ．

③ Fourier 近似式

関数 $f(x)$ の N 次 Taylor 近似式を求めるには，点 x_0 における $N+1$ 次導関数までの存在を必要とした．ところが，いま１つ導関数の存在を必要としない関数の近似の仕方がある．それは**3 角多項式** (trigonometric ploynomial)

$$S_N(x)=\frac{a_0}{2}+\sum_{k=1}^{N}(a_k\cos kx+b_k\sin kx)$$

を用いることである．a_k, b_k を前節の Fourier 係数にとると

$$S_N(x)=\mathrm{proj}_{\boldsymbol{W}}f(x)$$

である．これは関数 $f(x)$ を単一の点の近くでのみ近似するという Taylor の方法に代り，関数 $f(x)$ が定義されている区間の上で，$f(x)$ のある種の荷重平均をとるというやり方にもとづいており，Fourier (1768–1830) によって開発されたものである．

定理 1
$$S_N(x)=\frac{\alpha_0}{2}+\sum_{k=1}^{N}(\alpha_k\cos kx+\beta_k\sin kx)$$

とおくと，二乗平均の意味で誤差 $|f(x)-S_N(x)|$ を最小にするのは，つまり

$$\int_{-\pi}^{\pi}\left[f(x)-\left\{\frac{\alpha_0}{2}+\sum_{k=1}^{N}(\alpha_k\cos kx+\beta_k\sin kx\right\}\right]^2dx \tag{8}$$

を最小にする α_k, β_k は Fourier 係数である．

(証明)　(8) 式を展開して整理すると

$$\int_{-\pi}^{\pi}f^2(x)dx-2\left\{\frac{\alpha_0a_0}{2}\pi+\pi\sum_{k=1}^{N}(\alpha_ka_k+\beta_kb_k)\right\}$$
$$+\left\{\left(\frac{\alpha_0}{2}\right)^2 2\pi+\pi\sum_{k=1}^{N}(\alpha_k{}^2+\beta_k{}^2)\right\}$$
$$=\int_{-\pi}^{\pi}f^2(x)dx+\pi\left[2\left(\frac{\alpha_0-a_0}{2}\right)^2+\sum_{k=1}^{N}\{\alpha_k-a_k)^2+(\beta_k-b_k)^2\}\right]$$
$$-\pi\left\{2\left(\frac{a_0}{2}\right)^2+\sum_{k=1}^{N}(a_k{}^2+b_k{}^2)\right\}$$

最後の式で第１項と第３項は α_k, β_k に無関係であるから，第２項が最小，つまり０のとき，二乗平均の意味での誤差は最小になる．それは

$$\alpha_k=a_k,\quad \beta_k=b_k$$

のときに限る.　　　　　　　　　　　　　　　　　　　　　　(Q.E.D.)

系 (Bessel 不等式)

$$\frac{1}{\pi}\int_{-\pi}^{\pi} f^2(x)dx \geqq \left(\frac{a_0}{2}\right)^2+\sum_{k=1}^{\infty}(a_k{}^2+b_k{}^2)$$

ただし，左辺の積分値は存在するものとする.

公式(6)によって確定する3角多項式(7)を，区間 $[-\pi,\pi]$ の上での $f(x)$ の**第 N 次 Fourier 近似式** (N^{th} Fourier approximation) という. 明らかに

$$S_N(x+2n\pi)=S_N(x)$$

だから，$S_N(x)$ は周期2πの周期関数である.

近似の度合をしるために若干の例題を与えよう.

(例1)　$f(x)=|x|,\ -\pi\leqq x\leqq\pi$ をとる.

$k\neq 0$ のとき

$$\begin{aligned}a_k&=\frac{1}{\pi}\int_{-\pi}^{\pi}|x|\cos kx\,dx=\frac{2}{\pi}\int_0^{\pi}x\cos kx\,dx\\&=\frac{2}{\pi}\left[\frac{x\sin kx}{k}\right]_0^{\pi}-\frac{2}{\pi k}\int_0^{\pi}\sin kx\,dx\\&=\left[\frac{2}{\pi k^2}\cos kx\right]_0^{\pi}=\frac{2}{\pi k^2}(\cos k\pi-1)\\&=\begin{cases}0 & (k=2,4,6,\cdots\cdots)\\ -\dfrac{4}{\pi k^2} & (k=1,3,5,\cdots\cdots)\end{cases}\end{aligned}$$

$$a_0=\frac{2}{\pi}\int_0^{\pi}xdx=\pi$$

$$b_k=\frac{1}{\pi}\int_{-\pi}^{\pi}|x|\sin kx\,dx=0$$

そこで，N次 Fourier 近似式は，$N=1,3,5,\cdots\cdots$に対して

$$S_N(x)=\frac{\pi}{2}-\frac{4}{\pi}\cos x-\frac{4}{\pi}\frac{\cos 3x}{3^2}-\cdots\cdots-\frac{4}{\pi}\frac{\cos Nx}{N^2}$$

となる3角多項式で与えられる. もしNが偶数ならば

$$S_N(x)=S_{N-1}(x)$$

である．（図２）は $|x|$ の S_0, S_1, S_3 近似関数のグラフを示す．

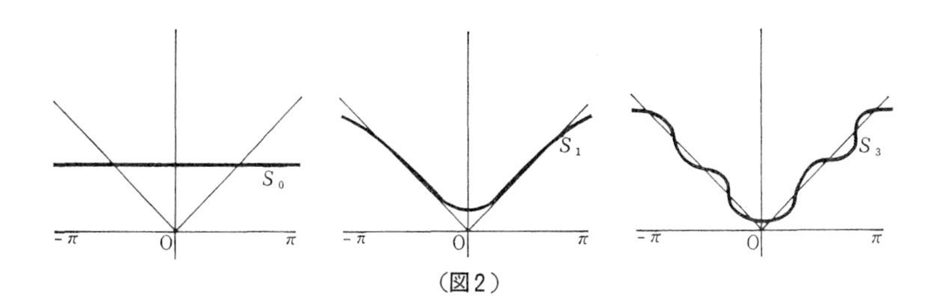

（図２）

問３ 次の関数のおのおのについて，Fourier 係数を計算し，Fourier 近似式 $S_N(x)$ を求めよ．

(1) $f(x)=x \qquad (-\pi \leqq x \leqq \pi)$

(2) $f(x)=x^2 \qquad (-\pi \leqq x \leqq \pi)$

(3) $f(x)=\sin^2 x \qquad (-\pi \leqq x \leqq \pi)$

(4) $f(x)=|\cos x| \qquad (-\pi \leqq x \leqq \pi)$

(5) $f(x)=\begin{cases} 0 & (-\pi \leqq x < 0) \\ x & (0 \leqq x \leqq \pi) \end{cases}$

問４ $f(x)$ を周期 2π の周期関数とするとき，

$$\int_{-\pi}^{\pi} f(x)\cos kx\, dx = \int_{-\pi+\alpha}^{\pi+\alpha} f(x)\cos kx\, dx$$

$$\int_{-\pi}^{\pi} f(x)\sin kx\, dx = \int_{-\pi+\alpha}^{\pi+\alpha} f(x)\sin kx\, dx$$

であることを証明せよ．

このことを利用すれば，区間 $[-\pi+\alpha, \pi+\alpha]$ 上で定義されている連続関数 $f(x)$ の Fourier 係数は，$-\pi+\alpha$ から $\pi+\alpha$ までの積分をとることによって求められる．関数

$$f(x)=x \qquad (0 \leqq x \leqq 2\pi)$$

の Fourier 近似式 $S_N(x)$ を求めよ．

例１では区間 $[-\pi, \pi]$ 上で連続関数を用いたが，もう少し一般的な種類の関数を取扱うこともできる．区間 $[-\pi, \pi]$ 上で Riemann 積分可能なのは，区間毎に連続な関数でもよい．関数 $f(x)$ が**区間毎に連続** (piecewise continuous) であるというのは

(1) $f(x)$ が有限個の点をのぞいて連続で

(2) そのような各点 c において

$$\lim_{\substack{h\to 0\\(h>0)}} f(c-h),\qquad \lim_{\substack{h\to 0\\(h>0)}} f(c+h)$$

がともに存在すること，である．

例 2

$$g(x)=\begin{cases}1 & (0\leqq x\leqq \pi)\\ -1 & (-\pi\leqq x<0)\end{cases}$$

とする．この関数は明らかに区間毎に連続である．$g(x)$ の Fourier 係数は，積分計算の結果

$$a_k=0\qquad (k=0,1,2,\cdots\cdots)$$

$$b_k=\begin{cases}0 & (k=2,4,6,\cdots\cdots)\\ \dfrac{4}{\pi k} & (k=1,3,5,\cdots\cdots)\end{cases}$$

である．そこで，N が奇数のとき，Fourier 近似式は

$$S_N(x)=\frac{4}{\pi}\left\{\sin x+\frac{\sin 3x}{3}+\cdots\cdots+\frac{\sin Nx}{N}\right\}$$

によって与えられる．近似の状態は（図 3）で与えられる．

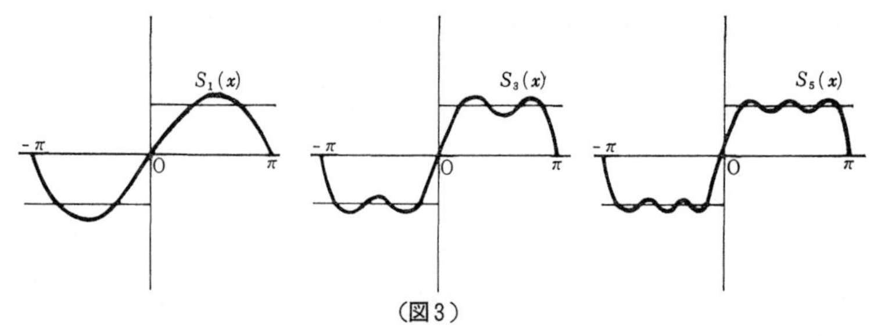

（図 3）

問 5　次の関数のおのおのについて，Fourier 係数を計算し，Fourier 近似式 $S_N(x)$ を求めよ．

(1)　$f(x)=\begin{cases}-\pi-x & (-\pi\leqq x<0)\\ \pi-x & (0\leqq x\leqq \pi)\end{cases}$

(2)　$f(x)=\begin{cases}-1 & (-\pi\leqq x<0)\\ x & (0\leqq x\leqq \pi)\end{cases}$

問 6　$S_N(x)$ が $f(x)$ の，$T_N(x)$ が $g(x)$ の第 N 次 Fourier 近似式であるとき，$aS_N(x)+bT_N(x)$ は $af(x)+bg(x)$ の第 N 次 Fourier 近似式であることを示せ．ただし，a,b は定数とする．

定理 2　関数 $f(x)$ が区間 $[-L, L]$ で定義されているときの，第 N 次 Fourier 近似式は

$$S_N(x)=\frac{a_0}{2}+\sum_{k=1}^{N}\left(a_k\cos\frac{k\pi x}{L}+b_k\sin\frac{k\pi x}{L}\right) \tag{9}$$

である．ただし

$$a_k=\frac{1}{L}\int_{-L}^{L}f(x)\cos\frac{k\pi x}{L}dx,\quad b_k=\frac{1}{L}\int_{-L}^{L}f(x)\sin\frac{k\pi x}{L}dx \tag{10}$$

(証明)　$[-L, L]$ 上で定義された関数 f に対して，

$$f_L(x)=f\left(\frac{Lx}{\pi}\right),\qquad -\pi\leqq x\leqq\pi$$

なる関数 f_L を定義する．f_L の Fourier 係数として

$$a_k=\frac{1}{\pi}\int_{-\pi}^{\pi}f_L(x)\cos kx\,dx=\frac{1}{\pi}\int_{-\pi}^{\pi}f\left(\frac{Lx}{\pi}\right)\cos kx\,dx$$

$$\underset{\left(\frac{Lx}{\pi}\right)=t}{=}\frac{1}{L}\int_{-L}^{L}f(t)\cos\frac{k\pi t}{L}dt\qquad(k=0, 1, 2, \cdots\cdots)$$

同様に b_k も計算できる．このようにして計算した係数 a_k, b_k を用いて，$f_L\left(\frac{\pi}{L}x\right)$ の第 N 次近似式は

$$S_N\left(\frac{\pi}{L}x\right)=\frac{a_0}{2}+\sum_{k=1}^{N}\left(a_k\cos\frac{k\pi x}{L}+b_k\sin\frac{k\pi x}{L}\right)$$

である．

例 3

$$h(x)=\begin{cases}1 & (0\leqq x\leqq L)\\ -1 & (-L\leqq x<0)\end{cases}$$

ならば

$$a_k=0\qquad(k=0, 1, 2, \cdots\cdots)$$

$$b_k=\frac{2}{L}\int_0^L\sin\frac{k\pi x}{L}dx=\frac{2}{\pi}\int_0^{\pi}\sin kx\,dx$$

$$=\begin{cases}0 & (k=2, 4, 6, \cdots\cdots)\\ \dfrac{4}{\pi k} & (k=1, 3, 5, \cdots\cdots)\end{cases}$$

そこで $h(x)$ の N 次 Fourier 近似式は，奇数の N に対して

$$S_N(x)=\frac{4}{\pi}\sin\frac{\pi x}{L}+\frac{4}{3\pi}\sin\frac{3\pi x}{L}+\cdots\cdots+\frac{4}{N\pi}\sin\frac{N\pi x}{L}$$
$$(-L\leqq x\leqq L)$$

で与えられる．

問7 (1) $f(x)=x$ $(-2\leqq x\leqq 2)$

(2) $f(x)=x^2$ $(0\leqq x\leqq 1)$

の第 N 次 Fourier 近似式を求めよ．

④ Riemann の補題

以下で必要な補題を2つばかり列挙する．

> **定理3 Riemann の補題** $g(x)$ が区間 $[a, b]$ で連続であれば
> $$\lim_{\lambda\to\infty}\int_a^b g(u)\sin\lambda u du=0 \tag{11}$$

（証明）
$$G(\lambda)=\int_a^b g(u)\sin\lambda u du \tag{1}$$

において，u の代りに $u+\frac{\pi}{\lambda}$ とおくと，

$$2G(\lambda)=-\int_{a-\frac{\pi}{\lambda}}^{a} g\left(u+\frac{\pi}{\lambda}\right)\sin\lambda u du+\int_{b-\frac{\pi}{\lambda}}^{b} g(u)\sin\lambda u du$$
$$+\int_a^{b-\frac{\pi}{\lambda}}[g(u)-g(u+\frac{\pi}{\lambda})]\sin\lambda u du. \tag{2}$$

$\lambda\geqq\frac{\pi}{b-a}$ となるように，λ を十分大きくとる．$g(x)$ は $[a, b]$ で連続だから

$$M\equiv\max|g(x)|,\qquad x\in[a, b]. \tag{3}$$

一方，
$$|\sin\lambda u|\leqq 1 \tag{4}$$

(3) (4) より

$$2|G(\lambda)|\leqq\frac{2M\pi}{\lambda}+\int_a^{b-\frac{\pi}{\lambda}}\left|g(u)-g\left(u+\frac{\pi}{\lambda}\right)\right|du \tag{5}$$

$g(x)$ は有界閉区間 $[a, b]$ で連続だから，任意の $\varepsilon>0$ に対して，適当な λ_0 が存在し，$\lambda>\lambda_0$ に対して

$$\left|g(u)-g\left(u+\frac{\pi}{\lambda}\right)\right|<\varepsilon/(b-a)$$

となる．さらに，$\lambda>\lambda_0$ に対して

$$\frac{2M\pi}{\lambda}<\varepsilon$$

ととると，(5) から

$$2|G(\lambda)|\leqq\varepsilon+(b-a)\varepsilon/(b-a)=2\varepsilon$$

よって

$$\lambda>\lambda_0 \quad ならば \quad |G(\lambda)|<\varepsilon \qquad \text{(Q.E.D.)}$$

問 8　$g(x)$ が $[a,b]$ で連続ならば，$\lambda\to\infty$ のとき

$$\int_a^b g(u)\cos\lambda u du\to 0$$

$$\int_a^b g(u)e^{i\lambda u}du\to 0$$

であることを証明せよ．

補題　$$\frac{1}{2}+\sum_{k=1}^{N}\cos ku=\frac{\sin\left(N+\dfrac{1}{2}\right)u}{2\sin\dfrac{u}{2}} \quad (ただし\ u\fallingdotseq 2u\pi) \qquad (12)$$

（証明）

$$\sin\frac{u}{2}+\sum_{k=1}^{N}2\sin\frac{u}{2}\cos ku$$

$$=\sin\frac{u}{2}+\sum_{k=1}^{N}\left\{\sin\left(k+\frac{1}{2}\right)u-\sin\left(k-\frac{1}{2}\right)u\right\}$$

$$=\sin\left(N+\frac{1}{2}\right)u$$

両辺を　$2\sin\dfrac{u}{2}$　で割ればよい．

定理 4　$[-\pi,\pi]$ で定義されている周期 2π の $f(x)$ の第 N 次 Fourier 近似式 $S_N(x)$ は

$$S_N(x)=\frac{1}{\pi}\int_{-\pi}^{\pi}f(x+u)\frac{\sin\left(N+\dfrac{1}{2}\right)u}{2\sin\dfrac{u}{2}}du \qquad (13)$$

で表わされる．この積分を **Dirichlet 積分**,

$$D_N(u)=\frac{\sin\left(N+\frac{1}{2}\right)u}{2\sin\frac{u}{2}}$$

を **Dirichlet 核**という．

（証明） $$S_N(x)=\frac{1}{2\pi}\int_{-\pi}^{\pi}f(t)dt+\sum_{k=1}^{N}\frac{1}{\pi}\int_{-\pi}^{\pi}f(t)(\cos kx\cos kt+\sin kx\sin kt)dt$$

$$=\frac{1}{2\pi}\int_{-\pi}^{\pi}f(t)dt+\sum_{k=1}^{N}\frac{1}{\pi}\int_{-\pi}^{\pi}f(t)\cos k(t-x)dt$$

$$=\frac{1}{\pi}\int_{-\pi}^{\pi}f(t)\left\{\frac{1}{2}+\sum_{k=1}^{N}\cos k(t-x)\right\}dt$$

$$\underset{(\text{補題})}{=}\frac{1}{\pi}\int_{-\pi}^{\pi}f(t)\frac{\sin\left(N+\frac{1}{2}\right)(t-x)}{2\sin\frac{t-x}{2}}dt$$

$$\underset{(t-x=u)}{=}\frac{1}{\pi}\int_{-\pi-x}^{+\pi-x}f(x+u)\frac{\sin\left(N+\frac{1}{2}\right)u}{2\sin\frac{u}{2}}du$$

被積分関数は周期 2π をもつので，積分値は区間 $[-\pi,\pi]$ にズラスとしても不変である（問4）.

$$=\frac{1}{\pi}\int_{-\pi}^{\pi}f(x+u)\frac{\sin\left(N+\frac{1}{2}\right)u}{2\sin\frac{u}{2}}du$$

(Q.E.D.)

問9 Dirichlet 核について

i） $D_N(-u)=D_N(u)$

ii） $\frac{1}{\pi}\int_{-\pi}^{\pi}D_N(u)du=1$

であることを証明せよ．

⑤ Fourier 近似式の収束性

区間 $[-\pi,\pi]$ において，$f(x)$ が区間毎に滑らかであると仮定しよう．第3講でごく粗く区間毎に滑らかという概念を導入したが，もう少し詳しく説明すると，$[-\pi, \pi]$ の部分区間 $[x_k, x_{k+1}]$ で $f(x)$ が $\mathbf{C}^1$ 級の関数であること，区間 $[x_k, x_{k+1}]$ の端点では

$$f(x_k+)=\lim_{u\to 0+} f(x_k+u)$$

$$f(x_{k+1}-)=\lim_{u\to 0-} f(x_{k+1}+u)$$

でそれぞれの値が与えられ（区間毎に $\boldsymbol{f}$ **は連続**），同様に

$$f^+(x_k)=\lim_{u\to 0+}\frac{f(x_k+u)-f(x_k+)}{u}$$

$$f^-(x_{k+1})=\lim_{u\to 0-}\frac{f(x_{k+1}+u)-f(x_{k+1}-)}{u}$$

で左右微分係数が定義される（区間毎に $\boldsymbol{f'}$ **は連続**）ことである．

定理 5　$f(x)$ が $[-\pi, \pi]$ で区間毎に滑らかとする．区間内の各点 x で

$$\lim_{N\to\infty} S_N(x)=\lim_{N\to\infty}\left[\frac{a_0}{2}+\sum_{k=1}^{N}(a_k\cos kx+b_k\sin kx)\right]$$

$$=\frac{1}{2}\{f(x+)+f(x-)\} \tag{14}$$

（証明）（定理 4）より

$$S_N(x)=\frac{1}{\pi}\int_{-\pi}^{\pi} f(x+u)\frac{\sin\left(N+\frac{1}{2}\right)u}{2\sin\frac{u}{2}}du \tag{1}$$

である．また問 9 の i）ii）より

$$\frac{1}{\pi}\int_0^{\pi}\frac{\sin\left(N+\frac{1}{2}\right)u}{2\sin\frac{u}{2}}du=\frac{1}{2} \tag{2}$$

でもある．

$$S_N{}^+(x)=\frac{1}{\pi}\int_0^{\pi} f(x+u)\frac{\sin\left(N+\frac{1}{2}\right)u}{2\sin\frac{u}{2}}du \tag{3}$$

とおく．(3)$-$(2)$\times f(x+)$ を求めると

$$S_N{}^+(x)-\frac{1}{2}f(x+)=\frac{1}{\pi}\int_0^{\pi}\frac{\sin\left(N+\frac{1}{2}\right)u}{2\sin\frac{u}{2}}[f(x+u)-f(x+)]du$$

である．Riemann の補題より

$$g(u)=\frac{f(x+u)-f(x+)}{2\sin\frac{u}{2}}\quad,\qquad 0<u\leqq\pi$$

$$=\frac{f(x+u)-f(x+)}{u}\ \frac{\frac{u}{2}}{\sin\frac{u}{2}}$$

かつ

$$\lim_{u\to 0}g(u)=f^+(x)=g(0)$$

と定義すると，g は有限閉区間で連続である．したがって

$$\lim_{N\to\infty}\left\{S_N{}^+(x)-\frac{1}{2}f(x+)\right\}=0 \tag{4}$$

同様に

$$S_N{}^-(x)=\frac{1}{\pi}\int_{-\pi}^{0}f(x+u)\frac{\sin\left(N+\frac{1}{2}\right)u}{2\sin\frac{u}{2}}du$$

とおくと

$$\lim_{N\to\infty}\left\{S_N{}^-(x)-\frac{1}{2}f(x-)\right\}=0 \tag{5}$$

(4) (5) より

$$\lim_{N\to\infty}S_N(x)=\lim_{N\to\infty}\{S_N{}^+(x)+S_N{}^-(x)\}=\frac{1}{2}\{f(x+)+f(x-)\}$$

例4　**例1** において，$x=0$ とおくと

$$\mathop{\mathrm{ilm}}_{N\to\infty}S_N(0)=\frac{\pi}{2}-\frac{4}{\pi}\sum_{k=1}^{\infty}\frac{1}{(2k-1)^2}=f(0)=0$$

$$\therefore\quad \frac{\pi^2}{8}=\sum_{k=1}^{\infty}\frac{1}{(2k-1)^2}$$

問10　$f(x)$ が $[-L,L]$ において定義され，かつ区間毎に滑らかであれば，$f(x)$ の第 N 次 Fourier 近似式は，任意の $x\in[-L,L]$ に対して

$$\frac{1}{2}\{f(x+)+f(x-)\}$$

に収束することを説明せよ．

問 11　$f(x)=\begin{cases}0 & (-\pi\leqq x<0)\\ x & (0\leqq x>\pi)\end{cases}$

の第 N 次 Fourier 近似式を求め，$x=0$ におけるその極限値を求めることによって，（例 4）と同じ結果を出せ．

問 12　$f(x)=x^2(0\leqq x<1)$，$f(x+1)=f(x)$ とする．$f(x)$ の第 N 次 Fourier 近似式を求め，それより

$$\lim_{N\to\infty}\left(\frac{1}{1^2}+\frac{1}{2^2}+\cdots+\frac{1}{N^2}\right)=\frac{\pi^2}{6}$$

であることを証明せよ．

問 13　$f(x)=\begin{cases}1 & (0\leqq x<\pi)\\ -1 & (\pi\leqq x<2\pi)\end{cases}$ の第 N 次 Fourier 近似式を求め，それより

$$1-\frac{1}{3}+\frac{1}{5}-\frac{1}{7}+\cdots=\frac{\pi}{4}$$

$$1+\frac{1}{5}-\frac{1}{7}-\frac{1}{11}+\frac{1}{13}+\frac{1}{17}-\cdots=\frac{\pi}{3}$$

であることを証明せよ．

⑥ Fourier-Legendre 近似式

微分方程式

$$\frac{d^2y}{dx^2}=-k^2y$$

の解は，$\cos kx$ と $\sin kx$ であることは前に述べた通りである．このことを，いい方をかえて

$\cos kx$ と $\sin kx$ は**固有値** (eigenvalue) $-k^2$ に対応する，微分演算子 d^2/dx^2 の**固有関数** (eigenfunction) である．

といってもよい．もっと一般的にいって

L をあるベクトル空間 $\boldsymbol{V}$ から $\boldsymbol{V}$ 自身への 1 次変換とする．もしある数 λ に対して

$$Lf=\lambda f$$

ならば，零でないベクトル f を固有値 λ に対する L の**固有ベクトル** (eigen vector) という．

とも説明する．

さらに，ベクトル空間 $\boldsymbol{V}$ には，内積 $\langle f, g\rangle$ が定義されていて，

$$\langle Lf, g\rangle=\langle f, Lg\rangle \tag{15}$$

ならば，L は内積に関して**対称** (symmetry) であるという．

例 5 ベクトル空間 $\boldsymbol{V}$ は $\mathbf{C}^2$ 級の $[-\pi, \pi]$ で定義される関数の 集合とする．$\boldsymbol{V}$ の部分集合で，

$$f(\pi)=f(-\pi)=0, \qquad f'(\pi)=f'(-\pi)=0$$

という条件（**境界条件** boundary condition）をもつ関数空間を $\boldsymbol{W}$ とする．$\boldsymbol{W}\longrightarrow\boldsymbol{W}$ を L とし，$L=d^2/dx^2$ とおく．すると，L は内積

$$\langle f, g\rangle=\int_{-\pi}^{\pi} f(x)g(x)dx$$

に関して対称である．なぜなら，部分積方法を2回用いると

$$\begin{aligned}\langle Lf, g\rangle&=\int_{-\pi}^{\pi} f''(x)g(x)dx\\&=\Big[f'(x)g(x)\Big]_{-\pi}^{\pi}-\int_{-\pi}^{\pi} f'(x)g'(x)dx\\&=\Big[f'(x)g(x)\Big]_{-\pi}^{\pi}-\Big[f(x)g'(x)\Big]_{-\pi}^{\pi}+\int_{-\pi}^{\pi} f(x)g''(x)dx\\&=\langle f, Lg\rangle\end{aligned}$$

となる．

定理 6 内積空間 $\boldsymbol{V}$ 上で定義された，対称な線型作用素を L とする．f_1 と f_2 を相異なる固有値 λ_1, λ_2 に対応する L の固有ベクトルとすれば

$$f_1 \perp f_2$$

（証明） 固有ベクトルの定義から

$$Lf_1=\lambda_1 f_1, \qquad Lf_2=\lambda_2 f_2$$

一方，内積の定義から

$$\langle Lf_1, f_2\rangle=\langle \lambda_1 f_1, f_2\rangle=\langle f_1, f_2\rangle\lambda_1$$
$$\langle f_1, Lf_2\rangle=\langle f_1, \lambda_2 f_2\rangle=\langle f_1, f_2\rangle\lambda_2$$

L は対称だから

$$\langle Lf_1, f_2\rangle = \langle f_1, Lf_2\rangle$$

$$\therefore\quad \langle f_1, f_2\rangle\langle\lambda_1-\lambda_2\rangle=0$$

しかるに，$\lambda_1\neq\lambda_2$ だから

$$\langle f_1, f_2\rangle=0 \qquad \text{(Q.E.D.)}$$

$$Lf=(pf')'+qf \tag{16}$$

という形の線型作用素（p は $\mathbf{C}^1$ 級の関数，q は $\mathbf{C}$ 級の関数）を **Sturm-Liouville の作用素**という．

定理 7　$[a, b]$ で $\mathbf{C}^2$ 級線型作用素 L があって

$$Lf=(pf')'+gf$$

を満足するとき，L が対称であるための必要十分条件は

$$[p(f_1f_2'-f_1'f_2)]_a^b=0 \tag{17}$$

となることである．(Lagrange)

（証明）

$$\begin{aligned}
&f_1(Lf_2)-(Lf_1)f_2\\
&=f_1[(pf_2')'+qf_2]-f_2[(pf_1')'+qf_1]\\
&=f_1(pf_2')'-f_2(pf_1')'\\
&=f_1(p'f_2'+pf_2'')-f_2(p'f_1'+pf_1'')\\
&=p'[f_1f_2'-f_2f_1']+p[f_1f_2''-f_2f_1'']\\
&=[p(f_1f_2'-f_2f_1')]'
\end{aligned}$$

$$\int_a^b\{f_1(Lf_2)-(Lf_1)f_2\}dx=[p(f_1f_2'-f_2f_1')]_a^b$$

$$\therefore\quad \langle f_1, Lf_2\rangle=\langle Lf_1, f_2\rangle \rightleftarrows [p(f_1f_2'-f_2f_1')]_a^b=0 \qquad \text{(Q.E.D.)}$$

Sturm–Liouville の作用素で，とくによく用いられるのは

$$p(x)=1-x^2, \qquad q(x)\equiv 0$$

とおいた形のもの

$$\begin{aligned}
Lf(x)&=(1-x^2)f''(x)-2xf'(x)\\
&=-n(n+1)f(x)
\end{aligned}$$

つまり，**指数 n の Legendre 方程式**

$$(1-x^2)f''(x)-2xf'(x)+n(n+1)f(x)=0 \tag{18}$$

である．区間 $[-1,1]$ 上で，L は対称な微分作用素であることは

$$p(-1)=p(1)=0$$

であることから，直ちにわかる．

(18) は

$$P_n(x)=\frac{1}{2^n\cdot n!}\ \frac{d^n}{dx^n}(x^2-1)^n, \qquad n=0,1,2,\cdots\cdots$$

によって定義される**第 n 次 Legendre 多項式**によって満足させられる．なぜなら，

$$u=(x^2-1)^n$$

とおくと

$$(x^2-1)u'=2nxu$$

両辺を $n+1$ 回微分すると

$$(x^2-1)u^{(n+2)}+2(n+1)xu^{(n+1)}+\frac{n(n+1)}{2}2u^{(n)}$$
$$=2n\{xu^{(n+1)}+(n+1)u^{(n)}\}$$

$$\therefore\quad (x^2-1)u^{(n+2)}+2xu^{(n+1)}-n(n+1)u^{(n)}=0$$

$u^{(n)}=2^n\cdot n!P_n(x)=2^n\cdot n!f(x)$ であるから

$$(1-x^2)f''(x)-2xf'(x)+n(n+1)f(x)=0$$

となるからである．つまり，P_n は固有値 $-n(n+1)$ に対応する L の固有関数とみることができる．さらに

$$\int_{-1}^{1}P_n(x)P_m(x)dx=\begin{cases}0 & (n\neq m)\\ \dfrac{2}{2n+1} & (n=m)\end{cases} \tag{19}$$

であることを示すことができる．それゆえ，正規化された数列 $\left\{\sqrt{\frac{2n+1}{2}}P_n(x)\right\}$ は $[-1,1]$ で連続な関数の集合の直交正規列である．

$[-1,1]$ で連続な任意の関数 $g(x)$ に対する Fourier-Legendre 近似式は

$$S_N(x)=\sum_{k=0}^{N}c_kP_k(x)$$

である．ただし，

$$c_k=\frac{2k+1}{2}\int_{-1}^{1}g(x)P_k(x)dx \tag{20}$$

とする．この c_k は

$$\int_{-1}^{1}[g(x)-\sum_{k=0}^{N}c_kP_k(x)]^2dx$$

を最小するものである．

問 14 Legendre 多項式 P_0,P_1,P_2 を計算せよ．

問 15 (1) Legendre の多項式 $P_n(x)$ に対して，

$$\int_{-1}^{1}Q(x)P_n(x)dx=0$$

であることを証明せよ．ただし $Q(x)$ は $n-1$ 次以下の多項式とする．

(2) (1) を用いて

$$\int_{-1}^{1}P_n(x)P_m(x)dx=0 \qquad (m\neq n)$$

であることを証明せよ．

(3)
$$\int_{-1}^{1}P_n{}^2(x)dx=\frac{(2n)!}{2^{2n}(n!)^2}\int_{-1}^{1}(1-x^2)^n dx$$

であることを部分積分法をくり返し用いて証明せよ．

(4)
$$\int_{-1}^{1}(1-x^2)^n dx=2\int_{0}^{\frac{\pi}{2}}\sin^{2n+1}\theta d\theta=\frac{2\cdot4\cdot6\cdot\cdots\cdot(2n)}{1\cdot3\cdot5\cdot\cdots\cdot(2n+1)}\times2$$

を用いて

$$\int_{-1}^{1}P_n{}^2(x)dx=\frac{2}{2n+1}$$

であることを証明せよ．

問 16 $\varphi_n=\sqrt{\dfrac{2n+1}{2}}P_n(x)$ とおく．$[-1,1]$ 上で定義された連続関数 $g(x)$ の展開式 $\sum_{k=0}^{N}<g,\ \varphi_k>\varphi_k$ は $\sum_{k=0}^{N}c_kP_k(x)$ に帰着することを証明せよ．ただし，c_k は (20) 式で与られるものである．

■問 題 解 答■

問 1 $\dfrac{20}{29}\begin{bmatrix}2\\3\\4\end{bmatrix}$

問 2 (1) $a_k=0 \quad (k=0,1,2,\cdots,N)$，$b_k=(-1)^{k+1}\dfrac{2}{k} \quad (k\geqq1)$

$$S_N(x)=\sum_{k=1}^{N}(-1)^{k+1}\frac{2}{k}\sin kx$$

(2)　$a_0=\frac{2\pi^2}{3}$,　$a_k=(-1)^k\frac{4}{k^2}$,　$b_k=0$　$(k\geqq 1)$

$$S_N(x)=\frac{\pi^2}{3}-4\left\{\cos x-\frac{\cos 2x}{2^2}+\cdots+(-1)^{N+1}\frac{\cos Nx}{N^2}\right\}$$

(3)　$\sin^2 x=\frac{1}{2}-\frac{\cos 2x}{2}$ の変形で Fourier 係数が直接でてくる．

(4)　$a_0=\frac{4}{\pi}$,　$a_k=\begin{cases}0 & (k=1,3,\cdots)\\ \frac{(-1)^{\frac{k}{2}-1}\cdot 4}{\pi(k^2-1)} & (k=2,4,\cdots)\end{cases}$,　$b_k=0$　$(k\geqq 1)$

$$S_{2N}(x)=\frac{4}{\pi}\left\{\frac{1}{2}+\frac{\cos 2x}{3}+\cdots+(-1)^{N+1}\frac{\cos 2Nx}{4N^2-1}\right\}$$

(5)　$a_0=\frac{\pi}{2}$,　$a_k=\frac{(-1)^k-1}{\pi k^2}$,　$b_k=\frac{(-1)^{k+1}}{k}$　$(k\geqq 1)$

$$S_{2N}(x)=\frac{\pi}{4}-\frac{2}{\pi}\left\{\cos x+\frac{\cos 3x}{3^2}+\cdots+\frac{\cos(2N-1)x}{(2N-1)^2}\right\}$$
$$+\left\{\sin x-\frac{\sin 2x}{2}+\cdots+(-1)^{2N+1}\frac{\sin 2Nx}{2N}\right\}$$

問4　$\int_{-\pi+\alpha}^{-\pi}+\int_{-\pi}^{\pi}+\int_{\pi}^{\pi+\alpha}$ と分け，$f(x)=f(x+2\pi)$ を用いよ．

$$S_N(x)=\pi-2\left\{\sin x+\frac{\sin 2x}{2}+\cdots+\frac{\sin Nx}{N}\right\}$$

問5　(1)　$a_k=0$,　$b_k=\frac{2}{k}$

$$S_N(x)=\sum_{k=1}^{N}\frac{2}{k}\sin kx$$

(2)　$a_0=-1+\frac{\pi}{2}$,　$a_k=\begin{cases}0 & (k\text{ が偶数})\\ -\frac{2}{\pi k^2} & (k\text{ が奇数})\end{cases}$

$$b_k=\begin{cases}-\frac{1}{k} & (k\text{ が偶数})\\ \frac{2}{\pi k}+\frac{1}{k} & (k\text{ が奇数})\end{cases}$$

問7　(1)　$S_N(x)=\frac{4}{\pi}\left\{\sin\frac{\pi x}{2}-\frac{1}{2}\sin\frac{2\pi x}{2}+\frac{1}{3}\sin\frac{3\pi x}{2}-\cdots+\frac{(-1)^{N-1}}{N}\sin\frac{N\pi x}{2}\right\}$

(2)　$S_N(x)=\frac{1}{3}+\frac{1}{\pi^2}\sum_{k=1}^{N}\left\{\frac{1}{k^2}\cos 2k\pi x-\frac{\pi}{k}\sin 2k\pi x\right\}$

問9　ii）$f(x)=1$ を Fourier 近似せよ．　$S_N(x)=1$

問12　$S_N(x)=\frac{1}{3}+\frac{1}{\pi^2}\sum_{k=1}^{N}\left\{\frac{1}{k^2}\cos 2k\pi x-\frac{\pi}{k}\sin 2k\pi x\right\}$

$\frac{1}{2}\{f(0+)+f(0-)\}=\frac{1}{2}(0+1)=\frac{1}{2}$　　より明らか．

問13 $S_N(x)=\frac{4}{\pi}\left[\sin x+\frac{\sin 3x}{3}+\cdots+\frac{\sin Nx}{N}\right]$, Nが奇数

$S_N(x)=S_{N-1}(x)$, Nが偶数

$$\sin x+\frac{\sin 3x}{3}+\frac{\sin 5x}{5}+\cdots=\begin{cases}\frac{\pi}{4} & (0<x<\pi)\\ 0 & (x=0,\pi)\\ -\frac{\pi}{4} & (\pi<x<2\pi)\end{cases}$$

$x=\frac{\pi}{2}$, $x=\frac{\pi}{6}$ とおいて変形すれば，所与の級数の和を求めらる．

問14 $P_0=1$, $P_1=x$, $P_2=\frac{1}{2}(3x^2-1)$

Jean Baptiste Joseph Fourier
(1768. 3. 21—1830. 5. 16)

孤児として生れ，司教の世話で士官学校へ進学，94年エコール・ノルマル1期生，ナポレオンをしたって軍役につく。エジプト遠征，帰国後イゼール県知事，この在任中の1822年に『熱の解析理論』を出し，フーリエ級数を発表する．

Georg Friedrich Bernhard Riemann
(1826. 9. 17—1866. 7. 20)

ハノーヴァ公国に生れる。少年時代から数学に関心を示し，晩年のガウスの講義を聴くも魅力なく，49年ベルリン大学へ聴講しにいく．のちゲッチンゲンでの地位を得るための論文がリーマン積分に関するもの．私講師時代リーマン面の概念を導入，59年ゲッチンゲン大学教授，ζ関数の零点の分布などを研究．音楽家メンデルスゾーンの妹と結婚，家庭は華やかな芸術家サロンと化し，思索の雰囲気を再々こわされたという．

第 9 講　最大・最小問題

最大・最小問題は微分法の出現によって，その面白みを失ったといわれるが，必ずしもそうでもない．しかし微分法が有力な武器の1つであることは事実である．

① 極　　値

関数 $\boldsymbol{R}^n \xrightarrow{f} \boldsymbol{R}$ の定義域 $\boldsymbol{D}$ 内のすべての点 $\boldsymbol{x}$ に対して

$$f(\boldsymbol{x}) \leqq f(\boldsymbol{a}), \quad \boldsymbol{a} \in \boldsymbol{D}$$

ならば，f は $\boldsymbol{x}=\boldsymbol{a}$ において**最大値** (absolute maximum value) をとるという．また，

$$f(\boldsymbol{a}) \leqq f(\boldsymbol{x}), \quad \boldsymbol{a} \in \boldsymbol{D}$$

ならば，f は $\boldsymbol{x}=\boldsymbol{a}$ において**最小値** (absolute minimum value) をとるという．

$\boldsymbol{x}=\boldsymbol{a}$ の近傍を $\boldsymbol{U}(\boldsymbol{a})$ とおき，すべての $\boldsymbol{x} \in \boldsymbol{U}(\boldsymbol{a})$ に対して

$$f(\boldsymbol{x}) \leqq f(\boldsymbol{a})$$

または

$$f(\boldsymbol{a}) \leqq f(\boldsymbol{x})$$

ならば，それぞれ f は $\boldsymbol{x}=\boldsymbol{a}$ で局所的最大値 (local maximum value)——

極大値，または局所的最小値 (local minimum value)——**極小値**をとるという．f の最大値，最小値，極大値，極小値を**極値** (extreme value)，極値をとるところの点 $\boldsymbol{a}$ を**極値点** (extreme point) という．最大値,最小値を大局的極値；極大値, 極小値を局所的極値ということがある．この節では，f の極値を与える必要条件を求めよう．

（**補題**） $\lim_{t\to 0}\dfrac{f(\boldsymbol{x}+\boldsymbol{y}t)-f(\boldsymbol{x})}{t}$ を $\boldsymbol{y}$ に関する f の導関数といい，記号で $\dfrac{\partial f(\boldsymbol{x})}{\partial \boldsymbol{y}}$ とかく．f が任意の点 $\boldsymbol{x}$ で微分可能ならば，任意の $\boldsymbol{y}\in\boldsymbol{R}^n$ に対して

$$\frac{\partial f(\boldsymbol{x})}{\partial \boldsymbol{y}}=f'(\boldsymbol{x})\boldsymbol{y} \tag{1}$$

但し，$f'(\boldsymbol{x})=\left(\dfrac{\partial f}{\partial x_1},\ \dfrac{\partial f}{\partial x_2},\ \cdots,\ \dfrac{\partial f}{\partial x_n}\right)$ である．

$\dfrac{\partial f(\boldsymbol{x})}{\partial \boldsymbol{y}}$ は $\boldsymbol{y}$ 方向の f の変化率である．

（証明） もしも，$\boldsymbol{y}=\boldsymbol{0}$ ならば，$\dfrac{\partial f(\boldsymbol{x})}{\partial \boldsymbol{y}}=0=f'(\boldsymbol{x})\boldsymbol{y}$ は明らかである．そこで $\boldsymbol{y}\neq\boldsymbol{0}$ と仮定する．導関数の存在すること，つまり微分可能性は

$$\lim_{t\to 0}\frac{f(\boldsymbol{x}+\boldsymbol{y}t)-f(\boldsymbol{x})-f'(\boldsymbol{x})(\boldsymbol{y}t)}{\|\boldsymbol{y}t\|}=0$$

つまり

$$\lim_{t\to 0}\frac{1}{\|\boldsymbol{y}\|}\left|\frac{f(\boldsymbol{x}+\boldsymbol{y}t)-f(\boldsymbol{x})}{t}-f'(\boldsymbol{x})\boldsymbol{y}\right|=0$$

であることを意味する．結局

$$\lim_{t\to 0}\frac{f(x+\boldsymbol{y}t)-f(\boldsymbol{x})}{t}=f'(\boldsymbol{x})\boldsymbol{y} \qquad \text{(Q.E.D.)}$$

例 1　$f(x,y)=xy^2e^{2x}\qquad(-\infty<x<+\infty,\ -\infty<y<+\infty)$

なる関数において，$\boldsymbol{x}=\begin{bmatrix}x\\y\end{bmatrix}$，$\boldsymbol{y}=\begin{bmatrix}a\\b\end{bmatrix}$ とおく．

$$\frac{\partial f(\boldsymbol{x})}{\partial \boldsymbol{y}}=f'(\boldsymbol{x})\boldsymbol{y}=\left(\frac{\partial f}{\partial x},\ \frac{\partial f}{\partial y}\right)\begin{bmatrix}a\\b\end{bmatrix}$$

$$=(y^2e^{2x}(1+2x),\ 2xye^{2x})\begin{bmatrix} a \\ b \end{bmatrix}$$

$$=ye^{2x}(ay+2axy+2bx)$$

問1　$\boldsymbol{e}_j$ を n 次元ベクトルで，第 j 成分が1，他の成分が0である単位ベクトルとする．そのとき

$$\frac{\partial f(\boldsymbol{x})}{\partial \boldsymbol{e}_j}=\frac{\partial f(\boldsymbol{x})}{\partial x_j}$$

であることを証明せよ．

問2　f が微分可能，a を定数とするとき，

$$\frac{\partial f(\boldsymbol{x})}{\partial a\boldsymbol{y}}=a\frac{\partial f(\boldsymbol{x})}{\partial \boldsymbol{y}}$$

$$\frac{\partial f(\boldsymbol{x})}{\partial(\boldsymbol{y}+\boldsymbol{z})}=\frac{\partial f(\boldsymbol{x})}{\partial \boldsymbol{y}}+\frac{\partial f(\boldsymbol{x})}{\partial \boldsymbol{z}}$$

であることを証明せよ．

問3　①　$f(x,y,z)=xyz+e^{2xyz}$,　$\boldsymbol{x}=\begin{bmatrix} 1 \\ 1 \\ 0 \end{bmatrix}$,　$\boldsymbol{y}=\begin{pmatrix} \frac{1}{2} \\ \frac{1}{2} \\ \frac{1}{\sqrt{2}} \end{pmatrix}$

②　$f(x,y,z)=x^2+y^2+z^2$,　$\boldsymbol{x}=\begin{bmatrix} 1 \\ 0 \\ 1 \end{bmatrix}$,　$\boldsymbol{y}=\begin{pmatrix} \frac{1}{\sqrt{3}} \\ \frac{1}{\sqrt{3}} \\ \frac{1}{\sqrt{3}} \end{pmatrix}$

③　$f(x,y,z)=xyz$,　$\boldsymbol{x}=\begin{bmatrix} 1 \\ 0 \\ 0 \end{bmatrix}$,　$\boldsymbol{y}=\begin{bmatrix} \cos\alpha\sin\beta \\ \sin\alpha\sin\beta \\ \cos\beta \end{bmatrix}$

に対して，$\dfrac{\partial f(\boldsymbol{x})}{\partial \boldsymbol{y}}$ を求めよ．

定理1　微分可能な関数 $\boldsymbol{R}^n \xrightarrow{f} \boldsymbol{R}$ が，その定義域〝内〟の点 $\boldsymbol{x}_0$ において極値をもてば

$$f'(\boldsymbol{x}_0)=\boldsymbol{0} \tag{2}$$

（証明）　f は $\boldsymbol{x}_0$ で局所的最小値をとるものと仮定する．（局所的最大値の場合も同様）

$$\forall \boldsymbol{y}\in \boldsymbol{R}^n,\ \exists\varepsilon>0,\ -\varepsilon<t<\varepsilon \longrightarrow f(\boldsymbol{x}_0)\leqq f(\boldsymbol{x}_0+\boldsymbol{y}t)$$

そこで，$0<t<\varepsilon$ となる t をとると

$$0\leqq\frac{f(\boldsymbol{x}_0+\boldsymbol{y}t)-f(\boldsymbol{x}_0)}{t}$$

$$0\leqq\frac{f(\boldsymbol{x}_0-\boldsymbol{y}t)-f(\boldsymbol{x}_0)}{t}$$

それゆえ補題から

$$0\leqq\lim_{t\to0+}\frac{f(\boldsymbol{x}_0+\boldsymbol{y}t)-f(\boldsymbol{x}_0)}{t}=f'(\boldsymbol{x}_0)\boldsymbol{y}$$

$$0\leqq\lim_{t\to0+}\frac{f(\boldsymbol{x}_0-\boldsymbol{y}t)-f(\boldsymbol{x}_0)}{t}=f'(\boldsymbol{x}_0)(-\boldsymbol{y})$$

$$=-f'(\boldsymbol{x}_0)\boldsymbol{y}$$

上の２式を同時に満足するためには

$$f'(\boldsymbol{x}_0)\boldsymbol{y}=0$$

ベクトル $\boldsymbol{y}$ は任意にとったから，　$f'(\boldsymbol{x}_0)=\boldsymbol{0}$　　(Q.E.D.)

方程式 $f'(\boldsymbol{x}_0)=\boldsymbol{0}$ を満足する点 $\boldsymbol{x}_0$ を**臨界点** (critical point) という．

（例２） 領域 $|x|\leqq1,\ |y|\leqq1,\ |z|\leqq1$ で定義されている関数 $f(x,y,z)=xyz$ を考察する．f の定義域は，１辺の長さ２の立方体である．臨界点は

$$f'(x,y,z)=(yz,xz,xy)=\boldsymbol{0}$$

つまり

$$\begin{cases} \quad yz=0 \\ x\quad z=0 \\ xy\quad=0 \end{cases}$$

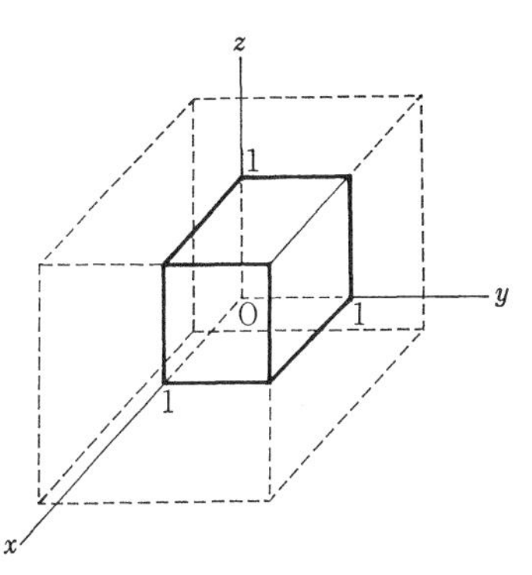

（図１）

これを解いて $x=y=0$，　または $x=z=0$，または $z=y=0$ となる．これは座標軸そのものである．関数 f はその臨界点のどの１つにおいても，値０をもち，かつ，これらの点の任意の近傍において，正の値も負の値もとりうるから，臨界点は極値ではない．

ところが一方，$x,y,z>0$ のとき

$$xyz \leqq \left(\frac{x+y+z}{3}\right)^3 \leqq \left(\frac{1+1+1}{3}\right)^3 = 1$$

だから，代数的方法によってfの最大値は1，同様にしてfの最小値は-1をもつ．これらの極値点は立方体の角にあり，臨界点と一致しない．

問4　次の各関数の臨界点を求めよ．

① $f(x,y)=x^2+4xy-y^2-8x-6y$　　② $f(x,y)=x+y\sin x$

③ $f(x,y,z)=x^2+y^2+z^2-1$　　④ $f(x,y,z)=y^2-z-x$

（例3）　$f(x,y,z)=y^2-z-x$ は

$$f'=(-1, 2y, -1) \neq 0$$

したがって臨界点をもたない．しかし，fを

$$\begin{bmatrix} x \\ y \\ z \end{bmatrix} = \begin{bmatrix} t \\ t^2 \\ t^3 \end{bmatrix} \qquad -\infty < t < \infty$$

によってパラメーターで表示される曲線C上にて定義されているとすると

$$f(x,y,z) \equiv F(t) = t^4 - t^3 - t$$

$$F'(t) = 4t^3 - 3t^2 - 1$$

$$= (t-1)(4t^2+t+1)$$

$$F''(t) = 12t^2 - 6t$$

$$F'(1)=0, \qquad F''(1)>0.$$

C上では，点$(1,1,1)$において，極小値-1をとる．

問5　$f(x,y,z)=x+y+z$ を，

平面　$z=2$

曲面　$x^2+y^2=1$

の交線上で定義された関数とする．極大値，極小値を求めよ．

②　正比例関数の零空間

任意の正比例関数 $\boldsymbol{f}: \boldsymbol{V} \longrightarrow \boldsymbol{U}$ に対して，$\boldsymbol{f}(\boldsymbol{x})=\boldsymbol{0}$ となる$\boldsymbol{V}$内のベクトル$\boldsymbol{x}$の集合$\boldsymbol{N}$を$\boldsymbol{f}$の**零空間** (null-space)（$\boldsymbol{f}$の**核**ともいう）という．$\boldsymbol{N}$は$\boldsymbol{V}$の部分空間である．なぜなら，$\boldsymbol{x}_1, \cdots, \boldsymbol{x}_k \in \boldsymbol{N}, \boldsymbol{x} = \sum_{i=1}^{k} \boldsymbol{x}_i r_i$ ならば，$\boldsymbol{f}(\boldsymbol{x}) = \sum_{i=1}^{k} \boldsymbol{f}(\boldsymbol{x}_i) r_i = \boldsymbol{0}$ となるからである．

定理 2　正比例関数 $\boldsymbol{f}:\boldsymbol{V}\longrightarrow\boldsymbol{U}$ の零空間が $\{\boldsymbol{0}\}$ とする．そのとき，$\boldsymbol{v}_1,\cdots,\boldsymbol{v}_n$ が $\boldsymbol{V}$ の１次独立なベクトルならば，$\boldsymbol{f}(\boldsymbol{v}_1),\cdots,\boldsymbol{f}(\boldsymbol{v}_n)$ は $\boldsymbol{U}$ の１次独立なベクトルである．

（証明）　$\boldsymbol{f}(\boldsymbol{v}_1)k_1+\cdots\cdots+\boldsymbol{f}(\boldsymbol{v}_n)k_n=\boldsymbol{0}\in\boldsymbol{U}$

とおく．$\boldsymbol{f}$ は線型性をもつから

$$\boldsymbol{f}(\boldsymbol{v}_1k_1+\cdots\cdots+\boldsymbol{v}_nk_n)=\boldsymbol{0}\in\boldsymbol{U}$$

しかるに，$\boldsymbol{f}$ の零空間は $\{\boldsymbol{0}\}$ であるから

$$\boldsymbol{v}_1k_1+\cdots\cdots+\boldsymbol{v}_nk_n=\boldsymbol{0}\in\boldsymbol{V}$$

$\boldsymbol{v}_1,\cdots,\boldsymbol{v}_n$ は１次独立だから

$$k_1=\cdots\cdots=k_n=0$$

よって，$\boldsymbol{f}(\boldsymbol{v}_1),\ \cdots,\ \boldsymbol{f}(\boldsymbol{v}_n)$ は１次独立である．

問 6　$\boldsymbol{V}$ をすべての次数の導関数をもつ関数のベクトル空間とする．$D:\boldsymbol{V}\longrightarrow\boldsymbol{V}$ なる関数 D（微分演算子）の零空間は何か．

問 7　正比例関数 $\boldsymbol{f}:\boldsymbol{V}\longrightarrow\boldsymbol{U}$ において，$\boldsymbol{u}\in\boldsymbol{U}$ を $\boldsymbol{U}$ の１つの元とする．$\boldsymbol{v}_0$ を

$$\boldsymbol{f}(\boldsymbol{v}_0)=\boldsymbol{u}$$

となるような $\boldsymbol{V}$ の元とする．そのとき

$$\boldsymbol{f}(\boldsymbol{x})=\boldsymbol{u}$$

の解は，$\boldsymbol{x}_0$ を $\boldsymbol{f}$ の零空間の元とすれば

$$\boldsymbol{x}=\boldsymbol{x}_0+\boldsymbol{v}_0$$

の形になることを証せ．

問 8　$\boldsymbol{V}$ を問 6 と同じベクトル空間とする．g を $\boldsymbol{V}$ の１つの元とするとき，微分方程式

$$a_m\frac{d^mf}{dt^m}+a_{m-1}\frac{d^{m-1}f}{dt^{m-1}}+\cdots\cdots+a_1\frac{df}{dt}+a_0f=g$$

の解を求める問題は，問 7 の特別な場合にすぎないことを示せ．

定理 3　$\boldsymbol{f}$ を有限な次元のベクトル空間の上で定義された正比例関数とする．そのとき $\dim(\boldsymbol{f}\text{ の零空間})+\dim(\boldsymbol{f}\text{ の値域})=\dim(\boldsymbol{f}\text{ の定義域})$　(3)

（証明）　$\boldsymbol{f}$ の定義域$=\boldsymbol{V}$，$\boldsymbol{f}$ の零空間$=\boldsymbol{N}$，$\boldsymbol{f}$ の値域$=\boldsymbol{W}$，$\{\boldsymbol{v}_1,\cdots,\boldsymbol{v}_k\}$ を $\boldsymbol{N}$ の基底，それを $\boldsymbol{V}$ の基底 $\{\boldsymbol{v}_1,\cdots,\boldsymbol{v}_k,\boldsymbol{u}_1,\cdots\boldsymbol{u}_r\}$ まで拡大する．よって

$$\dim(\boldsymbol{N})=k,\ \dim(\boldsymbol{V})=k+r$$

そこで

$$\boldsymbol{w}_1=\boldsymbol{f}(\boldsymbol{u}_1),\ \cdots,\ \boldsymbol{w}_r=\boldsymbol{f}(\boldsymbol{u}_r)$$

とおくと，$\boldsymbol{w}_1, \cdots, \boldsymbol{w}_r$ は空間 $\boldsymbol{W}$ を生成する．なぜなら，$\boldsymbol{y}=\boldsymbol{f}(\boldsymbol{x})$ によって，$\boldsymbol{y}$ が $\boldsymbol{f}$ の値域内の任意のベクトルならば，

$$\boldsymbol{x}=\sum_{i=1}^{k}\boldsymbol{v}_i a_i+\sum_{j=1}^{r}\boldsymbol{u}_j b_j$$

より

$$\boldsymbol{y}=\sum_{i=1}^{k}\boldsymbol{f}(\boldsymbol{v}_i)a_i+\sum_{j=1}^{r}\boldsymbol{f}(\boldsymbol{u}_j)b_j$$
$$=\boldsymbol{0}+\sum_{j=1}^{r}\boldsymbol{f}(\boldsymbol{u}_j)b_j=\sum_{j=1}^{r}\boldsymbol{w}_j b_j$$

となって，$\boldsymbol{y}$ は $\boldsymbol{w}_1, \cdots, \boldsymbol{w}_r$ の1次結合で表わされる．さて

$$\sum_{j=1}^{r}\boldsymbol{w}_j b_j=\boldsymbol{0}$$

とする．すると，このことは $\sum_{j=1}^{r}\boldsymbol{u}_j b_j$ が $\boldsymbol{f}$ の零空間内にあることを意味し，

$$\sum_{j=1}^{r}\boldsymbol{u}_j b_j=\sum_{i=1}^{k}\boldsymbol{v}_i a_i$$
$$\therefore\quad \boldsymbol{v}_1 a_1+\cdots+\boldsymbol{v}_k a_k-\boldsymbol{u}_1 b_1-\cdots-\boldsymbol{u}_r b_r=\boldsymbol{0}$$

$\boldsymbol{v}_1, \cdots\boldsymbol{v}_k, \boldsymbol{u}_1, \cdots, \boldsymbol{u}_r$ は1次独立だから，これは $a_1=\cdots=a_k=b_1=\cdots=b_r=0$ なる場合に限り可能である．よって $\boldsymbol{w}_1, \cdots\boldsymbol{w}_r$ は1次独立である．

問9 行列

$$\begin{bmatrix} 1 & -3 & 2 \\ -2 & 6 & -4 \end{bmatrix}$$

によって定義される正比例関数 $\boldsymbol{R}^3 \xrightarrow{\boldsymbol{f}} \boldsymbol{R}^2$ がある．$\boldsymbol{f}$ の零空間の基底，$\boldsymbol{f}$ の値域の基底を求めよ．

③ Lagrange の乗数法

たとえば領域 $x^2+y^2=25$ における $f(x, y)=x^2+24xy+8y^2$ の最大値，最小値を求めるような場合，

$$x=5\cos t,\ \ y=5\sin t$$

とおいて，具体的にパラメーター表現ができ，変数を1つ減少させる方法も考えられる．しかしパラメーター表現がいつもうまくできるとは限らない．そこ

で，制限つきの極大・極小問題については，**Lagrange の乗数法**（method of Lagrange's multipliers）とよばれるうまい方法がある．

定理 4　関数 $\boldsymbol{R}^n \xrightarrow{\boldsymbol{g}} \boldsymbol{R}^m$，$n>m$ は連続で微分可能，かつ座標関数 $g_1, \cdots, g_m$ をもつ．そして方程式

$$\begin{cases} g_1(x_1, x_2, \cdots, x_n)=0 \\ g_2(x_1, x_2, \cdots, x_n)=0 \\ \quad \cdots\cdots \\ g_m(x_1, x_2, \cdots, x_n)=0 \end{cases}$$

は $\boldsymbol{R}^n$ 内の曲面 $\boldsymbol{S}$ を陰伏的に定義し，かつ点 $\boldsymbol{x}_0 \in \boldsymbol{S}$ において，ヤコービ行列 $\boldsymbol{g}'(\boldsymbol{x}_0)$ はある m 個の1次独立な列をもつと仮定する．
もし，$\boldsymbol{x}_0 \in \boldsymbol{S}$ において，微分可能な関数 $\boldsymbol{R}^n \xrightarrow{f} \boldsymbol{R}$ が極値をとれば，$\boldsymbol{x}_0$ はある定数 $\lambda_1, \lambda_2, \cdots, \lambda_m$ に対して

関数　　$f+\lambda_1 g_1+\lambda_2 g_2+\cdots+\lambda_m g_m$

の臨界点である．

（証明）陰関数の定理は，点 $\boldsymbol{x}_0$ の近傍で，$\boldsymbol{S}$ のパラメーター表現が可能であることを保証している．

さて，m 個の変数 $x_1, \cdots, x_m$ に対して，行列

$$\begin{bmatrix} \dfrac{\partial g_1}{\partial x_1} & \dfrac{\partial g_1}{\partial x_2} & \cdots & \dfrac{\partial g_1}{\partial x_m} \\ \vdots & \cdots & & \cdots \\ \dfrac{\partial g_m}{\partial x_1} & \dfrac{\partial g_m}{\partial x_2} & \cdots & \dfrac{\partial g_m}{\partial x_m} \end{bmatrix}_{\boldsymbol{x}=\boldsymbol{x}_0} \tag{F}$$

の(タテ)列は1次独立であると仮定する．このとき，行列は逆行列をもつ．

$$\boldsymbol{x}_0=\begin{bmatrix} a_1 \\ a_2 \\ \vdots \\ a_n \end{bmatrix} \text{とかき，} \quad \boldsymbol{u}_0=\begin{bmatrix} a_1 \\ a_2 \\ \vdots \\ a_m \end{bmatrix}, \quad \boldsymbol{v}_0=\begin{bmatrix} a_{m+1} \\ \vdots \\ a_n \end{bmatrix} \text{とおく．}$$

陰関数の定理によって，$\boldsymbol{v}_0$ の近傍 $\boldsymbol{N}$ の上で定義された微分可能な関数 $\boldsymbol{R}^{n-m} \xrightarrow{\boldsymbol{h}} \boldsymbol{R}^m$ が存在し

$$\boldsymbol{h}(\boldsymbol{v}_0)=\boldsymbol{u}_0$$

かつ，$\boldsymbol{N}$ 内のすべての $\boldsymbol{v}$ に対して　　$\boldsymbol{g}(\boldsymbol{h}(\boldsymbol{v}), \boldsymbol{v})=\boldsymbol{0}$

である.

$$\boldsymbol{N} \text{内のすべての} \boldsymbol{v} \text{に対して,} \ \boldsymbol{H}(\boldsymbol{v})=(\boldsymbol{h}(\boldsymbol{v}), \boldsymbol{v})$$

によって定義される関数 $\boldsymbol{R}^{n-m} \xrightarrow{\boldsymbol{H}} \boldsymbol{R}^n$ は, $\boldsymbol{x}_0=\boldsymbol{H}(\boldsymbol{v}_0)$ を含む $\boldsymbol{S}$ の部分集合のパラメーター表現になっている. 曲面 $\boldsymbol{S}$ は $\boldsymbol{x}_0$ において, $n-m$ 次元の接超平面 $\mathscr{T}$ をもつ. なぜなら, $\boldsymbol{v}_0$ における $\boldsymbol{H}$ のヤコービ行列は

$$\begin{pmatrix} \dfrac{\partial h_1}{\partial x_{m+1}} & \dfrac{\partial h_1}{\partial x_{m+2}} & \cdots & \dfrac{\partial h_1}{\partial x_n} \\ \vdots & & & \vdots \\ \dfrac{\partial h_m}{\partial x_{m+1}} & & \cdots\cdots & \dfrac{\partial h_m}{\partial x_n} \\ 1 & 0 & \cdots & 0 \\ 0 & 1 & \cdots & 0 \\ \cdots\cdots & & & \\ 0 & 0 & \cdots & 1 \end{pmatrix}_{\boldsymbol{v}=\boldsymbol{v}_0} \tag{G}$$

である. ただし, $h_1, \cdots h_m$ は h の座標関数で, かつこの行列の (タテ) 列は明らかに1次独立である.

さて, f と $\boldsymbol{H}$ とを合成しよう. $\boldsymbol{x}_0$ は $\boldsymbol{S}$ における f の極値点であるから, 点 $\boldsymbol{v}_0$ は合成関数 $f\circ\boldsymbol{H}$ の極値点である. そこで

$$(f\circ\boldsymbol{H})'(\boldsymbol{v}_0)=f'(\boldsymbol{x}_0)\boldsymbol{H}'(\boldsymbol{v}_0)=\boldsymbol{0} \tag{H}$$

$\boldsymbol{g}$ は $\boldsymbol{S}$ の上で, つねに $\boldsymbol{0}$ であるから

$$(\boldsymbol{G}\circ\boldsymbol{H})'(\boldsymbol{v}_0)=\boldsymbol{G}'(\boldsymbol{x}_0)\boldsymbol{H}'(\boldsymbol{v}_0)=\boldsymbol{0} \tag{K}$$

となる. (H) と (K) をあわせて, (行列)×(ベクトル) の形にかくと

$$\begin{pmatrix} \dfrac{\partial f(\boldsymbol{x}_0)}{\partial x_1} & \cdots\cdots & \dfrac{\partial f(\boldsymbol{x}_0)}{\partial x_n} \\ \dfrac{\partial g_1(\boldsymbol{x}_0)}{\partial x_1} & \cdots\cdots & \dfrac{\partial g_1(\boldsymbol{x}_0)}{\partial x_n} \\ \vdots & & \\ \dfrac{\partial g_m(\boldsymbol{x}_0)}{\partial x_1} & \cdots\cdots & \dfrac{\partial g_m(\boldsymbol{x}_0)}{\partial x_n} \end{pmatrix} \boldsymbol{H}'(\boldsymbol{v}_0)=\boldsymbol{0}$$

となるから, この行列によって, $\boldsymbol{R}^n \xrightarrow{\boldsymbol{L}} \boldsymbol{R}^{m+1}$ への正比例関数 $\boldsymbol{L}$ が定義され, しかも $\boldsymbol{L}$ は接超平面 $\mathscr{T}$ の上では恒等的に零ベクトルになる. $\mathscr{T}$ の次元は $n-m$ であるから

$$n-m \leqq \boldsymbol{L} \text{ の零空間の次元}$$

かつ，（定理８）より

$$n=\dim(\boldsymbol{L}\text{ の零空間})+\dim(\boldsymbol{L}\text{ の値域})$$

$$\therefore\quad n\geqq n-m+\dim(\boldsymbol{L}\text{ の値域})$$

つまり

$$m\geqq\dim(\boldsymbol{L}\text{ の値域})$$

である．そのとき，$\boldsymbol{L}$ の値域の上では０となるが，$\boldsymbol{R}^{m+1}$ の上では恒等的に０とならないような正比例関数 $\boldsymbol{R}^{m+1}\xrightarrow{\boldsymbol{\Lambda}}\boldsymbol{R}$ が存在する．いいかえると

$$\boldsymbol{\Lambda}\circ\boldsymbol{L}=\boldsymbol{0}$$

となるような，$\boldsymbol{0}$ でない $\boldsymbol{\Lambda}$ が存在する．行列の形でかくと，$\boldsymbol{\Lambda}$ に附随する行列は

$$(\lambda_0,\lambda_1,\cdots,\lambda_m)$$

それで

$$(\lambda_0,\lambda_1,\cdots,\lambda_m)\begin{pmatrix}\dfrac{\partial f(\boldsymbol{x}_0)}{\partial x_1} & \cdots\cdots & \dfrac{\partial f(\boldsymbol{x}_0)}{\partial x_n}\\ \dfrac{\partial g_1(\boldsymbol{x}_0)}{\partial x_1} & \cdots\cdots & \dfrac{\partial g_1(\boldsymbol{x}_0)}{\partial x_n}\\ \vdots & & \vdots\\ \dfrac{\partial g_m(\boldsymbol{x}_0)}{\partial x_1} & \cdots\cdots & \dfrac{\partial g_m(\boldsymbol{x}_0)}{\partial x_n}\end{pmatrix}=\boldsymbol{0}\qquad\text{(L)}$$

もし，$\lambda_0=0$ と仮定すると行列(F)の（ヨコ）行は１次従属となり，(F)が逆行列をもつことと矛盾する．そこで $\lambda_0=1$ とおく（もし $\lambda_0\neq1$ ならば，全体を λ_0 で割っておく）と，(L)式より

$$\frac{\partial f(\boldsymbol{x}_0)}{\partial x_j}+\lambda_1\frac{\partial g_1(\boldsymbol{x}_0)}{\partial x_j}+\cdots\cdots+\lambda_m\frac{\partial g_m(\boldsymbol{x}_0)}{\partial x_j}=0$$

$$(j=1,\cdots,m)$$

が成立する．換言すると，

$$(f+\lambda_1g_1+\cdots+\lambda_mg_m)'(\boldsymbol{x}_0)=\boldsymbol{0}$$

例４　条件 $x^2+y^2+z^2=1$ のもとで，$f(x,y,z)=x-y+z$ の最大値を求めよ．

（解）　$g=x^2+y^2+z^2-1=0$

$f+\lambda g=x-y+z+\lambda(x^2+y^2+z^2-1)$　　は

$$\frac{\partial}{\partial x}(f+\lambda g)=1+2\lambda x=0$$

$$\frac{\partial}{\partial y}(f+\lambda g)=-1+2\lambda y=0$$

$$\frac{\partial}{\partial z}(f+\lambda g)=1+2\lambda z=0$$

および

$$x^2+y^2+z^2=1$$

をみたす臨界点をもつ．これらの方程式の解は

$$\lambda=\pm\frac{\sqrt{3}}{2},\quad x=-y=z=\pm\frac{1}{\sqrt{3}}$$

f の最大値は $\left(\frac{1}{\sqrt{3}},\ -\frac{1}{\sqrt{3}},\ \frac{1}{\sqrt{3}}\right)$ においてとり，値は $\sqrt{3}$ である．

問10　条件 $x^2+2y^2-z^2-1=0$ のもとで，$f(x,y,z)=x^2+y^2+z^2$ の最小値を求めよ．

問11　原点を中心とする半径1の球面上で，$f(x,y,z)=x^2+xy+y^2+yz+z^2$ の最大値を求めよ．

例5　定点 $\mathrm{A}(a,b,c)$ から定平面 $Ax+By+Cz+D=0$ 上の1点に至る最短距離を求めよ．

（解）
$$\left.\begin{array}{l} f(x,y,z)=(x-a)^2+(y-b)^2+(z-c)^2 \\ g(x,y,z)=Ax+By+Cz+D=0 \end{array}\right\}\text{とおくと}$$

$$\frac{\partial}{\partial x}(f+2\lambda g)=2(x-a)+2\lambda A=0$$

$$\frac{\partial}{\partial y}(f+2\lambda g)=2(y-b)+2\lambda B=0$$

$$\frac{\partial}{\partial z}(f+2\lambda g)=2(z-c)+2\lambda C=0$$

$$\left\{\begin{array}{l} (x-a)^2=-\lambda A(x-a) \\ (y-b)^2=-\lambda B(y-b) \\ (z-c)^2=-\lambda C(z-c) \end{array}\right.$$

辺々相加えて

$$\begin{aligned} f&=-\lambda(Ax+By+Cz-Aa-Bb-Cc) \\ &=\lambda(Aa+Bb+Cc+D) \qquad (1) \end{aligned}$$

一方，

$$\begin{cases}(x-a)A=-\lambda A^2\\(y-b)B=-\lambda B^2\\(z-c)C=-\lambda C^2\end{cases}$$

辺々相加えて

$$(Aa+Bb+Cc+D)=\lambda(A^2+B^2+C^2) \tag{2}$$

λを消去して

$$\therefore \quad f=\frac{(Aa+Bb+Cc+D)^2}{A^2+B^2+C^2}$$

よって，最短距離は $\dfrac{|Aa+Bb+Cc+D|}{\sqrt{A^2+B^2+C^2}}$. これは点 A$(a,b,c)$ から平面 $Ax+By+Cz+D=0$ へ下した垂線の長さにほかならない.

問12 原点から2平面 $Ax+By+Cz=1$, $A'x+B'y+C'z=1$ の交線上の1点への距離の最小値を求めよ.

④ 2 次 形 式

関数 f が極値をもつための十分条件を与えるために必要な予備知識を若干説明しておこう. 2つのベクトル

$$\boldsymbol{x}=\begin{bmatrix}x_1\\x_2\\\vdots\\x_n\end{bmatrix}, \qquad \boldsymbol{y}=\begin{bmatrix}y_1\\y_2\\\vdots\\y_n\end{bmatrix}$$

の内積

$$F(\boldsymbol{x},\boldsymbol{y})=\boldsymbol{x}\boldsymbol{y}=x_1y_1+x_2y_2+\cdots\cdots+x_ny_n \tag{4}$$

を考える. 関数 F は2つのベクトルの関数で

$$F(\boldsymbol{x},\boldsymbol{x})\geqq 0$$

の外に,

(i) $F(\boldsymbol{x},\boldsymbol{y})=F(\boldsymbol{y},\boldsymbol{x})$

(ii) $F(\boldsymbol{x}+\boldsymbol{x}',\boldsymbol{y})=F(\boldsymbol{x},\boldsymbol{y})+F(\boldsymbol{x}',\boldsymbol{y})$

(iii) $F(\boldsymbol{x}k,\boldsymbol{y})=kF(\boldsymbol{x},\boldsymbol{y}), \quad k\in\boldsymbol{R}$

なる性質をもっていることは容易に分る. 内積以外にも $\boldsymbol{R}^n$ 内の2つのベクトル $\boldsymbol{x}$, $\boldsymbol{y}$ に対して, 上記の性質(i)～(iii)を満足する実関数 F を**対称的双一次**

関数 (symmetric bilinear function) という. $\boldsymbol{e}_k(k=1, 2, \cdots, n)$ を基底ベクトル

$$\begin{bmatrix}1\\0\\\vdots\\0\end{bmatrix}, \quad \begin{bmatrix}0\\1\\0\\\vdots\\0\end{bmatrix}, \quad \cdots\cdots, \quad \begin{bmatrix}0\\0\\\vdots\\0\\1\end{bmatrix} \in \boldsymbol{R}^n$$

とし,

$$\boldsymbol{x}=\sum_{i=1}^{n}\boldsymbol{e}_i x_i, \qquad \boldsymbol{y}=\sum_{j=1}^{n}\boldsymbol{e}_j y_j$$

とする. 上の性質(ii),(iii)より

$$\begin{aligned}F(\boldsymbol{x}, \boldsymbol{y})&=F\left(\sum_{i=1}^{n}\boldsymbol{e}_i x_i,\ \sum_{j=1}^{n}\boldsymbol{e}_j y_j\right)\\&=\sum_{i=1}^{n}F\left(\boldsymbol{e}_i,\ \sum_{j=1}^{n}\boldsymbol{e}_j y_j\right)x_i\\&=\sum_{i=1}^{n}\sum_{j=1}^{n}F(\boldsymbol{e}_i, \boldsymbol{e}_j)x_i y_j\end{aligned}$$

ここで, $F(\boldsymbol{e}_i, \boldsymbol{e}_j)=a_{ij}$ とおくと, (i)より $a_{ij}=a_{ji}$

$$\therefore\ F(\boldsymbol{x}, \boldsymbol{y})=\sum_{i,j=1}^{n}a_{ij}x_i y_j, \quad a_{ij}=a_{ji} \tag{5}$$

とくに $a_{ij}=0(i\neq j)$ とおくと, $F(\boldsymbol{x}, \boldsymbol{y})$ は内積になる. 上の(5)式はまた行列記法を用いると

$$F(\boldsymbol{x}, \boldsymbol{y})=(x_1, x_2, \cdots, x_n)\begin{bmatrix}a_{11} & a_{12}\cdots\cdots a_{1n}\\ a_{21} & a_{22}\cdots\cdots a_{2n}\\ & \cdots\cdots\cdots\cdots \\ a_{n1}\cdots\cdots\cdots\cdots & a_{nn}\end{bmatrix}\begin{bmatrix}y_1\\y_2\\\vdots\\y_n\end{bmatrix} \tag{6}$$

とかける. 横ベクトル $(x_1, x_2, \cdots, x_n)$ を $\boldsymbol{x}^t$ とかき, 中央の行列を $\boldsymbol{A}$ とかくと, (6)式は

$$F(\boldsymbol{x}, \boldsymbol{y})=\boldsymbol{x}^t\boldsymbol{A}\boldsymbol{y}$$

とかける. とくに $\boldsymbol{x}\equiv\boldsymbol{y}$ のとき

$$Q(\boldsymbol{x})=F(\boldsymbol{x}, \boldsymbol{x})=\boldsymbol{x}^t\boldsymbol{A}\boldsymbol{x}=\sum_{i,j=1}^{n}a_{ij}x_i x_j \qquad (a_{ij}=a_{ji}) \tag{7}$$

を**同次2次多項式** (homogeneous quadratic polynomial), または**2次形式** (quadratic form) という. 行列 $\boldsymbol{A}$ は F もしくは Q の行列といい, 対称行

列 ($\boldsymbol{A}^t=\boldsymbol{A}$) である．とくに $\boldsymbol{A}=\boldsymbol{E}_{n\times n}$（単位行列）の場合

$$Q(\boldsymbol{x})=\boldsymbol{x}^t\boldsymbol{E}_{n\times n}\boldsymbol{x}=\boldsymbol{x}^t\boldsymbol{x}=\|\boldsymbol{x}\|^2$$

となる．また，$a_{ij}=0(i\neq j)$ のとき，行列 $\boldsymbol{A}$ は対角行列となり

$$Q(\boldsymbol{x})=\sum_{i=1}^{n}a_{ii}{x_i}^2$$

となり，この2次形式を**対角型**（diagonal form）という．t はベクトル，行列の行と列の要素を入れかえる，つまり**転置する**（transpose）ことを示す．

例 6

$$(x,\ y)\begin{bmatrix}1 & 2\\ 2 & 4\end{bmatrix}\begin{bmatrix}x\\ y\end{bmatrix}=x^2+4xy+4y^2$$

$$(x,\ y,\ z)\begin{bmatrix}1 & 0 & 1\\ 0 & 1 & 0\\ 1 & 0 & 1\end{bmatrix}\begin{bmatrix}x\\ y\\ z\end{bmatrix}=x^2+y^2+z^2+2xz$$

$$(x_1,\ x_2,\ x_3,\ x_4)\begin{bmatrix}1 & 0 & 0 & 0\\ 0 & 2 & 0 & 0\\ 0 & 0 & 3 & 0\\ 0 & 0 & 0 & 4\end{bmatrix}\begin{bmatrix}x_1\\ x_2\\ x_3\\ x_4\end{bmatrix}={x_1}^2+2{x_2}^2+3{x_3}^2+4{x_4}^2$$

問 13　すべての実数 k に対して，$Q(\boldsymbol{x}k)=k^2Q(\boldsymbol{x})$ であることを証明せよ．

問 14　Q を $\boldsymbol{R}^n$ 内の任意の2次形式，F を Q に結びついた双一次関数とするとき

$$2F(\boldsymbol{x},\boldsymbol{y})=Q(\boldsymbol{x}+\boldsymbol{y})-Q(\boldsymbol{x})-Q(\boldsymbol{y})$$

であることを証明せよ．ただし，$\boldsymbol{x},\boldsymbol{y}\in\boldsymbol{R}^n$ とする．

問 15　①　$ax^2+by^2+cz^2+2fxy+2gyz+2hzx$

$$=(x,y,z)\begin{bmatrix}a & f & h\\ f & b & g\\ h & g & c\end{bmatrix}\begin{bmatrix}x\\ y\\ z\end{bmatrix}$$

②　$\left(h_1\frac{\partial}{\partial x_1}+h_2\frac{\partial}{\partial x_2}+\cdots\cdots+h_n\frac{\partial}{\partial x_n}\right)^2 f$

$$=(h_1,h_2,\cdots,h_n)\begin{pmatrix}\frac{\partial^2 f}{\partial {x_1}^2} & \frac{\partial^2 f}{\partial x_1\partial x_2} & \cdots\cdots & \frac{\partial^2 f}{\partial x_1\partial x_n}\\ \frac{\partial^2 f}{\partial x_2\partial x_1} & \frac{\partial^2 f}{\partial {x_2}^2} & \cdots\cdots & \frac{\partial^2 f}{\partial x_2\partial x_n}\\ \cdots & \cdots & \cdots & \cdots\\ \frac{\partial^2 f}{\partial x_n\partial x_1} & \frac{\partial^2 f}{\partial x_n\partial x_2} & \cdots\cdots & \frac{\partial^2 f}{\partial {x_n}^2}\end{pmatrix}\begin{bmatrix}h_1\\ h_2\\ \vdots\\ h_n\end{bmatrix}$$

と変形できることを示せ．

問 16　転置行列について

①　$(\boldsymbol{A}+\boldsymbol{B})^t=\boldsymbol{A}^t+\boldsymbol{B}^t$　　②　$(\boldsymbol{A}k)^t=\boldsymbol{A}^tk,\quad k\in\boldsymbol{R}$

③　$(\boldsymbol{AB})^t=\boldsymbol{B}^t\boldsymbol{A}^t$　　④　$(\boldsymbol{A}^t)^t=\boldsymbol{A}$

が成り立つことを証明せよ．

⑤　2次形式の変形

2次形式 Q は $\boldsymbol{x}=\boldsymbol{0}$ をのぞき，$Q(\boldsymbol{x})>0$ ならば**正の定符号形式**（positive definite form），$Q(\boldsymbol{x})<0$ ならば**負の定符号形式**（negative definite form）両者あわせて定符号形式といい，そうでないものを不定符号形式という．

例7　$Q_1(x,y,z)=(x-y-z)^2\geqq 0$．しかし正の定符号形式ではない．なぜなら，平面 $x-y-z=0$ 上で $Q=0$ となるからである．同様に

$$Q_2(x,y,z)=x^2+y^2\geqq 0$$

だが，正の定符号形式ではない．なぜなら，$\forall z, Q_2(0,0,z)=0$．一方

$$Q_3(x,y,z)=(x+y+z)^2-(x-y-z)^2$$

は不定符号形式である．事実，平面 $x+y+z=0$ 上では $Q_3<0$，平面 $x-y-z=0$ 上では $Q_3>0$．ただし，$Q_3=0$ となる2平面の共通部分である直線上はのぞく．

例8　$Q(x,y)=ax^2+2bxy+cy^2$ が正の定符号形式であるための条件を求めよ．

$a=c=0$ ではない．なぜなら，$a=c=0$ ならば，$Q=2bxy$ で，$b\neq 0$ のとき Q は正にも負にもなる．

次に，$a\neq 0$ と仮定すれば

$$Q(x,y)=\frac{1}{a}\left[a^2\left(x+\frac{b}{a}y\right)^2+(ac-b^2)y^2\right] \tag{8}$$

$c\neq 0$ と仮定すれば

$$Q(x,y)=\frac{1}{c}\left[c^2\left(y+\frac{b}{c}x\right)^2+(ac-b^2)x^2\right] \tag{9}$$

よって，$ac-b^2>0$，かつ（$a>0$ または $c>0$）の場合に，Q は正の定符号形式になる．

さて，Q を（8）式，または（9）式の形にかくと，適当な変数変換を施すとき，極めて簡単な多項式をうることができる．たとえば，（8）式で

$$u=x+\frac{a}{b}y,\quad v=0x+y$$

とおくと，Q は

$$Q=au^2+\frac{1}{a}(ac-b^2)v^2$$

の形にかける．この座標変換は，2次元の基底 $\begin{bmatrix}1\\0\end{bmatrix}$, $\begin{bmatrix}0\\1\end{bmatrix}$ をそれぞれ

$$\begin{bmatrix}1\\ \\0\end{bmatrix},\ \begin{bmatrix}-\frac{b}{a}\\ \\1\end{bmatrix}$$

にかえること，つまり

$$\begin{bmatrix}u\\ \\v\end{bmatrix}=\begin{bmatrix}1 & \frac{b}{a}\\ \\0 & 1\end{bmatrix}\begin{bmatrix}x\\ \\y\end{bmatrix},\ \begin{bmatrix}x\\ \\y\end{bmatrix}=\begin{bmatrix}1 & -\frac{b}{a}\\ \\0 & 1\end{bmatrix}\begin{bmatrix}u\\ \\v\end{bmatrix}$$

と変換することである．

例 9　$Q(x,y)=x^2+2xy+3y^2=1$ のグラフをかけ．

例8から，新しい基底はベクトル

$$\boldsymbol{x}_1=\begin{bmatrix}1\\0\end{bmatrix},\quad \boldsymbol{x}_2=\begin{bmatrix}-1\\1\end{bmatrix}$$

から成る．そして

$$Q=u^2+2v^2,\qquad ただし\ \begin{bmatrix}x\\y\end{bmatrix}=\begin{bmatrix}1 & -1\\0 & 1\end{bmatrix}\begin{bmatrix}u\\v\end{bmatrix}$$

となる．明らかに Q は正の定符号形式である．$Q(\boldsymbol{x})=1$ は右の図で示される．

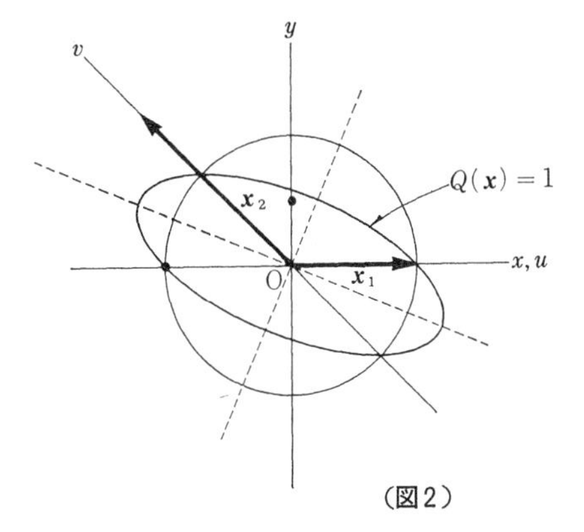

（図2）

問 17　次の2次形式は正の定符号形式か，負の定符号形式か．

① $2x^2-7xy+5y^2$

② $2x^2-3xy+5y^2$

③ $-x^2+2xy-6y^2$

④ $3x^2+xy+3y^2+5z^2$

例8，例9において，吾々は2次多項式は適当にえらばれた基底による座標を用いて，対角型に直せることを知った．しかし，それらの基底は互に直交していないものであった．次の定理は，つねにノルムが1である互いに直交する

基底を用いて，2次多項式を対角型に直せるということを示すものである．

定理5 Q を $\boldsymbol{R}^n$ 上の2次多項式とする．そのとき，正規直交基底 $\boldsymbol{x}_1, \cdots, \boldsymbol{x}_n$ が存在して，あるベクトル $\boldsymbol{x}$ のそれらの基底による座標をそれぞれ

$$y_1,\ y_2, \cdots,\ y_n$$

とすれば

$$Q(\boldsymbol{x})=\lambda_1 {y_1}^2+\cdots\cdots\lambda_n {y_n}^2 \tag{10}$$

と表わされる．とくに

$$Q(\boldsymbol{x}_k)=\lambda_k \qquad (k=1, 2, \cdots, n)$$

（証明） 基底 $\boldsymbol{x}_1, \boldsymbol{x}_2, \cdots, \boldsymbol{x}_n$ は次のようにしてえらぶ．

$$\begin{aligned} \boldsymbol{S}^{n-1} &= \boldsymbol{R}^n \text{ 内の単位ベクトルの集合} \\ &= \{\boldsymbol{x} \mid \ \|\boldsymbol{x}\|=1,\ \boldsymbol{x}\in\boldsymbol{R}^n\} \end{aligned}$$

とする．定義域が $\boldsymbol{S}^{n-1}$ である関数 Q の極大点の位置ベクトルを $\boldsymbol{x}_1$ とする．$\boldsymbol{x}_1$ が単位ベクトルであることはいうまでもない．

$\boldsymbol{V}_{n-1}$ を $\boldsymbol{x}_1$ と直交する $\boldsymbol{R}^n$ 内のベクトル $\boldsymbol{x}$ からなる $\boldsymbol{R}^n$ の $(n-1)$ 次元部分空間，$\boldsymbol{S}^{n-2}$ を $\boldsymbol{V}_{n-1}$ における単位球とする．定義域を $\boldsymbol{S}^{n-2}$ に限定したときの，$Q(\boldsymbol{x})$ の極大点の位置ベクトルを $\boldsymbol{x}_2$ とする．もちろん，

$$\boldsymbol{x}_2 \perp \boldsymbol{x}_1,\ \|\boldsymbol{x}_2\|=1.$$

……

以上のような方法で順次正規直交基底 $\boldsymbol{x}_1, \cdots, \boldsymbol{x}_k (k<n)$ がえらばれたとし，$\boldsymbol{V}_{n-k}$ を $\boldsymbol{x}_1, \cdots, \boldsymbol{x}_k$ に直交するすべてのベクトルからなる $\boldsymbol{R}^n$ の部分空間とする．そして $\boldsymbol{S}^{n-k-1}$ を $\boldsymbol{V}_{n-k}$ 内の単位球とする．$\boldsymbol{S}^{n-k-1}$ 上で，Q の極大点の位置ベクトルを $\boldsymbol{x}_{k+1}$ とする．このようにして，n 個の単位ベクトルがえらばれるまで，このような操作をつづける．こうしてえらばれたベクトル $\boldsymbol{x}_1, \cdots, \boldsymbol{x}_n$ が $\boldsymbol{R}^n$ 内の正規直交基底であることはいうまでもない．

そこで，これらの基底が Q を対角化することを示そう．単位球 $\|\boldsymbol{x}\|^2=1$ 上にベクトル $\boldsymbol{x}$ の定義域を限定したとき，Q は $\boldsymbol{x}_1$ において極大値をもつから，Lagrange の定理によって

$$f(\boldsymbol{x}) \equiv Q(\boldsymbol{x}) - \lambda(\|\boldsymbol{x}\|^2 - 1)$$

は，$\boldsymbol{x}_1$ において臨界点をもつ．つまり

$$f'(\boldsymbol{x}_1) = 0$$

$\boldsymbol{R}^n$ におけるすべての2次多項式 Q と，それに結びついた双1次形式 F は，方程式

$$Q'(\boldsymbol{x})\boldsymbol{y} = 2F(\boldsymbol{x}, \boldsymbol{y})$$

を満足することは，直接計算すれば出てくる．臨界点 $\boldsymbol{x}_1$ においては

$$0 = f'(\boldsymbol{x}_1)\boldsymbol{y} = 2F(\boldsymbol{x}_1, \boldsymbol{y}) - 2\lambda\boldsymbol{x}_1\boldsymbol{y}$$

それで，$\forall \boldsymbol{y} \in \boldsymbol{R}^n$ に対して，

$$F(\boldsymbol{x}_1, \boldsymbol{y}) = \lambda(\boldsymbol{x}_1\boldsymbol{y})$$

それで

$$F(\boldsymbol{x}_1, \boldsymbol{x}_k) = 0,\ (k = 2, \cdots, n),\ F(\boldsymbol{x}_1, \boldsymbol{x}_1) = \lambda = Q(\boldsymbol{x}_1)$$

Q の定義域を，$\boldsymbol{x}_1$ に直交する $\boldsymbol{R}^n$ の部分空間 $\boldsymbol{V}_{n-1}$ に限定することにより，同じ論法を繰返して

$$F(\boldsymbol{x}_2, \boldsymbol{x}_k) = 0,\ (k = 3, \cdots, n)$$

$$F(\boldsymbol{x}_i, \boldsymbol{x}_k) = 0,\ (i \neq k)$$

をうる．任意のベクトル $\boldsymbol{x}$ は基底 $\boldsymbol{x}_1, \cdots, \boldsymbol{x}_n$ を用いて

$$\boldsymbol{x} = \boldsymbol{x}_1 y_1 + \cdots\cdots + \boldsymbol{x}_n y_n$$

とかくことができるから

$$Q(\boldsymbol{x}) = \sum_{j,k=1}^{n} F(\boldsymbol{x}_j, \boldsymbol{x}_k) y_j y_k$$

$$= \sum_{k=1}^{n} F(\boldsymbol{x}_k, \boldsymbol{x}_k)\, y_k{}^2 = \sum_{k=1}^{n} Q(\boldsymbol{x}_k) y_k{}^2$$

定理6　2次多項式 Q が

$$Q(\boldsymbol{x}) = \sum_{k=1}^{n} \lambda_k y_k{}^2$$

という形式をもつ場合の基底ベクトル $\boldsymbol{x}_1, \cdots, \boldsymbol{x}_n$ は，$\boldsymbol{x}_1, \cdots, \boldsymbol{x}_{k-1}$ に直交する $\boldsymbol{R}^n$ の部分空間の単位球を，定義域とした $Q(\boldsymbol{x})$ を極大値が $Q(\boldsymbol{x}_k)$ であるように選ばれている．

これは定理5に与えた証明の過程から出てくる．

基底ベクトル $\boldsymbol{x}_k$ が $Q(\boldsymbol{x})$ の極大点であるという性質は，次の例のように用いられる．

例 10　$Q(x, y)=3x^2+2xy+3y^2$

定義域を，単位円

$$x^2+y^2=1$$

上に制限する．Lagrange の定理によって，Q はある λ に対して

$$3x^2+2xy+3y^2-\lambda(x^2+y^2-1)$$

の臨界点において極大値をとる．つまり

$$\begin{cases}(3-\lambda)x \qquad +y=0 \\ \qquad x+(3-\lambda)y=0\end{cases}$$

これが，零でない解をもつためには

$$\begin{vmatrix}3-\lambda & 1 \\ 1 & 3-\lambda\end{vmatrix}=0$$

$$(3-\lambda)^2-1=0$$

$$\therefore \quad \lambda=2 \text{ または } 4$$

$\lambda=2$ のとき $\begin{cases}x=\pm\dfrac{1}{\sqrt{2}} \\ y=\pm\dfrac{1}{\sqrt{2}}\end{cases}$，　$\lambda=4$ のとき $\begin{cases}x=\pm\dfrac{1}{\sqrt{2}} \\ y=\pm\dfrac{1}{\sqrt{2}}\end{cases}$

Q の極大値は　$x=\pm\dfrac{1}{\sqrt{2}}$，$y=\pm\dfrac{1}{\sqrt{2}}$ においてとられる．それで

$$\boldsymbol{x}_1=\begin{bmatrix}\dfrac{1}{\sqrt{2}} \\ \dfrac{1}{\sqrt{2}}\end{bmatrix}$$

とえらぶことができる．$\boldsymbol{x}_2$ としては

$$\boldsymbol{x}_2=\begin{bmatrix}-\dfrac{1}{\sqrt{2}} \\ \dfrac{1}{\sqrt{2}}\end{bmatrix}, \quad \boldsymbol{x}_2=\begin{bmatrix}\dfrac{1}{\sqrt{2}} \\ -\dfrac{1}{\sqrt{2}}\end{bmatrix}$$

のどちらでもよいが，前者をとることにする．座標変換は

$$\begin{bmatrix} x \\ y \end{bmatrix} = \begin{bmatrix} \frac{1}{\sqrt{2}} & -\frac{1}{\sqrt{2}} \\ \frac{1}{\sqrt{2}} & \frac{1}{\sqrt{2}} \end{bmatrix} \begin{bmatrix} u \\ v \end{bmatrix}$$

である．新しい変数を用いると

$$Q(\boldsymbol{x}) = 4u^2 + 2v^2$$

である．Q の等位線と，はじめの基底ベクトルと，新しい基底ベクトルとの関係は（図3）に示す通りである．

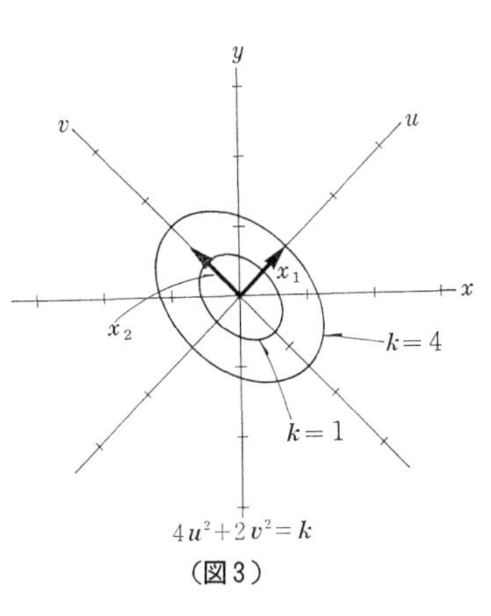

（図3）

⑥ 固　有　値

定理6において，$\lambda_k(k=1,2,\cdots\cdots)$ が見つかれば，正規直交基底 $\boldsymbol{x}_k$ を計算することは不必要なことである．たとえば，Q が正の定符号形式かどうかは，λ_k の値を知ることによって，ずばり明らかになる．次の定理は λ_k を計算すること，もしくは推定することを可能ならしめるものである．

定理7　　$Q(\boldsymbol{x}) = \boldsymbol{x}^t \boldsymbol{A} \boldsymbol{x}$

によって与えられる $\boldsymbol{R}^n$ 内の2次多項式を Q とする．ここで $\boldsymbol{A}$ は対称行列である．正規直交基底 $\boldsymbol{x}_1, \cdots, \boldsymbol{x}_n$ についてのベクトル $\boldsymbol{x}$ の座標 $y_1, \cdots, y_n$ をもって，Q は

$$Q(\boldsymbol{x}) = \sum_{k=1}^{n} \lambda_k {y_k}^2,\ \text{ただし}\ Q(\boldsymbol{x}_k) = \lambda_k$$

なる形式に変形できるとする．そのとき，係数 λ_k は方程式

$$|\boldsymbol{A} - \boldsymbol{E}\lambda| = 0 \tag{11}$$

の根である．但し $\boldsymbol{E}$ は単位行列である．

（証明）　Q を対角化する正規直交基底 $\boldsymbol{x}_1, \boldsymbol{x}_2, \cdots, \boldsymbol{x}_n$ は，成分でかくと

$$\boldsymbol{x}_1 = \begin{bmatrix} b_{11} \\ \vdots \\ b_{n1} \end{bmatrix}, \quad \boldsymbol{x}_2 = \begin{bmatrix} b_{12} \\ \vdots \\ b_{n2} \end{bmatrix}, \quad \cdots, \quad \boldsymbol{x}_n = \begin{bmatrix} b_{1n} \\ \vdots \\ b_{nn} \end{bmatrix}$$

と仮定する．$\boldsymbol{B}$ を

$$\boldsymbol{B}=[\boldsymbol{x}_1, \boldsymbol{x}_2, \cdots, \boldsymbol{x}_n], \quad (n\times n \text{ 型行列})$$

とする．ある点の位置ベクトルは

旧座標で $\boldsymbol{x}=\begin{bmatrix} x_1 \\ \vdots \\ x_n \end{bmatrix}$, 新座標で $\boldsymbol{y}=\begin{bmatrix} y_1 \\ \vdots \\ y_n \end{bmatrix}$

と表わされ，両者の間に，

$$\boldsymbol{x}=\boldsymbol{B}\boldsymbol{y}$$

という関係が成立する．$\boldsymbol{x}$ の代りに $\boldsymbol{B}\boldsymbol{y}$ を代入すると

$$\begin{aligned} Q(\boldsymbol{x}) &= (\boldsymbol{B}\boldsymbol{y})^t \boldsymbol{A}(\boldsymbol{B}\boldsymbol{y}) \\ &= \boldsymbol{y}^t(\boldsymbol{B}^t\boldsymbol{A}\boldsymbol{B})\boldsymbol{y} \\ &= \boldsymbol{y}^t\boldsymbol{\Lambda}\boldsymbol{y} \end{aligned}$$

ただし，

$$\Lambda=\begin{bmatrix} \lambda_1 & & & O \\ & \lambda_2 & & \\ & & \ddots & \\ O & & & \lambda_n \end{bmatrix}$$

なお，その上，$\boldsymbol{B}$ の各列は正規直交基底だから，

$$\boldsymbol{B}^t\boldsymbol{B}=\boldsymbol{E}$$

つまり，

$$\boldsymbol{B}^t=\boldsymbol{B}^{-1}$$

$$\therefore \quad \boldsymbol{\Lambda}=\boldsymbol{B}^{-1}\boldsymbol{A}\boldsymbol{B}$$

この方程式の両辺から $\boldsymbol{E}\lambda$ をひくと

$$\begin{aligned} \boldsymbol{\Lambda}-\boldsymbol{E}\lambda &= \boldsymbol{B}^{-1}\boldsymbol{A}\boldsymbol{B}-\boldsymbol{E}\lambda \\ &= \boldsymbol{B}^{-1}(\boldsymbol{A}-\boldsymbol{E}\lambda)\boldsymbol{B} \end{aligned}$$

$$\begin{aligned} (\lambda_1-\lambda)(\lambda_2-\lambda)\cdots(\lambda_n-\lambda) &= |\boldsymbol{\Lambda}-\boldsymbol{E}\lambda| \\ &= |\boldsymbol{B}^{-1}|\,|\boldsymbol{A}-\boldsymbol{E}\lambda|\,|\boldsymbol{B}| \\ &= |\boldsymbol{B}^{-1}\boldsymbol{B}|\,|\boldsymbol{A}-\boldsymbol{E}\lambda| = |\boldsymbol{E}|\,|\boldsymbol{A}-\boldsymbol{E}\lambda| \\ &= |\boldsymbol{A}-\boldsymbol{E}\lambda| \end{aligned}$$

(Q.E.D.)

方程式

$$|\boldsymbol{A}-\boldsymbol{E}\lambda|=0$$

は，Q の**特性方程式** (characteristic equation) とよばれ，その根 λ_k は**特性根** (characteristic roots) とか**固有値** (eigenvalue) とよばれる．

定理 8　$k=1,2,\cdots,n$ に対して，ベクトル $\boldsymbol{z}_k$ は行列方程式

$$(\boldsymbol{A}-\boldsymbol{E}\lambda_k)\boldsymbol{z}_k=\boldsymbol{0} \qquad (12)$$

を満足するような任意の直交基底とする．そのとき，この基底に対して Q は対角化可能である．

方程式 (12) をみたすベクトル $\boldsymbol{z}_k$ は，λ_k に対する**特性ベクトル** (characteristic vectors) または**固有ベクトル** (eigenvectors) とよばれる．

（証明）$\boldsymbol{z}_1,\cdots,\boldsymbol{z}_n$を

$$\boldsymbol{A}\boldsymbol{z}_k=\boldsymbol{z}_k\lambda_k \qquad (k=1,2,\cdots,n)$$

を満足する正規直交基底とする．また，行列 $\boldsymbol{C}$ を

$$\boldsymbol{C}=[\boldsymbol{z}_1,\boldsymbol{z}_2,\cdots\boldsymbol{z}_n]$$

と定義する．方程式

$$\boldsymbol{x}=\boldsymbol{C}\boldsymbol{z}$$

は，ある点の $\boldsymbol{R}^n$ 内の基底 $\boldsymbol{z}_1,\cdots,\boldsymbol{z}_n$ に関する座標と自然基底に対する座標との関係を与える．そのとき

$$\begin{aligned} Q(\boldsymbol{x})&=\boldsymbol{x}^t\boldsymbol{A}\boldsymbol{x}=(\boldsymbol{C}\boldsymbol{z})^t\boldsymbol{A}(\boldsymbol{C}\boldsymbol{z})\\ &=\boldsymbol{z}^t(\boldsymbol{C}^t\boldsymbol{A}\boldsymbol{C})\boldsymbol{z} \end{aligned} \qquad (13)$$

ここで

$$\boldsymbol{C}^t\boldsymbol{A}\boldsymbol{C}=\begin{bmatrix}\lambda_1 & & O\\ & \lambda_2 & \\ & & \ddots \\ O & & & \lambda_n\end{bmatrix}$$

である．なぜなら，

$$\boldsymbol{C}^t\boldsymbol{A}\boldsymbol{C}=\begin{bmatrix}\boldsymbol{z}_1{}^t\\ \vdots\\ \boldsymbol{z}_n{}^t\end{bmatrix}\boldsymbol{A}[\boldsymbol{z}_1,\cdots,\boldsymbol{z}_n]$$

$$=\begin{bmatrix} \boldsymbol{z}_1{}^t \\ \vdots \\ \boldsymbol{z}_n{}^t \end{bmatrix} [\boldsymbol{A}\boldsymbol{z}_1, \cdots, \boldsymbol{A}\boldsymbol{z}_n]$$

$$=\begin{bmatrix} \boldsymbol{z}_1{}^t \\ \vdots \\ \boldsymbol{z}_n{}^t \end{bmatrix} [\boldsymbol{z}_1\lambda_1, \cdots, \boldsymbol{z}_n\lambda_n]$$

$$\boldsymbol{z}_i{}^t\boldsymbol{z}_j=\langle \boldsymbol{z}_i, \boldsymbol{z}_j\rangle=\begin{cases} 1 & (i=j \text{ のとき}) \\ 0 & (i\neq j \text{ のとき}) \end{cases}$$

より明らかである.

例 11

$$Q(x, y, z)=xy+yz+zx$$

$$=(x, y, z)\begin{bmatrix} 0 & \frac{1}{2} & \frac{1}{2} \\ \frac{1}{2} & 0 & \frac{1}{2} \\ \frac{1}{2} & \frac{1}{2} & 0 \end{bmatrix}\begin{bmatrix} x \\ y \\ z \end{bmatrix}$$

特性方程式は

$$\begin{vmatrix} -\lambda & \frac{1}{2} & \frac{1}{2} \\ \frac{1}{2} & -\lambda & \frac{1}{2} \\ \frac{1}{2} & \frac{1}{2} & -\lambda \end{vmatrix}=0$$

$$-\lambda^3+\frac{3}{4}\lambda+\frac{1}{4}=0$$

固有値はこれを解いて，$\lambda=1,\ -\frac{1}{2},\ -\frac{1}{2}$

$$\therefore\quad Q=u^2-\frac{1}{2}v^2-\frac{1}{2}w^2$$

Q を上のような対角型に直すのに関連した基底を求めるには，方程式

$$\begin{bmatrix} -\lambda & \frac{1}{2} & \frac{1}{2} \\ \frac{1}{2} & -\lambda & \frac{1}{2} \\ \frac{1}{2} & \frac{1}{2} & -\lambda \end{bmatrix}\begin{bmatrix} x \\ y \\ z \end{bmatrix}=\boldsymbol{0}$$

をみたす単位ベクトル解を探せばよい. $\lambda=1$ のとき，$x=y=z$. それで

$$\boldsymbol{x}_1=\begin{bmatrix}1/\sqrt{3}\\1/\sqrt{3}\\1/\sqrt{3}\end{bmatrix}$$

$\lambda=-\dfrac{1}{2}$ のとき，$\boldsymbol{x}_1$ に直交し，平面 $x+y+z=0$ 上にある直交単位ベクトルを求めると，残りの2つの基底ベクトルがえられる．それらは，たとえば

$$\boldsymbol{x}_2=\begin{bmatrix}1/\sqrt{2}\\-1/\sqrt{2}\\0\end{bmatrix},\qquad \boldsymbol{x}_3=\begin{bmatrix}1/\sqrt{6}\\1/\sqrt{6}\\-2/\sqrt{6}\end{bmatrix}$$

としてもよい．

例 12　2次多項式 $Q=xy+yz$

$$=(x,y,z)\begin{bmatrix}0&\frac{1}{2}&0\\\frac{1}{2}&0&\frac{1}{2}\\\frac{1}{2}&0&0\end{bmatrix}\begin{bmatrix}x\\y\\z\end{bmatrix}$$

において，特性方程式は

$$-\lambda^3+\frac{1}{2}\lambda=0$$

$$\lambda=\frac{1}{\sqrt{2}},\quad 0,\quad -\frac{1}{\sqrt{2}}$$

$$\lambda=\frac{1}{\sqrt{2}}\ \text{のとき}\ \begin{bmatrix}-\frac{1}{\sqrt{2}}&\frac{1}{2}&0\\\frac{1}{2}&-\frac{1}{\sqrt{2}}&\frac{1}{2}\\0&\frac{1}{2}&-\frac{1}{\sqrt{2}}\end{bmatrix}\begin{bmatrix}x\\y\\z\end{bmatrix}=\mathbf{0}\qquad\text{(A)}$$

$$\lambda=0\ \text{のとき}\ \begin{bmatrix}0&\frac{1}{2}&0\\\frac{1}{2}&0&\frac{1}{2}\\0&\frac{1}{2}&0\end{bmatrix}\begin{bmatrix}x\\y\\z\end{bmatrix}=\mathbf{0}\qquad\text{(B)}$$

$$\lambda=-\frac{1}{\sqrt{2}}\ \text{のとき}\ \begin{bmatrix}\frac{1}{\sqrt{2}}&\frac{1}{2}&0\\\frac{1}{2}&\frac{1}{\sqrt{2}}&\frac{1}{2}\\0&\frac{1}{2}&\frac{1}{\sqrt{2}}\end{bmatrix}\begin{bmatrix}x\\y\\z\end{bmatrix}=\mathbf{0}\qquad\text{(C)}$$

(A) (B) (C) を解いて，直交基底

$$\boldsymbol{x}_1=\begin{bmatrix}\frac{1}{2}\\ \frac{1}{\sqrt{2}}\\ \frac{1}{2}\end{bmatrix},\quad \boldsymbol{x}_2=\begin{bmatrix}\frac{1}{\sqrt{2}}\\ 0\\ -\frac{1}{\sqrt{2}}\end{bmatrix},\quad \boldsymbol{x}_3=\begin{bmatrix}\frac{1}{2}\\ -\frac{1}{\sqrt{2}}\\ \frac{1}{2}\end{bmatrix}$$

をとる．自然基底とこの新しい直交基底の間で，

$$\begin{bmatrix}x\\ y\\ z\end{bmatrix}=\begin{bmatrix}\frac{1}{2} & \frac{1}{\sqrt{2}} & \frac{1}{2}\\ \frac{1}{\sqrt{2}} & 0 & -\frac{1}{\sqrt{2}}\\ \frac{1}{2} & -\frac{1}{\sqrt{2}} & \frac{1}{2}\end{bmatrix}\begin{bmatrix}u\\ v\\ w\end{bmatrix}$$

なる変数変換を行なうと

$$Q=\frac{1}{\sqrt{2}}u^2-\frac{1}{\sqrt{2}}w^2$$

となる．

問18　座標を変換して，次のおのおのの2次多項式を平方の和の形にかけ．また各問の正規直交基底も求めよ．

（1）　$Q=3x^2+2\sqrt{2}xy+4y^2$

（2）　$Q=3x^2+2\sqrt{3}xy+5y^2$

（3）　$Q=2x^2-5xy+2y^2-2xz-4z^2-2yz$

（4）　$Q=(x,y)\begin{bmatrix}2 & 2\\ 2 & 5\end{bmatrix}\begin{bmatrix}x\\ y\end{bmatrix}$

（5）　$Q=(x,y,z)\begin{bmatrix}-1 & 2 & 0\\ 2 & 0 & 2\\ 0 & 2 & 1\end{bmatrix}\begin{bmatrix}x\\ y\\ z\end{bmatrix}$

問19　問18で，Q の定義域を $\|\boldsymbol{x}\|=1$ 上に限定したとき，Q の最大値を求めよ．

⑦　関数 $f:\boldsymbol{R}^n\longrightarrow\boldsymbol{R}$ の極値の判定条件

$\boldsymbol{x}=\boldsymbol{x}_0$ において，関数 $f:\boldsymbol{R}^n\longrightarrow\boldsymbol{R}$ のグラフに対する接超平面 T（$n=1$ のときは接線，$n=2$ のときは接平面になる．）は，$\boldsymbol{x}=\boldsymbol{x}_0$ における1次のテイラー近似式

$$\begin{aligned}t_1(\boldsymbol{x})&=f(\boldsymbol{x}_0)+Df(\boldsymbol{x}_0)\\ &=f(\boldsymbol{x}_0)+f'(\boldsymbol{x}_0)(\boldsymbol{x}-\boldsymbol{x}_0)\end{aligned}\tag{14}$$

であらわされる．それで，$T=\{(\boldsymbol{x}, t_1(\boldsymbol{x}))\}$ である．第2次のテイラー近似式は

$$t_2(\boldsymbol{x})=f(\boldsymbol{x}_0)+Df(\boldsymbol{x}_0)+\frac{1}{2!}D^2f(\boldsymbol{x}_0) \tag{15}$$

である．もしも，$\boldsymbol{x}_0$ の近傍 $v(\boldsymbol{x}_0)$ の任意の点 $\boldsymbol{x}$ において，$D^2f(\boldsymbol{x}_0)>0$ ならば

$$t_1(\boldsymbol{x})<t_2(\boldsymbol{x}), \qquad \boldsymbol{x} \neq \boldsymbol{x}_0$$

である．つまり，$t_2(\boldsymbol{x})$ のグラフは接超平面 T の上にある．われわれの期待するところは，同じ仮定のもとで

$$t_1(\boldsymbol{x})<f(\boldsymbol{x}), \qquad \boldsymbol{x} \neq \boldsymbol{x}_0$$

が成り立つことである．このことを保証するために，次の定理が必要になる．

定理 9　$\boldsymbol{R}^n \xrightarrow{f} \boldsymbol{R}$ において，$\boldsymbol{x} \in v(\boldsymbol{x}_0)$，$f(\boldsymbol{x}) \in \boldsymbol{C}^2$ とする．$\boldsymbol{x}=\boldsymbol{x}_0$ における $f(\boldsymbol{x})$ のグラフの接超平面を T とするとき

（i）$D^2f(\boldsymbol{x}_0)$ が正の定符号ならば，$f(\boldsymbol{x})$ は $\boldsymbol{x}_0$ のある近傍で T の上にある．

（ii）$D^2f(\boldsymbol{x}_0)$ が負の定符号ならば，$f(\boldsymbol{x})$ は $\boldsymbol{x}_0$ のある近傍で T の下にある．

（iii）$D^2f(\boldsymbol{x}_0)$ の符号が不定ならば，$f(\boldsymbol{x})$ は $\boldsymbol{x}=\boldsymbol{x}_0$ で T を横切る．

今後 $\boldsymbol{x} \in \boldsymbol{v}(\boldsymbol{x}_0), f(\boldsymbol{x}) \in \boldsymbol{C}^2$ であることを，まとめて $f(\boldsymbol{x}) \in \boldsymbol{C}^2[v(\boldsymbol{x}_0)]$ とかく．

（証明）テイラー近似式によって

$$f(\boldsymbol{x})-f(\boldsymbol{x}_0)-Df(\boldsymbol{x}_0)=\frac{1}{2}D^2f(\boldsymbol{x}_0)+R \tag{16}$$

ただし

$$\lim_{\boldsymbol{x}\to\boldsymbol{x}_0}\frac{R}{\|\boldsymbol{x}-\boldsymbol{x}_0\|^2}=0$$

（i）の場合，$\boldsymbol{x}_0$ をのぞく $\boldsymbol{x}_0$ のある近傍で，$\frac{1}{2}D^2f(\boldsymbol{x}_0)+R>0$ であることを示せばよい．

問15より $D^2f(\boldsymbol{x}_0)$ は2次形式だから，$D^2f(\boldsymbol{x}_0) \equiv Q(\boldsymbol{x}-\boldsymbol{x}_0)$ とおく．$Q(\boldsymbol{x})$ が

正の定符号形式のとき，（定理5）より $Q=\sum_i \lambda_i y_i{}^2$ となり，$\lambda_1, \lambda_2, \cdots, \lambda_n$ はすべて正となる．λ_i の最小のものを m とおくと $Q \geqq m(y_1{}^2+\cdots+y_n{}^2)=m\|\boldsymbol{x}\|^2$.

$$\frac{D^2f(\boldsymbol{x}_0)}{\|\boldsymbol{x}-\boldsymbol{x}_0\|^2}=\frac{Q(\boldsymbol{x}-\boldsymbol{x}_0)}{\|\boldsymbol{x}-\boldsymbol{x}_0\|^2}>m\frac{\|\boldsymbol{x}-\boldsymbol{x}_0\|^2}{\|\boldsymbol{x}-\boldsymbol{x}_0\|^2}=m>0$$

さて，$0<\|\boldsymbol{x}-\boldsymbol{x}_0\|<\delta$ に対して

$$\frac{|R|}{\|\boldsymbol{x}-\boldsymbol{x}_0\|^2} \leqq \frac{m}{4}$$

であるような $\delta>0$ をえらぶと

$$\frac{1}{2}D^2f(\boldsymbol{x}_0)+R \geqq \frac{m}{2}\|\boldsymbol{x}-\boldsymbol{x}_0\|^2-\frac{m}{4}\|\boldsymbol{x}-\boldsymbol{x}_0\|^2>0$$

（ii）の場合，証明は（i）の場合と同じ

（iii）の場合，$D^2f(\boldsymbol{x}_0)=Q(\boldsymbol{x}-\boldsymbol{x}_0)$ とおき，$Q(\boldsymbol{x}_1-\boldsymbol{x}_0)>0$ かつ $Q(\boldsymbol{x}_2-\boldsymbol{x}_0)<0$ とする．

$$\boldsymbol{x}_i(t)=\boldsymbol{x}_0+(\boldsymbol{x}_i-\boldsymbol{x}_0)t \qquad (i=1,2\,;\ t\in\boldsymbol{R})$$

とおくと，$\forall t\in\boldsymbol{R}$ に対して

$$\begin{aligned}&f(\boldsymbol{x}_i(t))-f(\boldsymbol{x}_0)-Df(\boldsymbol{x}_0)\\&=t^2\left[\frac{1}{2}Q(\boldsymbol{x}_i-\boldsymbol{x}_0)+\|\boldsymbol{x}_i-\boldsymbol{x}_0\|^2\frac{R}{\|\boldsymbol{x}_i(t)-\boldsymbol{x}_0\|^2}\right]\end{aligned} \tag{17}$$

である．

$$\lim_{t\to 0}\frac{R}{\|\boldsymbol{x}_i(t)-\boldsymbol{x}_0\|^2}=0$$

だから，任意の0でない十分小さい t をとると，(17) 式の左辺は，$i=1$ のとき正，$i=2$ のとき負となる．よって $\boldsymbol{x}_0$ に十分近い $\boldsymbol{x}$ の値に対して 接超平面 T の上にも下にも f のグラフが存在することになる． (Q.E.D.)

そこで $D^2f(\boldsymbol{x}_0)$ の定符号を 判定する方法は，2次形式 $D^2f(\boldsymbol{x}_0)$ 全体をとってもよいが，

$$\boldsymbol{A}=\begin{pmatrix}\dfrac{\partial^2 f}{\partial x_1{}^2} & \dfrac{\partial^2 f}{\partial x_1\partial x_2}\cdots\cdots & \dfrac{\partial^2 f}{\partial x_1\partial x_n}\\ \dfrac{\partial^2 f}{\partial x_2\partial x_1} & \dfrac{\partial^2 f}{\partial x_2{}^2}\ \cdots\cdots & \dfrac{\partial^2 f}{\partial x_2\partial x_n}\\ \cdots\cdots & \cdots\cdots & \cdots\cdots\\ \dfrac{\partial^2 f}{\partial x_n\partial x_1} & \dfrac{\partial^2 f}{\partial x_n\partial x_2}\cdots\cdots & \dfrac{\partial^2 f}{\partial x_n}\end{pmatrix}$$

とおくと

2次形式 $D^2f(\boldsymbol{x}_0)$ が正定符号形式 $\rightleftarrows$ $D^2f(\boldsymbol{x}_0)$ の行列 $\boldsymbol{A}$ が正定符号形式であるから，$\boldsymbol{A}$ についてのみ考察すればよい．

定理 10　n 次対称行列 $\boldsymbol{A}=(a_{ij})$ において $\left(a_{ij}=\dfrac{\partial^2 f}{\partial x_i \partial x_j}\ とおく\right)$

$$\boldsymbol{A}_1=[a_{11}],\ \boldsymbol{A}_2=\begin{bmatrix} a_{11} & a_{12} \\ a_{21} & a_{22} \end{bmatrix},\ \cdots\cdots,\ \boldsymbol{A}_k=\begin{bmatrix} a_{11} & a_{12}\cdots\cdots a_{1k} \\ a_{21} & a_{22}\cdots\cdots a_{2k} \\ \cdots\cdots & \cdots\cdots\cdots \\ a_{k1} & a_{k2}\cdots\cdots a_{kk} \end{bmatrix},\ \cdots\cdots,\ \boldsymbol{A}_n=\boldsymbol{A}$$

とおく．$\boldsymbol{A}$ が正の定符号形式であるための必要十分条件は

$$|\boldsymbol{A}_1|>0,\ |\boldsymbol{A}_2|>0,\ \cdots\cdots,\ |\boldsymbol{A}_n|>0$$

（証明）（ⅰ）$n=1$ のとき，$D^2f(\boldsymbol{x}_0)=Q(\boldsymbol{x}-\boldsymbol{x}_0)=Q(\boldsymbol{h})=a_{11}{h_1}^2$ だから，定理の成立することは明らかである．

（ⅱ）$n=k-1$ のとき，定理が成り立つとして，$n=k$ の場合を証明する．

$$\boldsymbol{A}_k=\begin{bmatrix} \boldsymbol{A}_{k-1} & \boldsymbol{a}_{k-1} \\ {\boldsymbol{a}_{k-1}}^t & a_{kk} \end{bmatrix},\quad \boldsymbol{h}=\begin{bmatrix} \boldsymbol{h}' \\ h_k \end{bmatrix}$$

と分解すると

$$Q(\boldsymbol{h})=(\boldsymbol{h}')^t\boldsymbol{A}_{k-1}\boldsymbol{h}'+2({\boldsymbol{a}_{k-1}}^t\boldsymbol{h}')h_k+a_{kk}{h_k}^2$$

と表わされる．$Q(\boldsymbol{h})$ が正の定符号形式ならば，$\boldsymbol{A}_{k-1}$ も正の定符号形式だから，したがって

$$|\boldsymbol{A}_1|>0,\ |\boldsymbol{A}_2|>0,\ \cdots\cdots,\ |\boldsymbol{A}_{k-1}|>0$$

そこで

$$\boldsymbol{h}'=\boldsymbol{y}_{k-1}-h_k{\boldsymbol{A}_{k-1}}^{-1}\boldsymbol{a}_{k-1}$$

とおくと

$$Q(\boldsymbol{h})={\boldsymbol{y}_{k-1}}^t\boldsymbol{A}_{k-1}\boldsymbol{y}_{k-1}+(a_{kk}-{\boldsymbol{a}_{k-1}}^t{\boldsymbol{A}_{k-1}}^{-1}\boldsymbol{a}_{k-1}){h_k}^2 \tag{18}$$

となる．したがって，$Q(\boldsymbol{h})$ が正の定符号であるためには

$$a_{kk}-{\boldsymbol{a}_{k-1}}^t{\boldsymbol{A}_{k-1}}^{-1}\boldsymbol{a}_{k-1}>0$$

が成立せねばならない．逆に $|\boldsymbol{A}_1|>0,\ \cdots,\ |\boldsymbol{A}_{k-1}|>0$ かつ $a_{kk}-{\boldsymbol{a}_{k-1}}^t{\boldsymbol{A}_{k-1}}^{-1}\boldsymbol{a}_{k-1}>0$ ならば，(18) 式は明らかに正の定符号になる．ところで

$$\boldsymbol{P}=\begin{bmatrix}\boldsymbol{E} & -\boldsymbol{A}_{k-1}{}^{-1}\boldsymbol{a}_{k-1}\\ \boldsymbol{0}^t & 1\end{bmatrix}$$

とおくと，$|\boldsymbol{P}|=1$ かつ

$$\boldsymbol{P}^t\boldsymbol{A}_k\boldsymbol{P}=\begin{bmatrix}\boldsymbol{A}_{k-1} & 0\\ \boldsymbol{0}^t & a_{kk}-\boldsymbol{a}_{k-1}{}^t\boldsymbol{A}_{k-1}{}^{-1}\boldsymbol{a}_{k-1}\end{bmatrix}$$

となって，

$$|\boldsymbol{A}_k|=|\boldsymbol{P}^t\boldsymbol{A}_k\boldsymbol{P}|=|\boldsymbol{A}_{k-1}|(a_{kk}-\boldsymbol{a}_{k-1}{}^t\boldsymbol{A}_{k-1}{}^{-1}\boldsymbol{a}_{k-1})$$

となる．したがって

$$|\boldsymbol{A}_{k-1}|>0 \quad \text{かつ} \quad (a_{kk}-\boldsymbol{a}_{k-1}{}^t\boldsymbol{A}_{k-1}{}^{-1}\boldsymbol{a}_{k-1})>0$$

ならば，$|\boldsymbol{A}_k|>0$．逆もいえる．よって定理は $n=k$ のときも成立する．

問20　n 次対称行列 $\boldsymbol{A}$ が非負定符号形式であるとき，（定理5）と同じように行列 $\boldsymbol{A}_1$, $\boldsymbol{A}_2,\cdots,\boldsymbol{A}_n$ を定義すると

$$|\boldsymbol{A}_1|\geqq 0,\ |\boldsymbol{A}_2|\geqq 0,\ \cdots\cdots,\ |\boldsymbol{A}_n|\geqq 0$$

であることを示せ．（ただし，これは必要条件にすぎない）

問21　n 次対称行列 $\boldsymbol{A}$ が負の定符号形式であるための必要十分条件は

$$(-1)^k\boldsymbol{A}_k>0 \quad (k=1,2,\cdots\cdots,n)$$

であることを示せ．

定理11　$\boldsymbol{R}^n \xrightarrow{f} \boldsymbol{R}$ なる関数 $f(\boldsymbol{x})$ が，$\boldsymbol{C}^2[v(\boldsymbol{x}_0)]$ 級で，$\boldsymbol{x}=\boldsymbol{x}_0$ は臨界点としたとき，2階導関数のつくる行列が正の定符号形式ならば，$\boldsymbol{x}=\boldsymbol{x}_0$ は極小点，負の定符号形式ならば $\boldsymbol{x}=\boldsymbol{x}_0$ は極大点になる．これは f が極値をもつための十分条件である．

系　$\boldsymbol{R}^2 \xrightarrow{f} \boldsymbol{R}$ において，$f(x,y)\in\boldsymbol{C}^2[v(x_0,y_0)]$，点 (x_0,y_0) が臨界点のとき

$$\varDelta=\left\{\frac{\partial^2 f(x_0,y_0)}{\partial x\partial y}\right\}^2-\frac{\partial^2 f(x_0,y_0)}{\partial x^2}\,\frac{\partial^2 f(x_0,y_0)}{\partial y^2}$$

とおき，

$\varDelta<0,\quad \dfrac{\partial^2 f(x_0,y_0)}{\partial x^2}>0$ ならば，(x_0,y_0) で極小点になる．

$\varDelta<0,\quad \dfrac{\partial^2 f(x_0,y_0)}{\partial x^2}<0$ ならば，(x_0,y_0) で極大点になる．

（証明）（定理 11）を 2 変数の場合にかき直したものにすぎない．

例 13 $f(x,y)=x^3-3axy+y^3$ $(a>0)$ の極値を求めよ．$f(x,y)=0$ とおいた曲線はデカルトの正葉線になる（図 4）．

（解） 連立方程式

$$\begin{cases} \dfrac{\partial f}{\partial x}=3(x^2-ay)=0 \\ \dfrac{\partial f}{\partial y}=3(y^2-ax)=0 \end{cases}$$

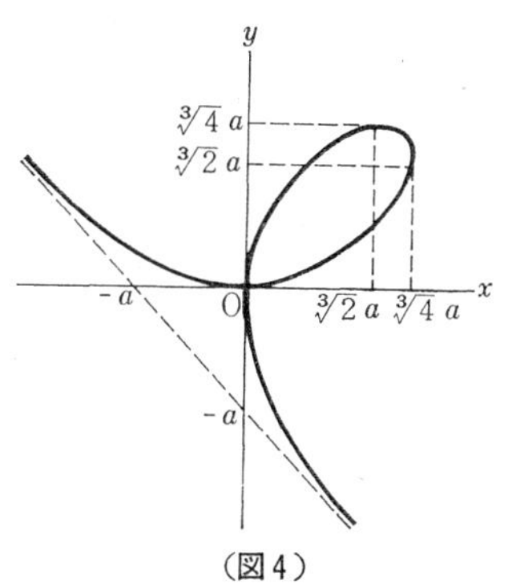

（図 4）

を解いて，$x=y=0$, $x=y=a$． また

$$A=\begin{pmatrix} \dfrac{\partial^2 f}{\partial x^2} & \dfrac{\partial^2 f}{\partial x \partial y} \\ \dfrac{\partial^2 f}{\partial y \partial x} & \dfrac{\partial^2 f}{\partial y^2} \end{pmatrix}=\begin{pmatrix} 6x & -3a \\ -3a & 6y \end{pmatrix}$$

だから，$x=y=0$ において，$|A|=-9a^2<0$, $\dfrac{\partial^2 f}{\partial x^2}=0$．ゆえに，$x=y=0$ では極値はとらない．しかし，$x=y=a$ においては，$|A|=27a^2>0$, $\dfrac{\partial^2 f}{\partial x^2}=6a>0$

ゆえに，$x=y=a$ において極小値 $-a^3$ をとる．

例 14 空間内にある n 個の点から，これらの点にいたる距離の平方の和が極小になる点の位置を求めよう．

n 個の点の座標を $(a_1,b_1,c_1),(a_2,b_2,c_2),\cdots,(a_n,b_n,c_n)$，求める点の座標を (x,y,z) とすると

$$f(x,y,z)=\sum_{i=1}^{n}\{(x-a_i)^2+(y-b_i)^2+(z-b_i)^2\}$$

とおき，f を極小にすればよい．

$$\begin{cases} \dfrac{\partial f}{\partial x}=2\sum\limits_{i=1}^{n}(x-a_i)=2nx-2\sum\limits_{i=1}^{n}a_i=0 \\ \dfrac{\partial f}{\partial y}=2\sum\limits_{i=1}^{n}(y-b_i)=2ny-2\sum\limits_{i=1}^{n}b_i=0 \\ \dfrac{\partial f}{\partial z}=2\sum\limits_{i=1}^{n}(z-c_i)=2nz-2\sum\limits_{i=1}^{n}c_i=0 \end{cases}$$

を解いて

$$x=\frac{\sum_{i=1}^{n}a_i}{n},\ y=\frac{\sum_{i=1}^{u}b_i}{n},\ z=\frac{\sum_{i=1}^{n}c_i}{n}$$

である．また，

$$\boldsymbol{A}=\begin{pmatrix}2n & 0 & 0\\ 0 & 2n & 0\\ 0 & 0 & 2n\end{pmatrix}$$

$|\boldsymbol{A}_1|=2n>0$, $|\boldsymbol{A}_2|=4n^2>0$, $|\boldsymbol{A}_3|=|\boldsymbol{A}|=8n^3>0$ で，$\boldsymbol{A}$ は正の定符号形式である．よって，上で求めた点が，f を極小にする．n 個の点が同じ質量をもつ質点とみれば，f を極小にする点はこの系の重心である．

問22　$ax^2+2bxy+cy^2$ が極値をもつための必要十分条件を求めよ．

問23　$ax^2+by^2+cz^2+2dyz+2exz+2fxy$ が極値をもつための必要十分条件を求めよ．

問24　次の関数の極値を求めよ．

①　$f(x,y)=x^2-2xy^2+y-y^5$

②　$f(x,y)=(ax^2+by^2)\exp(-x^2-y^2)$　$(a>q>0)$

③　$f(x,y)=x^2+4xy-y^2-8x-6y$

④　$f(x,y)=ax^2+2hxy+by^2+2gx+2fy+c$

⑤　$f(x,y,z)=x^2+y^2+z^2+xy$

⑥　$f(x_1,x_2,\cdots\cdots,x_n)=\exp(-x_1{}^2-x_2{}^2-\cdots\cdots-x_n{}^2)$

■問 題 解 答■

問3　①　$\frac{3}{\sqrt{2}}$　②　$\frac{4}{\sqrt{3}}$　③　0

問4　①　$(2,1)$　②　$(2m\pi,-1)$, $((2m+1)\pi,1)$　（m は整数）　③　$(0,0,0)$
④　臨界点なし

問5　極大値 $f(\frac{1}{\sqrt{2}},\ \frac{1}{\sqrt{2}},\ 2)=\sqrt{2}+2$,　極小値 $f(-\frac{1}{\sqrt{2}},\ -\frac{1}{\sqrt{2}},\ 2)=-\sqrt{2}+2$

問6　定数関数の集合

問9　$\begin{bmatrix}1 & -3 & 2\\ -2 & 6 & -4\end{bmatrix}\begin{bmatrix}x_1\\ x_2\\ x_3\end{bmatrix}=\begin{bmatrix}0\\ 0\end{bmatrix}$ をみたす x_1,x_2,x_3 を求める．$x_1-3x_2+2x_3=0$ を解くとよい．$\boldsymbol{N}$ の基底は $\left\{\begin{bmatrix}1\\ 1\\ 1\end{bmatrix},\begin{bmatrix}-2\\ 0\\ 1\end{bmatrix}\right\}$, $\dim(\boldsymbol{N})=2$.　一方，$\dim(\boldsymbol{f}$ の定義域$)=$

$\dim(\boldsymbol{R}^3)=3$. $\dim(\boldsymbol{f}$の値域$)=1$, 基底は $\left\{\begin{bmatrix} 1 \\ -2 \end{bmatrix}\right\}$

問10 $\left(0,\ \pm\dfrac{1}{\sqrt{2}},\ 0\right)$ において，最小値$\dfrac{1}{2}$をとる．

問11 $\left(\pm\dfrac{1}{2},\ \pm\dfrac{1}{\sqrt{2}},\ \pm\dfrac{1}{2}\right)$ のとき，最大値 $1+\dfrac{1}{\sqrt{2}}$をとる．

問12 距離の最小値は $\sqrt{\dfrac{(A-A')^2+(B-B')^2+(C-C')^2}{(BC'-B'C)^2+(CA'-C'A)^2+(AB'-A'B)^2}}$

問16 ③ $\boldsymbol{A}=(a_{ij})$, $\boldsymbol{B}=(b_{jk})$ とおくと，$\boldsymbol{A}^t=(a_{ji})$, $\boldsymbol{B}^t=(b_{kj})$

$$\boldsymbol{B}^t\boldsymbol{A}^t=(b_{kj})(a_{ji}=\left(\sum_{j=1}^{n} b_{kj}a_{ji}\right)$$

一方

$$\boldsymbol{AB}=\left(\sum_{j=1}^{n} a_{ij}b_{jk}\right),\ (\boldsymbol{AB})^t=\left(\sum_{j=1}^{n} b_{kj}a_{ji}\right)=\boldsymbol{B}^t\boldsymbol{A}^t$$

問17 ① どちらでもない．②④は正の定符号形式 ③は負の定符号形式

問18 (1) $Q=5u^2+2v^2$, $\boldsymbol{x}_1=\begin{bmatrix} \dfrac{1}{\sqrt{3}} \\ \dfrac{\sqrt{2}}{\sqrt{3}} \end{bmatrix}$, $\boldsymbol{x}_2=\begin{bmatrix} \dfrac{\sqrt{2}}{\sqrt{3}} \\ \dfrac{-1}{\sqrt{3}} \end{bmatrix}$

(2) $Q=6u^2+2v^2$, $\boldsymbol{x}_1=\begin{bmatrix} \dfrac{1}{2} \\ \dfrac{\sqrt{3}}{2} \end{bmatrix}$, $\boldsymbol{x}_2=\begin{bmatrix} \dfrac{-\sqrt{3}}{2} \\ \dfrac{1}{2} \end{bmatrix}$

(3) $Q=\dfrac{9}{2}u^2-\dfrac{9}{2}v^2+0w^2$, $\boldsymbol{x}_1=\begin{bmatrix} \dfrac{1}{\sqrt{2}} \\ \dfrac{-1}{\sqrt{2}} \\ 0 \end{bmatrix}$, $\boldsymbol{x}_2=\begin{bmatrix} \dfrac{1}{3\sqrt{2}} \\ \dfrac{1}{3\sqrt{2}} \\ \dfrac{4}{3\sqrt{2}} \end{bmatrix}$, $\boldsymbol{x}_3=\begin{bmatrix} \dfrac{2}{3} \\ \dfrac{2}{3} \\ -\dfrac{1}{3} \end{bmatrix}$

(4) $Q=6u^2+v^2$, $\boldsymbol{x}_1=\begin{bmatrix} \dfrac{1}{\sqrt{5}} \\ \dfrac{2}{\sqrt{5}} \end{bmatrix}$, $\boldsymbol{x}_2=\begin{bmatrix} \dfrac{-2}{\sqrt{5}} \\ \dfrac{1}{\sqrt{5}} \end{bmatrix}$

(5) $Q=3u^2+0v^2-3w^2$, $\boldsymbol{x}_1=\begin{bmatrix} \dfrac{1}{3} \\ \dfrac{2}{3} \\ \dfrac{2}{3} \end{bmatrix}$, $\boldsymbol{x}_2=\begin{bmatrix} \dfrac{2}{3} \\ \dfrac{1}{3} \\ -\dfrac{2}{3} \end{bmatrix}$, $\boldsymbol{x}_3=\begin{bmatrix} \dfrac{2}{3} \\ -\dfrac{2}{3} \\ \dfrac{1}{3} \end{bmatrix}$

問19 (1) 5 (2) 6 (3) $\dfrac{9}{2}$ (4) 6 (5) 3

問22 $a>0$, $ac-b^2>0$ ならば $x=y=0$ で極小．$a<0$, $ac-b^2>0$ ならば $x=y=0$ で極大

問23 $x=y=z=0$ で，$A=\begin{pmatrix} a & f & e \\ f & b & d \\ e & d & c \end{pmatrix}$ が正の定符号形式ならば極小，負の定符号形式ならば極大

問24 ① $x=1$，$y=-1$ で極小値-1 ② $x=y=0$ のとき，極小値 0．$x=\pm 1$，$y=0$ のとき，極大値$\dfrac{a}{e}$ ③ 極値なし

④ $a>0$，$ab-h^2>0$ のとき $x=\dfrac{fh-bg}{ab-h^2}$，$y=\dfrac{gh-af}{ab-h^2}$ において極小値；$a<0$，$ab-h^2>0$ のとき，同じ点で極大値，いずれも $\dfrac{2fgh+abc-af^2-bg^2-ch^2}{ab-h^2}$

⑤ $x=y=z=0$ で極小値 0 ⑥ $x_1=x_2=\cdots\cdots=x_n=0$ で極大値 1

第 10 講　反復積分と多重積分

多重積分を体積と考える
ことにより，それを反復
積分に帰着させる方法が
見出される．

① 反 復 積 分

手はじめに，$\boldsymbol{R}^2 \xrightarrow{f} \boldsymbol{R}$ の反復積分から始めよう．

$\boldsymbol{D}$ を長方形 $[a, b]\times[c, d]$ とし，$f(x, y)$ は $\boldsymbol{D}$ の上で定義されているとする．区間 $[a, b]$ 内のおのおのの x に対して，$f(x, y)$ が y について $[c, d]$ 上で積分可能なとき，

$$F(x)=\int_c^d f(x, y)dy$$

は，x を固定したとき得られる1実変数関数の定積分である．これは明らかに x に従属する．さらに $F(x)$ が $[a, b]$ 上で x について積分可能ならば

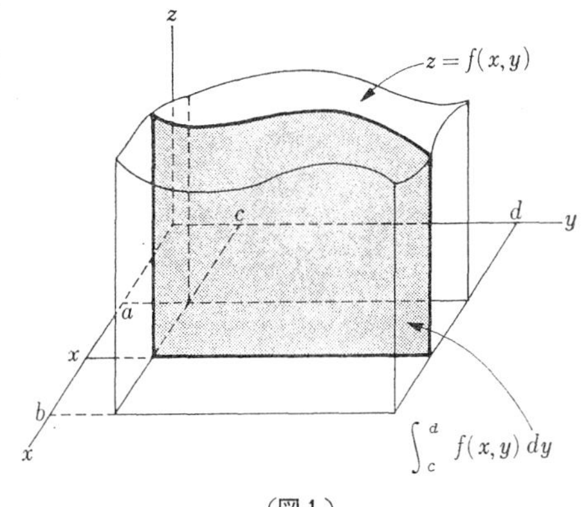

（図1）

$$\int_a^b F(x)dx=\int_a^b\left[\int_c^d f(x,y)dy\right]dx$$

なる定積分がえられる．この積分を**反復積分** (iterated integral) といい，普通，括弧を省略して

$$\int_a^b dx\int_c^d f(x,y)dy$$

とかく．この記法は，積分記号 $\int_c^d$ には y, $\int_a^b$ には x が変数であることを強調する便利さをもつ．反復積分の幾何学的意味は，曲面 $z=f(x,y)$ より以下で $a\leqq x\leqq b$, $c\leqq y\leqq d$ の範囲の立体の体積であるとみなせることは，上の図から明らかであろう．

例1 $\boldsymbol{D}=[0,1]\times[1,2]$ 上で定義された関数 $f(x,y)=x^2+y$ の反復積分を求めよう．

$$\int_0^1 dx\int_1^2(x^2+y)dy=\int_0^1\left[x^2y+\frac{y^2}{2}\right]_{y=1}^{y=2}dy$$

$$=\int_0^1\left[(2x^2+2)-\left(x^2+\frac{1}{2}\right)\right]dx=\int_0^1\left(x^2+\frac{3}{2}\right)dx=\frac{11}{6}$$

反対の順序に積分すると

$$\int_1^2 dy\int_0^1(x^2+y)dx=\int_1^2\left(\frac{x^3}{3}-xy\right]_{x=0}^{x=1}dy=\int_1^2\left(\frac{1}{3}+y\right)dy=\frac{11}{6}$$

となって，両者は一致する．

問1 ① $\int_0^2 dx\int_1^3(x+y)dy$　　② $\int_{-1}^0 dx\int_1^2(x^2y^2+xy^3)dy$

③ $\int_0^2 dy\int_1^3|x-2|\sin y\,dx$　　④ $\int_1^0 dx\int_2^0(x+y^2)dy$

$g_1(x), g_2(x)$ を閉区間 $[a,b]$ $(a\leqq b)$ 上のなめらかな2つの関数とし，この区間内のすべての x に対して

$$c<g_1(x)\leqq g_2(x)<d$$

であるとする．このとき，$g_1(x)$ と $g_2(x)$ は $x=a$, $x=b$ および2つの曲線 $y=g_1(x), y=g_2(x)$ の間にある1

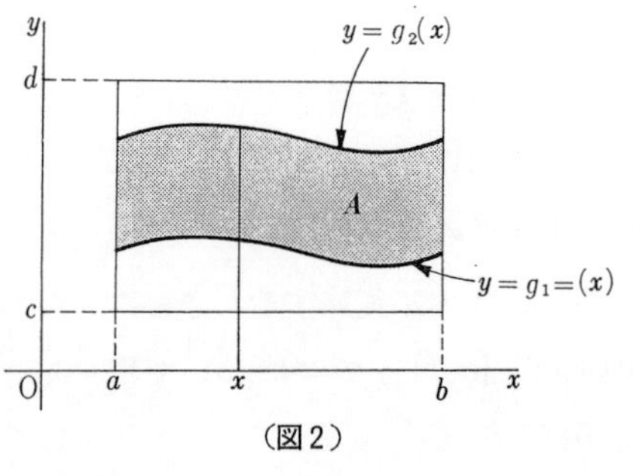

（図2）

つの領域 $\boldsymbol{A}$ を定める．そして

$$f(x,y)=\begin{cases} f(x,y),\ (x,y)\in\boldsymbol{A} \\ 0,\ (x,y)\in\boldsymbol{A}^c\cap([a,b]\times[c,d]) \end{cases}$$

とおくと

$$\int_c^d f(x,y)dy=\int_c^{g_1(x)}0\,dy+\int_{g_1(x)}^{g_2(x)}f(x,y)dy+\int_{g_2(x)}^d 0\,dy$$
$$=\int_{g_1(x)}^{g_2(x)}f(x,y)dy$$

したがって，長方形 $[a,b]\times[c,d]$ 上での $f(x,y)$ の反復積分は

$$\int_a^b dx\int_{g_1(x)}^{g_2(x)}f(x,y)dy$$

なる反復積分に等しい．

例 2　$x=0,\ y=0,\ y\leqq 1-x^2$ で囲まれる領域上で，関数 $f(x,y)=x+y$ の反復積分を求めよう．

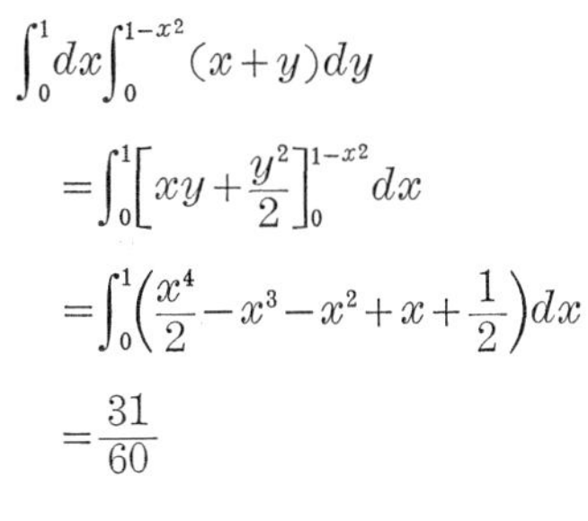

$$\int_0^1 dx\int_0^{1-x^2}(x+y)dy$$
$$=\int_0^1\left[xy+\frac{y^2}{2}\right]_0^{1-x^2}dx$$
$$=\int_0^1\left(\frac{x^4}{2}-x^3-x^2+x+\frac{1}{2}\right)dx$$
$$=\frac{31}{60}$$

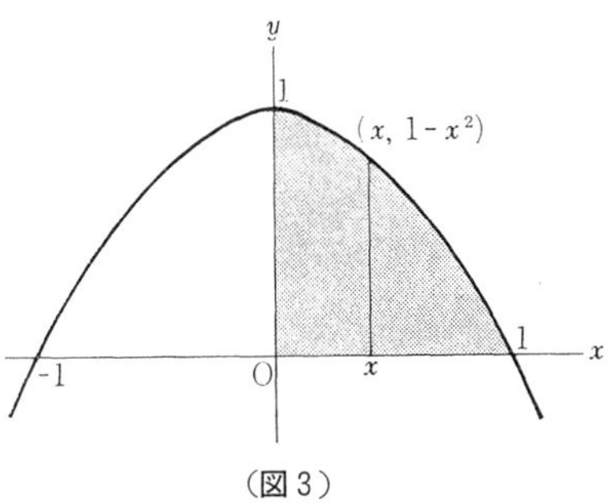

（図 3）

ここで

$\int_0^1 dx\int_0^{1-x^2}dy$ は陰影部の面積である．

問 2　次の反復積分の値を求め，あわせて積分の領域をえがけ．

① $\int_0^{\pi/2}dy\int_{-y}^{y}\sin x\,dx$　② $\int_{-2}^{1}dy\int_0^{y^2}(x^2+y)dx$　③ $\int_{-1}^{1}dx\int_0^{|x|}dy$

④ $\int_0^1 dx\int_0^{\sqrt{1-x^2}}dy$　⑤ $\int_1^{-1}dx\int_x^{2x}e^{x+y}dy$　⑥ $\int_0^{\pi/2}dy\int_0^{\cos y}x\sin y\,dx$

⑦ $\int_1^2 dx\int_{x^2}^{x^3}x\,dy$

2次元以上の空間の部分集合の上で定義された関数に対しても，反復積分は同じように計算できる．

例 3　$\int_0^1 dx\int_{x^2}^{x} dy\int_x^{2x+y}(x+y+2z)dz$

$$=\int_0^1 dx\int_{x^2}^{x}(4x^2+6xy+2y^2)dy$$

$$=\int_0^1\left(\frac{23}{3}x^3-4x^4-3x^5-\frac{2}{3}x^6\right)dx$$

$$=\frac{23}{12}-\frac{4}{5}-\frac{1}{2}-\frac{2}{21}$$

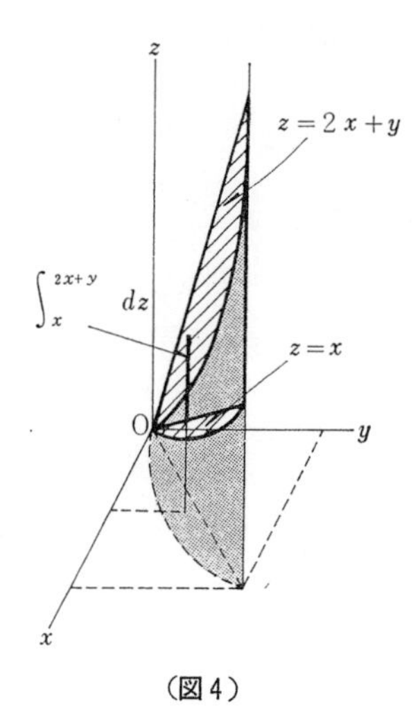

（図 4）

この積分の領域は右の図の通りである（太い線に限られた部分）．また，同じ積分領域において，反復積分

$$\int_0^1 dx\int_{x^2}^{x} dy\int_x^{2x+y} dz=\frac{3}{20}$$

は，この積分領域の体積である．

問 3　次の反復積分を計算せよ．

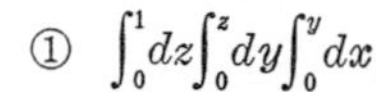
①　$\int_0^1 dz\int_0^z dy\int_0^y dx$　　②　$\int_0^2 dx\int_1^x dy\int_2^{x+y-1} y\,dz$　　③　$\int_1^2 dy\int_0^1 dx\int_x^y dz$

④　$\int_{-1}^1 dx\int_0^{|x|} dy\int_0^1 (x+y+z)dz$　　⑤　$\int_0^\pi \sin x\,dx\int_0^1 dy\int_0^2 (x+y+z)dz$

⑥　$\int_0^c dx\int_0^b dy\int_0^a (x^2+y^2+z^2)dz$　　⑦　$\int_0^1 dx\int_{-x}^{x} dy\int_{-x-y}^{x+y} dz\int_{-z}^{x} dw$

例 4　n 回の反復積分

$$I_n=\int_0^1 dx_1\int_0^{x_1} dx_2\cdots\int_0^{x_{n-1}} dx_n$$

は不等式

$$0\leqq x_n\leqq x_{n-1}\leqq\cdots\cdots\leqq x_2\leqq x_1\leqq 1$$

によって定義される n 次元ユークリッド空間内の領域の体積と考えることがで

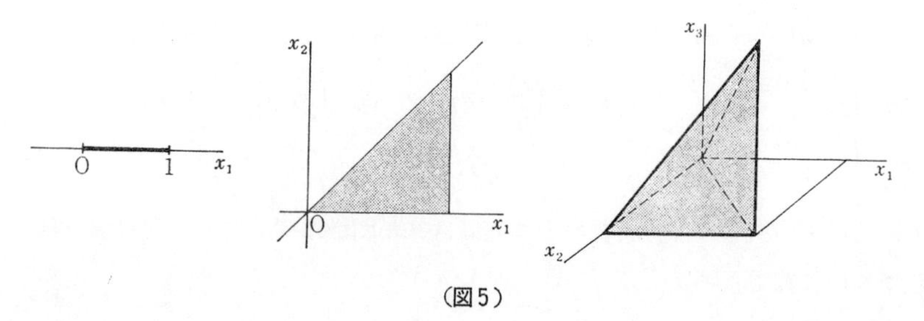

（図 5）

きる.

(n=1 のとき) $\int_0^1 dx_1=1$

(n=2 のとき) $\int_0^1 dx_1\int_0^{x_1} dx_2=\frac{1}{2}$

(n=3 のとき) $\int_0^1 dx_1\int_0^{x_1} dx_2\int_0^{x_2} dx_3=\frac{1}{6}$

$n=1,2,3$ のときは，上の図から明らかなように，それぞれ長さ，面積，体積である．I_n は直接計算すると

$$\begin{aligned}I_n&=\int_0^1 dx_1\int_0^{x_1} dx_2\cdots\int_0^{x_{n-2}} x_{n-1}dx_{n-1}\\&=\int_0^1 dx_1\int_0^{x_1} dx_2\cdots\int_0^{x_{n-3}} \frac{{x_{n-2}}^2}{2!}dx_{n-2}\\&=\int_0^1 dx_1\int_0^{x_1} dx_2\cdots\int_0^{x_{n-4}} \frac{{x_{n-3}}^3}{3!}dx_{n-3}\\&=\cdots\cdots=\int_0^1\frac{{x_1}^{n-1}}{(n-1)!}dx_1=\frac{1}{n!}\end{aligned}$$

問 4 超立方体 (hypercube) $0\leqq x_1\leqq 1$, $0\leqq x_2\leqq 1$, …, $0\leqq x_n\leqq 1$ の上で定義された関数 $f(x_1,\cdots,x_n)=x_1x_2\cdots x_n$ がある．

$$\int_0^1 dx_1\int_0^1 dx_2\cdots\int_0^1 f(x_1,\cdots,x_n)dx_n$$

を求めよ．

問 5 積分

$$\int_{a_1}^{b_1} dx_1\int_{a_2}^{b_2} dx_2\cdots\int_{a_n}^{b_n} f(x_1,\cdots,x_n)dx_n$$

において，偶数個の積分記号における上限と下限の値の順序が逆に入れかわるとき，積分の値は元の積分の値と同じである．奇数個の積分記号における上限と下限の値の順序が入れかわるとき，積分の値は元の積分値と異符号で絶対値が等しい．このことを証明せよ．

問 6 $\int_0^1 dx_1\int_0^1 dx_2\cdots\int_0^1 dx_{n-1}\int_0^{x_1}(x_1+x_2)dx_n$

の値を求めよ．

問 7 $\int_0^x dx_1\int_0^{x_1} dx_2\cdots\int_0^{x_{n-1}} f(x_n)dx_n=\frac{1}{(n-1)!}\int_0^x(x-t)^{n-1}f(t)dt$

であることを証明せよ．

② 多重積分の定義

多重積分は，前節の反復積分と密接な関連はあるが，しかしそれらは同じも

のではない．1変数の関数の定積分は，曲線下の面積の考え方と結びついて定義されたように，多重積分は，n 次元空間の多様体の体積を定義するのに用いられる．

まず，n 次元空間 $\boldsymbol{R}^n$ 内の超直方体（coordinates hyperrectangle）とは

$$\boldsymbol{D}=\{(x_1, \cdots, x_n) \mid a_i \leqq x_i \leqq b_i,\ i=1, 2, \cdots, n\} \tag{1}$$

で定義される集合である．不等号＜をもって記号≦におきかえた

$$\{(x_1, \cdots, x_n) \mid a_i < x_i < b_i,\ i=1, \cdots, n\}$$

も超直方体という．前者は閉じた直方体，後者は開いた直方体である．さらにある i について≦が＜におきかわってもよい．

	$n=1$	$n=2$	$n=3$	$n \geqq 4$
超直方体	区　間	長方形	直方体	超直方体

超直方体の体積 $V(\boldsymbol{D})$ は，$\boldsymbol{D}$ が閉じていようが，開いていようが

$$V(\boldsymbol{D})=(b_1-a_1)(b_2-a_2)\cdots\cdots(b_n-a_n) \tag{2}$$

によって定義する．これは直積集合の濃度が

$$n(\boldsymbol{A}\times\boldsymbol{B})=n(\boldsymbol{A})n(\boldsymbol{B})$$

であることの拡張である．(2) において，$a_i=b_i$ ならば

$$V(\boldsymbol{D})=0$$

となり，このとき $\boldsymbol{D}$ は退化した超直方体という．2次元空間 $\boldsymbol{R}^2$ においては，$V(\boldsymbol{D})$ を，とくに面積 $A(\boldsymbol{D})$ とかくことがある．

$\boldsymbol{R}^n$ の部分集合 $\boldsymbol{B}$ は，$\boldsymbol{B}$ 内のすべての $\boldsymbol{x}$ に対して，$\|\boldsymbol{x}\|<k$ なる如き実数 k が存在すれば，有界な集合であるという．座標平面に平行な $\boldsymbol{R}^n$ 内の $n-1$ 次元超平面の有限集合は**格子**（grid）とよばれる．下の図で表わされる通り，格子は $\boldsymbol{R}^n$ を有限個の閉有界超直方体と有限個の非有界領域に分離する．そして，もし集合 $\boldsymbol{B}$ が有界な超直方体 $\boldsymbol{D}_1, \boldsymbol{D}_2, \cdots, \boldsymbol{D}_r$ の合併集合 $\boldsymbol{D}_1\cup\boldsymbol{D}_2\cup\cdots\cup\boldsymbol{D}_r$ に含まれるならば，格子は $\boldsymbol{R}^n$ の部分集合 $\boldsymbol{B}$ を覆うという．明らかに，1つの集合は，その集合が有界なる場合に限り，格子によって覆うことができる．格子の細かさの測度としては，超直方体 $\boldsymbol{D}_1, \cdots, \boldsymbol{D}_r$ の辺の長さの最大値をとり，$m(\boldsymbol{D})$ で表わす．

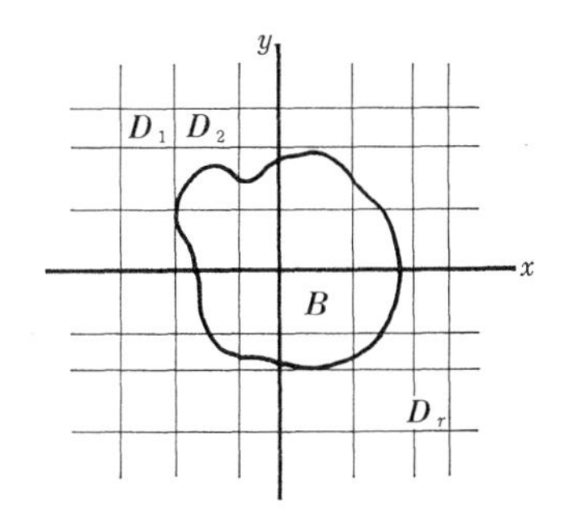

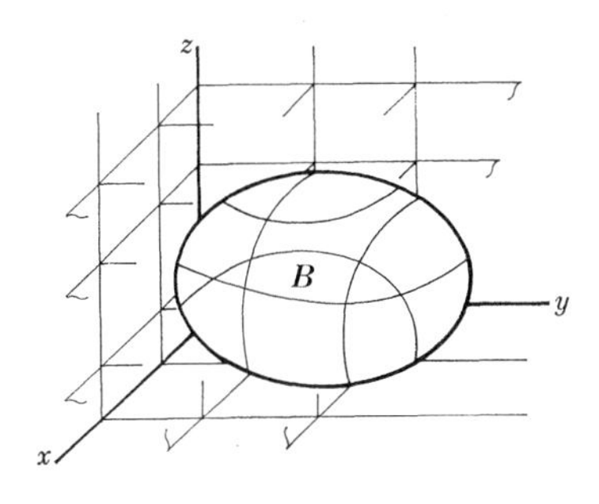

（図６）

多重積分を定義するにあたって，関数 $\boldsymbol{R}^n \xrightarrow{f} \boldsymbol{R}$ において

（a） f の定義域の有界部分集合を $\boldsymbol{B}$ とする．

（b） f は $\boldsymbol{B}$ の上で有界，つまり $\forall \boldsymbol{x} \in \boldsymbol{B}, |f(\boldsymbol{x})| \leqq K$ であるとする．

（c） $f_{\boldsymbol{B}}(\boldsymbol{x})=\begin{cases} f(\boldsymbol{x}) & (\boldsymbol{x} \in \boldsymbol{B}) \\ 0 & (\boldsymbol{x} \notin \boldsymbol{B}) \end{cases}$ とおく．

（d） $\boldsymbol{B}$ を覆う格子によって形成される有界な超直方体を $\boldsymbol{D}_i(i=1, 2, \cdots, m)$ とかく．

このとき，$\boldsymbol{B}$ の上の Riemann 和（リーマン和）を

$$S_{\boldsymbol{D}}=\sum_{i=1}^{m} f_{\boldsymbol{B}}(\boldsymbol{x}_i)V(\boldsymbol{D}_i), \qquad \boldsymbol{x}_i \in \boldsymbol{D}_i \tag{3}$$

と定義する．与えられた関数 f と $\boldsymbol{B}$ に対して，この値は格子と $\boldsymbol{x}_1, \cdots, \boldsymbol{x}_m$ の値に従属する．もし，どのような格子をとっても

$$\lim_{m(\boldsymbol{D}) \to 0} \sum_{i=1}^{m} f_{\boldsymbol{B}}(\boldsymbol{x}_i)V(\boldsymbol{D}_i) \tag{4}$$

が存在し，かつその値が一意であれば，これを $\boldsymbol{B}$ の上の f の 積分といい，$\int_{\boldsymbol{B}} f dV$ によって示す．もし，$\int_{\boldsymbol{B}} f dV$ が存在すれば，f は $\boldsymbol{B}$ の上で**積分可能**であるといわれる．(4) 式は論理的には

$$\forall \varepsilon>0\{\exists \delta>0, m(\boldsymbol{D})<\delta \longrightarrow |S_{\boldsymbol{D}}-\int_{\boldsymbol{B}} f dV|<\varepsilon\}$$

となる．

もし，f が１実変数の実関数ならば，$\boldsymbol{B}$ は区間 $[a, b]$ で，$\int_B f dV$ は，普通

の定積分 $\int_a^b f(x)dx$ となる．また，別の記法として，

$n=2$ ならば $\int_{\boldsymbol{B}} fdA$, $\int_{\boldsymbol{B}} f(x,y)dxdy$, $\iint_{\boldsymbol{B}} f(x,y)dxdy$　（2重積分）

$n=3$ ならば $\int_{\boldsymbol{B}} f(x,y,z)dxdydz$, $\iiint_{\boldsymbol{B}} f(x,y,z)dxdydz$　（3重積分）

任意の n に対しては $\int_{\boldsymbol{B}} f\,dx_1\cdots dx_n$, $\iint\cdots\int_{\boldsymbol{B}} f\,dx_1\cdots dx_n$　（n 重積分）

とかくことがある．

例5　多重積分 $\int_{\boldsymbol{B}}(2x+y)dxdy$，但し $\boldsymbol{B}=[0,1]\times[0,2]$ の値を求めよ．

直線 $x=\dfrac{i}{m}$ $(i=0,1,\cdots,m)$ と $y=\dfrac{j}{m}$ $(j=0,1,\cdots,2m)$ からなる格子を作る．$m(\boldsymbol{D})=\dfrac{1}{m}$，各長方形 $\boldsymbol{D}_{ij}$ の面積は $\dfrac{1}{m^2}$ である．

$$\boldsymbol{x}_{ij}=(x_i,y_j)=\left(\frac{i}{m},\ \frac{j}{m}\right)$$

とおくと，Riemann 和は

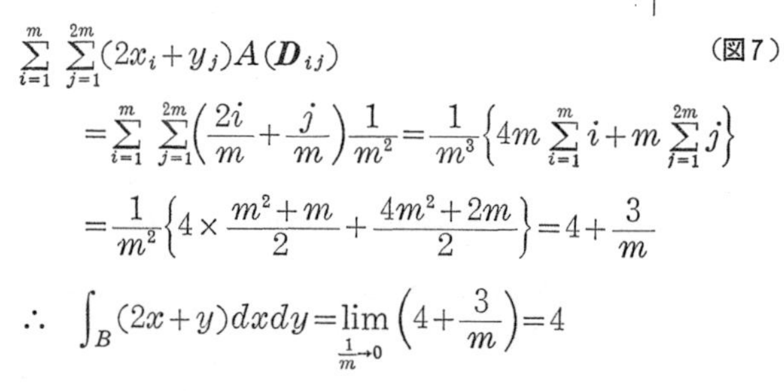

$$\sum_{i=1}^{m}\sum_{j=1}^{2m}(2x_i+y_j)A(\boldsymbol{D}_{ij})$$

$$=\sum_{i=1}^{m}\sum_{j=1}^{2m}\left(\frac{2i}{m}+\frac{j}{m}\right)\frac{1}{m^2}=\frac{1}{m^3}\left\{4m\sum_{i=1}^{m}i+m\sum_{j=1}^{2m}j\right\}$$

$$=\frac{1}{m^2}\left\{4\times\frac{m^2+m}{2}+\frac{4m^2+2m}{2}\right\}=4+\frac{3}{m}$$

$$\therefore\quad \int_B(2x+y)dxdy=\lim_{\frac{1}{m}\to 0}\left(4+\frac{3}{m}\right)=4$$

（図7）

問8　リーマン和の極限として，$\int_{\boldsymbol{B}} f(x,y)dxdy$ の値を計算せよ．

① $f(x,y)=x+4y$,　　$\boldsymbol{B}=[0,2]\times[0,1]$

② $f(x,y)=3x^2+2y$,　　$\boldsymbol{B}=[0,2]\times[0,1]$

③　多重積分の諸性質

多重積分の定義，つまり Riemann 和にもとづいて求めていく方法は非常

に計算がわずらわしいことは，例5，および問8で経験ずみである．しかし，幸いにも，多重積分は Riemann 和にもとづかなくても，1次元積分の反復適用によって容易に求められる．

定理1 $\boldsymbol{R}^n$ の部分集合 $\boldsymbol{B}$ の上で反復積分

$$\int dx_1 \int dx_2 \cdots \int f\, dx_n$$

が存在するものとする．加うるに，そのとき多重積分

$$\int_{\boldsymbol{B}} f dV$$

も存在すれば，2つの積分値は相等しい．

系 もし $\int_{\boldsymbol{B}} f dV$ が存在し，かつ反復積分がある積分の順序に対して存在すれば，反復積分は積分の順序をどのように入れかえても，結果は相等しい．

定理1は後程証明するとして，多重積分の性質は，次の4つの定理にまとめられる．

定理2 線型性 f と g は $\boldsymbol{B}$ の上で積分可能，かつ a, b は任意の実数であれば，$af+bg$ も $\boldsymbol{B}$ の上で積分可能であり，

$$\int_{\boldsymbol{B}} (af+bg) dV = a\int_{\boldsymbol{B}} f dV + b\int_{\boldsymbol{B}} g dV$$

これは $\int_a^b \{kf(x)+mg(x)\}dx = k\int_a^b f(x)dx + m\int_a^b g(x)dx$ に相等する．

（証明） 関数 $f_{\boldsymbol{B}}, g_{\boldsymbol{B}}$ を定義し，格子の細かさ $m(\boldsymbol{D})<\delta$ となる格子に対して，$f_{\boldsymbol{B}}, g_{\boldsymbol{B}}$ の Riemann 和を $S^1{}_{\boldsymbol{D}}, S^2{}_{\boldsymbol{D}}$ とする．そのとき，

$$\forall \varepsilon < 0, \exists \delta > 0, m(\boldsymbol{D}) < \delta \longrightarrow$$

$$|a|\left|S^1{}_{\boldsymbol{D}} - \int_{\boldsymbol{B}} f dV\right| < \frac{\varepsilon}{2} \quad かつ \quad |b|\left|S^2{}_{\boldsymbol{D}} - \int_{\boldsymbol{B}} f dV\right| < \frac{\varepsilon}{2}$$

$m(\boldsymbol{D})<\delta$ なる格子に対して，

$$\begin{aligned}S_D&=\sum_i (af+bg)_{\boldsymbol{B}}(\boldsymbol{x}_i)V(\boldsymbol{D}_i)\\&=a\sum_i f_{\boldsymbol{B}}(\boldsymbol{x}_i)V(\boldsymbol{D}_i)+b\sum_i g_{\boldsymbol{B}}(\boldsymbol{x}_i)V(\boldsymbol{D}_i)\\&=aS^1{}_{\boldsymbol{D}}+bS^2{}_{\boldsymbol{D}}\end{aligned}$$

そこで

$$\left|S_{\boldsymbol{D}}-a\int_{\boldsymbol{B}}fdV-b\int_{\boldsymbol{B}}gdV\right|=\left|aS^1{}_{\boldsymbol{D}}-a\int_{\boldsymbol{B}}fdV+bS^2{}_{\boldsymbol{D}}-b\int_{\boldsymbol{B}}gdV\right|$$

$$\leqq|a|\left|S^1{}_{\boldsymbol{D}}-\int_{\boldsymbol{B}}fdV\right|+|b|\left|S^2{}_{\boldsymbol{D}}-\int_{\boldsymbol{B}}gdV\right|<\frac{\varepsilon}{2}+\frac{\varepsilon}{2}=\varepsilon$$

$$\therefore\quad \int_B(af+bg)dV=\lim_{m(D)\to 0}\sum_i (af+bg)_B(\boldsymbol{x}_i)V(\boldsymbol{D}_i)=a\int_B fdV+b\int_B gdV$$

定理 3　非負性　f が $\boldsymbol{B}$ の上で非負，積分可能ならば，$\int_B fdV\geqq 0$

これは，$[a,b]$ で $f(\boldsymbol{x})\geqq 0$ ならば，$\int_a^b f(\boldsymbol{x})dx\geqq 0$ に相等する．

（証明）　$f\geqq 0$ より，あらゆる格子に対する Riemann 和は非負．

問 9　f と g は $\boldsymbol{B}$ の上で積分可能，かつ $\boldsymbol{B}$ の上で $f\leqq g$ ならば，

$$\int_{\boldsymbol{B}}fdV\leqq\int_{\boldsymbol{B}}gdV$$

であることを証明せよ．

問 10　f と $|f|$ が $\boldsymbol{B}$ の上で積分可能ならば

$$\left|\int_{\boldsymbol{B}}fdV\right|\leqq\int_{\boldsymbol{B}}|f|dV$$

であることを証明せよ．

定理 4　$\boldsymbol{B}_1\cap\boldsymbol{B}_2=\boldsymbol{\Phi}$，$f$ が $\boldsymbol{B}_1$ の上でも，$\boldsymbol{B}_2$ の上でも積分可能であれば，f は $\boldsymbol{B}_1\cup\boldsymbol{B}_2$ の上でも積分可能であり，かつ

$$\int_{\boldsymbol{B}_1\cup\boldsymbol{B}_2}fdV=\int_{\boldsymbol{B}_1}fdV+\int_{\boldsymbol{B}_2}fdV$$

これは　$\int_a^c f(\boldsymbol{x})dx=\int_a^b f(\boldsymbol{x})dx+\int_b^c f(x)dx$　に相等する．

（証明）

$$(f_{\boldsymbol{B}_1})_{\boldsymbol{B}_1\cup\boldsymbol{B}_2}=\begin{cases}f_{\boldsymbol{B}_1} & (\boldsymbol{x}\in\boldsymbol{B}_1\cup\boldsymbol{B}_2)\\ 0 & (\boldsymbol{x}\notin\boldsymbol{B}_1\cup\boldsymbol{B}_2)\end{cases}=\begin{cases}f & (\boldsymbol{x}\in\boldsymbol{B}_1)\\ 0 & (\boldsymbol{x}\in\boldsymbol{B}_2)\\ 0 & (\boldsymbol{x}\notin\boldsymbol{B}_1\cup\boldsymbol{B}_2)\end{cases}=f_{\boldsymbol{B}_1}$$

$$\therefore \quad \int_{B_1} f dV = \int_{B_1 \cup B_2} f_{B_1} dV$$

よって

$$\int_{B_1} f dV + \int_{B_2} f dV = \int_{B_1 \cup B_2} f_{B_1} dV + \int_{B_1 \cup B_2} f_{B_2} dV$$

しかるに，$\boldsymbol{B}_1 \cap \boldsymbol{B}_2 = \boldsymbol{\Phi}$ だから

$$f_{B_1 \cup B_2} = f_{B_1} + f_{B_2}$$

定理2によって，$f_{B_1 \cup B_2}$ は $\boldsymbol{B}_1 \cup \boldsymbol{B}_2$ の上で積分可能，かつ

$$\int_{B_1 \cup B_2} f_{B_1} dV + \int_{B_1 \cup B_2} f_{B_2} dV = \int_{B_1 \cup B_2} f_{B_1 \cup B_2} dV$$

$$\therefore \quad \int_{B_1} f dV + \int_{B_2} f dV = \int_{B_1 \cup B_2} f dV$$

問11 $\boldsymbol{B}_1 \cap \boldsymbol{B}_2 \neq \boldsymbol{\Phi}$ のとき

$$\int_{B_1 \cup B_2} f dV = \int_{B_1} f dV + \int_{B_2} f dV - \int_{B_1 \cap B_2} f dV$$

であることを証明せよ．

定理5 I をある有界関数 $\boldsymbol{R}^n \xrightarrow{f} \boldsymbol{R}$ と有界集合 $\boldsymbol{B}$ に対して，実数 $I_{\boldsymbol{B}} f$ をあてがう関数で，次の諸条件を満足するものとする．

（a） $I_{\boldsymbol{B}} f$ と $I_{\boldsymbol{B}} g$ が定義され，a と b が実数であるならば，$I_{\boldsymbol{B}}(af+bg)$ も定義され，かつ

$$I_{\boldsymbol{B}}(af+bg) = aI_{\boldsymbol{B}} f + bI_{\boldsymbol{B}} g$$

（b） $f \geqq 0, I_{\boldsymbol{B}} f$ が定義されているならば，$I_{\boldsymbol{B}} f \geqq 0$

（c） $\boldsymbol{D}$ が超直方体ならば，$I_{\boldsymbol{D}} 1 = V(\boldsymbol{D})$

（d） 有界集合 $\boldsymbol{C}$ に対して，$\boldsymbol{B} \subset \boldsymbol{C}$ ならば，$I_{\boldsymbol{C}} f_{\boldsymbol{B}}$ が定義されている場合に限り，$I_{\boldsymbol{B}} f$ は定義されている．$I_{\boldsymbol{B}} f$，$I_{\boldsymbol{C}} f_{\boldsymbol{B}}$ の両方が存在するとき，$I_{\boldsymbol{B}} f = I_{\boldsymbol{C}} f_{\boldsymbol{B}}$

このとき，$I_{\boldsymbol{B}} f$ と $\int_{B} f dV$ がともに存在すれば，$I_{\boldsymbol{B}} f = \int_{B} f dV$.

（証明） $\int_{B} f dV < I_{\boldsymbol{B}} f$ と仮定する．

$$\varepsilon = I_{\boldsymbol{B}} f - \int_{B} f dV$$

とおき，細かさが δ 以下の格子に対する $f_{\boldsymbol{B}}$ の任意の Riemann 和を S とするとき

$$\left|\int_{\boldsymbol{B}} f dV - S\right| < \frac{\varepsilon}{2}$$

となるような $\delta>0$ をえらぶ．この格子によって作られた閉有界超直方体 $\boldsymbol{D}_1$, $\boldsymbol{D}_2, \cdots, \boldsymbol{D}_r$ に対して

$$\boldsymbol{C}=\boldsymbol{D}_1\cup\boldsymbol{D}_2\cup\cdots\cup\boldsymbol{D}_r,\quad \boldsymbol{B}\subset\boldsymbol{C}$$

$$\sup f_i(\boldsymbol{x})=\boldsymbol{D}_i \text{ 内の } f_{\boldsymbol{B}} \text{ の最小上界}$$

とおく．$\boldsymbol{D}_i$ の特性関数

$$\chi_{\boldsymbol{D}_i}(\boldsymbol{x})=\begin{cases}1 & (\boldsymbol{x}\in\boldsymbol{D}_i)\\ 0 & (\boldsymbol{x}\notin\boldsymbol{D}_i)\end{cases}$$

を用いて

$$g=\sum_{i=1}^{r}\sup f_i(\boldsymbol{x})\chi_{\boldsymbol{D}_i}(\boldsymbol{x})$$

によって定義される関数 g を考察する．条件 (a), (c), (d) から，$I_{\boldsymbol{C}}g$ は定義され，

$$I_{\boldsymbol{C}}g=\sum_{i=1}^{r}\sup f_i(\boldsymbol{x})V(\boldsymbol{D}_i)$$

であることが分る．しかるに Riemann 和の定義から，任意の $\varepsilon>0$ に対し，適当に $m(\boldsymbol{D})<\delta$ なる δ をえらべば，

$$\left|\int_{\boldsymbol{B}} f dV - I_{\boldsymbol{C}}g\right| \leqq \frac{\varepsilon}{2}$$

なることが成立する．それで ε の定義によって

$$I_{\boldsymbol{B}}f>I_{\boldsymbol{C}}g \qquad ①$$

(d) によって

$$I_{\boldsymbol{B}}f=I_{\boldsymbol{C}}f_{\boldsymbol{B}}$$

その上，関数 g は $g\geqq f_{\boldsymbol{B}}$ であるように構成されているから，(b) より

$$I_{\boldsymbol{C}}g\geqq I_{\boldsymbol{C}}f_{\boldsymbol{B}}=I_{\boldsymbol{B}}f \qquad ②$$

①，② の不等式は互いに矛盾している．

$$\therefore\quad \int_{\boldsymbol{B}} f dV \geqq I_{\boldsymbol{B}}f$$

同様の推論を，最小上界の代りに最大下界に適用すると

$$\int_{\boldsymbol{B}} f dV \leqq I_{\boldsymbol{B}} f$$

をうる． (Q.E.D.)

この定理を $\boldsymbol{R}^2 \xrightarrow{f} \boldsymbol{R}$ と，$\boldsymbol{B}$ 上の反復積分 $\int dx \int f\,dy$ が定義される集合 $\boldsymbol{B}$ に適用する．定理の $I_{\boldsymbol{B}} f$ を $\int_{\boldsymbol{B}} dx \int f\,dx$ とおくと，この反復積分は定理の条件 (a)～(d) を満足している．$\boldsymbol{R}^n \xrightarrow{f} \boldsymbol{R}, \boldsymbol{B}$ 上の反復積分 $\int dx_1 \int dx_2 \cdots \int f dx_n$ が定義されている集合 $\boldsymbol{B}$ にこの定理を適用しても，反復積分は $I_{\boldsymbol{B}} f$ のもつ4つの性質をみたしている．それで定理1は肯定される．

問12 $\int_{\boldsymbol{B}} f dV$ を計算せよ．

① $f(x,y)=x^2+3y^2$, $\boldsymbol{B}=\{(x,y) \mid x^2+y^2 \leqq 1\}$

② $f(x,y)=\dfrac{1}{x+y}$, $\boldsymbol{B}=\{(x,y) \mid 1 \leqq x \leqq 2,\ 0 \leqq y \leqq x\}$

③ $f(x,y,z)=\dfrac{1}{(x+y+z+1)^3}$, $\boldsymbol{B}=\{(x,y,z) \mid x,y,z \geqq 0,\ x+y+z \leqq 1\}$

④ $f(x,y,z)=xyz$, $\boldsymbol{B}=\{(x,y,z) \mid y \geqq 0,\ z \geqq 0,\ x^2+y^2+z^2 \leqq 4\}$

⑤ $f(x,y,z,w)=xyzw$,
$\boldsymbol{B}=\{(x,y,z,w) \mid 0 \leqq x \leqq 1,\ -1 \leqq y \leqq 2,\ 1 \leqq z \leqq 2,\ 2 \leqq w \leqq 3\}$

④ 多様体の体積

$\boldsymbol{R}^n$ の部分集合 $\boldsymbol{B}$ の上で，定数関数 $f(\boldsymbol{x})=1$ が積分可能ならば，$\boldsymbol{B}$ の**体積**（超体積，正しくは n 次元体積 content）を $V(\boldsymbol{B})$ で表わし

$$V(\boldsymbol{B})=\int_{\boldsymbol{B}} 1 dV=\int_{\boldsymbol{B}} dV$$

によって定義する．$\boldsymbol{R}^2$ 内の集合 $\boldsymbol{B}$ に対しては $V(\boldsymbol{B})$ の代りに $A(\boldsymbol{B})$ とかき，**面積** (area) という．連続で微分可能な k 次元 $(k<n)$ の曲線 $\boldsymbol{C}$，もしくは曲面 $\boldsymbol{S}$ の体積は0ときめる．

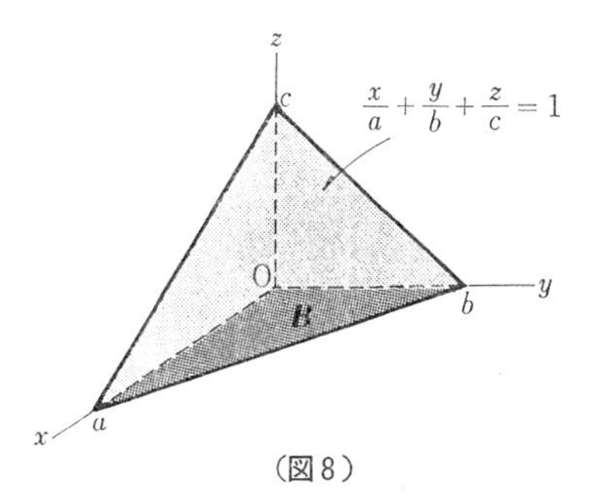

（図8）

例6 右の図のような3角錐の体積を求

めよう．これは

$$f(x,y)=\left(1-\frac{x}{a}-\frac{y}{b}\right)c, \quad \boldsymbol{B}=\left\{(x,y)\mid x,y\geqq 0, \frac{x}{a}+\frac{y}{b}\leqq 1\right\}$$

の場合の多重積分によって求まる．実際計算は反復計算でやる．

$$V(\boldsymbol{B})=\int_{\boldsymbol{B}} f dV=c\int_0^a dx\int_0^{\left(1-\frac{x}{a}\right)b}\left(1-\frac{x}{a}-\frac{y}{b}\right)dy=\frac{abc}{6}$$

例 7　例 4 で $x_1=x_2=\cdots=x_n=0, x_1+x_2+\cdots+x_n=1$ で囲まれた部分の体積は $V=\dfrac{1}{n!}$ であることを知った．この体積を V_n で表わしておく．次に $x_1=x_2=\cdots=x_n=0$ と $x_1+x_2+\cdots+x_n=a$ とで囲まれた部分の体積は，各方向の長さをそれぞれ a 倍したものだから，a^nV_n となる（相似関係）．

一方，V_n を $x_n=$一定 として切った切り口を考えると，これは n-1 次元空間の超平面 $x_1=x_2=\cdots=x_{n-1}=0$ と $x_1+x_2+\cdots+x_{n-1}=1-x_n$ とで囲まれた部分になっている．よって $n-1$ 次元体積$=(1-x_n)^{n-1}V_{n-1}$

$$\therefore \quad V_n=\int_0^1(1-x_n)^{n-1}V_{n-1}dx_n=\frac{1}{n}V_{n-1}$$

$$V_2=\frac{1}{2}$$

より，$V_n=\dfrac{1}{n!}$ はすぐ出てくる．

例 8　n 次元の球（超球），つまり超球面

$$x_1^2+x_2^2+\cdots+x_n^2=a^2 \qquad (a>0)$$

でかこまれた部分の体積を求めよう．$a=1$ のときの体積を V_n とおくと，任意の半径 a に対しては，体積は a^nV_n である．

そこで単位球 $x_1^2+x_2^2+\cdots+x_n^2=1$ において，$x_n=$一定 とおいた切り口をつくると，これは

$$x_1^2+x_2^2+\cdots+x_{n-1}^2=1-x_n^2$$

でかこまれる $n-1$ 次元領域となる．この領域内の体積は $(1-x_n^2)^{\frac{n-1}{2}}V_{n-1}$

$$\therefore \quad V_n=\int_{-1}^1(1-x_n^2)^{\frac{n-1}{2}}V_{n-1}dx_n=V_{n-1}\int_{-\pi/2}^{\pi/2}\cos^n\theta d\theta$$

$$=2V_{n-1}\int_0^{\pi/2}\cos^n\theta d\theta$$

$$\int_0^{\pi/2}\cos^n\theta d\theta=\int_0^{\pi/2}\sin^n\theta d\theta$$

$$=\begin{cases}\dfrac{1\cdot3\cdots(n-1)}{2\cdot4\cdots n}\dfrac{\pi}{2} & (n\text{ が偶数のとき})\\[2ex] \dfrac{2\cdot4\cdots(n-1)}{1\cdot3\cdots n} & (n\text{ が奇数のとき})\end{cases}$$

$$V_{2m+1}=\frac{2^{2m+1}(m!)^2}{(2m+1)!}V_{2m},\quad V_{2m}=\frac{(2m)!}{2^{2m}(m!)^2}\pi V_{2m-1}$$

よって

$$\begin{cases}V_{2m+1}=\dfrac{2}{2m+1}\pi V_{2m-1}\\[2ex] V_{2m}=\dfrac{2}{2m}\pi V_{2m-2}\end{cases},\quad \text{かつ}\quad V_2=\pi,\ V_1=2$$

なる漸化式をうる.

問13 $\boldsymbol{R}^n \xrightarrow{\boldsymbol{f}} \boldsymbol{R}^m$ が $\boldsymbol{R}^n$ 内の集合 $\boldsymbol{B}$ の上で定義されている. $\boldsymbol{f}$ の座標関数 $f_1, f_2, \cdots, f_m$ の多重積分がすべて存在するとして

$$\int_{\boldsymbol{B}}\boldsymbol{f}dV=\begin{bmatrix}\int_{\boldsymbol{B}}f_1dV\\ \vdots\\ \int_{\boldsymbol{B}}f_mdV\end{bmatrix}$$

と定義する.

① $\boldsymbol{R}^n \xrightarrow{\boldsymbol{f}} \boldsymbol{R}^m$ と $\boldsymbol{R}^n \xrightarrow{\boldsymbol{g}} \boldsymbol{R}^m$ がともに $\boldsymbol{B}$ の上で積分可能ならば

$$\int_{\boldsymbol{B}}(\boldsymbol{f}a+\boldsymbol{g}b)dV=a\int_{\boldsymbol{B}}\boldsymbol{f}dV+b\int_{\boldsymbol{B}}\boldsymbol{g}dV$$

であることを示せ. 但し a, b は定数とする.

② $\boldsymbol{k}$ を $\boldsymbol{R}^m$ 内の定数ベクトルとする. $\boldsymbol{R}^n \xrightarrow{\boldsymbol{f}} \boldsymbol{R}^m$ を $\boldsymbol{B}$ の上で積分可能とするとき

$$\int_{\boldsymbol{B}}\boldsymbol{f}\cdot\boldsymbol{k}dV=\left(\int_{\boldsymbol{B}}\boldsymbol{f}dV\right)\boldsymbol{k}$$

であることを示せ.

③ $\boldsymbol{R}^n \xrightarrow{\boldsymbol{f}} \boldsymbol{R}^m$, $\boldsymbol{R}^n \xrightarrow{\|\boldsymbol{f}\|} \boldsymbol{R}$ が $\boldsymbol{B}$ の上で積分可能とすれば

$$\left\|\int_{\boldsymbol{B}}\boldsymbol{f}dV\right\|\leqq\int_{\boldsymbol{B}}\|\boldsymbol{f}\|dV$$

であることを示せ.

問14 $\boldsymbol{R}^n \xrightarrow{\boldsymbol{f}} \boldsymbol{R}^m$ が集合 $\boldsymbol{B}$ の上で連続, $\boldsymbol{x}_0$ を $\boldsymbol{B}$ の内点とするとき

$$\lim_{r\to0}\frac{1}{V(\boldsymbol{B}_r)}\int_{\boldsymbol{B}_r}\boldsymbol{f}dV=\boldsymbol{f}(\boldsymbol{x}_0)$$

であることを示せ．但し $\boldsymbol{B}_r$ は $\boldsymbol{x}_0$ 中心，半径 r の超球である．

■問題解答■

問 1 ① 12 ② $-\frac{79}{72}$ ③ $1-\cos 2$ ④ $\frac{11}{3}$

問 2 ① 0 ② $\frac{67}{28}$ ③ 1 ④ $\frac{\pi}{4}$ ⑤ $\frac{1}{3e^3}-\frac{1}{2e^2}-\frac{e^3}{3}+\frac{e^2}{2}$ ⑥ $\frac{1}{6}$
⑦ $\frac{49}{20}$

問 3 ① $\frac{1}{6}$ ② $\frac{2}{3}$ ③ 1 ④ $\frac{5}{6}$ ⑤ $6+2\pi$ ⑥ $\frac{abc}{3}(a^2+b^2+c^2)$
⑦ 1

問 4 $\left(\frac{1}{2}\right)^n$

問 6 $\frac{7}{12}$

問 8 ① 6 ② 10

問 12 ① π ② $\log 2$ ③ $-\frac{5}{16}+\frac{1}{2}\log 2$ ④ 0 ⑤ $\frac{45}{16}$

第11講　多重積分における変数変換

面倒な積分計算も，積分領域の座標変換によって，手軽に料理できる．

①　変数変換の定理

1実変数関数の定積分において，置換積分法

$$\int_a^b f\{\varphi(u)\}\varphi'(u)du=\int_{\varphi(a)}^{\varphi(b)} f(x)dx \tag{1}$$

を説明したことがある．今回は，この公式を積分の範囲が1次元以上の次元へ拡張してみよう．(1)の場合は

$$\begin{cases} y=f(x), & \boldsymbol{R} \xrightarrow{f} \boldsymbol{R} \\ x=\varphi(u), & \boldsymbol{R} \xrightarrow{\varphi} \boldsymbol{R} \end{cases}$$

なる合成関数に対する積分であったが，拡張された変数変換公式は，

$$\begin{cases} y=f(\boldsymbol{x}), & \boldsymbol{R}^n \xrightarrow{f} \boldsymbol{R} \\ \boldsymbol{x}=\boldsymbol{g}(\boldsymbol{u}), & \boldsymbol{R}^n \xrightarrow{\boldsymbol{g}} \boldsymbol{R}^n \end{cases} \tag{2}$$

に対して適用される．証明は複雑なので省略するが，取りあえず定理のみを与える．

定理 1 $U^n \xrightarrow{\boldsymbol{g}} \boldsymbol{R}^n$ を連続で微分可能な関数とする．$\boldsymbol{D}$ を U^n 内の集合で，その境界は有限個の滑らかな超曲面から成るものとする．$\boldsymbol{D}$ とその境界は，$\boldsymbol{g}$ の定義域の内部に含まれ，

(1) $\boldsymbol{D}$ と，$\boldsymbol{D}$ の $\boldsymbol{g}$ による像 $\boldsymbol{g}(\boldsymbol{D})$ とは 1 対 1 に対応する．(当然 $\boldsymbol{g}$ は $\boldsymbol{D}$ 上で C^1 可逆)

(2) $\boldsymbol{g}$ のヤコービ行列 $\boldsymbol{J_g}$ の行列式は，$\boldsymbol{D}$ の上で 0 でない．

とする．もし，関数 $f(\boldsymbol{x})$ が $\boldsymbol{g}(\boldsymbol{D})$ の上で有界かつ連続であるならば

$$\iint\cdots\cdots\int_{\boldsymbol{g}(\boldsymbol{D})} f dx_1\cdots\cdots dx_n = \iint\cdots\cdots\int_{\boldsymbol{D}} (f\circ\boldsymbol{g})|\boldsymbol{J_g}| du_1\cdots\cdots du_n \qquad (3)$$

この定理で $\boldsymbol{g}$ の定義域 $\boldsymbol{R}^n$ はとくに U^n とかく．また，

$$\boldsymbol{g}(\boldsymbol{D}) = \{\boldsymbol{g}(\boldsymbol{u}) | \boldsymbol{u} \in \boldsymbol{D}\}$$

1 対 1 対応（関数）とは $\boldsymbol{u}_1 \neq \boldsymbol{u}_2 \rightleftarrows \boldsymbol{g}(\boldsymbol{u}_1) \neq \boldsymbol{g}(\boldsymbol{u}_2)$，もしくはこの対偶をみたすものである．

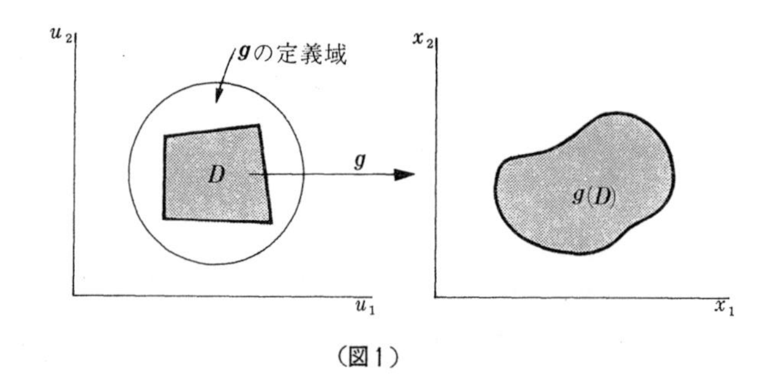

（図1）

例 1 上の定理を直観的に理解しうる例をあげよう．

$$\begin{bmatrix} x \\ y \end{bmatrix} = \begin{bmatrix} 2 & 1 \\ 1 & 3 \end{bmatrix} \begin{bmatrix} u \\ v \end{bmatrix}$$

なる 1 次関数を，$\boldsymbol{x} = \boldsymbol{g}(\boldsymbol{u})$ とする．この関数によって，(u, v) 平面上の単位正方形は，(x, y) 平面上の平行 4 辺形に写される．明らかに

$$\boldsymbol{D} \text{ の面積} = 1, \quad \boldsymbol{g}(\boldsymbol{D}) \text{ の面積} = 5$$

ヤコービ行列は，

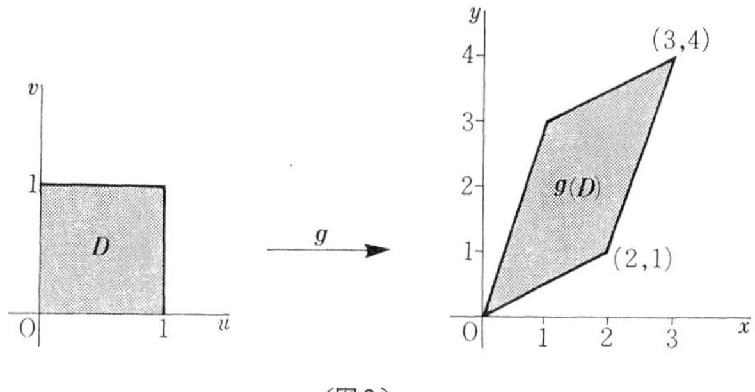

（図2）

$$\boldsymbol{J_g}=\begin{bmatrix} 2 & 1 \\ 1 & 3 \end{bmatrix}$$

行列式 $|\boldsymbol{J_g}|=5$ となるから，$|\boldsymbol{J_g}|$ は $\boldsymbol{D}$ を $\boldsymbol{g}(\boldsymbol{D})$ へ写したときの拡大率になる．

$$\therefore \quad \iint_{\boldsymbol{g}(\boldsymbol{D})} dxdy=(\text{拡大率})\iint_{\boldsymbol{D}} dudv=\iint_{\boldsymbol{D}} |\boldsymbol{J_g}| dudv$$

例1を一般化すると，$\boldsymbol{g}$ が $\boldsymbol{U}^n \longrightarrow \boldsymbol{R}^n$ なる正比例関数

$$\boldsymbol{x}=\boldsymbol{g}(\boldsymbol{u})=\boldsymbol{A}\boldsymbol{u} \quad (\boldsymbol{A} \text{ は正方行列})$$

であれば

$$\boldsymbol{g}(\boldsymbol{D}) \text{ の超体積}=\iint\cdots\cdots\int_{\boldsymbol{g}(\boldsymbol{D})} dx_1\cdots\cdots dx_n$$

$$=\iint\cdots\cdots\int_{\boldsymbol{D}} |\boldsymbol{A}| du_1\cdots\cdots du_n=|\boldsymbol{A}| \ (\boldsymbol{D} \text{ の超体積}) \qquad (4)$$

となる．

例2　円$x^2+y^2\leqq 1$ の面積はπ，球 $x^2+y^2+z^2\leqq 1$ の体積は$\dfrac{4}{3}\pi$ であることを

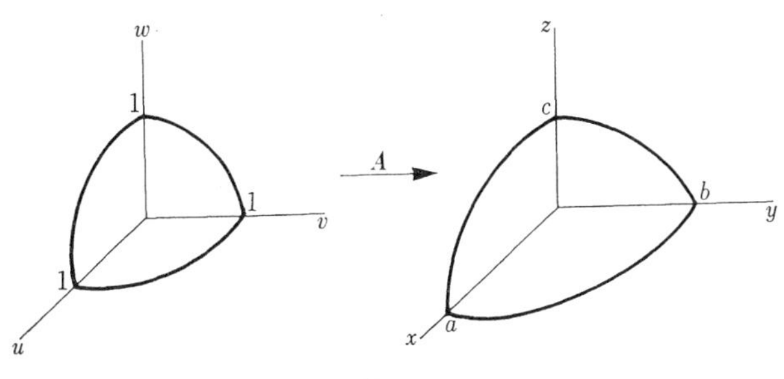

（図3）

して，楕円 $\frac{x^2}{a^2}+\frac{y^2}{b^2}\leqq 1$ の面積と楕円体 $\frac{x^2}{a^2}+\frac{y^2}{b^2}+\frac{z^2}{c^2}\leqq 1$ の体積を求めよ．

球と楕円体の場合

$u^2+v^2+w^2\leqq 1$ に対して

$$\begin{bmatrix} x \\ y \\ z \end{bmatrix}=\begin{bmatrix} a & 0 & 0 \\ 0 & b & 0 \\ 0 & 0 & c \end{bmatrix}\begin{bmatrix} u \\ v \\ w \end{bmatrix}, \qquad \boldsymbol{x}=\boldsymbol{A}\boldsymbol{u}$$

なる変換を行なうと

$$\frac{x^2}{a^2}+\frac{y^2}{b^2}+\frac{z^2}{c^2}\leqq 1$$

となる．$|\boldsymbol{A}|=abc$ だから

$$\iiint_{\text{楕円体}} dx\,dy\,dz=abc\iiint_{\text{球}} du\,dv\,dw=\frac{4}{3}\pi abc$$

楕円の場合も同様，πab となる．

問1　(u,v) 平面で頂点が $(0,0)$，$(0,1)$，$(2,0)$，$(2,1)$ である長方形は，正比例関数

$$\begin{bmatrix} x \\ y \end{bmatrix}=\begin{bmatrix} 2 & 3 \\ 2 & 1 \end{bmatrix}\begin{bmatrix} u \\ v \end{bmatrix}$$

によって，(x,y) 平面のどんな図形に写されるか．またその像の図形の面積を求めよ．

問2　半径 a の球 $u^2+v^2+w^2\leqq a^2$ の，正比例関数

$$\begin{bmatrix} x \\ y \\ z \end{bmatrix}=\begin{bmatrix} 1 & -1 & 1 \\ 0 & 2 & 5 \\ 0 & 0 & 7 \end{bmatrix}\begin{bmatrix} u \\ v \\ w \end{bmatrix}$$

によって写される像の図形の体積を求めよ．

問3　(1)　不等式 $0\leqq u, 0\leqq v, 0\leqq w$ および $u+v+w\leqq 1$ で定められる4面体 A の体積を求めよ．

(2)　原点と3つのベクトル $\begin{bmatrix} 1 \\ 1 \\ 2 \end{bmatrix}, \begin{bmatrix} 2 \\ 0 \\ -1 \end{bmatrix}, \begin{bmatrix} 3 \\ 1 \\ 2 \end{bmatrix}$ で張られる4面体の体積を求めよ．

(3)　領域の体積は平行移動により不変であることを用いて，4点$(1,1,1)$，$(2,2,3)$，$(3,1,0)$，$(4,2,3)$ で張られる4面体の体積を求めよ．

②　ヤコビアンの幾何学的意味

正比例関数 $\boldsymbol{y}=\boldsymbol{A}\boldsymbol{x}$ においては，ヤコービ行列は $\boldsymbol{A}$ そのものである．そして $\boldsymbol{A}$ の行列式 $|\boldsymbol{A}|$（これを**ヤコビアン** Jacobian とよんだ）は，変数変換した

場合の，**体積の拡大率** (magnification factor) であった．そこで，このことを一般的な場合に拡張し，しかも局所近似的に考えていくことにする．

例 3　$\boldsymbol{U}^2 \xrightarrow{\boldsymbol{g}} \boldsymbol{R}^2$ を

$$\begin{bmatrix} x \\ y \end{bmatrix} = \boldsymbol{g}\begin{bmatrix} u \\ v \end{bmatrix} = \begin{bmatrix} u^2 \\ u+v \end{bmatrix}$$

とする．ヤコービ行列は

$$\boldsymbol{J_g} = \begin{bmatrix} \dfrac{\partial x}{\partial u} & \dfrac{\partial x}{\partial v} \\ \dfrac{\partial y}{\partial u} & \dfrac{\partial y}{\partial v} \end{bmatrix} = \begin{bmatrix} 2u & 0 \\ 1 & 1 \end{bmatrix}$$

である．点 $\boldsymbol{u}_0 = \begin{bmatrix} 1 \\ 1 \end{bmatrix}$ における関数 $\boldsymbol{g}$ の局所近似アフィン関数は

$$\begin{aligned} \begin{bmatrix} X \\ Y \end{bmatrix} &= \boldsymbol{g}(\boldsymbol{u}_0) + \boldsymbol{J_g}(\boldsymbol{u}_0)(\boldsymbol{u} - \boldsymbol{u}_0) \\ &= \begin{bmatrix} 1 \\ 2 \end{bmatrix} + \begin{bmatrix} 2 & 0 \\ 1 & 1 \end{bmatrix}\begin{bmatrix} u-1 \\ v-1 \end{bmatrix} \\ &= \begin{bmatrix} 2u-1 \\ u+v \end{bmatrix} \end{aligned}$$

である．図において，(u, v) 平面における長方形 $\boldsymbol{D}$ はこのアフィン関数によって，(x, y) 平面の陰影部の図形に写される．また，もとの関数 $\boldsymbol{g}$ によって，曲線部で囲まれた部分に写される．陰影部の平行 4 辺形の面積は大体曲線図形に等しい．そして

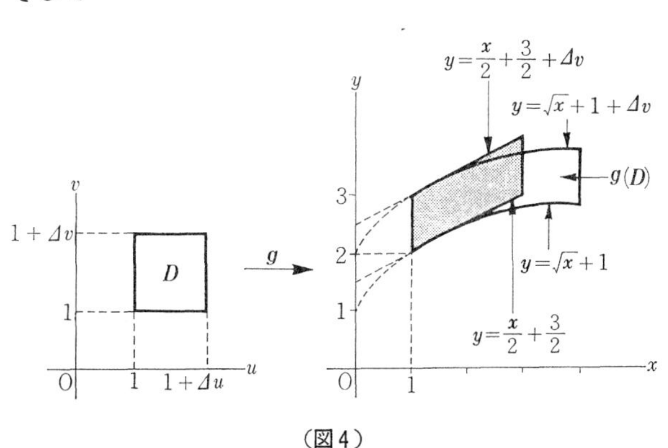

（図 4）

$\boldsymbol{D}$ の面積$=\Delta u\Delta v$，陰影部の面積$=2\Delta u\Delta v$

$$\frac{\text{陰影部の面積}}{\boldsymbol{D}\text{ の面積}}=2$$

$g(\boldsymbol{D})$ の面積$=\{(1+\Delta u)^2-1\}\Delta v=2\Delta u\Delta v+(\Delta u)^2\Delta v$

だから

$$\frac{\text{曲線図形 }\boldsymbol{g}(\boldsymbol{D})\text{ の面積}}{\boldsymbol{D}\text{ の面積}}=2+\Delta u$$

$\Delta u\to 0$ とすると，$\boldsymbol{g}(\boldsymbol{D})$ と $\boldsymbol{D}$ は同位の無限小で，$\boldsymbol{g}$ 自身は $\boldsymbol{D}$ を近似的に2倍に拡大する $\boldsymbol{g}(\boldsymbol{D})$ をうみ出す．この場合の拡大率2は，$\boldsymbol{u}_0$ におけるヤコビアン

$$|\boldsymbol{J}_{\boldsymbol{g}}(\boldsymbol{u}_0)|=\begin{vmatrix}2 & 0\\ 1 & 1\end{vmatrix}=2$$

である．像 $\boldsymbol{g}(\boldsymbol{D})$ の正確な面積は，変数変換公式を用いて

$$\iint_{\boldsymbol{g}(\boldsymbol{D})}dxdy=\iint_{\boldsymbol{D}}|\boldsymbol{J}_{\boldsymbol{g}}|dudv$$

$$=\int_1^{1+\Delta v}dv\int_1^{1+\Delta u}2udu=[u^2]_1^{1+\Delta u}\cdot\Delta v=(2+\Delta u)\Delta u\Delta v$$

である．なぜなら，$\boldsymbol{D}$ 上で $u>0$ だから

$$\boldsymbol{g}^{-1}\begin{bmatrix}x\\ y\end{bmatrix}=\begin{bmatrix}\sqrt{x}\\ y-\sqrt{x}\end{bmatrix}$$

で，$\boldsymbol{g}$ は1対1写像である．

例4　$\begin{bmatrix}x\\ y\end{bmatrix}=\boldsymbol{g}\begin{bmatrix}u\\ v\end{bmatrix}=\begin{bmatrix}u^2-v\\ u+v^2\end{bmatrix}$

によって定義される関数を $\boldsymbol{U}^2\xrightarrow{\boldsymbol{g}}\boldsymbol{R}^2$ とする．不等式 $0\leqq u\leqq 1$，$0\leqq v\leqq 1$ に

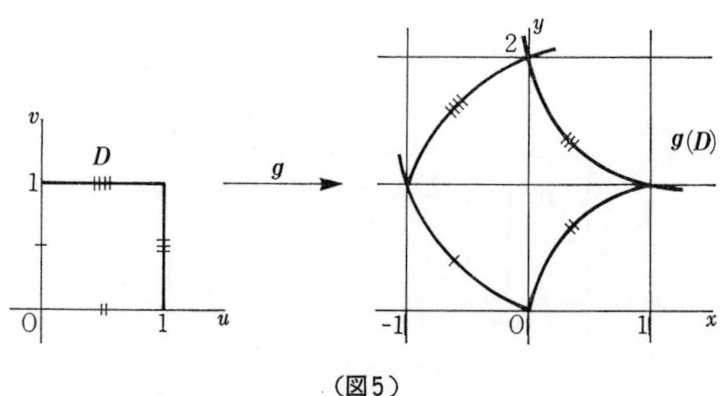

（図5）

よって定義される単位正方形 $\boldsymbol{D}$ は，図で示されるように $\boldsymbol{g}(\boldsymbol{D})$ へ写される．境界の対応する辺は，図上に示されている．$\boldsymbol{D}$ の境界をなす4つの線分の像は次のように計算される．

（a） もし $u=0, 0\leqq v\leqq 1$ ならば $x=-v, y=v^2$；すなわち
$y=x^2, -1\leqq x\leqq 0$

（b） もし $v=0, 0\leqq u\leqq 1$ ならば $x=u^2, y=u$；すなわち
$x=y^2, 0\leqq y\leqq 1$

（c） もし $u=1, 0\leqq v\leqq 1$ ならば $x=1-v, y=1+v^2$；すなわち
$y-1=(x-1)^2, 0\leqq x\leqq 1$

（d） もし $v=1, 0\leqq u\leqq 1$ ならば $x=u^2-1, y=u+1$；すなわち
$(y-1)^2=x+1, 1\leqq y\leqq 2$

$\boldsymbol{g}$ は1対1写像であることは次のように計算される．

$$\boldsymbol{g}\begin{bmatrix}u_1\\v_1\end{bmatrix}=\boldsymbol{g}\begin{bmatrix}u_2\\v_2\end{bmatrix}$$

とすると

$$\begin{cases}{u_1}^2-v_1={u_2}^2-v_2\\u_1+{v_1}^2=u_2+{v_2}^2\end{cases}$$

明らかに，$u_1=u_2$ ならば $v_1=v_2$．一方 $u_1<u_2$ と仮定すると

$$0<{u_2}^2-{u_1}^2=v_2-v_1$$

$$0<u_2-u_1={v_1}^2-{v_2}^2$$

$v_1, v_2\geqq 0$ ならば，このことは不可能である．さて，

$$\begin{bmatrix}dx\\dy\end{bmatrix}=\begin{bmatrix}2u & -1\\1 & 2v\end{bmatrix}\begin{bmatrix}du\\dv\end{bmatrix}$$

だから，$\boldsymbol{D}$ 内の面積要素 $du\wedge dv$（2辺 du, dv の長方形をさす）は $g(\boldsymbol{D})$ 内の $dx\wedge dy$ へ写され，拡大率は $\begin{vmatrix}2u & -1\\1 & 2v\end{vmatrix}=4uv+1$ である．よって，$f(\boldsymbol{x})=x$ に対して

$$\iint_{\boldsymbol{g}(\boldsymbol{D})}f\,dxdy=\iint_{\boldsymbol{D}}f\cdot(4uv+1)dudv$$

$$=\int_0^1 dv\int_0^1(u^2-v)(4uv+1)du=-\frac{1}{3}$$

問4　$\begin{bmatrix} x \\ y \end{bmatrix} = \boldsymbol{g}\begin{bmatrix} u \\ v \end{bmatrix} = \begin{bmatrix} u^2-v^2 \\ 2uv \end{bmatrix}$ とする．

(1)　頂点が$(1,1)$，$\left(1,\dfrac{3}{2}\right)$，$\left(\dfrac{3}{2},1\right)$，$\left(\dfrac{3}{2},\dfrac{3}{2}\right)$をもつ $\boldsymbol{U}^2$ 内の正方形 $\boldsymbol{D}$ の，$\boldsymbol{g}$ による像を描け．

(2)　(1)において，$\boldsymbol{J_g}\begin{bmatrix} 1 \\ 1 \end{bmatrix}$ による $\boldsymbol{D}$ の像を描け．

(3)　ベクトル

$$\boldsymbol{g}\begin{bmatrix} 1 \\ 1 \end{bmatrix} - \boldsymbol{J_g}\begin{bmatrix} 1 \\ 1 \end{bmatrix}\begin{bmatrix} u \\ v \end{bmatrix}$$

によって，(2) でかいた像を変換せよ．

(4)　(3) でかいた領域の面積を求めよ．

(5)　(1) でかいた領域の面積を求めよ．

問5　$f(x,y)=x^2$ とする．また，

$$\begin{bmatrix} x \\ y \end{bmatrix} = \boldsymbol{g}\begin{bmatrix} u \\ v \end{bmatrix} = \begin{bmatrix} e^u \cos v \\ e^u \sin v \end{bmatrix}$$

とする．$\boldsymbol{D}$ を不等式 $0 \leqq u \leqq 1$，$0 \leqq v \leqq \pi$ で表わされる (u,v) 平面上の長方形とする．このとき，

$$\iint_{\boldsymbol{g}(\boldsymbol{D})} f dxdy$$

の値を求めよ．

問6　$\boldsymbol{D}$ を $u^2+v^2 \leqq 1$，$0 \leqq u$，$0 \leqq v$ で定義される領域とする．

$$\begin{bmatrix} x \\ y \end{bmatrix} = \boldsymbol{g}\begin{bmatrix} u \\ v \end{bmatrix} = \begin{bmatrix} u^2-v^2 \\ 2uv \end{bmatrix}$$

とする．$f(x,y)=\dfrac{1}{\sqrt{x^2+y^2}}$ とするとき

$$\iint_{\boldsymbol{g}(\boldsymbol{D})} f dxdy$$

の値を求めよ．

問7　$\boldsymbol{D}$ を x 軸，y 軸および直線 $x+y=1$ で囲まれる3角形とする．φ を区間 $[0,1]$ 上の1変数の連続関数とする．また m,n を正の整数とする．そのとき

$$\iint_{\boldsymbol{D}} \varphi(x+y) x^m y^n dxdy = c_{m,n}\int_0^1 \varphi(t) t^{m+n+1} dt$$

となることを示せ．但し $c_{m,n}=\int_0^1 (1-t)^m t^n dt$ である．［ヒント．$x=u-v$，$y=v$ とおけ］

③ 特殊な変数変換

（Ⅰ） 極座標の場合

$$\begin{bmatrix} x \\ y \end{bmatrix} = \boldsymbol{g}\begin{bmatrix} r \\ \theta \end{bmatrix} = \begin{bmatrix} r\cos\theta \\ r\sin\theta \end{bmatrix} \tag{5}$$

によって，(r, θ) 平面上の長方形

$$\boldsymbol{D} : [r_0, r_0+\varDelta r] \times [\theta_0, \theta_0+\varDelta\theta]$$

を，(x, y) 平面上の曲線図形 $\boldsymbol{g}(\boldsymbol{D})$ へ写す．$\boldsymbol{g}(\boldsymbol{D})$ の面積は

$$\left\{\frac{1}{2}(r_0+\varDelta r)^2 - \frac{1}{2}{r_0}^2\right\}\varDelta\theta$$

$$= r_0\varDelta r\varDelta\theta + \frac{1}{2}(\varDelta r)^2\varDelta\theta$$

$$\fallingdotseq r_0\varDelta r\varDelta\theta \quad \text{（高位の無限小を無視）}$$

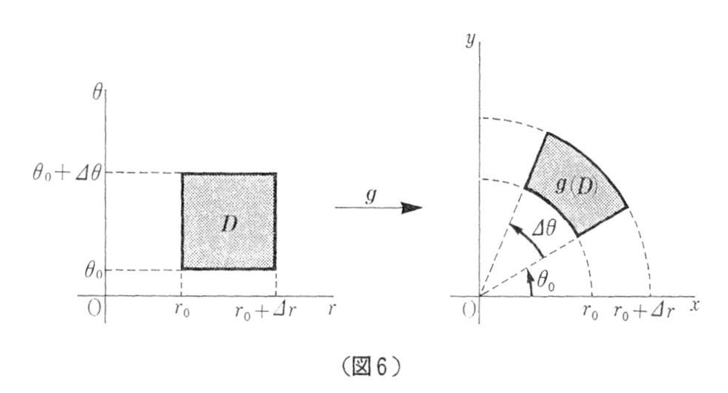

（図６）

この値は

$$\begin{bmatrix} dx \\ dy \end{bmatrix} = \begin{bmatrix} \cos\theta_0 & -r_0\sin\theta_0 \\ \sin\theta_0 & r_0\cos\theta_0 \end{bmatrix}\begin{bmatrix} dr \\ d\theta \end{bmatrix} \tag{6}$$

なる局所正比例法則に対して

$$dx \wedge dy = r_0(dr \wedge d\theta)$$

に対応する．したがって，上の極座標変換に対しては

$$\iint_{\boldsymbol{g}(\boldsymbol{D})} f dxdy = \iint_{\boldsymbol{D}} (f \circ \boldsymbol{g}) r dr d\theta \tag{7}$$

問８ 極座標に変換することによって，$x^2+y^2 \leqq 1$ である点 (x, y) からなる領域の上で $e^{x^2+y^2}$ の積分を求めよ．

問９ $e^{-(x^2+y^2)}$ を，$x^2+y^2=a^2 (a>0)$ で囲まれる円板の上で積分せよ．

問 10　密度が円周上の１点からの距離の平方に比例するような，半径 a の円板の質量を求めよ．

問 11　極座標で，方程式 $r=1-\cos\theta$ により与えられた曲線がある．この曲線で囲まれた領域の面積を求めよ．

問 12　曲線 $r=a(1+\cos\theta)$ の内側にあり，円 $r=a$ の外側にある領域の面積を求めよ．

問 13　曲線 $r^2=2a^2\cos\theta$ のグラフをかき，この曲線で囲まれた部分の面積を求めよ．但し $a>0$.

（Ⅱ）円柱座標の場合

$$\begin{bmatrix} x \\ y \\ z \end{bmatrix} = \boldsymbol{g}\begin{bmatrix} r \\ \theta \\ z \end{bmatrix} = \begin{bmatrix} r\cos\theta \\ r\sin\theta \\ z \end{bmatrix} \tag{8}$$

で与えられる関数 $\boldsymbol{g}$ を考える．これは円柱座標変換とよばれる関数である．

$$\begin{bmatrix} dx \\ dy \\ dz \end{bmatrix} = \begin{bmatrix} \cos\theta & -r\sin\theta & 0 \\ \sin\theta & r\cos\theta & 0 \\ 0 & 0 & 1 \end{bmatrix}\begin{bmatrix} dr \\ d\theta \\ dz \end{bmatrix} \tag{9}$$

体積要素に対しては，dx, dy, dz を３辺にもつ直方体を $dx\wedge dy\wedge dz$ とかくと

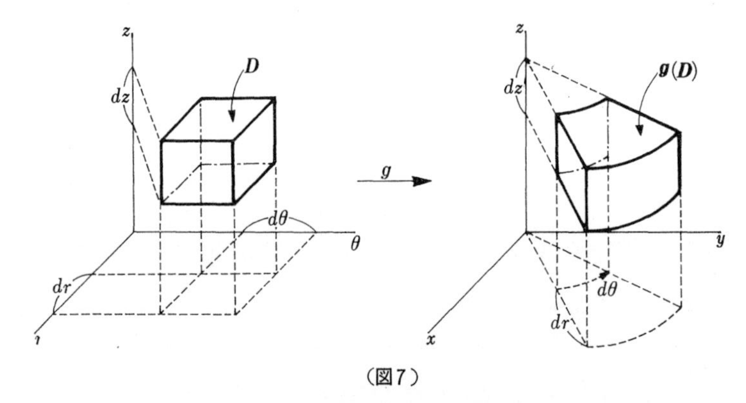

（図7）

$$dx\wedge dy\wedge dz=r(dr\wedge d\theta\wedge dz)$$

が座標変換により成立する．よって

$$\iiint_{\boldsymbol{g}(\boldsymbol{D})} f(x, y, z)dxdydz=\iiint_{\boldsymbol{D}}(f\circ\boldsymbol{g})(r, \theta, z)rdrd\theta dz \tag{10}$$

なる変換公式をうる．

問14　不等式 $0\leqq\theta_1\leqq\theta\leqq\theta_2\leqq 2\pi$，$0\leqq r_1\leqq r\leqq r_2$，$z_1\leqq z\leqq z_2$ で定義される直方体 $\boldsymbol{D}$ の，円柱座標変換による像 $\boldsymbol{g}(\boldsymbol{D})$ の体積は

$$(z_2-z_1)\left(\frac{r_2{}^2-r_1{}^2}{2}\right)(\theta_2-\theta_1)$$

であることを証明せよ．

（Ⅲ）　球座標の場合

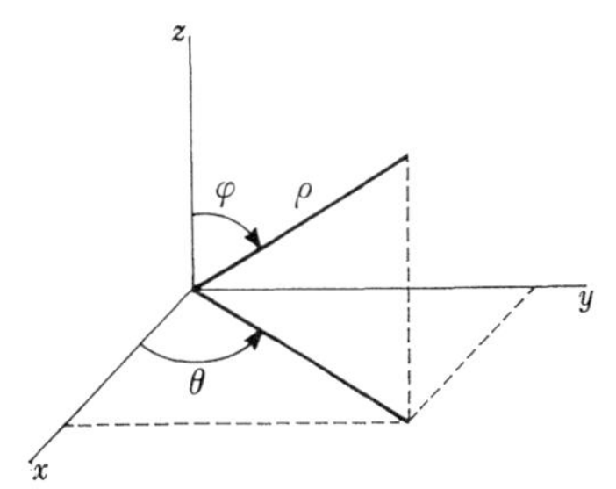

$$\begin{bmatrix} x \\ y \\ z \end{bmatrix} = \boldsymbol{g}\begin{bmatrix} \rho \\ \varphi \\ \theta \end{bmatrix} = \begin{bmatrix} \rho\sin\varphi\cos\theta \\ \rho\sin\varphi\sin\theta \\ \rho\cos\varphi \end{bmatrix} \qquad (11)$$

で与えられる関数 $\boldsymbol{g}$ を考える．これは球座標変換とよばれる関数である．このとき

$$\begin{bmatrix} dx \\ dy \\ dz \end{bmatrix} = \begin{bmatrix} \sin\varphi\cos\theta & \rho\cos\varphi\cos\theta & -\rho\sin\varphi\sin\theta \\ \sin\varphi\sin\theta & \rho\cos\varphi\sin\theta & \rho\sin\varphi\cos\theta \\ \cos\varphi & -\rho\sin\varphi & 0 \end{bmatrix} \begin{bmatrix} d\rho \\ d\varphi \\ d\theta \end{bmatrix} \qquad (12)$$

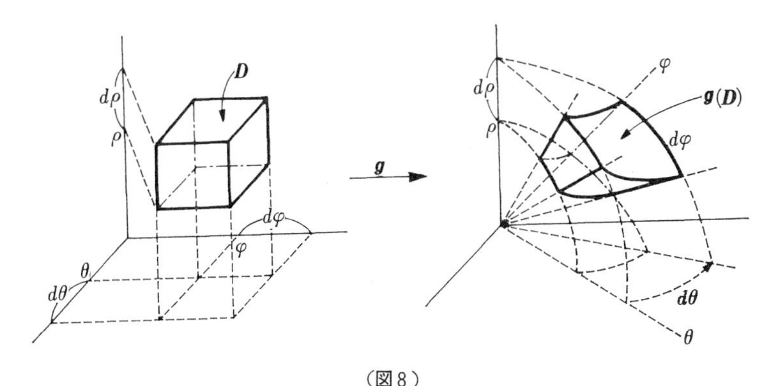

（図8）

$$dx\wedge dy\wedge dz=(\rho^2\sin\varphi)d\rho\wedge d\varphi\wedge d\theta$$

よって

$$\iiint_{\boldsymbol{g}(\boldsymbol{D})} f(x,y,z)dxdydz=\iiint_{\boldsymbol{D}}(f\circ\boldsymbol{g})(\rho,\varphi,\theta)\rho^2\sin\varphi\, d\rho d\varphi d\theta \qquad (13)$$

という変数変換公式をうる．

問15　不等式 $0\leqq\theta_1\leqq\theta\leqq\theta_2\leqq 2\pi$，$0\leqq\rho_1\leqq\rho\leqq\rho_2$，$0\leqq\varphi_1\leqq\varphi\leqq\varphi_2\leqq\pi$ で定義される直方体

$\boldsymbol{D}$ の，球座標変換による像 $\boldsymbol{g}(\boldsymbol{D})$ の体積は

$$\frac{1}{3}(\rho_2{}^3-\rho_1{}^3)(\cos\varphi_1-\cos\varphi_2)(\theta_2-\theta_1)$$

であることを証明せよ．

例 5　$\boldsymbol{R}^3 \xrightarrow{\boldsymbol{g}} \boldsymbol{R}^3$ を，球座標 (ρ,φ,θ) を円柱座標 (r,θ,z) にうつす写像とする．この写像のヤコービ行列およびヤコビアン，積分の変数変換公式をかけ．

（9）式から
$$\begin{bmatrix} dr \\ d\theta \\ dz \end{bmatrix} = \begin{bmatrix} \cos\theta & -r\sin\theta & 0 \\ \sin\theta & r\cos\theta & 0 \\ 0 & 0 & 1 \end{bmatrix}^{-1} \begin{bmatrix} dx \\ dy \\ dz \end{bmatrix}$$
$$= \begin{bmatrix} \cos\theta & \sin\theta & 0 \\ -\dfrac{\sin\theta}{r} & \dfrac{\cos\theta}{r} & 0 \\ 0 & 0 & 1 \end{bmatrix} \begin{bmatrix} dx \\ dy \\ dz \end{bmatrix}$$

(12) 式から
$$\begin{bmatrix} dx \\ dy \\ dz \end{bmatrix} = \begin{bmatrix} \sin\varphi\cos\theta & \rho\cos\varphi\cos\theta & -\rho\sin\varphi\sin\theta \\ \sin\varphi\sin\theta & \rho\cos\varphi\sin\theta & \rho\sin\varphi\cos\theta \\ \cos\varphi & -\rho\sin\varphi & 0 \end{bmatrix} \begin{bmatrix} d\rho \\ d\varphi \\ d\theta \end{bmatrix}$$

この式を前の式へ代入すると
$$\begin{bmatrix} dr \\ d\theta \\ dz \end{bmatrix} = \begin{bmatrix} \cos\theta & \sin\theta & 0 \\ -\dfrac{\sin\theta}{r} & \dfrac{\cos\theta}{r} & 0 \\ 0 & 0 & 1 \end{bmatrix} \begin{bmatrix} \sin\varphi\cos\theta & \rho\cos\varphi\cos\theta & -\rho\sin\varphi\sin\theta \\ \sin\varphi\sin\theta & \rho\cos\varphi\sin\theta & \rho\sin\varphi\cos\theta \\ \cos\varphi & -\rho\sin\varphi & 0 \end{bmatrix} \begin{bmatrix} d\rho \\ d\varphi \\ d\theta \end{bmatrix}$$
$$= \begin{bmatrix} \sin\varphi & \rho\cos\varphi & 0 \\ 0 & 0 & \dfrac{\rho}{r}\sin\varphi \\ \cos\varphi & -\rho\sin\varphi & 0 \end{bmatrix} \begin{bmatrix} d\rho \\ d\varphi \\ d\theta \end{bmatrix} = \boldsymbol{J} \begin{bmatrix} d\rho \\ d\varphi \\ d\theta \end{bmatrix} \tag{14}$$

$$\therefore \quad |\boldsymbol{J}| = \rho$$

したがって
$$\iint_{\boldsymbol{g}(\boldsymbol{D})} f(r,\theta,z)\,dr d\theta dz = \iiint_{\boldsymbol{D}} (f\circ\boldsymbol{g})(\rho,\varphi,\theta)\rho\, d\rho d\varphi d\theta \tag{15}$$

円柱座標で
$$0 \leqq \theta_1 \leqq \theta \leqq \theta_2 \leqq 2\pi,\ 0 \leqq r \leqq \rho_1\sin\varphi_1,\ r\cot\varphi_1 \leqq z \leqq \sqrt{\rho_1{}^2-r^2}$$
によって与えられる領域の体積は，直接

$$V=\int_{\theta_1}^{\theta_2}d\theta\int_0^{\rho_1\sin\varphi_1}rdr\int_{r\cot\varphi_1}^{\sqrt{\rho_1^2-r^2}}dz=\frac{\rho_1^3}{3}(1-\cos\varphi_1)(\theta_2-\theta_1)$$

これを球座標に直して計算すると，

$$0\leqq\theta_1\leqq\theta\leqq\theta_2\leqq 2\pi,\quad r=\rho\sin\varphi$$

より，

$$\begin{cases}0\leqq\rho\sin\varphi\leqq\rho_1\sin\varphi_1\\ \rho\sin\varphi\cot\varphi_1\leqq\rho\cos\varphi\leqq\sqrt{\rho_1^2-\rho^2\sin^2\varphi}\end{cases}\text{ から }\begin{matrix}0\leqq\rho\leqq\rho_1\\ 0\leqq\varphi\leqq\varphi_1\end{matrix}$$

$$\therefore\quad V=\int_{\theta_1}^{\theta_2}d\theta\int_0^{\varphi_1}d\varphi\int_0^{\rho_1}r\rho d\rho$$

$$=\int_{\theta_1}^{\theta_2}d\theta\int_0^{\varphi_1}d\varphi\int_0^{\rho_1}\rho^2\sin\varphi d\rho=\frac{\rho_1^3}{3}(1-\cos\varphi_1)(\theta_2-\theta_1)$$

例 6　球 $x^2+y^2+z^2\leqq a^2$ の体積を求めよ．

球座標変換して

$$V=\int_0^{2\pi}d\theta\int_0^{\pi}d\varphi\int_0^a\rho^2\sin\varphi\,d\rho=\frac{4}{3}\pi a^3$$

例 7　上部を球面 $x^2+y^2+z^2=a^2$，柱面 $r=a\sin\theta$ の内側にある部分の体積を求めよ．図は求める体積の 4 半分である．

$$V=4\int_0^{\frac{\pi}{2}}d\theta\int_0^{a\sin\theta}rdr\int_0^{\sqrt{a^2-r^2}}dz$$

$$=4\int_0^{\frac{\pi}{2}}d\theta\int_0^{a\sin\theta}r\sqrt{a^2-r^2}dr$$

$$=4\int_0^{\frac{\pi}{2}}\left[-\frac{1}{3}(\sqrt{a^2-r^2})^3\right]_0^{a\sin\theta}d\theta$$

$$=\frac{4}{3}a^3\int_0^{\frac{\pi}{2}}(1-\cos^3\theta)\,d\theta=\frac{2}{9}(3\pi-4)a^3$$

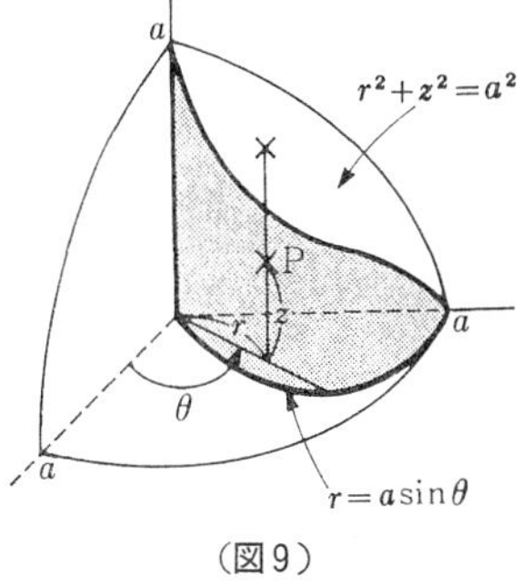

（図 9）

問 16　半径 a の球の各点における密度が，その点と中心との距離の k 倍 $(k>0)$ に等しいとき，この球の質量を求めよ．

問 17　内径 a，外径 b の球殻（中心を共有する 2 つの球面にはさまれた部分）があって，その任意の点における密度は原点からその点までの距離に反比例している．この球殻の質量を求めよ．

問 18　$x^2+y^2\leqq ax$，$x^2+y^2+z^2\leqq a^2(a>0)$ の範囲で $\iiint x dxdydz$ を求めよ．

問 19　$\displaystyle\iiint_{x^2+y^2+z^2\leqq a^2} \frac{(b-x)}{\{(b-x)^2+y^2+z^2\}^{\frac{3}{2}}}dxdydz$ を求めよ．但し $b>a>0$

問 20　(1)　$\displaystyle\iiint_{x^2+y^2+z^2\leqq a^2}(lx^2+my^2+nz^2)dxdydz$ を求めよ．［ヒント．球座標変換せよ］

(1)　$\displaystyle\iiint_{\frac{x^2}{a^2}+\frac{y^2}{b^2}+\frac{z^2}{c^2}\leqq 1}(lx^2+my^2+nz^2)dxdydz$ を求めよ，［ヒント．例2の変換で (1) に帰着させよ］

問 21　上方を平面 $z=1$, 下方を $z^2=x^2+y^2$ の上半部で区切られる領域の体積を求めよ．［ヒント．見取図をかき，円柱座標変換を求めよ］

問 22　上方を $z=x^2+y^2$, 下方を $z=0$, 側面を $x^2+y^2=1$ で区切られる領域の体積を求めよ．［ヒント．問21と同じ］

問 23　上方を球面 $x^2+y^2+z^2=1$ で，下方を曲面 $z=x^2+y^2$ で区切られる領域の体積を求めよ．［ヒント．$x^2+y^2+z^2=1$ と $z=x^2+y^2$ の交点の z 座標を $r_0{}^2$ とする．

$$V=4\left[\int_0^{\frac{\pi}{2}}d\theta\int_0^{r_0}rdr\int_{r^2}^{r_0{}^2}dz+\int_0^{\frac{\pi}{2}}d\theta\int_0^{r_0}rdr\int_{r_0{}^2}^{\sqrt{1-r^2}}dz\right]$$ を計算せよ］．

問題解答

問 1　8　　**問 2**　$\frac{4}{3}\pi a^3\times 14$

問 3　(1)　$\frac{1}{6}$　(2)　$\begin{bmatrix}x\\y\\z\end{bmatrix}=\begin{bmatrix}1&2&3\\1&0&1\\2&-1&2\end{bmatrix}\begin{bmatrix}u\\v\\w\end{bmatrix}$ なる変数変換をするとよい．$\frac{1}{3}$　(3)　$\frac{1}{3}$

問 4　(1)

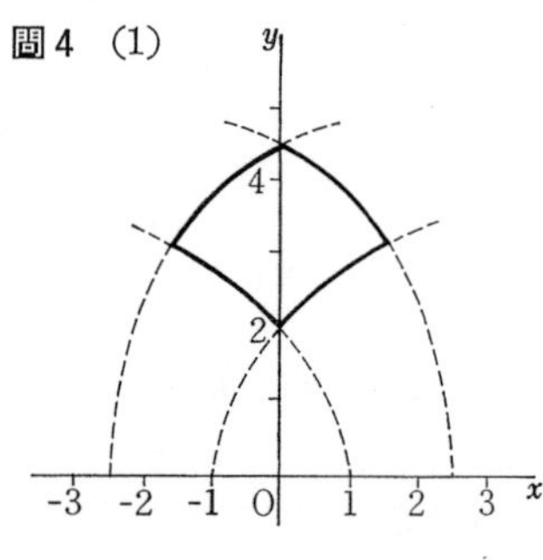

(2)
(3)

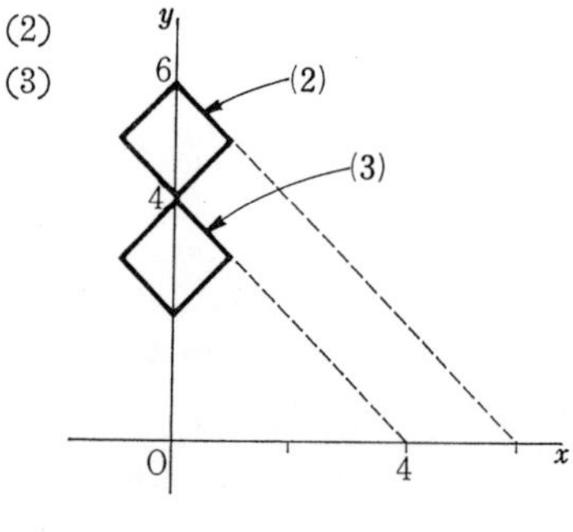

(4)　2
(5)　$\frac{19}{6}$

問 5　$\frac{\pi}{8}(e^4-1)$　　**問 6**　π

問 8　$\displaystyle\iint_{x^2+y^2\leqq 1}e^{x^2+y^2}dxdy=\int_0^{2\pi}d\theta\int_0^1 e^{r^2}rdr=\pi(e-1)$

問 9 $\pi(1-e^{-a^2})$ 問 10 $\frac{3}{2}k\pi a^4$

問 11 $\int_0^{2\pi}d\theta\int_0^{1-\cos\theta}r\,dr=\frac{3}{2}\pi$

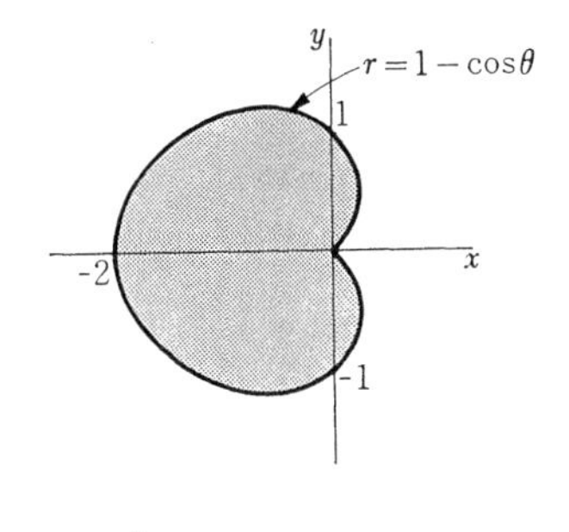

問 12 $\left(2+\frac{\pi}{4}\right)a^2$ 問 13 $2a^2$ 問 16 $k\pi a^4$

問 17 $2k\pi(b^2-a^2)$ 問 18 $\frac{8}{15}a^4$

問 19 $\frac{4}{3}\pi\frac{a^3}{b^2}$

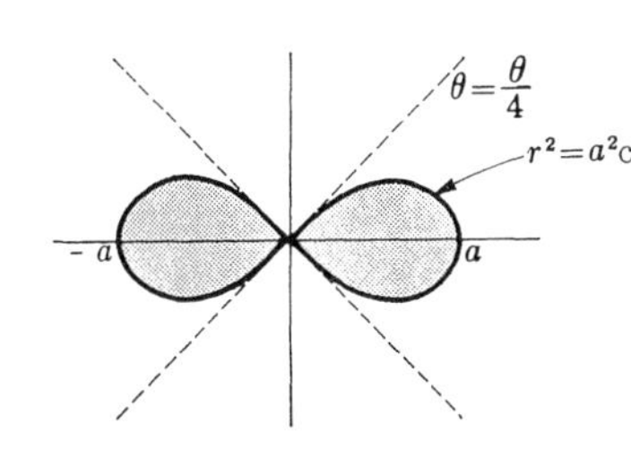

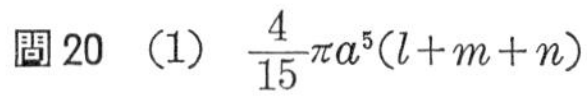

問 20 (1) $\frac{4}{15}\pi a^5(l+m+n)$

(2) $\frac{4}{15}\pi(la^2+mb^2+nc^2)abc$

問 21 $\frac{\pi}{3}$ 問 22 $\frac{\pi}{2}$

問 23 $2\pi\left[\frac{1}{3}-\frac{1}{3}\sqrt{(1-r_0{}^2)^3}-\frac{r_0{}^4}{4}\right]$, 但し

$r_0{}^2=\frac{\sqrt{5}-1}{2}$

第12講　広義積分

広義積分はまた，無限積分，異常積分，特異積分，変格積分，仮性積分などともいわれる．いずれも improper integral の訳だが，これほど訳が improper（不体裁）なものは他にない．

① 広義積分の定義

積分の定義は

被積分関数 $f(\boldsymbol{x})$ が有界な関数でない場合

積分領域が有界集合でない場合

にも，容易に拡張することができる．

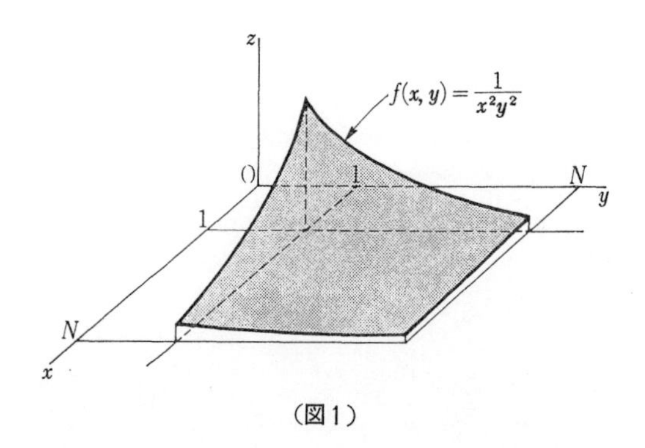

（図1）

例 1　領域 $\boldsymbol{B}=\{(x,y)\mid x\geqq 1, y\geqq 1\}$ は有界な集合でない．この $\boldsymbol{B}$ の上で関数 $f(x,y)=\dfrac{1}{x^2y^2}$ の積分を考える．

$\boldsymbol{B}_N=\{(x,y)\mid 1\leqq x\leqq N, 1\leqq y\leqq N\}$ なる有界領域をとり，

$$\iint_{\boldsymbol{B}_N} f\,dxdy=\int_1^N dx\int_1^N \frac{dy}{x^2y^2}$$

$$=\left(\int_1^N \frac{dx}{x^2}\right)^2=\left(1-\frac{1}{N}\right)^2$$

$$\therefore\quad \iint_{\boldsymbol{B}} f\,dxdy=\lim_{N\to\infty}\iint_{\boldsymbol{B}_N} f\,dxdy=1$$

ベクトル変数実関数 $f(\boldsymbol{x})$ が，ある領域 $\boldsymbol{B}$ 内の点 $\boldsymbol{x}=\boldsymbol{b}$ の近傍 $\boldsymbol{V}(\boldsymbol{b})$ で $|f|$ が任意に大きな値をとるが，$\boldsymbol{B}-\{\boldsymbol{b}\}$ では $f(\boldsymbol{x})$ は連続であるとき，$\boldsymbol{x}=\boldsymbol{b}$ は f の無限不連続点であるという．たとえば

例 2　$\boldsymbol{B}=\{(x,y)|x^2+y^2\leqq 1\}$ の上で，$f(x,y)=-\log(x^2+y^2)$ の積分を求めよう．原点において，$f(x,y)$ は無限不連続点をもつ．

$\boldsymbol{B}_\varepsilon=\{(x,y)\mid 0<\varepsilon\leqq x^2+y^2\leqq 1\}$ とし，

$$\iint_{\boldsymbol{B}_\varepsilon} f\,dxdy=\int_0^{2\pi}d\theta\int_\varepsilon^1\{-\log r^2\}r\,dr$$

$$=-2\pi\int_\varepsilon^1 2r\log r\,dr$$

$$=-2\pi\left[r^2\log r-\frac{1}{2}r^2\right]_\varepsilon^1$$

$$=\pi+2\pi\varepsilon^2\log\varepsilon-\varepsilon^2\pi$$

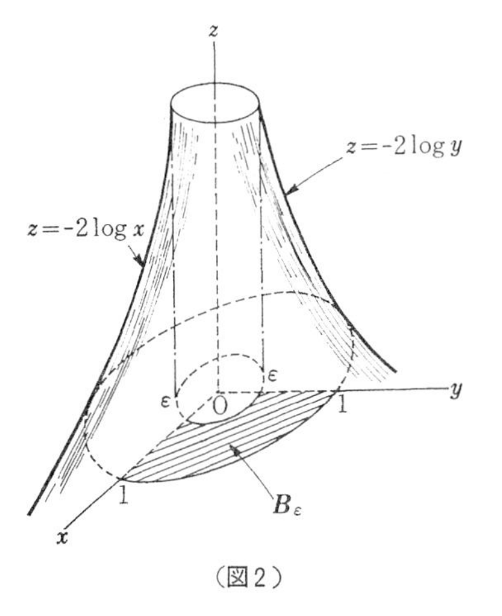

（図 2）

$$\therefore\quad \iint_{\boldsymbol{B}} f\,dxdy=\lim_{\varepsilon\leftarrow 0}\iint_{\boldsymbol{B}_\varepsilon} f\,dxdy=\pi$$

例 3　$\boldsymbol{B}=\{(x,y,z)\mid 1<x^2+y^2+z^2\leqq 2\}$ において，関数

$$f(x,y,z)=\frac{1}{\sqrt{x^2+y^2+z^2-1}}$$

の積分を求めよう．$x^2+y^2+z^2=1$ なる点において，f は無限不連続点となる．

$$\boldsymbol{B}_\varepsilon=\{(x,y,z)\mid 1+\varepsilon\leqq x^2+y^2+z^2\leqq 2\}$$

とおいて

$$\begin{aligned}\int_{B} f\,dxdydz &= \lim_{\varepsilon\to 0}\int_{B_\varepsilon} f\,dxdydz \\ &= \lim_{\varepsilon\to 0}\int_0^{2\pi} d\theta \int_0^{\pi} d\varphi \int_{1+\varepsilon}^{2} (r^2-1)^{-\frac{1}{2}} r^2 \sin\varphi\, dr \\ &= 2\pi[-\cos\varphi]_0^{\pi} \lim_{\varepsilon\to 0}\int_{1+\varepsilon}^{2} r^2(r^2-1)^{-\frac{1}{2}} dr \\ &= 4\pi \lim_{\varepsilon\to 0}\left[\int_{1+\varepsilon}^{2}\sqrt{r^2-1}\,dr + \int_{1+\varepsilon}^{2}\frac{dr}{\sqrt{r^2-1}}\right] \\ &= 4\pi \lim_{\varepsilon\to 0}\left[\frac{1}{2} r\sqrt{r^2-1} + \frac{1}{2}\log(r+\sqrt{r^2-1})\right]_{1+\varepsilon}^{2} \\ &= 4\sqrt{3}\,\pi + 2\pi\log(2+\sqrt{3})\end{aligned}$$

問1　次の積分の値を求めよ．

① $\displaystyle\iint_{x^2+y^2\leqq 1}\frac{dxdy}{\sqrt{x^2+y^2}}$　　② $\displaystyle\iint_{0\leqq x\leqq y\leqq 1}\frac{dxdy}{\sqrt{x^2+y^2}}$　　③ $\displaystyle\iint_{x\geqq 0,\,y\geqq 0}\frac{dxdy}{(1+x+y)^3}$

④ $\displaystyle\iiint_{x^2+y^2+z^2\geqq 1}\frac{dxdydz}{(x^2+y^2+z^2)^2}$　　⑤ $\displaystyle\iiint_{x^2+y^2+z^2\leqq 1}\frac{dxdydz}{\sqrt{1-x^2-y^2-z^2}}$

⑥ $\displaystyle\iiint_{x,y,z\geqq 0}\frac{\sqrt{x^2+y^2+z^2}}{(1+x^2+y^2+z^2)^3}dxdydz$

上の諸例で形式的に拡張した広義積分を，次のように定義する．

（a） $\boldsymbol{K}$ 上のどんな点列にも，$\boldsymbol{K}$ のある点に収束する部分点列が含まれるとき，$\boldsymbol{K}$ をコンパクトな集合という．積分領域 $\boldsymbol{B}$ において，被積分関数 f が無限不連続となるような点集合を $\boldsymbol{D}$ とする．$\boldsymbol{B}-\boldsymbol{D}\equiv\boldsymbol{B}^*$ とおく．$\boldsymbol{B}^*$ に含まれる任意のコンパクトな集合 $\boldsymbol{K}$ の上で，f は有界とする．

（b） $\boldsymbol{B}^*$ に含まれるコンパクトな $\boldsymbol{B}$ の部分集合列

$$\boldsymbol{B}_1\subset\boldsymbol{B}_2\subset\cdots\subset\boldsymbol{B}_n\subset\cdots$$

を増加部分集合列といい，$\{\boldsymbol{B}_n\,;\,n=1,2,\cdots\}$ または $\{\boldsymbol{B}_n\}$ とかく．$\boldsymbol{B}$ に含まれる任意のコンパクトな集合 $\boldsymbol{K}$ に対して，十分大きな N 以上の n に対して，$\boldsymbol{K}\subset\boldsymbol{B}_n$ が成立つとき，$\{\boldsymbol{B}_n\}$ は $\boldsymbol{B}^*$ に**収束する**といい，$\boldsymbol{B}_n\to\boldsymbol{B}^*$ とかく．

（c） $\boldsymbol{B}^*$ に収束する増加部分集合列のとり方に関係なく，$\displaystyle\lim_{n\to\infty}\int_{\boldsymbol{B}_n} f\,dV<+\infty$ ならば，これを $\boldsymbol{B}$ の上での $\boldsymbol{f}$ の積分 (integral of f over $\boldsymbol{B}$) といい，

$\int_{\boldsymbol{B}} f dV$ とかく．

（d）$\int_{\boldsymbol{B}} f dV$ が存在しないとき，または $\pm\infty$ のとき，$\int_{\boldsymbol{B}} f dV$ は発散するという．こうしてえられた積分を**広義積分** (improper integral) という．これは仮性積分，異常積分，特異積分，変格積分などともいう．

定理 1　$\boldsymbol{B}$ 上で $f \geqq 0$, $\lim_{n\to\infty}\int_{\boldsymbol{B}_n} f dV$ が $\boldsymbol{B}$ に収束するある特別な増加部分列 $\{\boldsymbol{B}_n\}$ に対して有限確定すれば，$\int_{\boldsymbol{B}} f dV$ は定義され，かつその値は $\boldsymbol{B}$ に収束するあらゆる他の列 $\{\boldsymbol{C}_n\}$ に対してえられる $\lim_{n\to\infty}\int_{\boldsymbol{C}_n} f dV$ に等しい．

（証明）$\boldsymbol{B}_n \to \boldsymbol{B}^*$, $\boldsymbol{C}_n \to \boldsymbol{B}^*$ とする． ある番号 n に対して $\boldsymbol{C}_n \subset \boldsymbol{B}_m$ となる番号 m がある．f は非負だから

$$\int_{\boldsymbol{C}_n} f dV \leqq \int_{\boldsymbol{B}_m} f dV \leqq \lim_{m\to\infty}\int_{\boldsymbol{B}_m} f dV$$

$$\therefore\quad \lim_{n\to\infty}\int_{\boldsymbol{C}_n} f dV \leqq \lim_{m\to\infty}\int_{\boldsymbol{B}_m} f dV \qquad ①$$

$\{\boldsymbol{B}_n\}$, $\{\boldsymbol{C}_n\}$ の役割を入れかえると

$$\lim_{m\to\infty}\int_{\boldsymbol{B}_m} f dV \leqq \lim_{n\to\infty}\int_{\boldsymbol{C}_n} f dV \qquad ②$$

① と ② とより

$$\lim_{m\to\infty}\int_{\boldsymbol{B}_m} f dV = \lim_{n\to\infty}\int_{\boldsymbol{C}_n} f dV$$

例 4　$f(x, y) = y^{-\frac{1}{2}}e^{-x}$ は，$\boldsymbol{B} = \{(x, y) \mid x \leqq 0, 0 \leqq y \leqq 1\}$ で定義されているとする．明らかに f は正の x 軸上のすべての点で無限不連続となる．

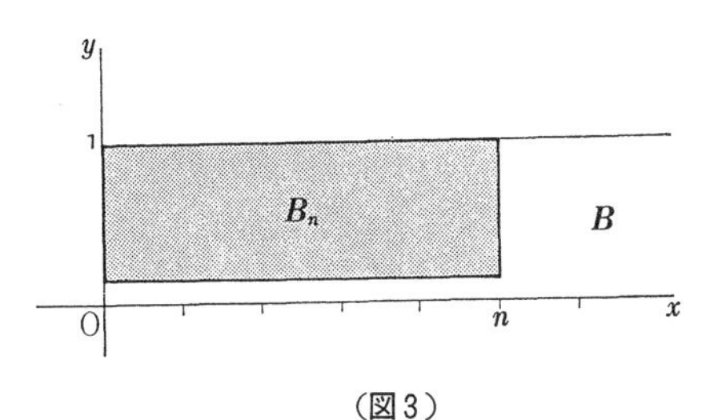

（図 3）

$$\boldsymbol{B}_n=\left\{(x,y)\,\middle|\,\frac{1}{n}\leqq y\leqq 1,\ 0\leqq x\leqq n\right\}$$

とすると

$$\boldsymbol{B}_1\subset\boldsymbol{B}_2\subset\boldsymbol{B}_3\subset\cdots\subset\boldsymbol{B}_n,\quad \text{かつ}\quad \boldsymbol{B}_n\to\boldsymbol{B}^*$$

但し $\boldsymbol{B}^*=\{(x,y)\mid 0<y\leqq 1,\ x\geqq 0\}$

$$\int_{\boldsymbol{B}_n}fdV=\int_0^n dx\int_{\frac{1}{n}}^1 y^{-\frac{1}{2}}e^{-x}dy$$

$$=\left(\int_0^n e^{-x}dx\right)\left(\int_{\frac{1}{n}}^1 y^{-\frac{1}{2}}dy\right)$$

$$=(1-e^{-n})\left(2-\frac{2}{\sqrt{n}}\right)$$

$$\therefore\quad \int_{\boldsymbol{B}}fdV=\lim_{n\to\infty}\int_{\boldsymbol{B}_n}fdV=2$$

問2 $\boldsymbol{B}=\{(x,y)\mid 0\leqq x\leqq 1,\ 0\leqq y\leqq 1\}$ の上で，$f(x,y)=\dfrac{x^2+y^2}{x}$ の積分は存在するか．

② 広義積分可能判定条件

定理 2 $\boldsymbol{B}$ 上で $f\geqq 0$，$\int_{\boldsymbol{B}}fdV$ が存在するための必要十分条件は，

$$\forall\boldsymbol{K}\subset\boldsymbol{B}^*,\ \int_{\boldsymbol{K}}fdV<M<+\infty$$

である．

（証明） （定理１）の証明の過程から明らか．

定理 3 f と g が同じ無限不連続点をもつとき，もしも $|f|\leqq g$，かつ $\int_{\boldsymbol{B}}gdV$ が存在するならば，$\int_{\boldsymbol{B}}fdV$ も存在する．

（証明） 不連続点の集合を $\boldsymbol{D}, \boldsymbol{B}^*=\boldsymbol{B}-\boldsymbol{D}$ とする． $\boldsymbol{B}_n\to\boldsymbol{B}^*$ となる増加部分集合列 $\{\boldsymbol{B}_n\}$ に対して，$f+|f|\leqq 2|f|\leqq 2g$ より

$$\int_{\boldsymbol{B}_n}(f+|f|)dV\leqq 2\int_{\boldsymbol{B}_n}gdV\leqq 2\int_{\boldsymbol{B}}gdV$$

ここで，$f+|f|\geqq 0$，かつ $\int_{B_n}(f+|f|)dV$ は n について単調に増大する．しかも上に有界であるから，

$$\lim_{n\to\infty}\int_{B_n}(f+|f|)dV=l_1\leqq 2\int_{B} gdV$$

同様に

$$\lim_{n\to\infty}\int_{B_n}|f|dV=l_2\leqq\int_{B} gdV$$

$$\therefore\quad \lim_{n\to\infty}\int_{B_n}fdV=\lim_{n\to\infty}\left(\int_{B_n}(f+|f|)dV-\int_{B_n}|f|dV\right)$$

$$=\lim_{n\to\infty}\int_{B_n}(f+|f|)dV-\lim_{n\to\infty}\int_{B_n}|f|dV=l_1-l_2$$

$\{B_n\}$ は任意の単調増加部分列だから，$\int_{B} fdV$ は確定する．

問3　$\int_{B}|f|dV$ が存在すれば，$\int_{B} fdV$ も存在することを証せ．

問4　問3において，広義積分の存在の前提条件である (a)～(d) の成立たないときはどうか．

$$f(x)=\begin{cases}1 & (x\text{ が有理数のとき})\\ -1 & (x\text{ が無理数のとき})\end{cases}$$

を $B=[0,1]$ の上で積分できるかどうか考えてみよ．

問5　2次元の非有界集合 B 上で，f は正，かつ非有界とする．f のグラフと B の間の領域を C とするとき，もしも $\int_{B} fdV$ と $\int_{C} dV$ が存在すれば，両者は等しいことを示せ．

問6　$B=\{(x,y)|x^2+y^2\leqq 1\}$ とし，関数 f を

$$f(x,y)=\begin{cases}(x^2+y^2)^{-\frac{1}{2}}, & x\geqq 0 \text{ かつ } x^2+y^2>0 \text{ のとき}\\ (x^2+y^2)^{\frac{1}{2}}, & x<0 \text{ のとき}\\ 0, & x=y=0\end{cases}$$

とする．$\int_{B} fdxdy$ を計算せよ．

③ 主 値 積 分

f が領域 B 内の1点 x_0 以外で連続なとき，x_0 を中心とする半径 ε の超球を B から除いた残りを B_ε とするとき，もし $\lim_{\varepsilon\to 0}\int_{B_\varepsilon} fdV$ が存在すれば，この値を f の点 x_0 における**主値積分** (principal value integral) といい，p.v.

$\int_{B} f dV$ とかく.

例 5　$\varepsilon, \delta > 0$ とし,

$$\int_{-1}^{-\delta} \frac{dx}{x} + \int_{\varepsilon}^{1} \frac{dx}{x} = \log \frac{\delta}{\varepsilon} = \text{不定}$$

したがって $\int_{-1}^{1} \frac{dx}{x}$ は存在しない. しかし

$$\text{p.v.} \int_{-1}^{1} \frac{dx}{x} = \lim_{\varepsilon \to 0} \left\{ \int_{-1}^{-\varepsilon} \frac{dx}{x} + \int_{\varepsilon}^{1} \frac{dx}{x} \right\} = \lim_{\varepsilon \to 0} \log \frac{\varepsilon}{\varepsilon} = 0$$

問 7　次の値を求めよ.

①　$\text{p.v.} \int_{0}^{\pi} \sec x dx$　　　②　$\text{p.v.} \int_{-1}^{1} \frac{x}{2x-1} dx$

③　$\text{p.v.} \int_{B} \frac{xy}{(x^2+y^2)^2} dxdy$, 但し　$B = \{(x, y) \mid x^2 + y^2 \leqq 1\}$

④　$\text{p.v.} \int_{B} \frac{x^2-y^2}{(x^2+y^2)^2} dxdy$, 但し　$B = \{(x, y) \mid x^2 + y^2 \leqq 1\}$

④　$\int_{0}^{\infty} e^{-x^2} dx$ の積分をめぐって

統計学によく出てくる正規分布曲線下の面積の求め方は, いろいろな方法がある.

（I）　右の図から明らかなように

$$\iint_{\substack{x^2+y^2 \leqq R^2 \\ x, y \geqq 0}} e^{-x^2-y^2} dxdy < \int_{0}^{R} \int_{0}^{R} e^{-x^2-y^2} dxdy < \iint_{\substack{x^2+y^2 \leqq 2R^2 \\ x, y \geqq 0}} e^{-x^2-y^2} dxdy$$

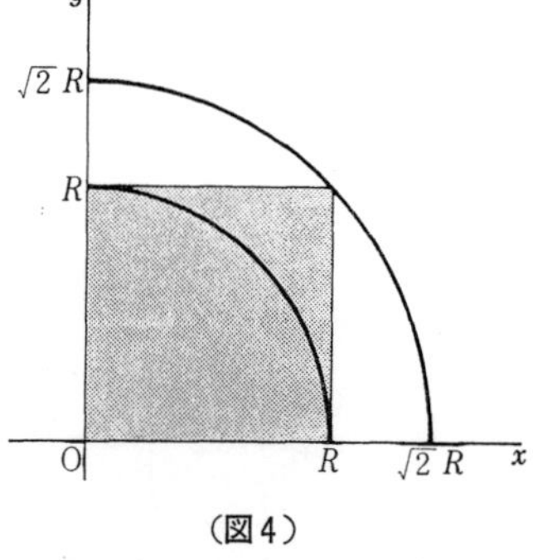

（図 4）

しかるに

$$\iint_{\substack{x+y^2 \leqq R^2 \\ x, y \geqq 0}} e^{-x^2-y^2} dxdy = \int_{0}^{\frac{\pi}{2}} d\theta \int_{0}^{R} e^{-r^2} r dr = \frac{\pi}{4}(1 - e^{-R^2})$$

だから, 先の式は

$$\frac{\pi}{4}(1 - e^{-R^2}) < \left[\int_{0}^{R} e^{-x^2} dx \right]^2 < \frac{\pi}{4}(1 - e^{-2R^2})$$

両辺の平方根をとり, $R \to \infty$ とすると

$$\int_0^\infty e^{-x^2}dx=\frac{\sqrt{\pi}}{2}$$

(Ⅱ) ベーター関数，ガンマー関数を用いる方法

$$B(m,n)=\int_0^1 x^{m-1}(1-x)^{n-1}dx \qquad [x=\sin^2\theta \text{ とおく}] \quad ①$$

$$=2\int_0^{\frac{\pi}{2}}\sin^{2m-1}\theta\cdot\cos^{2n-1}\theta d\theta \quad ②$$

$B(m,n)$を Beta 関数という．

$$\Gamma(n)=\int_0^\infty x^{n-1}e^{-x}dx \qquad [x=t^2 \text{ とおく}] \quad ③$$

$$=2\int_0^\infty t^{2n-1}e^{-t^2}dt \quad ④$$

$\Gamma(n)$ を Gamma 関数という．

ξ,η を独立な変数にとると

$$\Gamma(m)\Gamma(n)=4\left(\int_0^\infty \xi^{2m-1}e^{-\xi^2}d\xi\right)\left(\int_0^\infty \eta_{\text{ʒu}}{}^{-1}e^{-\eta^2}d\eta\right)$$

$$=4\int_0^\infty d\eta\int_0^\infty \xi^{2m-1}\eta^{2n-1}e^{-(\xi^2+\eta^2)}d\xi \quad ⑤$$

この二重積分を４分の１座標平面上での積分と考え，$\xi=r\cos\theta$, $\eta=r\sin\theta$ と変数変換すると

$$=4\int_0^{\frac{\pi}{2}}d\theta\int_0^\infty r^{2m+2n-1}e^{-r^2}\cos^{2m-1}\theta\ \sin^{2n-1}\theta dr$$

$$=\left(2\int_0^{\frac{\pi}{2}}\sin^{2n-1}\theta\cos^{2m-1}\theta d\theta\right)\left(2\int_0^\infty r^{2m+2n-1}e^{-r^2}dr\right)$$

$$=\Gamma(m+n)B(n,m)$$

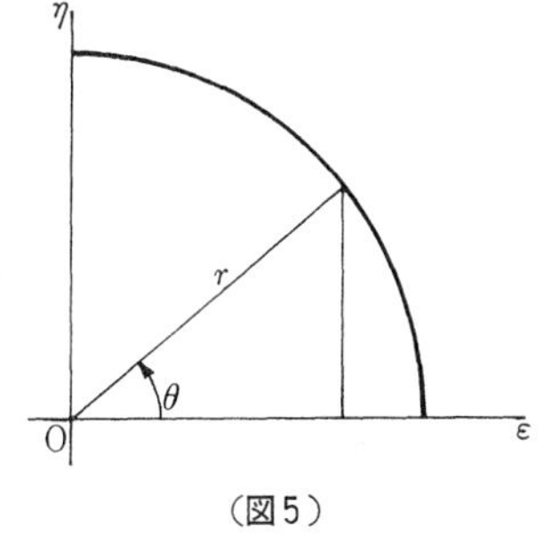

(図5)

ここで $m=n=\frac{1}{2}$ とおくと

$$\left\{\Gamma\left(\frac{1}{2}\right)\right\}^2=\Gamma(1)B\left(\frac{1}{2},\frac{1}{2}\right)$$

つまり

$$\left(2\int_0^\infty e^{-t^2}dt\right)=\left(\int_0^\infty e^{-x}dx\right)\left(2\int_0^{\frac{\pi}{2}}d\theta\right)$$

$$\therefore\quad \left(\int_0^\infty e^{-t^2}dt\right)^2=\frac{1}{4}\times 1\times\pi$$

$$\therefore\quad \int_0^\infty e^{-x^2}dx=\frac{\sqrt{\pi}}{2}$$

（Ⅲ） $\int_0^\infty e^{-x^2}dx$ が存在するとして，この値を θ とおく．

$$I_1=\int_0^\infty ye^{-x^2y^2}dx \qquad ⑥$$

とおくと，$I_1=\theta$ となる．⑥ の両辺に e^{-y^2} をかけて

$$\theta e^{-y^2}=\int_0^\infty e^{-y^2(1+x^2)}ydx$$

両辺を 0 から∞まで y について積分すると

$$\theta^2=\theta\int_0^\infty \partial^{-y^2}dy=\int_0^\infty dy\int_0^\infty e^{-y^2(1+x^2)}ydx$$

$$=\int_0^\infty dx\int_0^\infty e^{-y^2(1+x^2)}ydy$$

$$=\frac{1}{2}\int_0^\infty dx\int_0^\infty \frac{e^{-t}}{1+x^2}dt$$

$$=\frac{1}{2}\left(\int_0^\infty \frac{dx}{1+x^2}\right)\left(\int_0^\infty e^{-t}dt\right)=\frac{1}{2}[\tan^{-1}x]_0^\infty[-e^{-t}]_0^\infty=\frac{\pi}{4}$$

$$\therefore\quad \theta=\int_0^\infty e^{-x^2}dx=\frac{\sqrt{\pi}}{2}$$

問8 $f(x)=\dfrac{1}{\sqrt{2\pi}\sigma}\exp\left\{-\dfrac{1}{2\sigma^2}(x-m)^2\right\}$ において，

① グラフの概形をかけ．　　② $\int_{-\infty}^{+\infty}f(x)dx$ の値を求めよ．

③ $\int_{-\infty}^{+\infty}xf(x)dx$ の値を求めよ．

④ ③の積分値を M としたとき $\int_{-\infty}^{+\infty}(x-M)^2f(x)dx$ の値を求めよ．

問 題 解 答

問1 ① 2π　② $\log(1+\sqrt{2})$　③ $\dfrac{1}{2}$　④ 4π　⑤ π^2　⑥ $\dfrac{\pi}{8}$

問2 $\boldsymbol{B}_n=\left\{(x,y)\,\middle|\,\dfrac{1}{n}\leqq x\leqq 1, 0\leqq y\leqq 1\right\}$，$\boldsymbol{B}^*=(0,1]\times[0,1]$ とおくとき，

$$\boldsymbol{B}_n\to\boldsymbol{B}^* \quad \text{かつ} \quad \iint_{\boldsymbol{B}_n}fdV=\frac{1}{2}-\frac{1}{2n^2}+\frac{1}{3}\log n\to\infty$$

問6 $\frac{4}{3}\pi$

問7 ① 0　② $1-\frac{1}{4}\log 3$　③ 0　④ 0

問8 ② 1　③ m　④ σ^2

第13講　線積分と面積分

多様体上の積分で，とくにその多様体が曲線と曲面であるときの積分を考えよう．もし被積分関数が定数1であれば，多様体上での積分はその多様体の体積である．その多様体が曲線と曲面であれば，曲線の長さと曲面積が得られる．

① 線積分の定義

$\boldsymbol{D}\subset\boldsymbol{R}^n$ 上で定義されている連続なベクトル値ベクトル関数 $\boldsymbol{R}^n\xrightarrow{\boldsymbol{f}}\boldsymbol{R}^n$；

$$\boldsymbol{f}(\boldsymbol{x})=\begin{bmatrix} f_1(x_1, x_2, \cdots, x_n) \\ f_2(x_1, x_2, \cdots, x_n) \\ \cdots\cdots\cdots\cdots \\ f_n(x_1, x_2, \cdots, x_n) \end{bmatrix}$$

と，$\boldsymbol{D}$ 上にある曲線 C が，$a\leqq t\leqq b$ で連続微分可能な関数 $\boldsymbol{R}\xrightarrow{\boldsymbol{g}}\boldsymbol{R}^n$ で定義されているものとする．内積

$$\boldsymbol{f}(\boldsymbol{g}(t))\cdot\boldsymbol{g}'(t)$$

は $a\leqq t\leqq b$ 上で連続な実数値関数となり，積分

$$\int_a^b \boldsymbol{f}(\boldsymbol{g}(t))\cdot\boldsymbol{g}'(t)dt \tag{1}$$

が求められる．これを**曲線 $\boldsymbol{C}$ に沿う $\boldsymbol{f}$ の線積分** (line integral) という．(1) を書き直すと

$$\int_a^b\left[f_1(x_1,\cdots,x_n)\frac{dx_1}{dt}+f_2(x_1,\cdots,x_n)\frac{dx_2}{dt}+\cdots+f_n(x_1,\cdots,x_n)\frac{dx_n}{dt}\right]dt$$

となる．これを省略して

$$\int_C f_1dx_1+f_2dx_2+\cdots+f_ndx_n \qquad (2)$$

とかく．$f_1dx_1+f_2dx_2+\cdots+f_ndx_n$ を定義域 $\boldsymbol{D}$ 上で定義された **1次微分形式**という．(2) はさらに，

$$d\boldsymbol{x}=\begin{bmatrix}dx_1\\dx_2\\\vdots\\dx_n\end{bmatrix}$$ とかくと，

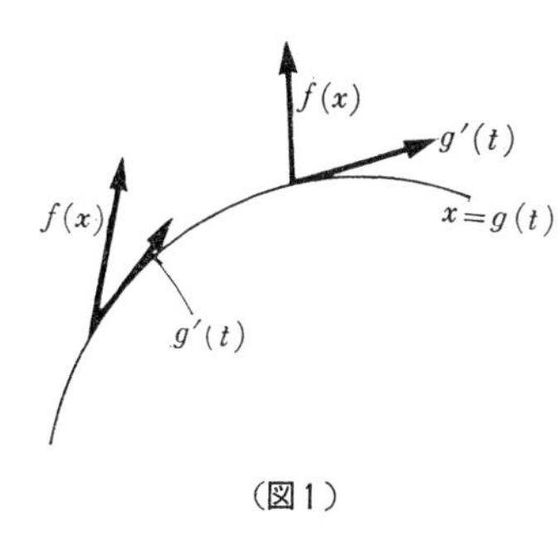

（図1）

$$\int_C \boldsymbol{f}\cdot d\boldsymbol{x} \qquad (3)$$

とかける．

例1　曲線 C が原点 $(0,0)$ から $(1,1)$ まで $y=x^2$ の部分弧として，この曲線に沿って，$\boldsymbol{f}(\boldsymbol{x})=\begin{bmatrix}x^2\\xy\end{bmatrix}$ を線積分する．曲線のパラメーター表示は

$$\boldsymbol{g}(t)=\begin{bmatrix}t\\t^2\end{bmatrix},\ 0\leqq t\leqq 1.$$

$$\int_C \boldsymbol{f}\cdot d\boldsymbol{x}=\int_0^1(t^2,t^3)\begin{bmatrix}1\\2t\end{bmatrix}dt$$

$$=\int_0^1(t^2+2t^4)dt=\frac{11}{15}$$

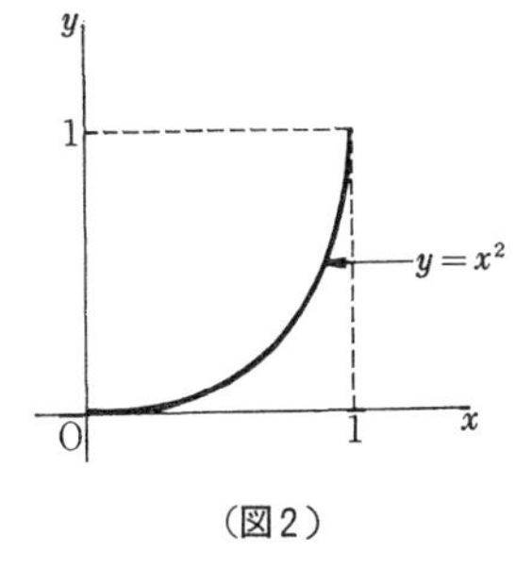

（図2）

例2　曲線 C が $\boldsymbol{g}(t)=\begin{bmatrix}t\\t^2\\t^3\end{bmatrix}$，$0\leqq t\leqq 1$ で定義されているとき，$\boldsymbol{f}(\boldsymbol{x})=\begin{bmatrix}x^2\\y^2\\z^2\end{bmatrix}$ を線積分すると

$$\int_C \boldsymbol{f}\cdot d\boldsymbol{x}=\int_0^1(t^2,t^4,t^6)\begin{bmatrix}1\\2t\\3t^2\end{bmatrix}dt=\int_0^1(t^2+2t^5+3t^8)dt=1.$$

問1　次の各関数を，与えられた曲線に沿って，線積分せよ．

① $\boldsymbol{f}(\boldsymbol{x})=\begin{bmatrix}x+y\\1\end{bmatrix}$；$C:\boldsymbol{g}(t)=\begin{bmatrix}t\\t^2\end{bmatrix}$，$0\leqq t\leqq 1$

② $\boldsymbol{f}(\boldsymbol{x})=\begin{bmatrix} \dfrac{1}{x^2+y^2} \\ \dfrac{1}{x^2+y^2} \end{bmatrix}$; $C: \boldsymbol{g}(t)=\begin{bmatrix} \cos t \\ \sin t \end{bmatrix}$, $0 \leqq t \leqq \dfrac{\pi}{2}$

③ $\boldsymbol{f}(\boldsymbol{x})=\begin{bmatrix} x \\ x^2 \\ y \end{bmatrix}$; $C: \boldsymbol{g}(t)=\begin{bmatrix} t \\ t \\ t \end{bmatrix}$, $0 \leqq t \leqq 1$

④ $\boldsymbol{f}(\boldsymbol{x})=\begin{bmatrix} x-y \\ y-z \\ z-w \\ w-x \end{bmatrix}$; $C: \boldsymbol{g}(t)=\begin{bmatrix} t \\ -t \\ t^2 \\ -t^2 \end{bmatrix}$, $0 \leqq t \leqq 1$

⑤ $\boldsymbol{f}(\boldsymbol{x})=\begin{bmatrix} x \\ x \\ y \\ xw \end{bmatrix}$; $C: \boldsymbol{g}(t)=\begin{bmatrix} t \\ 1 \\ t \\ t \end{bmatrix}$, $0 \leqq t \leqq 2$

② 線積分の性質

線積分について次の定理が成り立つ.

定理 1　$\boldsymbol{D}$ 上で定義された連続なベクトル関数 $\boldsymbol{f}, \boldsymbol{g}$ と, $\boldsymbol{D}$ 上の連続曲線 C に対して,

$$\int_C (\boldsymbol{f}+\boldsymbol{g})\cdot d\boldsymbol{x}=\int_C \boldsymbol{f}\cdot d\boldsymbol{x}+\int_C \boldsymbol{g}\cdot d\boldsymbol{x} \tag{4}$$

$$\int_C \boldsymbol{f}k\cdot d\boldsymbol{x}=k\int_C \boldsymbol{f}\cdot d\boldsymbol{x} \quad (k\text{ は定数}) \tag{5}$$

（証明）　ベクトルの内積の性質から明らか.

定理 2　曲線 C を 2 つの部分弧 C_1, C_2 に分割するとき,

$$\int_C \boldsymbol{f}\cdot d\boldsymbol{x}=\int_{C_1} \boldsymbol{f}\cdot d\boldsymbol{x}+\int_{C_2} \boldsymbol{f}\cdot d\boldsymbol{x} \tag{6}$$

この場合 $C=C_1+C_2$ とかく.

（証明）　C を　$\boldsymbol{x}=\boldsymbol{g}(t)$, $a \leqq t \leqq b$　とするとき,

C_1:　$\boldsymbol{x}=\boldsymbol{g}(t)$, $a \leqq t \leqq c$

C_2:　$\boldsymbol{x}=\boldsymbol{g}(t)$, $c \leqq t \leqq b$

だから

$$\int_C \boldsymbol{f}\cdot d\boldsymbol{x}=\int_a^b \boldsymbol{f}(\boldsymbol{x})\cdot\boldsymbol{g}'(t)dt=\int_a^c \boldsymbol{f}(\boldsymbol{x})\cdot\boldsymbol{g}'(t)dt+\int_c^b \boldsymbol{f}(\boldsymbol{x})\cdot\boldsymbol{g}'(t)dt$$

$$=\int_{C_1}\boldsymbol{f}\cdot d\boldsymbol{x}+\int_{C_2}\boldsymbol{f}\cdot d\boldsymbol{x} \qquad \text{(Q.E.D.)}$$

一般に曲線 C_1, C_2 が与えられ，C_1 の終点と C_2 の始点が一致している場合，C_1 と C_2 をつなげた曲線を C とする．この C も

$$C=C_1+C_2$$

とかく．C_1, C_2 は $\mathbf{C}^1$ 級であっても，つなぎ目では微分可能性が破れることもあるが，この場合も C に沿う $\boldsymbol{f}$ の線積分 (6) 式で定義する．

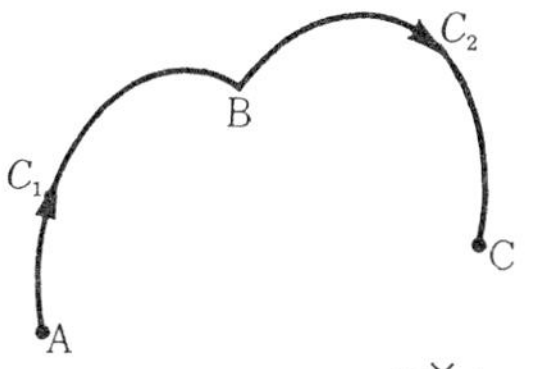

例 3　曲線Cの方程式を，$\boldsymbol{x}=\boldsymbol{g}(t)$，$0\leqq t\leqq 1$ とする．また，

$$\boldsymbol{x}=\boldsymbol{g}(1-t),\ 0\leqq t\leqq 1$$

によって表わされる曲線は，C の始点と終点が逆になるもので，これを $-C$ とかく．このとき

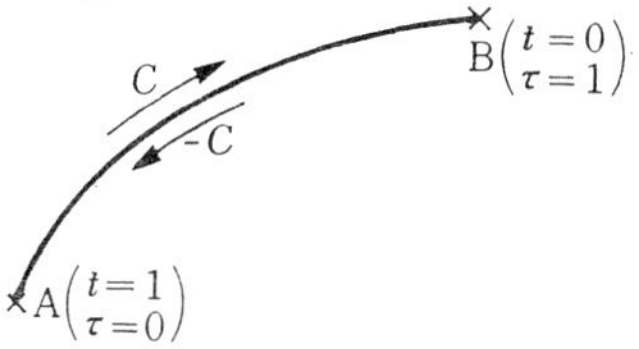

（図 3）

$$\int_{-C}\boldsymbol{f}\cdot d\boldsymbol{x}=\int_0^1 \boldsymbol{f}\cdot\frac{d\boldsymbol{g}(1-t)}{dt}dt$$

$1-t\equiv\tau$ とおくと，$dt=-d\tau$．かつ，

$$t=0:\tau=1 \text{ および } t=1:\tau=0$$

$$\frac{d\boldsymbol{x}}{d\tau}=\frac{d\boldsymbol{g}(\tau)}{dt}\frac{dt}{d\tau}=-\frac{d\boldsymbol{g}(\tau)}{dt}$$

$$\therefore\quad d\boldsymbol{x}=-\frac{d\boldsymbol{g}}{dt}d\tau=\frac{d\boldsymbol{g}}{dt}dt$$

よって

$$\int_{-C}\boldsymbol{f}\cdot d\boldsymbol{x}=\int_1^0 \boldsymbol{f}\cdot\frac{d\boldsymbol{g}(\tau)}{dt}dt=-\int_0^1 \boldsymbol{f}\cdot d\boldsymbol{g}(\tau)$$

$$\therefore\quad \int_{-C}\boldsymbol{f}\cdot d\boldsymbol{x}=-\int_C \boldsymbol{f}\cdot d\boldsymbol{x} \qquad (7)$$

例 4　1 次微分形式 $\omega=(y+z)dx+(z+x)dy+(x+y)dz$ を

$$C_1 : x=\alpha t,\ \ y=0,\ \ z=0 \qquad (0 \leqq t \leqq 1)$$

$$C_2 : x=\alpha,\ \ y=\beta t,\ \ z=0 \qquad (0 \leqq t \leqq 1)$$

$$C_3 : x=\alpha,\ \ y=\beta,\ \ z=\gamma t \qquad (0 \leqq t \leqq 1)$$

で定義される曲線 $C=C_1+C_2+C_3$ に沿って線積分すると

$$\int_C \omega = \int_{C_1} \omega + \int_{C_2} \omega + \int_{C_3} \omega$$

$$= \int_0^1 0 \cdot \alpha\, dt + \int_0^1 \alpha \cdot \beta\, dt + \int_0^1 (\alpha+\beta)\gamma dt = \alpha\beta + \beta\gamma + \gamma\alpha$$

問2　1次微分形式 $\omega = zdx + xdy + ydz$ を

①　$C : x=\alpha t,\ \ y=\beta t,\ \ z=\gamma t \quad (0 \leqq t \leqq 1)$

②　$C=C_1+C_2+C_3$; $C_1 : x=\alpha t,\ \ y=0,\ \ z=0 \quad (0 \leqq t \leqq 1)$

$C_2 : x=\alpha,\ \ y=\beta t,\ \ z=0 \quad (0 \leqq t \leqq 1)$

$C_3 : x=\alpha,\ \ y=\beta,\ \ z=\gamma t \quad (0 \leqq t \leqq 1)$

に沿って線積分せよ．

問3　指定された関数を，下の図で示される閉曲線に沿って線積分せよ．

①　$\boldsymbol{f}(\boldsymbol{x}) = \begin{bmatrix} x^2 \\ xy \end{bmatrix}$　　②　$\boldsymbol{f}(\boldsymbol{x}) = \begin{bmatrix} x^2y^2 \\ xy^2 \end{bmatrix}$

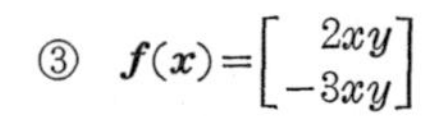

③　$\boldsymbol{f}(\boldsymbol{x}) = \begin{bmatrix} 2xy \\ -3xy \end{bmatrix}$

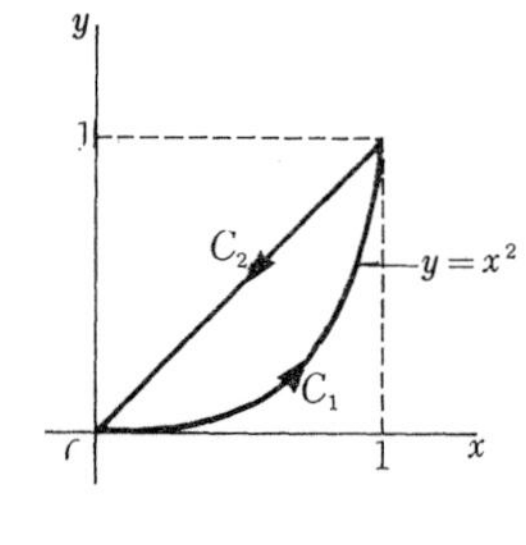

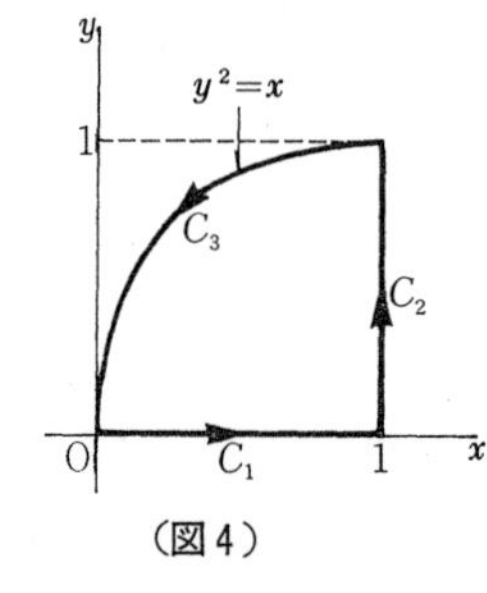

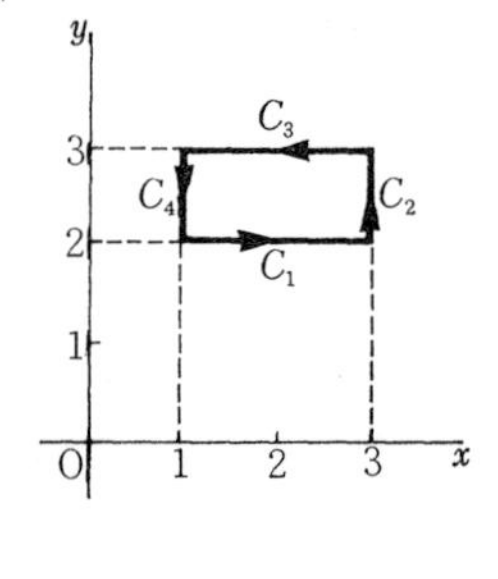

（図4）

問4　$\boldsymbol{f}(\boldsymbol{x}) = \begin{bmatrix} 3x^2+6y \\ -14yz \\ 20xz^2 \end{bmatrix}$ を，点 (0,0,0) から点 (1,0,0)，さらに点 (1,1,0) をへて (1,1,1) に至る折れ線に沿って線積分せよ．

定理3　曲線 $C : \boldsymbol{x} = \boldsymbol{g}(t)$，$a \leqq t \leqq b$ を弧長をパラメーターとして表わすために $t=t(s)$ とおくと，

$$\boldsymbol{x} = \boldsymbol{g}\{t(s)\} = (\boldsymbol{g} \circ t)(s) \equiv \boldsymbol{h}(s)$$

このとき，C に沿う $\boldsymbol{f}$ の線積分は

$$\int_a^b \boldsymbol{f}\{\boldsymbol{g}(t)\}\cdot\boldsymbol{g}'(t)dt=\int_0^{l(C)}\boldsymbol{f}\{\boldsymbol{h}(s)\}\cdot\boldsymbol{t}(s)ds \qquad (8)$$

但し，$\boldsymbol{t}$ は曲線上の単位接線ベクトル，$l(C)$ は $a\leqq t\leqq b$ 間の曲線弧長である．

(8) 式を弧長に関する f の線積分，もしくは C に沿う接線線積分という．

（証明） $t=t(s)$ とおくと

$$t=a \text{ のとき，} s=0\,;\, t=b \text{ のとき，} s=l(C)$$

$$\boldsymbol{g}'(t)dt=\frac{d\boldsymbol{x}}{dt}dt=\frac{d\boldsymbol{x}}{ds}\frac{ds}{dt}dt=\frac{d\boldsymbol{h}}{ds}ds$$

しかるに，$\dfrac{d\boldsymbol{h}}{ds}=\boldsymbol{t}$ であるから，求める式をうる．

問5 曲線 C に沿う $\boldsymbol{f}$ の線積分が存在するとき，$\|\boldsymbol{f}\|\leqq M<+\infty$ ならば，

$$\left|\int_C \boldsymbol{f}\cdot d\boldsymbol{x}\right|\leqq Ml(C)$$

であることを証明せよ．

問6 $\boldsymbol{f}(\boldsymbol{x})=\left(\dfrac{-y}{x^2+y^2},\ \dfrac{x}{x^2+y^2},\ 0\right)$ の，曲線

$$C: x=r\cos t,\ y=r\sin t,\ z=rt \quad (0\leqq t\leqq 2\pi)$$

に沿う接線線積分を求めよ．

③ 保存ベクトル場とポテンシャル

$\boldsymbol{D}\subset\boldsymbol{R}^n$ を1つの開集合とし，$\boldsymbol{D}$ における各点 $\boldsymbol{x}$ に，同じ次元のベクトル $\boldsymbol{f}(\boldsymbol{x})$ が分布しているものを，$\boldsymbol{D}$ における**ベクトル場** (vector field) という．また，$\boldsymbol{D}$ における各点 $\boldsymbol{x}$ に，スカラー $f(\boldsymbol{x})$ が分布しているものを，$\boldsymbol{D}$ における**スカラー場** (scalar field) という．

スカラー場 f つまり $\boldsymbol{R}^n \xrightarrow{f} \boldsymbol{R}$ において，各変数の偏微分係数をベクトルの成分にもつものを，f の**勾配** (gradient) といい，

$$\operatorname{grad} f=\nabla f=\left(\frac{\partial f}{\partial x_1},\frac{\partial f}{\partial x_2},\cdots,\frac{\partial f}{\partial x_n}\right) \qquad (9)$$

とかく．

∇ はハミルトンの演算子とか nabla とかよむ．

問7　$f(x,y,z)=e^{-2x}\cos yz$ の点 $(0,\pi,1)$ における勾配を求めよ.

問8　① $\nabla(f+g)=\nabla f+\nabla g$

② $\nabla(fk)=k\nabla f$　(k は定数)

③ $\nabla(fg)=(\nabla f)g+f(\nabla g)$

であることを証明せよ.

関数 $\varphi(\boldsymbol{x}), \boldsymbol{x}\in\boldsymbol{D}\subset\boldsymbol{R}^n$ が $\boldsymbol{D}$ 上で微分可能のとき

$$\boldsymbol{f}=-\mathrm{grad}\,\varphi$$

とおくとき，$\boldsymbol{f}$ を力を表わすベクトルとみれば，$\boldsymbol{f}$ を $\boldsymbol{D}$ 上の**保存ベクトル場** (conservative vector field)，φ を $\boldsymbol{f}$ に対する**ポテンシャル** (potential) という.

定理4　φ を $\boldsymbol{f}$ に対するポテンシャルとするとき，$t=a$ における位置ベクトルを $\boldsymbol{a}$，$t=b$ における位置ベクトルを $\boldsymbol{b}$ とするとき，曲線 C に沿う $\boldsymbol{f}$ の線積分は

$$\int_C \boldsymbol{f}\cdot d\boldsymbol{x}=-\int_C \nabla\varphi\cdot d\boldsymbol{x}=\varphi(\boldsymbol{a})-\varphi(\boldsymbol{b}) \tag{10}$$

この定理は $\int_a^b f'(x)dx=f(b)-f(a)$ の拡張である.

(証明)

$$\int_C \nabla\varphi\cdot d\boldsymbol{x}=\int_C\left(\frac{\partial\varphi}{\partial x_1}dx_1+\cdots+\frac{\partial\varphi}{\partial x_n}dx_n\right)$$

$$=\int_a^b\left\{\frac{\partial\varphi}{\partial x_1}\frac{dx_1}{dt}+\cdots+\frac{\partial\varphi}{\partial x_n}\frac{dx_n}{dt}\right\}dt=\int_a^b\left\{\frac{d}{dt}\varphi(\boldsymbol{x})\right\}dt$$

$$=\Big[\varphi(\boldsymbol{x})\Big]_{t=a}^{t=b}=\varphi(\boldsymbol{b})-\varphi(\boldsymbol{a})$$

系　特に曲線 C が閉曲線のときの $\boldsymbol{f}$ の線積分を $\oint_C \boldsymbol{f}\cdot d\boldsymbol{x}$ とかくと，

$$\oint_C \boldsymbol{f}\cdot d\boldsymbol{x}=-\oint_C \nabla\varphi\cdot d\boldsymbol{x}=0 \tag{11}$$

(証明)　曲線 C の始点と終点は一致するから，

$$\oint_C \nabla\varphi\cdot d\boldsymbol{x}=\varphi(\boldsymbol{a})-\varphi(\boldsymbol{a})=0$$

例 5　$\boldsymbol{F}(\boldsymbol{x})=-\nabla\varphi(\boldsymbol{x})$ で，とくに $\boldsymbol{F}(\boldsymbol{x})=m\ddot{\boldsymbol{x}}$（力の場）とおく．

すると．

$$m\ddot{\boldsymbol{x}}+\nabla\varphi(\boldsymbol{x})=\boldsymbol{0}$$

両辺に $\dot{\boldsymbol{x}}$ を掛け（内積の形になるから，結果はスカラー 0 になる）

$$m\ddot{\boldsymbol{x}}\dot{\boldsymbol{x}}+\nabla\varphi(\boldsymbol{x})\dot{\boldsymbol{x}}=0$$

$$\frac{d}{dt}\left\{\frac{1}{2}m\dot{\boldsymbol{x}}^2+\varphi(\boldsymbol{x})\right\}=0$$

$$\frac{1}{2}m\dot{\boldsymbol{x}}^2+\varphi(\boldsymbol{x})=\text{一定}$$

前者は運動エネルギー，後者は位置エネルギーである．そして全体として保存ベクトル場における**エネルギー保存法則**を示す．

例 6　$\boldsymbol{F}(\boldsymbol{x})=-c\dfrac{1}{\|\boldsymbol{x}\|^2}\dfrac{\boldsymbol{x}}{\|\boldsymbol{x}\|}\equiv-c\dfrac{\boldsymbol{x}}{r^3}$　　（ここで $r=\|\boldsymbol{x}\|$, $\boldsymbol{x}\in\boldsymbol{R}^3$）

のポテンシャルを求めよう．$\boldsymbol{F}(\boldsymbol{x})=-\nabla\varphi(\boldsymbol{x})$ とおき

$$\left.\begin{aligned}\frac{\partial\varphi}{\partial x}&=\frac{\partial\varphi}{\partial r}\frac{dr}{dx}=\frac{cx}{r^3}\\ \frac{\partial\varphi}{\partial y}&=\frac{\partial\varphi}{\partial r}\frac{dr}{dy}=\frac{cy}{r^3}\\ \frac{\partial\varphi}{\partial z}&=\frac{\partial\varphi}{\partial r}\frac{dr}{dz}=\frac{cz}{r^3}\end{aligned}\right\}$$

しかるに

$$\frac{dr}{dx}=\frac{x}{r},\quad \frac{dr}{dy}=\frac{y}{r},\quad \frac{dr}{dz}=\frac{z}{r}$$

よって

$$\frac{\partial\varphi}{\partial r}=\frac{c}{r^2}$$

$$\therefore\quad \varphi=\int\frac{c}{r^2}dr=-\frac{c}{r}=-\frac{c}{\sqrt{x^2+y^2+z^2}}$$

これを Newton potential という．

問 9　$\boldsymbol{x}\in\boldsymbol{R}^3$, $\|\boldsymbol{x}\|=r$ とおくとき，次のベクトル場 $\boldsymbol{F}(\boldsymbol{x})$ のポテンシャルを求めよ．

①　$\boldsymbol{F}(\boldsymbol{x})=\dfrac{\boldsymbol{x}}{r}$　　②　$\boldsymbol{F}(\boldsymbol{x})=\dfrac{\boldsymbol{x}}{r^2}$　　③　$\boldsymbol{F}(\boldsymbol{x})=r^n\boldsymbol{x}$　$(n\geqq1)$

④　曲面の方程式

3 次元空間内の曲面の方程式を求めよう．曲面の場合も，曲線の場合と同じ

ようにパラメーター表現ができる，2次元の領域 $\boldsymbol{D}$ において，タテ座標 v を固定して考えると点 $(g_1(u, v_1), g_2(u, v_1), g_3(u, v_1))$ は変数 u のみで位置が表わされるから，3次元空間内の曲線上にある．これらの点の集合は1つの曲線

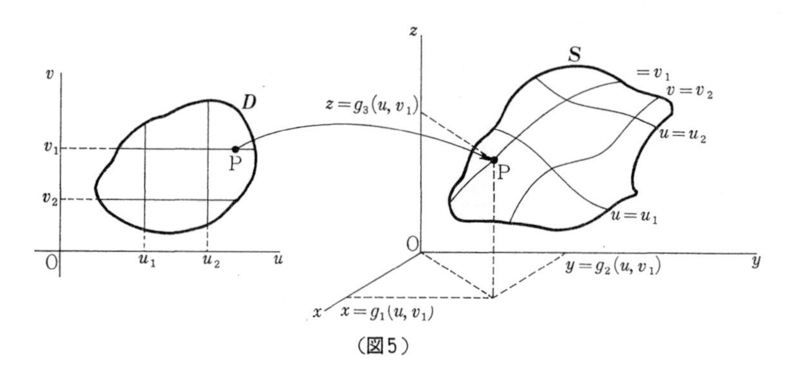

（図5）

を規定する．また，領域 $\boldsymbol{D}$ のヨコ座標 u を固定して考えると，点 $(g_1(u_1, v), g_2(u_1, v), g_3(u_1, v))$ は変数 v のみで位置が表わされるから，これもまた3次元空間内の曲線上にある．これらの曲線が集って，曲面をつくるのは，直線が動いて平面をつくるのと同じ原理にもとづいている．したがって，曲面 $\boldsymbol{S}$ の方程式は2つのパラメーター u, v をもって表わされる．つまり，

$$\boldsymbol{S}:\boldsymbol{x}=\boldsymbol{g}(u, v),\ \text{成分で}\begin{bmatrix}x\\y\\z\end{bmatrix}=\begin{bmatrix}g_1(u, v)\\g_2(u, v)\\g_3(u, v)\end{bmatrix},\quad (u, v)\in\boldsymbol{D} \tag{12}$$

と表わされる．

例7　原点中心，半径 ρ の球面の表現は

$$\begin{bmatrix}x\\y\\z\end{bmatrix}=\boldsymbol{g}(\varphi, \theta)=\begin{bmatrix}\rho\sin\varphi\cos\theta\\\rho\sin\varphi\sin\theta\\\rho\cos\varphi\end{bmatrix},\quad \begin{matrix}0\leqq\theta\leqq 2\pi\\0\leqq\varphi\leqq\pi\end{matrix}$$

であり，パラメーターは φ, θ の2つである．

問10　$x=\dfrac{2u}{u^2+v^2+1}$，$y=\dfrac{2v}{u^2+v^2+1}$，$z=\dfrac{1-u^2-v^2}{u^2+v^2+1}$

（ただし $u\geqq 0$，$v\geqq 0$，$u^2+v^2\leqq 1$）とパラメーター表現される曲面はなにか．

問11　円 $x^2+(y-a)^2=r^2\ (0<r<a)$ を x 軸のまわりに回転して生ずる曲面（ドーナツ面 torus surface）をパラメーター表現せよ．

曲面の方程式 $\boldsymbol{x}=\boldsymbol{g}(u,v)$ において，u を変数，v を一定とおくと，この方程式は曲線をえがく．この曲線を **u-曲線**という．また，$\boldsymbol{x}=\boldsymbol{g}(u,v)$ において，u を一定，v を変数とおくと，この方程式はやはり曲線をえがき，これを **v-曲線**という．

任意の点 $\mathrm{P}(u,v)$ における u-曲線の接線ベクトルは $\dfrac{\partial \boldsymbol{g}(u,v)}{\partial u}$，$v$-曲線の接線ベクトルは $\dfrac{\partial \boldsymbol{g}(u,v)}{\partial v}$ であり，これらによって，$\boldsymbol{S}$ の2次元接平面を構成する．つまり，これらの接線ベクトルは一次独立である．そのとき，ベクトル積

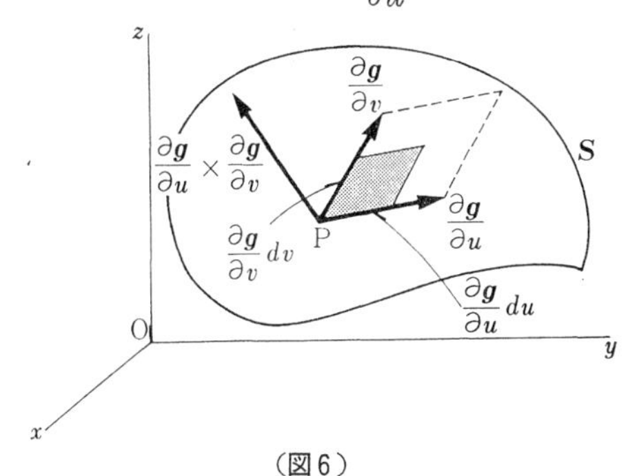

（図6）

$$\frac{\partial \boldsymbol{g}(u,v)}{\partial u}\times\frac{\partial \boldsymbol{g}(u,v)}{\partial v}$$

は $\dfrac{\partial \boldsymbol{g}(u,v)}{\partial u}$ および $\dfrac{\partial \boldsymbol{g}(u,v)}{\partial v}$ と直交するベクトルで，そのノルム

$$\left\|\frac{\partial \boldsymbol{g}(u,v)}{\partial u}\times\frac{\partial \boldsymbol{g}(u,v)}{\partial v}\right\|$$

はベクトル $\dfrac{\partial \boldsymbol{g}(u,v)}{\partial u}$ と $\dfrac{\partial \boldsymbol{g}(u,v)}{\partial v}$ のはる平行四辺形の面積に等しい．

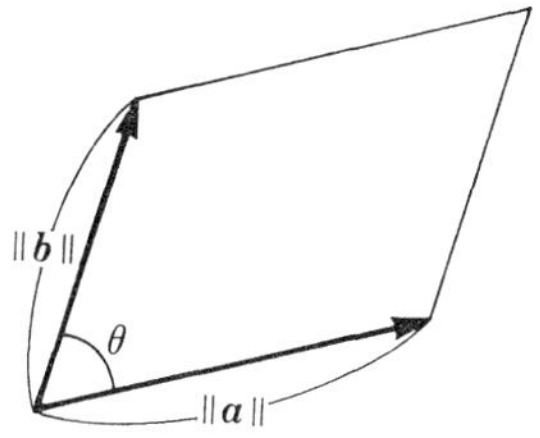

［註］ $\boldsymbol{a}=\begin{bmatrix}a_1\\a_2\\a_3\end{bmatrix}$，$\boldsymbol{b}=\begin{bmatrix}b_1\\b_2\\b_3\end{bmatrix}$ のベクトル積 $\boldsymbol{a}\times\boldsymbol{b}$ は

$$\boldsymbol{a}\times\boldsymbol{b}=\begin{bmatrix}a_2b_3-a_3b_2\\a_3b_1-a_1b_3\\a_1b_2-a_2b_1\end{bmatrix},$$ ノルムは

（図7）

$$\begin{aligned}\|\boldsymbol{a}\times\boldsymbol{b}\|&=\sqrt{(a_2b_3-a_3b_2)^2+(a_3b_1-a_1b_3)^2+(a_1b_2-a_2b_1)^2}\\&=\sqrt{(a_1{}^2+a_2{}^2+a_3{}^2)(b_1{}^2+b_2{}^2+b_3{}^2)-(a_1b_1+a_2b_2+a_3b_3)^2}\\&=\sqrt{\|\boldsymbol{a}\|^2\|\boldsymbol{b}\|^2-(\boldsymbol{ab})^2}\\&=\sqrt{\|\boldsymbol{a}\|^2\|\boldsymbol{b}\|^2\left\{1-\frac{(\boldsymbol{ab})^2}{\|\boldsymbol{a}\|^2\|\boldsymbol{b}\|^2}\right\}}\\&=\sqrt{\|\boldsymbol{a}\|^2\|\boldsymbol{b}\|^2(1-\cos^2\theta)}=\|\boldsymbol{a}\|\,\|\boldsymbol{b}\|\sin\theta\\&=(\boldsymbol{a}\text{ と }\boldsymbol{b}\text{ のはる平行四辺形の面積})\end{aligned}$$

［註了り］

したがって，$\boldsymbol{D}$ 平面上での長方形 (u,v)，$(u+du,v)$，$(u+du,v+dv)$，$(u,v+dv)$ に対応する $\boldsymbol{S}$ 上の微小部分の面積は

$$dS=\left\| \frac{\partial \boldsymbol{g}(u,v)}{\partial u}\times\frac{\partial \boldsymbol{g}(u,v)}{\partial v}\right\| dudv \tag{13}$$

で与えられる．(13)のノルムの部分に対して，

$$\left.\begin{aligned} E&=\left(\frac{\partial g_1}{\partial u}\right)^2+\left(\frac{\partial g_2}{\partial u}\right)^2+\left(\frac{\partial g_3}{\partial u}\right)^2=\left\|\frac{\partial \boldsymbol{g}}{\partial u}\right\|^2\\ F&=\frac{\partial g_1}{\partial u}\frac{\partial g_1}{\partial v}+\frac{\partial g_2}{\partial u}\frac{\partial g_2}{\partial v}+\frac{\partial g_3}{\partial u}\frac{\partial g_3}{\partial v}=\frac{\partial \boldsymbol{g}}{\partial u}\frac{\partial \boldsymbol{g}}{\partial v}\\ G&=\left(\frac{\partial g_1}{\partial v}\right)^2+\left(\frac{\partial g_2}{\partial v}\right)^2+\left(\frac{\partial g_3}{\partial v}\right)^2=\left\|\frac{\partial \boldsymbol{g}}{\partial v}\right\|^2 \end{aligned}\right\} \tag{14}$$

という式で曲面 $\boldsymbol{S}$ の**第1基本量** (first fundamental quantities) を定義すると，(13) は

$$dS=\sqrt{EG-F^2}\,dudv \tag{15}$$

とかける．これを曲面 $\boldsymbol{S}$ の**面積素** (areal element) という．

曲面の方程式が (12) 式で与えられるとき，曲面 $\boldsymbol{S}$ の表面積 S は

$$S=\int_{\boldsymbol{D}}\sqrt{EG-F^2}\,dudv \tag{16}$$

で与えられる．

例 8　例 7 で与えた球面の方程式で第一基本量を計算し，かつ球の表面積を求めよ．

$$\frac{\partial \boldsymbol{g}}{\partial \varphi}=\begin{bmatrix}\rho\cos\varphi\cos\theta\\ \rho\cos\varphi\sin\theta\\ -\rho\sin\varphi\end{bmatrix},\quad \frac{\partial \boldsymbol{g}}{\partial \theta}=\begin{bmatrix}-\rho\sin\varphi\sin\theta\\ \rho\sin\varphi\cos\theta\\ 0\end{bmatrix}$$

$$E=\left\|\frac{\partial \boldsymbol{g}}{\partial \varphi}\right\|^2=\rho^2,\quad F=\frac{\partial \boldsymbol{g}}{\partial \varphi}\frac{\partial \boldsymbol{g}}{\partial \theta}=0,\quad G=\left\|\frac{\partial \boldsymbol{g}}{\partial \theta}\right\|^2=\rho^2\sin^2\varphi$$

$$\therefore\quad S=\int_{\boldsymbol{D}}\sqrt{\rho^4\sin^2\varphi}\,d\varphi d\theta=\rho^2\int_0^{2\pi}d\theta\int_0^{\pi}\sin\varphi\,d\varphi$$

$$=4\pi\rho^2$$

問 12　曲面 $\boldsymbol{S}:\boldsymbol{x}=\boldsymbol{g}(u,v)$ 上の任意の点 P における接平面の方程式，および接平面の法線（これを曲面の法線という）の方程式を求めよ．

問 13　曲面 $\boldsymbol{S}:\boldsymbol{x}=\boldsymbol{g}(u,v)$ 上で，u–曲線と v–曲線が直交するための必要十分条件を求

めよ．

問14 問11のドーナツ面の表面積を求めよ．

問15 螺線面

$$\boldsymbol{x}=\boldsymbol{g}(u,v)=\begin{bmatrix} u\cos v \\ u\sin v \\ v \end{bmatrix};\quad \begin{matrix} 0\leqq u\leqq 1 \\ 0\leqq v\leqq 3\pi \end{matrix}$$

の表面積を求めよ．

⑤ 面積分の定義

曲面 $\boldsymbol{S}:\boldsymbol{x}=\boldsymbol{g}(u,v)$ 上で，関数 $\boldsymbol{S}^3\xrightarrow{f}\boldsymbol{R}$ が定義されているとき，$\boldsymbol{S}$ の上での $f(\boldsymbol{x})$ の面積分 (surface integral) を

$$\int_{\boldsymbol{S}} f dS=\int_{\boldsymbol{D}} f(\boldsymbol{x})\sqrt{EG-F^2}\,dudv \tag{17}$$

で定義する．これを**スカラー f の面積分**という．

例9 曲面 $\boldsymbol{S}$ の方程式を

$$\boldsymbol{g}(u,v)=\begin{bmatrix} u \\ v \\ u^2+v^2 \end{bmatrix};\quad 1\leqq u^2+v^2\leqq 4$$

とする．$f(x,y,z)=\sqrt{x^2+y^2}$ の $\boldsymbol{S}$ 上での面積分を求めよう．

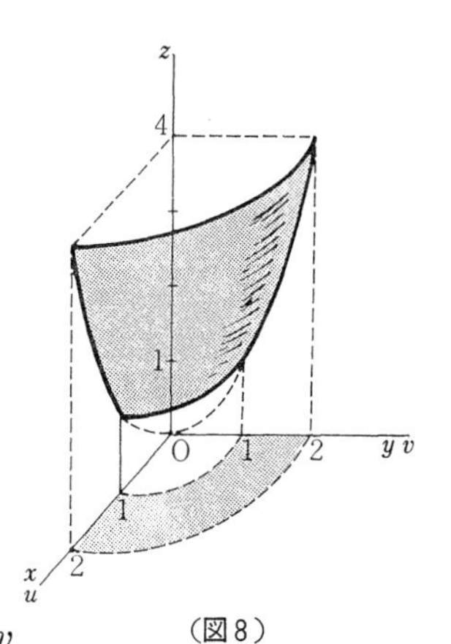

(図8)

$$\frac{\partial\boldsymbol{g}}{\partial u}=\begin{bmatrix} 1 \\ 0 \\ 2u \end{bmatrix},\quad \frac{\partial\boldsymbol{g}}{\partial v}=\begin{bmatrix} 0 \\ 1 \\ 2v \end{bmatrix}$$

$$E=1+4u^2,\ F=4uv,\ G=1+4v^2$$

$$\int_{\boldsymbol{S}} f dS=\int_{1\leqq u^2+v^2\leqq 4}\sqrt{u^2+v^2}\sqrt{1+4u^2+4v^2}\,dudv$$

$$=\int_0^{2\pi}d\theta\int_1^2 r\sqrt{1+4r^2}\cdot rdr$$

$$=\pi\left[\frac{66\sqrt{17}-9\sqrt{5}}{16}+\frac{1}{32}\log(\sqrt{105}-4\sqrt{5}+2\sqrt{17}-8)\right]$$

曲面 $\boldsymbol{S}:\boldsymbol{x}=\boldsymbol{g}(u,v)$ 上で，関数 $\boldsymbol{R}^3\xrightarrow{\boldsymbol{f}}\boldsymbol{R}^3$ が定義されているとき，$\boldsymbol{S}$ の上での $\boldsymbol{f}$ の面積分を

$$\int_S \boldsymbol{f}\cdot d\boldsymbol{S}$$
$$=\int_D \boldsymbol{f}\{\boldsymbol{g}(u,v)\}\cdot\left(\frac{\partial \boldsymbol{g}(u,v)}{\partial u}\times\frac{\partial \boldsymbol{g}(u,v)}{\partial v}\right)dudv \qquad (18)$$

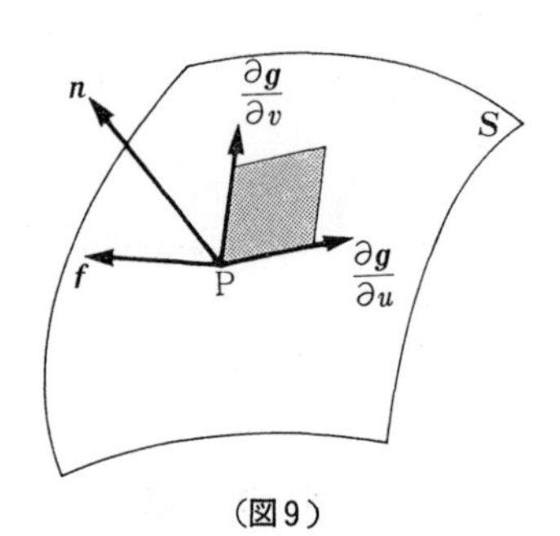

(図9)

で定義する．但し面積ベクトル $d\boldsymbol{S}$ を

$$d\boldsymbol{S}=\boldsymbol{n}dS$$

$$\boldsymbol{n}=\frac{\dfrac{\partial \boldsymbol{g}(u,v)}{\partial u}\times\dfrac{\partial \boldsymbol{g}(u,v)}{\partial v}}{\left\|\dfrac{\partial \boldsymbol{g}(u,v)}{\partial u}\times\dfrac{\partial \boldsymbol{g}(u,v)}{\partial v}\right\|}$$ （法線単位ベクトル）

で定義する．したがって，**ベクトル $\boldsymbol{f}$ の面積分**は

$$\int_S \boldsymbol{f}\cdot d\boldsymbol{S}=\int_D \boldsymbol{f}\cdot\boldsymbol{n}dS=\int_D \boldsymbol{f}(\boldsymbol{x})\cdot\boldsymbol{n}\sqrt{EG-F^2}\,dudv \qquad (19)$$

ともかける．今後行列式

$$\begin{vmatrix}\dfrac{\partial g_i}{\partial u} & \dfrac{\partial g_i}{\partial v}\\ \dfrac{\partial g_j}{\partial u} & \dfrac{\partial g_j}{\partial v}\end{vmatrix}=\frac{\partial(g_i,g_j)}{\partial(u,v)}\ ; \quad (i\neq j) \qquad (20)$$

とおくと，

$$\frac{\partial \boldsymbol{g}}{\partial u}\times\frac{\partial \boldsymbol{g}}{\partial v}=\begin{bmatrix}\dfrac{\partial(g_2,g_3)}{\partial(u,v)}\\ \dfrac{\partial(g_3,g_1)}{\partial(u,v)}\\ \dfrac{\partial(g_1,g_2)}{\partial(u,v)}\end{bmatrix},\quad \text{かつ} \quad \boldsymbol{f}(\boldsymbol{x})=\begin{bmatrix}f_1(\boldsymbol{x})\\ f_2(\boldsymbol{x})\\ f_3(\boldsymbol{x})\end{bmatrix} \qquad (21)$$

だから，(18) 式は

$$\int_S \boldsymbol{f}\cdot d\boldsymbol{S}=\int_D\left\{f_1\frac{\partial(g_2,g_3)}{\partial(u,v)}+f_2\frac{\partial(g_3,g_1)}{\partial(u,v)}+f_3\frac{\partial(g_1,g_2)}{\partial(u,v)}\right\}dudv \qquad (22)$$

となる．さて，

$$dg_1=\frac{\partial g_1}{\partial u}du+\frac{\partial g_1}{\partial v}dv$$

$$dg_2=\frac{\partial g_2}{\partial u}du+\frac{\partial g_2}{\partial v}dv$$

だから

$$\begin{bmatrix} dg_1 \\ dg_2 \end{bmatrix} = \begin{bmatrix} \dfrac{\partial g_1}{\partial u} & \dfrac{\partial g_2}{\partial u} \\ \dfrac{\partial g_1}{\partial v} & \dfrac{\partial g_2}{\partial v} \end{bmatrix} \begin{bmatrix} du \\ dv \end{bmatrix}$$

$$dg_1 \wedge dg_2 \equiv \frac{\partial(g_1, g_2)}{\partial(u, v)} dudv \tag{23}$$

とおくと，(22) 式は

$$\int_S \boldsymbol{f} \cdot d\boldsymbol{S} = \int_D \{f_1(dg_2 \wedge dg_3) + f_2(dg_3 \wedge dg_1) + f_3(dg_1 \wedge dg_2)\} \tag{24}$$

となる．(24) 式の右辺の被積分関数を**2次微分形式** (differential 2-form) という．また (23) 式の左辺は，明らかに

$$dg_1 \wedge dg_2 = -dg_2 \wedge dg_1 \tag{25}$$

を満足しているから，**交代積** (alternative product) という．また

$$dg_1 \wedge dg_1 = dg_2 \wedge dg_2 = 0 \tag{26}$$

でもある．さらに

$$dg_1 \wedge (dg_2 + dg_3) = dg_1 \wedge dg_2 + dg_1 \wedge dg_3 \tag{27}$$

であることも容易に証明できる．

例10

$$\boldsymbol{f}(x, y, z) = \begin{bmatrix} \dfrac{x}{x^2+y^2+z^2} \\ \dfrac{y}{x^2+y^2+z^2} \\ \dfrac{z}{x^2+y^2+z^2} \end{bmatrix} \text{を，球面 } \boldsymbol{S} \cdot\cdot \begin{bmatrix} x \\ y \\ z \end{bmatrix} = \begin{bmatrix} a \sin\varphi \cos\theta \\ a \sin\varphi \sin\theta \\ a \cos\varphi \end{bmatrix}, \quad \begin{matrix} 0 \leqq \varphi \leqq \pi \\ 0 \leqq \theta \leqq 2\pi \end{matrix}$$

上で面積分せよ．(22) 式を用いると

$$\frac{\partial(y, z)}{\partial(\varphi, \theta)} = a^2 \sin^2\varphi \cos\theta$$

$$\frac{\partial(z, x)}{\partial(\varphi, \theta)} = a^2 \sin^2\varphi \sin\theta$$

$$\frac{\partial(x, y)}{\partial(\varphi, \theta)} = a \sin\varphi \cos\varphi$$

$$\therefore\quad \int_S \boldsymbol{f}\cdot d\boldsymbol{S}=a\int_0^{2\pi}d\theta\int_0^{\pi}(\sin^3\varphi\cos^2\theta+\sin^3\varphi\sin^2\theta+\sin\varphi\cos^2\varphi)d\varphi$$

$$=2\pi a\int_0^{\pi}\sin\varphi\, d\varphi=4\pi a$$

問16　$\boldsymbol{f}(\boldsymbol{x})=\begin{bmatrix} x \\ y \\ z \end{bmatrix}$，曲面 $\boldsymbol{S}:\boldsymbol{x}=\boldsymbol{g}(u,v)=\begin{bmatrix} u-v \\ u+v \\ uv \end{bmatrix}$；$\begin{matrix} 0\leqq u\leqq 1 \\ 0\leqq v\leqq 2 \end{matrix}$

のとき，面積分 $\int_S \boldsymbol{f}\cdot d\boldsymbol{S}$ を求めよ．

問17　$\boldsymbol{f}(\boldsymbol{x})=\begin{bmatrix} x^2 \\ 0 \\ 0 \end{bmatrix}$，曲面 $\boldsymbol{S}:\boldsymbol{x}=\boldsymbol{g}(u,v)=\begin{bmatrix} u\cos v \\ u\sin v \\ v \end{bmatrix}$；$\begin{matrix} 0\leqq u\leqq 1 \\ 0\leqq v\leqq 2\pi \end{matrix}$

のとき，面積分 $\int_S \boldsymbol{f}\cdot d\boldsymbol{S}$ を求めよ．

問18　2次微分形式 $\omega=(y^2+z^2)(dy\wedge dz)+(z^2+x^2)(dz\wedge dx)+(x^2+y^2)(dx\wedge dy)$ を，曲面 $\boldsymbol{S}:x=u\cos v$，$y=u\sin v$，$z=0$ ($0\leqq u\leqq R$，$0\leqq v\leqq 2\pi$) 上で面積分せよ．

問19　2次微分形式 $\omega=x(dy\wedge dz)+y(dz\wedge dx)+z(dx\wedge dy)$ を球面 $\boldsymbol{S}:x=a+R\sin\varphi\times\cos\theta$，$y=b+R\sin\varphi\sin\theta$，$z=c+R\cos\varphi$ ($0\leqq\varphi\leqq\pi$，$0\leqq\theta\leqq 2\pi$) 上で面積分せよ．

問20　問19の2次微分形式を，曲面 $\boldsymbol{S}:x=(a+b\cos v)\cos u$，$y=(a+b\cos v)\sin u$，$z=a+b\sin v$ ($0\leqq u\leqq 2\pi$，$0\leqq v\leqq 2\pi$，$a>b>0$；a, b は定数) の上で面積分せよ．

⑥ 面積分の性質

$\boldsymbol{R}^3 \xrightarrow{\boldsymbol{f}} \boldsymbol{R}^3$，$\boldsymbol{R}^3 \xrightarrow{\boldsymbol{g}} \boldsymbol{R}^3$ なる関数に対して，曲面 $\boldsymbol{S}$ 上の面積分は

$$\int_S(\boldsymbol{f}+\boldsymbol{g})\cdot dS=\int_S \boldsymbol{f}\cdot dS+\int_S \boldsymbol{g}\cdot dS \tag{28}$$

$$\int_S(\boldsymbol{f}k)\cdot dS=k\int_S \boldsymbol{f}\cdot dS \tag{29}$$

なる性質をもつ．また曲面 $\boldsymbol{S}$ に対応するパラメーターの定義域 $\boldsymbol{D}$ を2つの閉集合 $\boldsymbol{D}_1, \boldsymbol{D}_2$ に分割する．そして $\boldsymbol{D}_1, \boldsymbol{D}_2$ に対応する曲面部分を $\boldsymbol{S}_1, \boldsymbol{S}_2$ とするとき

$$\int_S \boldsymbol{f}\cdot dS=\int_{S_1}\boldsymbol{f}\cdot S_1+\int_{S_2}\boldsymbol{f}\cdot dS_2 \tag{30}$$

が成立する．

問 21 xy 平面上の領域 $\boldsymbol{D}$ で定義された曲面 $z=f(x,y)$ の表面積 $\boldsymbol{S}$ は

$$S=\int_{\boldsymbol{D}}\sqrt{1+\left(\frac{\partial z}{\partial x}\right)^2+\left(\frac{\partial z}{\partial y}\right)^2}\,dxdy$$

で与えられることを証明せよ.

$$\left(\text{ヒント}\ \begin{bmatrix} x \\ y \\ z \end{bmatrix}=\begin{bmatrix} u \\ v \\ f(u,v) \end{bmatrix}\ \text{とおいて，第1基本量を計算せよ．}\right)$$

問 22 $z=f(x,y)=x^2+y$ なる曲面の表面積を， $\boldsymbol{D}=\{(x,y)|0\leqq x\leqq 1,\ 0\leqq y\leqq 1\}$ 上で求めよ.

問23 陰形式で与えられた関数 $F(x,y,z)=0$ において，これを xy 平面上へ正射影してえられる領域を $\boldsymbol{D}$ とすると，$\boldsymbol{D}$ 上での曲面の表面積は

$$S=\int_{\boldsymbol{D}}\frac{\sqrt{\left(\frac{\partial F}{\partial x}\right)^2+\left(\frac{\partial F}{\partial y}\right)^2+\left(\frac{\partial F}{\partial z}\right)^2}}{\left|\frac{\partial F}{\partial z}\right|}\,dxdy$$

であることを証明せよ. ただし $\left|\frac{\partial F}{\partial z}\right|\neq 0$ とする.

（ヒント．問 21 を用いよ）

問 題 解 答

問 1 ① $\frac{11}{6}$ ② 0 ③ $\frac{4}{3}$ ④ 4 ⑤ $\frac{20}{3}$

問 2 ① $\frac{1}{2}(\alpha\beta+\beta\gamma+\alpha\gamma)$ ② $\alpha\beta+\beta\gamma$

問 3 ① $\frac{1}{15}$ ② $-\frac{7}{15}$ ③ 23

問 4 $\frac{23}{3}$ **問 6** 2π **問 7** $\nabla f(0,\pi,1)=(2,0,0)$

問 9 ① $\varphi=-r$ ② $\varphi=-\log r$ ③ $\varphi=-\frac{r^{n+2}}{n+2}$

問 10 原点中心，半径１の球で $x,y,z\geqq 0$ の部分

問 11 $x=r\cos u$，$y=(a+r\sin u)\cos v$，$z=(a+r\sin u)\sin v\,(0\leqq u\leqq 2\pi,\ 0\leqq v\leqq 2\pi)$

問 12 接平面の方程式は

$$\begin{vmatrix} \frac{\partial g_2}{\partial u} & \frac{\partial g_3}{\partial u} \\ \frac{\partial g_2}{\partial v} & \frac{\partial g_3}{\partial v} \end{vmatrix}(X-g_1(u,v))$$

$$-\begin{vmatrix} \dfrac{\partial g_1}{\partial u} & \dfrac{\partial g_3}{\partial u} \\ \dfrac{\partial g_1}{\partial v} & \dfrac{\partial g_3}{\partial v} \end{vmatrix}(Y-g_2(u,v))+\begin{vmatrix} \dfrac{\partial g_1}{\partial u} & \dfrac{\partial g_2}{\partial u} \\ \dfrac{\partial g_1}{\partial v} & \dfrac{\partial g_2}{\partial v} \end{vmatrix}(Z-g_3(u,v))=0$$

法線の方程式は

$$\frac{X-g_1(u,v)}{\begin{vmatrix} \dfrac{\partial g_2}{\partial u} & \dfrac{\partial g_3}{\partial u} \\ \dfrac{\partial g_2}{\partial v} & \dfrac{\partial g_3}{\partial v} \end{vmatrix}}=\frac{Y-g_2(u,v)}{\begin{vmatrix} \dfrac{\partial g_1}{\partial u} & \dfrac{\partial g_3}{\partial u} \\ \dfrac{\partial g_1}{\partial v} & \dfrac{\partial g_3}{\partial v} \end{vmatrix}}=\frac{Z-g_3(u,v)}{\begin{vmatrix} \dfrac{\partial g_1}{\partial u} & \dfrac{\partial g_2}{\partial u} \\ \dfrac{\partial g_1}{\partial v} & \dfrac{\partial g_2}{\partial v} \end{vmatrix}}$$

問13　$F=0$　　**問14**　$4\pi^2 ar$　　**問15**　$\dfrac{3\pi}{2}\{\sqrt{2}+\log(1+\sqrt{2})\}$

問16　-2　　**問17**　0　　**問18**　$\dfrac{1}{2}\pi R^4$

問19　$4\pi R^3$　　**問20**　$6\pi^2 ab^2$　　**問22**　$\sqrt{\dfrac{2}{3}}+\dfrac{1}{2}\log(\sqrt{3}+\sqrt{2})$

第 14 講　Green の定理

ある曲面上での積分と，この曲面の境界上での線積分の間にどんな関連があるのだろうか．これらの結びつきを示すのがグリーンの定理である．

① 微積分の基本定理

$f'(t)$ が $a \leqq t \leqq b$ で連続な関数であれば

$$\int_a^b f'(t)dt = f(b) - f(a) \tag{1}$$

であった（微積分の基本定理）．これの拡張した形は，$f(\boldsymbol{x})$ が $\boldsymbol{R}^n$ 内の開集合 $\boldsymbol{D}$ 内で定義された連続で微分可能な実数値関数とする．そして，$\boldsymbol{D}$ 内の滑らかな曲線 C の始点と終点の位置ベクトルをそれぞれ $\boldsymbol{x}=\boldsymbol{a}, \boldsymbol{x}=\boldsymbol{b}$ とおくとき

$$\int_C \nabla f \cdot d\boldsymbol{x} = f(\boldsymbol{b}) - f(\boldsymbol{a}) \tag{2}$$

である．なぜなら，曲線 C の方程式を

$$C : \boldsymbol{x} = \boldsymbol{g}(t), \quad a \leqq t \leqq b$$

$$\boldsymbol{g}(a) = \boldsymbol{a}, \quad \boldsymbol{g}(b) = \boldsymbol{b}$$

とパラメーター表現すると

$$\int_C \nabla f \cdot d\boldsymbol{x} = \int_a^b \nabla f(\boldsymbol{g}(t))\boldsymbol{g}'(t)dt$$

$$=\int_a^b \frac{d}{dt}f(\boldsymbol{g}(t))dt=f(\boldsymbol{g}(b))-f(\boldsymbol{g}(a))$$
$$=f(\boldsymbol{b})-f(\boldsymbol{a})$$

となるからである．(2) によって，微積分の基本定理は，勾配ベクトル ∇f の線積分に対しても拡張されたことになる．

今回は，1つの関数にして，(2) 式における被積分関数と同じような種類の導関数のある集合上での積分が，その集合より低次元の集合の上で関数自身の値を用いて評価できることを示そう．

② 平面上における Green の定理

先ず，例から始めよう．

例 1

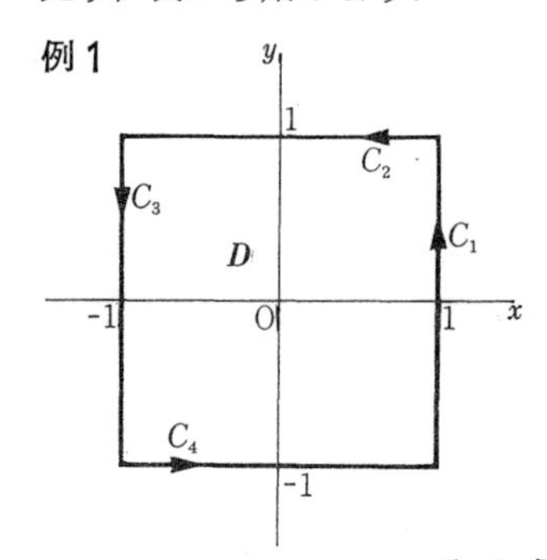

領域 $\boldsymbol{D}=\{(x,y)\mid -1\leqq x, y\leqq 1\}$，関数

$$f_1(x,y)=-ye^x,\quad f_2(x,y)=xe^y$$

は $\boldsymbol{D}$ 上で定義されたものとする．

$$\iint_{\boldsymbol{D}}\left(\frac{\partial f_2}{\partial x}-\frac{\partial f_1}{\partial y}\right)dxdy$$
$$=\int_{-1}^1 dx\int_{-1}^1 (e^x+e^y)dy=4\left(e-\frac{1}{e}\right)$$

一方，$\boldsymbol{D}$ の境界曲線 C は

$$\begin{bmatrix} x \\ y \end{bmatrix}=\begin{cases}\begin{bmatrix} 1 \\ t \end{bmatrix} \\ \begin{bmatrix} -t \\ 1 \end{bmatrix} \\ \begin{bmatrix} -1 \\ -t \end{bmatrix} \\ \begin{bmatrix} t \\ -1 \end{bmatrix}\end{cases},\qquad -1\leqq t\leqq 1$$

によって，4つの部分 C_1, C_2, C_3, C_4 とパラメーター表現される．

$C=C_1\cup C_2\cup C_3\cup C_4$ の順路は反時針方向である．C_1 上で，線積分

$$\int_{C_1} f_1dx+f_2dy=\int_{C_1} -ye^xdx+xe^ydy$$
$$=\int_{-1}^1\left[-te\frac{dx}{dt}+e^t\frac{dy}{dt}\right]dt=\int_{-1}^1 e^tdt=e-\frac{1}{e}$$

である．同様に，$\boldsymbol{D}$ の他の3境界 C_2, C_3, C_4 上の線積分 $\int_{C_i} f_1dx+f_2dy$，($i=2,3,4$) の値も $e-\dfrac{1}{e}$ に等しい．よって，$\int_C f_1dx+f_2dy=\int_{C_1}+\int_{C_2}+\int_{C_3}+\int_{C_4}=4\left(e-\dfrac{1}{e}\right)$ である．$\boldsymbol{D}$ の周辺を $\partial\boldsymbol{D}$ とかくと

$$\therefore\quad \iint_{\boldsymbol{D}}\left(\frac{\partial f_2}{\partial x}-\frac{\partial f_1}{\partial y}\right)dxdy=\int_{\partial\boldsymbol{D}} f_1dx+f_2dy \qquad (3)$$

となる．

定理1　$\boldsymbol{D}$ を有界な平面上の領域，$\boldsymbol{D}$ の境界 $\partial\boldsymbol{D}$ は単一閉曲線（曲線が始点または終点以外は自分自身と再び交わらない曲線）とする．$f_1(x,y)$, $f_2(x,y)$ を $\partial\boldsymbol{D}$ も含め $\boldsymbol{D}$ 上で定義された連続で微分可能な実数値関数とするとき

$$\iint_{\boldsymbol{D}}\left(\frac{\partial f_2}{\partial x}-\frac{\partial f_1}{\partial y}\right)dxdy=\int_{\partial\boldsymbol{D}} f_1dx+f_2dy \qquad (3)$$

である．ただし，$\partial\boldsymbol{D}$ の向きは反時針方向を正方向（領域を左手にみる）とする．**（平面上での Green の定理）**

（証明）　i）座標軸に平行な縁をのぞき，座標軸と平行な直線が領域の周辺と高々2点で交わるようなものを，単純領域（simple region）という．$\boldsymbol{D}$ が単純領域である場合を，まず考えよう．$\partial\boldsymbol{D}$ は

$$\begin{cases} x=g_1(t) \\ y=g_2(t) \end{cases},\qquad a\leqq t\leqq b$$

とパラメーター表現されているものとする．

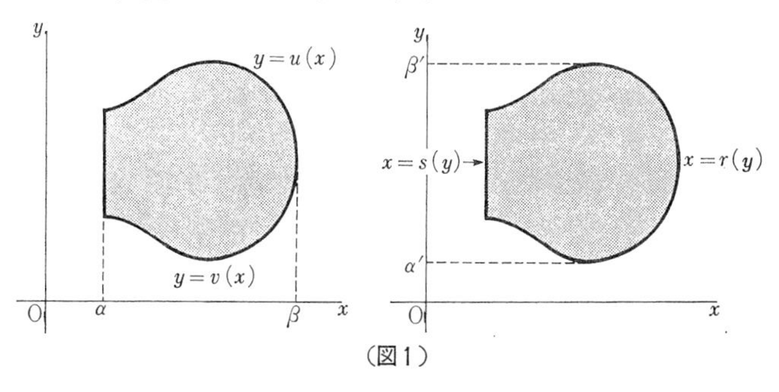

（図1）

$$\int_{\partial D} f_1dx+f_2dy=\int_{\partial D} f_1dx+\int_{\partial D} f_2dy$$

であるから，右辺の積分の各項を検討してみる．

いま，前図の左の如き領域 $\boldsymbol{D}$ を考える（もちろん，これは単純領域）．周の部分で，垂直な部分は $g_1(t)=\alpha$（一定）．ゆえに $g_1'(t)=0$．さらに，曲った部分の上の方は $g_2(t)=u(x)$，下の方は $g_2(t)=v(x)$ という形になるように，変数変換 $x=g_1(t)$ を行なう．すると

$$\int_{\partial D} f_1(x,y)dx=\int_{\beta}^{\alpha} f_1(x,u(x))dx+\int_{\alpha}^{\beta} f_1(x,v(x))dx$$

$$=\int_{\alpha}^{\beta}[-f_1(x,u(x))+f_1(x,v(x))]dx$$

$$=\int_{\alpha}^{\beta}\left[-\int_{v(x)}^{u(x)}\frac{\partial f_1(x,y)}{\partial y}dy\right]dx=-\iint_{D}\frac{\partial f_1}{\partial y}dxdy$$

同様の証明を，右の下図にも適用すると

$$\int_{\partial D} f_2(x,y)dy=\iint_{D}\frac{\partial f_2}{\partial x}dxdy$$

これら2つの積分式を加算すると結果をうる．

ii）単純領域 $\boldsymbol{D}_1,\boldsymbol{D}_2,\cdots,\boldsymbol{D}_K$ の合併 $\boldsymbol{D}=\boldsymbol{D}_1\cup\boldsymbol{D}_2\cup\cdots\cup\boldsymbol{D}_K$（各単純領域 $\boldsymbol{D}_i$ は部分毎に滑らかな境界曲線 $\partial\boldsymbol{D}_i$ をもつ）の上で，関数 $\boldsymbol{f}=\begin{bmatrix}f_1\\f_2\end{bmatrix}$ が定義されているとする．おのおのの領域 $\boldsymbol{D}_i$ に Green の定理を適用すると

$$\iint_{D_i}\left(\frac{\partial f_2}{\partial y}-\frac{\partial f_1}{\partial x}\right)dxdy=\int_{\partial D_i} f_1dx+f_2dy$$

$\boldsymbol{D}_i$ 上の積分を．すべての i について加算すれば，$\boldsymbol{D}$ 上の積分になるから

$$\iint_{D}\left(\frac{\partial f_2}{\partial y}-\frac{\partial f_1}{\partial x}\right)dxdy$$

$$=\sum_{i=1}^{K}\int_{\partial D_i} f_1dx+f_2dy$$

さて，$\boldsymbol{D}$ の境界は右の図のようにいくつかの曲線 $\partial\boldsymbol{D}_i(i=1,\cdots,K)$ の部分からなっている．そして $\boldsymbol{D}_1$ と $\boldsymbol{D}_2,\boldsymbol{D}_2$

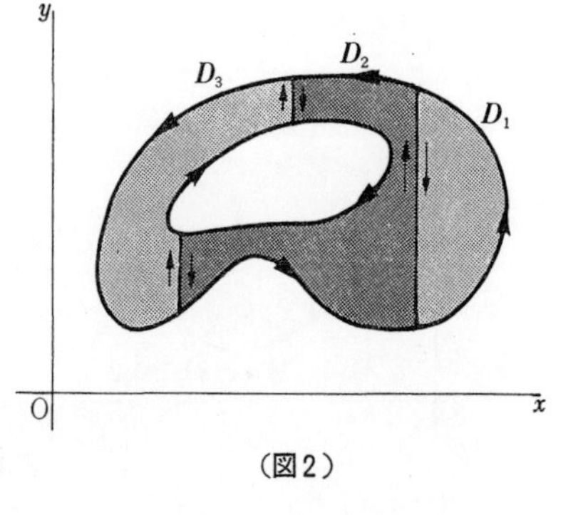

（図2）

と $\boldsymbol{D}_3, \cdots$ のそれぞれ共通の境界があり，しかもその向きは互に逆向きになっている．線積分に対しては

$$\int_C f_1dx+f_2dy=-\int_{-C} f_1dx+f_2dy$$

であるから，$\partial\boldsymbol{D}$ を構成する各 $\partial\boldsymbol{D}_i$ の部分は $\sum_{i=1}^{K}\int_{\partial\boldsymbol{D}_i} f_1dx+f_2dy$ の値に影響するが，$\partial\boldsymbol{D}$ を構成しない各 $\partial\boldsymbol{D}_i$ の部分は互に抹消しあって，この積分値に影響を与えない．よって

$$\iint_{\boldsymbol{D}}\left(\frac{\partial f_2}{\partial x}-\frac{\partial f_1}{\partial y}\right)dxdy=\int_{\partial\boldsymbol{D}} f_1dx+f_2dy$$

問 1　$\partial\boldsymbol{D}$ が次の曲線であるとき，平面上の Green の定理を用いて，積分 $\int_{\partial\boldsymbol{D}} y^2dx+xdy$ の値を求めよ．

① 頂点が $(0,0)$，$(2,0)$，$(0,2)$，$(2,2)$ である正方形の周．
② 頂点が $(\pm1,\pm1)$ である正方形の周．
③ 原点中心，半径 2 の円周．
④ 楕円 $\dfrac{x^2}{a^2}+\dfrac{y^2}{b^2}=1$ の周．

問 2　$\int_{\partial\boldsymbol{D}}(x^2-2xy)dx+(x^2y+3)dy$ の値を Green の定理を用いて求めよ．但し，$\boldsymbol{D}=\{(x,y)\mid y^2\leqq 8x,\ 0\leqq x\leqq 2,\ 0\leqq y\}$ とする．

系　単一閉曲線 C_1 と C_2 で囲まれた(図 3)のような領域 $\boldsymbol{D}$ (周も含めて)上で定義された連続で微分可能な関数 $f_1(x,y), f_2(x,y)$ に対して

$$\frac{\partial f_2}{\partial x}-\frac{\partial f_1}{\partial y}=0$$

であるならば，

$$\int_{C_1} f_1dx+f_2dx=\int_{C_2} f_1dx+f_2dy \tag{4}$$

但し C_1 と C_2 は反時針方向に動くものとする．

(証明)　Green の定理によって

$$\iint_D\left(\frac{\partial f_2}{\partial x}-\frac{\partial f_1}{\partial y}\right)dxdy=\int_{C_1\cup(-C_2)} f_1dx+f_2dy=0$$

$$\int_{C_2^-}=-\int_{-C_2}$$

を用いたらよい．

例 2　$f_1(x, y)=\dfrac{-y}{x^2+y^2}$，$f_2(x, y)=\dfrac{x}{x^2+y^2}$ は原点をのぞいて，連続で微分可能である．しかも，

$$\frac{\partial f_2}{\partial x}-\frac{\partial f_1}{\partial y}=0$$

であることは，直接計算してみれば分る．曲線 C_1 を

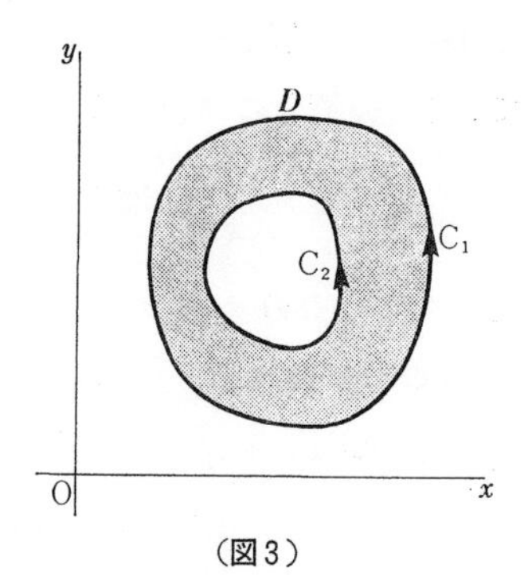

（図 3）

$$C_1:\begin{bmatrix}x\\y\end{bmatrix}=\begin{bmatrix}2\cos t\\3\sin t\end{bmatrix},\quad 0\leqq t\leqq 2\pi$$

によって定義される楕円とすると，1 次微分形式 f_1dx+f_2dy の線積分を計算することはわずらわしい．しかし，Green の定理を用いて，曲線 C_2

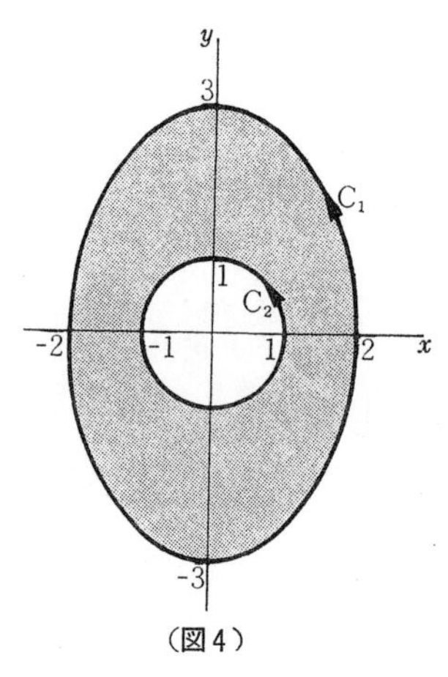

（図 4）

$$C_2:\begin{bmatrix}x\\y\end{bmatrix}=\begin{bmatrix}\cos t\\\sin t\end{bmatrix},\quad 0\leqq t\leqq 2\pi$$

によって表現される円を考える．すると，C_2 上では，$x^2+y^2=1$．

$$\int_{C_1}f_1dx+f_2dy=\int_{C_2}-ydx+xdy$$
$$=\int_0^{2\pi}(\sin^2t+\cos^2t)dt=2\pi.$$

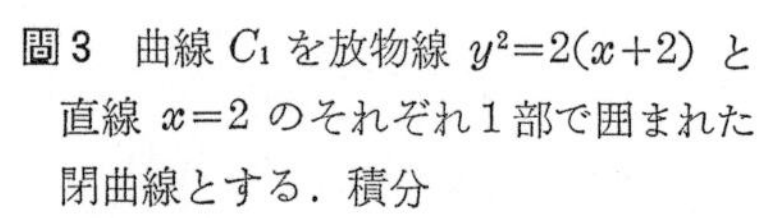

問 3　曲線 C_1 を放物線 $y^2=2(x+2)$ と直線 $x=2$ のそれぞれ 1 部で囲まれた閉曲線とする．積分

$$\int_{C_1}\frac{-y}{x^2+y^2}dx+\frac{x}{x^2+y^2}dy$$

を求めよ．

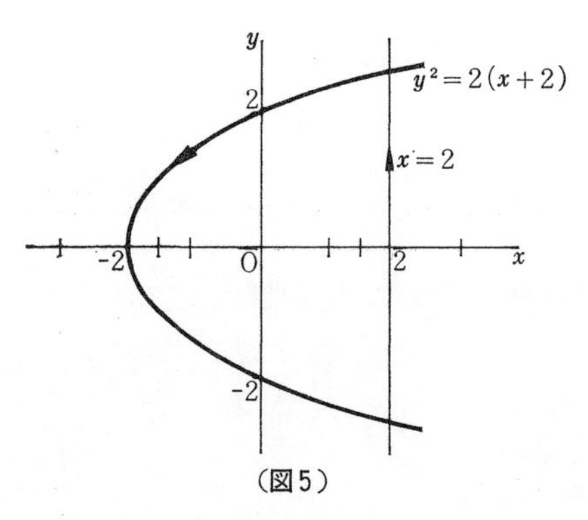

（図 5）

問 4　正の向きに方向づけられた閉曲線 C の内部の領域 $\boldsymbol{D}$ において，関数 $f(x,y)$ が

$$\frac{\partial^2 f}{\partial x^2}+\frac{\partial^2 f}{\partial y^2}=0$$

を満足すると仮定する．そのとき

$$\int_C \frac{\partial f}{\partial y}dx - \frac{\partial f}{\partial x}dy = 0$$

であることを示せ．

問5 $\boldsymbol{D}$ を有界な単純領域とする．境界 $\partial\boldsymbol{D}$ は正の方向に向きがつけられている．$\boldsymbol{D}$ の面積は，

$$A(\boldsymbol{D}) = \frac{1}{2}\int_{\partial\boldsymbol{D}} -yd + xdy$$

で与えられることを示せ．

③ 平面上のベクトル場の回転と発散

$\boldsymbol{D}$ を $\boldsymbol{R}^2$ 内の領域とし，その境界 $\partial\boldsymbol{D}$ は反時針方向にまわる単一閉曲線とする．もしも，$\partial\boldsymbol{D}$ が

$$\boldsymbol{g}(t) = \begin{bmatrix} g_1(t) \\ g_2(t) \end{bmatrix}, \quad a \leqq t \leqq b$$

とパラメーター表現されていて，各点で $\boldsymbol{0}$ でない接線ベクトルをもつとすれば，各点で

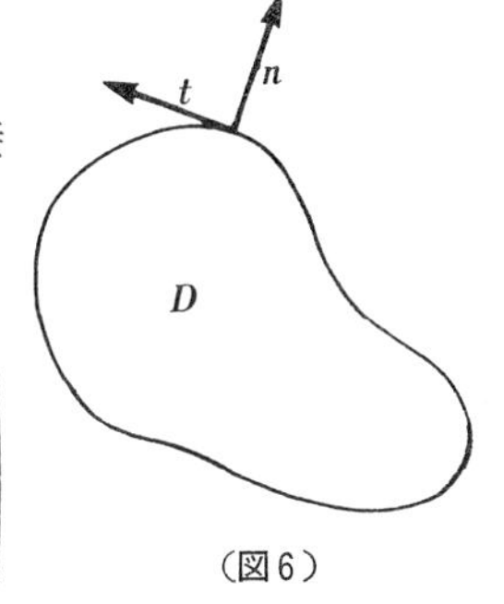

（図6）

単位接線ベクトル　　　　単位法線ベクトル

$$\boldsymbol{t}(t) = \frac{\boldsymbol{g}'(t)}{\|\boldsymbol{g}'(t)\|} = \begin{bmatrix} \dfrac{g_1'(t)}{\|\boldsymbol{g}'(t)\|} \\ \dfrac{g_2'(t)}{\|\boldsymbol{g}'(t)\|} \end{bmatrix}, \quad \boldsymbol{n}(t) = \begin{bmatrix} \dfrac{g_2'(t)}{\|\boldsymbol{g}'(t)\|} \\ \dfrac{-g_1'(t)}{\|\boldsymbol{g}'(t)\|} \end{bmatrix}$$

をそれぞれ求めることができる．

もしも，$\boldsymbol{f} = \begin{bmatrix} f_1 \\ f_2 \end{bmatrix}$ が $\boldsymbol{D}$（境界 $\partial\boldsymbol{D}$ も含める）の上で定義された連続で微分可能なベクトル場ならば，Green の定理における線積分は

$$\int_{\partial\boldsymbol{D}} f_1 dx + f_2 dy = \int_a^b \boldsymbol{f}\{\boldsymbol{g}(t)\}\cdot\boldsymbol{t}(t)\|\boldsymbol{g}'(t)\|dt$$

$$= \oint_{\partial\boldsymbol{D}} \boldsymbol{f}\cdot\boldsymbol{t}ds$$

とかくことができる．ここで

$$\mathrm{rot}\,\boldsymbol{f} = \frac{\partial f_2}{\partial x} - \frac{\partial f_1}{\partial y} \tag{5}$$

という実数値関数によって，ベクトル場 $\boldsymbol{f}(\boldsymbol{x})$ の**回転** (rotation) を定義する

と，Green の定理は

$$\iint_{\boldsymbol{D}} \mathrm{rot}\,\boldsymbol{f}\,dxdy = \oint_{\partial \boldsymbol{D}} \boldsymbol{f}\cdot\boldsymbol{t}ds \tag{6}$$

という形にかかれる．これはしばしば **Stokes の定理**とよばれることがある．rot $\boldsymbol{f}$ を curl $\boldsymbol{f}$ ともかくことがある．

次に，単位法線ベクトル $\boldsymbol{n}(t)$ を用いて，Green の定理を書き直してみよう．このときは，Green の定理を適用すると

$$\begin{aligned}\int_{\partial \boldsymbol{D}} -f_2dx+f_1dy &= \int_a^b \boldsymbol{f}\{\boldsymbol{g}(t)\}\cdot\boldsymbol{n}(t)\|\boldsymbol{g}'(t)\|dt \\ &= \oint_{\partial \boldsymbol{D}} \boldsymbol{f}\cdot\boldsymbol{n}ds\end{aligned}$$

とかける．他方，$\boldsymbol{D}$ 上の面積分の部分は

$$\iint_{\boldsymbol{D}} \left(\frac{\partial f_1}{\partial x}+\frac{\partial f_2}{\partial y}\right)dxdy$$

となる．ここで

$$\mathrm{div}\,\boldsymbol{f} = \frac{\partial f_1}{\partial x}+\frac{\partial f_2}{\partial y} \tag{7}$$

という実数値関数によって，ベクトル場 $\boldsymbol{f}(\boldsymbol{x})$ の**発散** (divergence) を定義すると，上の関係は

$$\iint_{\boldsymbol{D}} \mathrm{div}\,\boldsymbol{f}\,dxdy = \oint_{\partial \boldsymbol{D}} \boldsymbol{f}\cdot\boldsymbol{n}ds \tag{8}$$

という形にかかれる．これはしばしば **Gauss の定理**とよばれることがある．

例 3　曲線 C_r を

$$C_r : \begin{cases} x = r\cos\theta \\ y = r\sin\theta' \end{cases} \quad 0 \leqq \theta \leqq 2\pi,\ r>0$$

で定義されたものとする．

また，$\boldsymbol{C} : [a, b] \longmapsto \boldsymbol{D}$ を平面の開集合における連続で微分可能な曲線とし，f を $\boldsymbol{D}$ 上の関数とし

$$\begin{aligned}\int_C f &= \int_a^b f(\boldsymbol{C}(t))\|\boldsymbol{C}'(t)\|dt \\ &= \int_a^b f(\boldsymbol{C}(t))\sqrt{\left(\frac{dx}{dt}\right)^2+\left(\frac{dy}{dt}\right)^2}\,dt\end{aligned}$$

と定義する．さて

$$\varphi(r)=\frac{1}{2\pi r}\int_{C_r}f=\frac{1}{2\pi r}\int_0^{2\pi}f(r\cos\theta,\,r\sin\theta)rd\theta$$

とする．f が

$$\frac{\partial^2 f}{\partial x^2}+\frac{\partial^2 f}{\partial y^2}=0$$

を満足するとき，$\varphi(r)$ は r に関係せず，

$$\varphi(r)=f(0,0)=\frac{1}{2\pi r}\int_{C_r}f$$

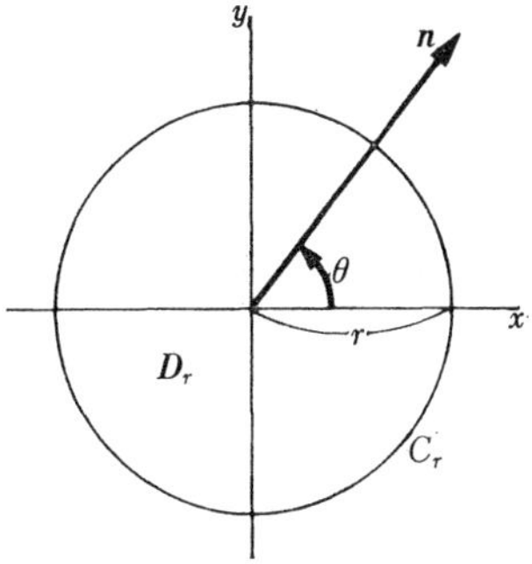

に等しい．なぜなら，

$$\varphi(r)=\frac{1}{2\pi}\int_0^{2\pi}f(r\cos\theta,\,r\sin\theta)d\theta$$

$$\frac{d\varphi(r)}{dr}=\frac{1}{2\pi}\int_0^{2\pi}\left(\frac{\partial f}{\partial x}\frac{\partial x}{\partial r}+\frac{\partial f}{\partial y}\frac{\partial y}{\partial r}\right)d\theta$$

$$=\frac{1}{2\pi}\int_{C_r}(\mathrm{grad}\,f)\cdot\begin{bmatrix}\cos\theta\\ \sin\theta\end{bmatrix}d\theta$$

$$=\frac{1}{2\pi}\int_{C_r}(\mathrm{grad}\,f)\cdot\boldsymbol{n}d\theta$$

（図7）

$$=\frac{1}{2\pi}\iint_{D_r}\mathrm{div}(\mathrm{grad}\,f)dxdy=\frac{1}{2\pi}\iint_{D_r}\left(\frac{\partial^2 f}{\partial x^2}+\frac{\partial^2 f}{\partial y^2}\right)dxdy=0$$

よって，$\varphi'(r)=0$，$\varphi(r)$ は r に無関係である．

$$\varphi(r)=一定$$

$$\lim_{r\to 0}\varphi(r)=\varphi(0)=\frac{1}{2\pi}\int_0^{2\pi}f(0,0)d\theta$$

$$=f(0,0)$$

④　発散・回転の量的意味

ここで，回転と発散の言葉のよってきたるところを説明しておこう．

一様な定ベクトル $\boldsymbol{a}$ の $\boldsymbol{e}$ 方向への正射影の長さは $\boldsymbol{a}\cdot\boldsymbol{e}$ である．$\boldsymbol{a}$ を一様な速度で流れている流体の速度ベクトルとすれば，$\boldsymbol{a}\cdot\boldsymbol{e}$ は流れが $\boldsymbol{e}$ 方向へ押し

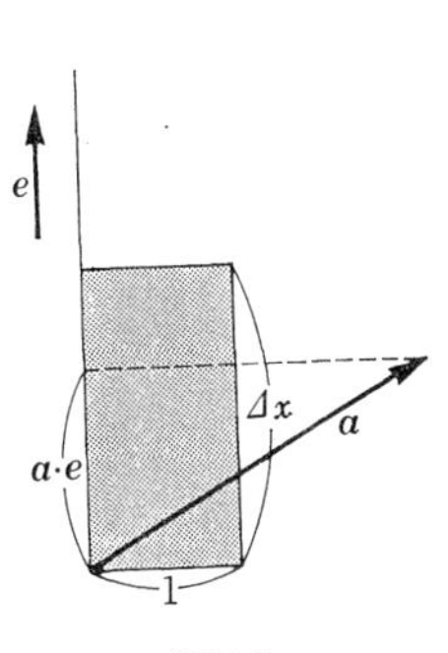

（図8）

流される量と考えればよい．つまり，単位流量が単位時間に $\boldsymbol{a}\cdot\boldsymbol{e}$ だけずれる．このズレが Δx だけの長さにわたっておこると，総流量は

$$(\boldsymbol{a}\cdot\boldsymbol{e})\Delta x=\boldsymbol{a}\cdot(\boldsymbol{e}\Delta x)$$

になる． これを **$\boldsymbol{e}\Delta x$ に沿う流れ $\boldsymbol{a}$ の流量**とよぶ．

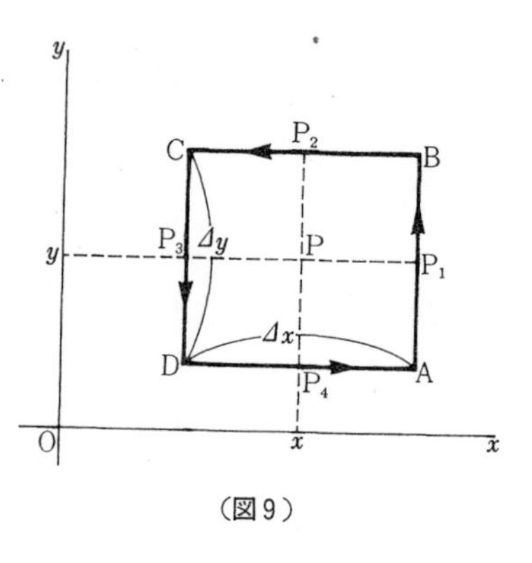

（図 9）

さて，ベクトル場 $\boldsymbol{f}=\begin{bmatrix}f_1\\f_2\end{bmatrix}$ を，速度ベクトルの場 $\boldsymbol{v}=\begin{bmatrix}v_1\\v_2\end{bmatrix}$ としよう．点 P を中心とする微小な長方形 ABCD を考える．P_1 から AB の方向への流量は

$$\boldsymbol{v}(\mathrm{P}_1)\cdot\overrightarrow{\mathrm{AB}}$$

である．($\boldsymbol{v}(\mathrm{P}_1)$ は点 P_1 における速度ベクトルの値を示す．以下同じ)，同様にして，BC, CD, AD の方向に沿う流量は，それぞれ

$$\boldsymbol{v}(\mathrm{P}_2)\cdot\overrightarrow{\mathrm{BC}},\ \boldsymbol{v}(\mathrm{P}_3)\cdot\overrightarrow{\mathrm{CD}},\ \boldsymbol{v}(\mathrm{P}_4)\cdot\overrightarrow{\mathrm{DA}}$$

である．そして，これらの総和

$$\boldsymbol{v}(\mathrm{P}_1)\cdot\overrightarrow{\mathrm{AB}}+\boldsymbol{v}(\mathrm{P}_2)\cdot\overrightarrow{\mathrm{BC}}+\boldsymbol{v}(\mathrm{P}_3)\cdot\overrightarrow{\mathrm{CD}}+\boldsymbol{v}(\mathrm{P}_4)\cdot\overrightarrow{\mathrm{DA}} \qquad (9)$$

は長方形 ABCD の周に沿う流量，すなわち，**総巡回量** (curl quantity) である．したがって，単位面積あたりの巡回量は，この値を長方形 ABCD の面積で割ればよい．成分表示するために，

$$\mathrm{P}(x,y)$$

$$\mathrm{P}_1\left(x+\frac{1}{2}\Delta x,y\right),\ \mathrm{P}_2\left(x,y+\frac{1}{2}\Delta y\right),\ \mathrm{P}_3\left(x-\frac{1}{2}\Delta x,y\right),\ \mathrm{P}_4\left(x,y-\frac{1}{2}\Delta y\right)$$

なる点の座標と，ベクトル

$$\overrightarrow{\mathrm{AB}}=\boldsymbol{j}\Delta y,\ \overrightarrow{\mathrm{BC}}=-\boldsymbol{i}\Delta x,\ \overrightarrow{\mathrm{CD}}=-\boldsymbol{j}\Delta y,\ \overrightarrow{\mathrm{DA}}=\boldsymbol{i}\Delta x$$

とを与える．また，Taylor 近似式より

$$\boldsymbol{v}(\mathrm{P}_1)\fallingdotseq\boldsymbol{v}(\mathrm{P})+\frac{1}{2}\frac{\partial\boldsymbol{v}}{\partial x}\Delta x,\qquad \boldsymbol{v}(\mathrm{P}_2)\fallingdotseq\boldsymbol{v}(\mathrm{P})+\frac{1}{2}\frac{\partial\boldsymbol{v}}{\partial y}\Delta y$$

$$\boldsymbol{v}(\mathrm{P}_3)\fallingdotseq\boldsymbol{v}(\mathrm{P})-\frac{1}{2}\frac{\partial\boldsymbol{v}}{\partial x}\Delta x,\qquad \boldsymbol{v}(\mathrm{P}_4)\fallingdotseq\boldsymbol{v}(\mathrm{P})-\frac{1}{2}\frac{\partial\boldsymbol{v}}{\partial y}\Delta y$$

である．よって

$$(9)式 \doteqdot \left(\boldsymbol{v}+\frac{1}{2}\frac{\partial \boldsymbol{v}}{\partial x}\Delta x\right)(\boldsymbol{j}\Delta y)+\left(\boldsymbol{v}+\frac{1}{2}\frac{\partial \boldsymbol{v}}{\partial y}\Delta y\right)(-\boldsymbol{i}\Delta x)$$

$$+\left(\boldsymbol{v}-\frac{1}{2}\frac{\partial \boldsymbol{v}}{\partial x}\Delta x\right)(-\boldsymbol{j}\Delta y)+\left(\boldsymbol{v}-\frac{1}{2}\frac{\partial \boldsymbol{v}}{\partial y}\Delta y\right)(\boldsymbol{i}\Delta x)$$

$$=\left(\frac{\partial \boldsymbol{v}}{\partial x}\cdot\boldsymbol{j}\right)\Delta x\cdot\Delta y-\left(\frac{\partial \boldsymbol{v}}{\partial y}\cdot\boldsymbol{i}\right)\Delta x\Delta y$$

$$=\left(\frac{\partial v_2}{\partial x}-\frac{\partial v_1}{\partial y}\right)\Delta x\Delta y$$

$$\mathrm{rot}\,\boldsymbol{v}=\frac{\partial v_2}{\partial x}-\frac{\partial v_1}{\partial y}$$

$$=\lim_{\Delta x,\Delta y\to 0}\frac{\boldsymbol{v}(\mathrm{P}_1)\cdot\overrightarrow{\mathrm{AB}}+\boldsymbol{v}(\mathrm{P}_2)\cdot\overrightarrow{\mathrm{BC}}+\boldsymbol{v}(\mathrm{P}_3)\cdot\overrightarrow{\mathrm{CD}}+\boldsymbol{v}(\mathrm{P}_4)\cdot\overrightarrow{\mathrm{DA}}}{\Delta x\cdot\Delta y} \qquad (10)$$

問6　平面上で原点中心，半径 r の円周上を角速度 ω で動いている点がある．この円運動の場合，$\mathrm{rot}\,\boldsymbol{v}$ を求めよ．

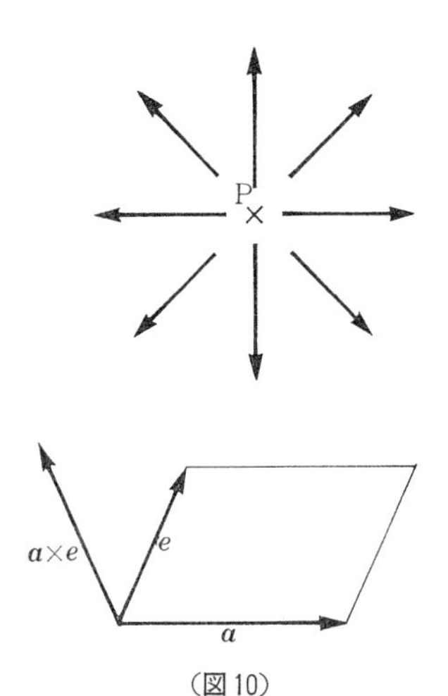

（図 10）

次に，P 点から流れが湧き出てくる状態を記述することを考えよう．もしも，ベクトル $\boldsymbol{a}$ と $\boldsymbol{e}$ が 3 次元ベクトルであればベクトル積 $\boldsymbol{a}\times\boldsymbol{e}$ が求められ，$\|\boldsymbol{a}\times\boldsymbol{e}\|$ は $\boldsymbol{a}$ と $\boldsymbol{e}$ の作る平行 4 辺形の面積に等しくなる．

かつ，$\boldsymbol{a}\times\boldsymbol{e}\perp\boldsymbol{a}, \boldsymbol{a}\times\boldsymbol{e}\perp\boldsymbol{e}$ となるから，ベクトル $\boldsymbol{a}$ を通って $\boldsymbol{e}$ 方向へ流出する量が $\boldsymbol{a}\times\boldsymbol{e}$ で表わされることになる．しかし，2 次元の場合はベクトル積の考えが使えないので，次のような形で説明しよう．

右の長方形 ABCD の図で，各辺に垂直で大きさがその辺の長さに等しいベクトルをそれぞれ $\Delta\boldsymbol{S}_1, \Delta\boldsymbol{S}_2, \Delta\boldsymbol{S}_3, \Delta\boldsymbol{S}_4$ とかく（言葉はおかしいがこのベクトルは**面ベクトル**という）．そのとき長方形 ABCD の外側へ湧出する総流量は，回転の場合と同じ考えで，次のような内積の和の形でかける．

$$\boldsymbol{v}(\mathrm{P}_1)\cdot\Delta\boldsymbol{S}_1+\boldsymbol{v}(\mathrm{P}_2)\cdot\Delta\boldsymbol{S}_2+\boldsymbol{v}(\mathrm{P}_3)\cdot\Delta\boldsymbol{S}_3+\boldsymbol{v}(\mathrm{P}_4)\cdot\Delta\boldsymbol{S}_4 \qquad (11)$$

となる．しかも

$$\boldsymbol{\Delta S}_1=\boldsymbol{i}\Delta y,\ \boldsymbol{\Delta S}_2=\boldsymbol{j}\Delta x,$$

$$\boldsymbol{\Delta S}_3=-\boldsymbol{i}\Delta y,\ \boldsymbol{\Delta S}_4=-\boldsymbol{j}\Delta x$$

であるから

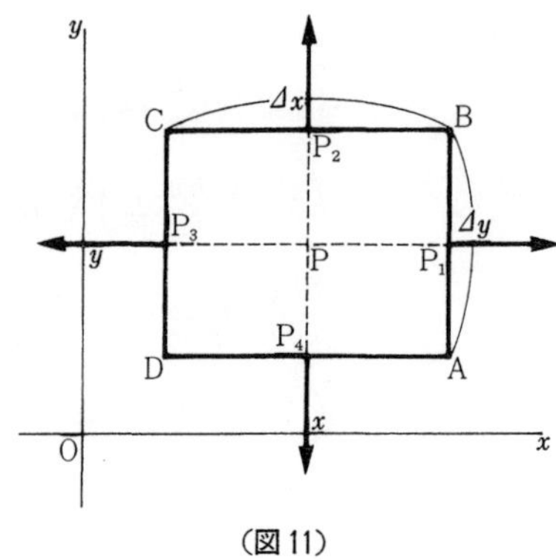

(図 11)

(11)式

$$\fallingdotseq\left(\boldsymbol{v}+\frac{1}{2}\frac{\partial\boldsymbol{v}}{\partial x}\Delta x\right)\cdot(\boldsymbol{i}\Delta y)$$

$$+\left(\boldsymbol{v}+\frac{1}{2}\frac{\partial\boldsymbol{v}}{\partial y}\Delta y\right)\cdot(\boldsymbol{j}\Delta x)$$

$$+\left(\boldsymbol{v}-\frac{1}{2}\frac{\partial\boldsymbol{v}}{\partial x}\Delta x\right)\cdot(-\boldsymbol{i}\Delta y)$$

$$+\left(\boldsymbol{v}-\frac{1}{2}\frac{\partial\boldsymbol{v}}{\partial y}\Delta y\right)\cdot(-\boldsymbol{j}\Delta x)$$

$$=\left(\frac{\partial\boldsymbol{v}}{\partial x}\cdot\boldsymbol{i}\right)\Delta x\Delta y+\left(\frac{\partial\boldsymbol{v}}{\partial y}\cdot\boldsymbol{j}\right)\Delta x\Delta y$$

$$=\left(\frac{\partial v_1}{\partial x}+\frac{\partial v_2}{\partial y}\right)\Delta x\Delta y$$

単位面積あたりの湧出量は

$$\operatorname{div}\boldsymbol{v}=\frac{\partial v_1}{\partial x}+\frac{\partial v_2}{\partial y}$$

$$=\lim_{\Delta x,\Delta y\to 0}\frac{\boldsymbol{v}(\mathrm{P}_1)\cdot\boldsymbol{\Delta S}_1+\boldsymbol{v}(\mathrm{P}_2)\cdot\boldsymbol{\Delta S}_2+\boldsymbol{v}(\mathrm{P}_3)\cdot\boldsymbol{\Delta S}_3+\boldsymbol{v}(\mathrm{P}_4)\cdot\boldsymbol{\Delta S}_4}{\Delta x\cdot\Delta y} \quad (12)$$

となる．

問7 (1) $\operatorname{div}(\operatorname{grad} f)=\dfrac{\partial^2 f}{\partial x^2}+\dfrac{\partial^2 f}{\partial y^2}$

(2) $\operatorname{rot}(\operatorname{grad} f)=0$

であることを証明せよ．但し $f(x,y)$ は2階まで偏微分可能とする．

問8 $f(x,y)=x^3-3xy^2$ のとき $\operatorname{div}(\operatorname{grad} f)$ の値を求めよ．

問9 $f(x,y)=3x^2y-y^3$ のとき $\operatorname{div}(\operatorname{grad} f)$ の値を求めよ．

問10 点 $\mathrm{P}(x,y)$ の位置ベクトルを $\boldsymbol{r}$ とすると，$\operatorname{div}\boldsymbol{r}$ はいくらか．

問題解答

問1 $\int_{\partial D} y^2dx+xdy=\iint_D(1-2y)dxdy$ を計算せよ． ① -4 ② 4

③ $\begin{cases}x=\cos t\\ y=\sin t\end{cases}$ と変数変換せよ．4π ④ $\int_{-a}^{a}dx\int_{-b\sqrt{1-\frac{x^2}{a^2}}}^{b\sqrt{1-\frac{x^2}{a^2}}}(1-2y)dy=ab\pi$

問2 $\iint_D 2x(1+y)dxdy=\int_0^4 dy\int_{\frac{y^2}{8}}^{2}2x(1+y)dx=34\frac{2}{15}$

問3 2π

問4 $\int_C \frac{\partial f}{\partial y}dx-\frac{\partial f}{\partial x}dy=\iint_D\left\{\frac{\partial}{\partial x}\left(-\frac{\partial f}{\partial x}\right)-\frac{\partial}{\partial y}\left(\frac{\partial f}{\partial y}\right)\right\}dxdy=0$

問5 $\frac{1}{2}\int_{\partial D}-ydx+xdy=\frac{1}{2}\iint_D\left\{\frac{\partial x}{\partial x}-\frac{\partial(-y)}{\partial y}\right\}dxdy=\iint_D dxdy$

問6 $\begin{cases}x=r\cos(\omega t+\alpha)\\ y=r\sin(\omega t+\alpha)\end{cases}$, $\boldsymbol{v}=\begin{bmatrix}v_1\\ v_2\end{bmatrix}=\begin{bmatrix}-\omega y\\ \omega x\end{bmatrix}$, $\mathrm{rot}\,\boldsymbol{v}=\frac{\partial v_2}{\partial x}-\frac{\partial v_1}{\partial y}=2\omega$

問8 0 問9 0 問10 2

George Gabriel Stokes
(1819.8.13—1903.2.11)

アイルランドの牧師の家系の出，1849年以来終世ケンブリッジのルカシアン教授職．1854年王立協会書記になり，85～90年の間，同総裁，89年 Sir の称号をうる．流体力学，弾性論，光学を主に研究．

Mikhall Vasilievich Ostogradsky
(1801.9.24—1862.1.1)

ウクライナの小地主の子，将校を夢みたが出費がかさむので断念．ハリコフ大学に学ぶ．進歩的教授オシホフスキに師事したために学位がもらえず，パリに出てエコール・ポリテクニクに学ぶ．28年セントペテルスブルク・アカデミーに勤める．主に物理数学を研究．

第 15 講　Stokes の定理と Gauss の定理

ガウスはポテンシャルの研究から，オストログラツキーは熱力学の研究から，立体上での三重積分と，この立体を囲む曲面上での面積分との間の関連を考えた．

①　ベクトル関数の回転

$\boldsymbol{R}^3 \xrightarrow{\boldsymbol{F}} \boldsymbol{R}^3$ が，連続で微分可能なベクトル場とする．$\boldsymbol{F}(\boldsymbol{x})$ は成分表示して

$\boldsymbol{F}(\boldsymbol{x})=\begin{bmatrix} F_1(\boldsymbol{x}) \\ F_2(\boldsymbol{x}) \\ F_3(\boldsymbol{x}) \end{bmatrix}$ とする．点 $\mathrm{P}(\boldsymbol{x})$ の yz, zx, xy–平面への射影を，それぞれ点 $\mathrm{P}_1, \mathrm{P}_2, \mathrm{P}_3$ とする．

点 P_1 まわりの $\boldsymbol{F}(\boldsymbol{x})$ の単位面積あたりの巡回量は $\dfrac{\partial F_1(\boldsymbol{x})}{\partial y}-\dfrac{\partial F_2(\boldsymbol{x})}{\partial z}$

点 P_2 まわりの $\boldsymbol{F}(\boldsymbol{x})$ の単位面積あたりの巡回量は $\dfrac{\partial F_1(\boldsymbol{x})}{\partial z}-\dfrac{\partial F_3(\boldsymbol{x})}{\partial x}$

点 P_3 まわりの $\boldsymbol{F}(\boldsymbol{x})$ の単位面積あたりの巡回量は $\dfrac{\partial F_2(\boldsymbol{x})}{\partial x}-\dfrac{\partial F_1(\boldsymbol{x})}{\partial y}$

である．それで，これらを各成分にもったベクトル場を

$$\operatorname{rot}\boldsymbol{F}(\boldsymbol{x})=\begin{bmatrix}\dfrac{\partial F_3(\boldsymbol{x})}{\partial y}-\dfrac{\partial F_2(\boldsymbol{x})}{\partial z}\\ \dfrac{\partial F_1(\boldsymbol{x})}{\partial z}-\dfrac{\partial F_3(\boldsymbol{x})}{\partial x}\\ \dfrac{\partial F_2(\boldsymbol{x})}{\partial x}-\dfrac{\partial F_1(\boldsymbol{x})}{\partial y}\end{bmatrix} \tag{1}$$

と定義し，$\boldsymbol{F}(\boldsymbol{x})$ の**回転** (rotation) という．curl $\boldsymbol{F}(\boldsymbol{x})$ とかく書物もある．もし $\boldsymbol{F}(\boldsymbol{x})$ の定義域がある開集合であれば，当然 rot $\boldsymbol{F}(\boldsymbol{x})$ の定義域も同じ集合である．

例 1 $\boldsymbol{F}(\boldsymbol{x})=\begin{bmatrix}axy-z^3\\(a-2)x^2\\(1-a)xz^2\end{bmatrix}$ の回転が恒等的に $\mathbf{0}$ となるように，a の値を定めよ．

(解) $\operatorname{rot}\boldsymbol{F}(\boldsymbol{x})=\begin{bmatrix}0\\(a-4)z^2\\(a-4)x\end{bmatrix}\equiv\mathbf{0}, \qquad \therefore\quad a=4$

問 1 次の各関数の回転を求めよ．

① $\boldsymbol{F}\begin{bmatrix}x\\y\\z\end{bmatrix}=\begin{bmatrix}y-z^2\\z-x^2\\x-y^2\end{bmatrix}$　　② $\boldsymbol{F}\begin{bmatrix}x\\y\\z\end{bmatrix}=\begin{bmatrix}x\\2y\\3z\end{bmatrix}$

② Stokes の定理

前回の講義の Green の定理の拡張をはかろう．平面上の領域 $\boldsymbol{D}$ に対応する，曲線によって境界を縁どられた $\boldsymbol{R}^3$ 内の 2 次元曲面 $\boldsymbol{S}$ を考える．$\boldsymbol{D}$ の像が $\boldsymbol{S}$ である関数を $\boldsymbol{R}^2 \xrightarrow{\boldsymbol{g}} \boldsymbol{R}^3$，$\boldsymbol{D}$ の境界をパラメーター表示して，$\boldsymbol{R} \xrightarrow{\boldsymbol{h}} \boldsymbol{R}^2$，$a \leqq t \leqq b$ とすると，合成関数

$$(\boldsymbol{g}\circ\boldsymbol{h})(t)=\boldsymbol{g}\{\boldsymbol{h}(t)\}, \qquad a\leqq t\leqq b \tag{2}$$

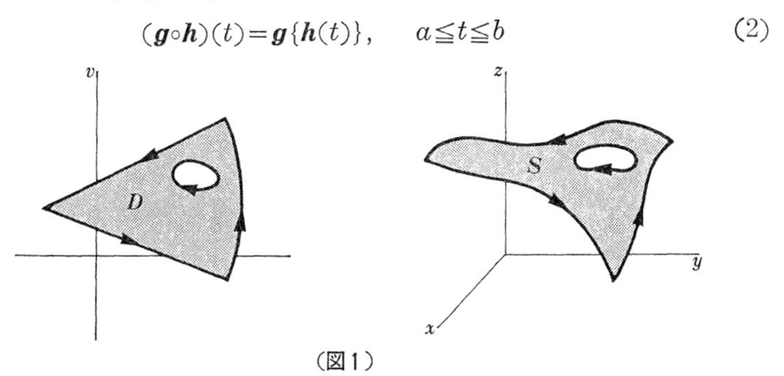

(図 1)

は $\boldsymbol{S}$ の境界の記述になっている．領域 $\boldsymbol{D}$ の境界を，進行方向の左側に領域をみる（反時針方向）方向に向きをつけられたものとすると，$\boldsymbol{S}$ の境界曲線もこの向きを関数(2)によって相続する．このように向きを定められた $\boldsymbol{S}$ の縁を，$\partial\boldsymbol{S}$ で表わそう．

定理 1　$\boldsymbol{S}$ を $\boldsymbol{R}^3$ 内の滑らかな曲面で，関数 $\boldsymbol{x}=\boldsymbol{g}(u,v),\ \boldsymbol{g}\in \mathrm{C}^2$ によってパラメーター表現されている．$\boldsymbol{g}$ のパラメーター (u,v) の定義域 $\boldsymbol{D}$ は，部分的に滑らかな曲線によって境界づけられていて，それを $\begin{bmatrix} u \\ v \end{bmatrix}=\boldsymbol{h}(t)=\begin{bmatrix} u(t) \\ v(t) \end{bmatrix}$，$a\leqq t\leqq b$ で表わす．もし $\boldsymbol{F}(\boldsymbol{x})$ が $\boldsymbol{S}$ 上で連続かつ微分可能なベクトル場であるならば

$$\int_{\boldsymbol{S}} \mathrm{rot}\,\boldsymbol{F}\cdot d\boldsymbol{S}=\oint_{\partial\boldsymbol{S}}\boldsymbol{F}\cdot d\boldsymbol{x} \tag{3}$$

である．但し $\partial\boldsymbol{S}$ は，上記の意味で向きをつけられた $\boldsymbol{S}$ の縁である．

（ストークスの定理，G. G. Stokes, 1819–94）

定理の仮定の条件をゆるめることはできるが，その場合証明は極端にむつかしくなる．

（Stokes の定理の逆）「すべての曲面 $\boldsymbol{S}$ とその境界 $\partial\boldsymbol{S}$ に対して $\int_{\boldsymbol{S}}\boldsymbol{B}\cdot d\boldsymbol{S}=\int_{\partial\boldsymbol{S}}\boldsymbol{F}\cdot d\boldsymbol{x}$ ならば $\boldsymbol{B}=\mathrm{rot}\,\boldsymbol{F}$.」も成立する．

（定理 1 の証明）　$\boldsymbol{F}(\boldsymbol{x})=\begin{bmatrix} F_1(\boldsymbol{x}) \\ F_2(\boldsymbol{x}) \\ F_3(\boldsymbol{x}) \end{bmatrix}$ とする．但し $\boldsymbol{x}=\begin{bmatrix} x \\ y \\ z \end{bmatrix}$．そこで

$$\oint_{\partial\boldsymbol{S}} F_1 dx=\int_{\boldsymbol{S}}\left\{-\frac{\partial F_1}{\partial y}dxdy+\frac{\partial F_1}{\partial z}dzdx\right\} \tag{4}$$

$$\oint_{\partial\boldsymbol{S}} F_2 dy=\int_{\boldsymbol{S}}\left\{-\frac{\partial F_2}{\partial z}dydz+\frac{\partial F_2}{\partial x}dxdy\right\} \tag{5}$$

$$\oint_{\partial\boldsymbol{S}} F_3 dz=\int_{\boldsymbol{S}}\left\{-\frac{\partial F_3}{\partial x}dzdx+\frac{\partial F_3}{\partial y}dydz\right\} \tag{6}$$

であることを証明すれば，(4)+(5)+(6) から

$$\oint_{\partial \boldsymbol{S}} \boldsymbol{F} \cdot d\boldsymbol{x} = \int_{\boldsymbol{S}} \operatorname{rot} \boldsymbol{F} \cdot d\boldsymbol{S}$$

をうる．そこで(4)のみを証明する．他は同じ．

$\boldsymbol{g}$ の座標関数を $g_1(u, v)$, $g_2(u, v)$, $g_3(u, v)$ とすると，$\boldsymbol{S}$ の境界（縁）は，先に述べた通り，$\boldsymbol{g}\{\boldsymbol{h}(t)\}$ で与えられる．そこで

$$\oint_{\partial \boldsymbol{S}} F_1 dx = \int F_1(\boldsymbol{g}(u, v)) \frac{dg_1(u, v)}{dt} dt$$

$$= \int F_1(\boldsymbol{g}(u, v)) \left[\frac{\partial g_1(u, v)}{\partial u} \frac{du}{dt} + \frac{\partial g_1(u, v)}{\partial v} \frac{dv}{dt} \right] dt$$

$$= \int_{\partial \boldsymbol{D}} (F_1 \circ \boldsymbol{g}) \frac{\partial g_1}{\partial u} du + (F_1 \circ \boldsymbol{g}) \frac{\partial g_1}{\partial v} dv$$

この最後の積分は $\boldsymbol{R}^2$ 内の領域 $\boldsymbol{D}$ のまわりの線積分であり，それに対して Green の定理を適用できる．よって

$$\oint_{\partial \boldsymbol{S}} F_1 dx = \int_{\boldsymbol{D}} \left[\frac{\partial}{\partial u} \left\{ (F_1 \circ \boldsymbol{g}) \frac{\partial g_1}{\partial v} \right\} - \frac{\partial}{\partial v} \left\{ (F_1 \circ \boldsymbol{g}) \frac{\partial g_1}{\partial u} \right\} \right] du dv \qquad (7)$$

$\boldsymbol{g}$ は2回連続・微分可能な関数であるから，積分(7)は $\boldsymbol{D}$ 上で存在する．また，同じ条件から，偏微分の変数順序の交換がきくから，

$$(7)\text{の被積分関数} = \frac{\partial (F_1 \circ \boldsymbol{g})}{\partial u} \frac{\partial g_1}{\partial v} + (F_1 \circ \boldsymbol{g}) \frac{\partial^2 g_1}{\partial u \partial v}$$

$$- \frac{\partial (F_1 \circ \boldsymbol{g})}{\partial v} \frac{\partial g_1}{\partial u} - (F_1 \circ \boldsymbol{g}) \frac{\partial^2 g_1}{\partial v \partial u}$$

$$= \frac{\partial F_1}{\partial x} \frac{\partial g_1}{\partial u} \frac{\partial g_1}{\partial v} + \frac{\partial F_1}{\partial y} \frac{\partial g_2}{\partial u} \frac{\partial g_1}{\partial v} + \frac{\partial F_1}{\partial z} \frac{\partial g_3}{\partial u} \frac{\partial g_1}{\partial v}$$

$$- \frac{\partial F_1}{\partial x} \frac{\partial g_1}{\partial v} \frac{\partial g_1}{\partial u} - \frac{\partial F_1}{\partial y} \frac{\partial g_2}{\partial v} \frac{\partial g_1}{\partial u} - \frac{\partial F_1}{\partial z} \frac{\partial g_3}{\partial v} \frac{\partial g_1}{\partial u}$$

$$= - \frac{\partial F_1}{\partial y} \frac{\partial (g_1, g_2)}{\partial (u, v)} + \frac{\partial F_1}{\partial z} \frac{\partial (g_3, g_1)}{\partial (u, v)}$$

$$\frac{\partial (g_1, g_2)}{\partial (u, v)} du dv = dg_1 \wedge dg_2 = dx dy, \cdots\cdots \qquad (8)$$

だから，(8)を(7)に代入すると，(4)をうる．ここで $dg_1 \wedge dg_2$ は向きをもった面積であるが，$\boldsymbol{D}$ と $\boldsymbol{S}$ とは同じ向きの境界をもつから $dg_1 \wedge dg_2 = dx \wedge dy = dx dy$ と $du \wedge dv = du dv$ とは同符号である． (Q.E.D.)

例 2　曲面 $\boldsymbol{S}$ を

$$\begin{bmatrix} x \\ y \\ z \end{bmatrix} = \begin{bmatrix} u\cos v \\ u\sin v \\ v \end{bmatrix}; \quad 0 \leqq u \leqq 1, \quad 0 \leqq v \leqq \frac{\pi}{2}$$

によってパラメーター表現された螺線面とする．このとき，曲面 $\boldsymbol{S}$ の縁は 3 つの線分と 1 つの螺線部分からなる．これらをパラメーター表現すると

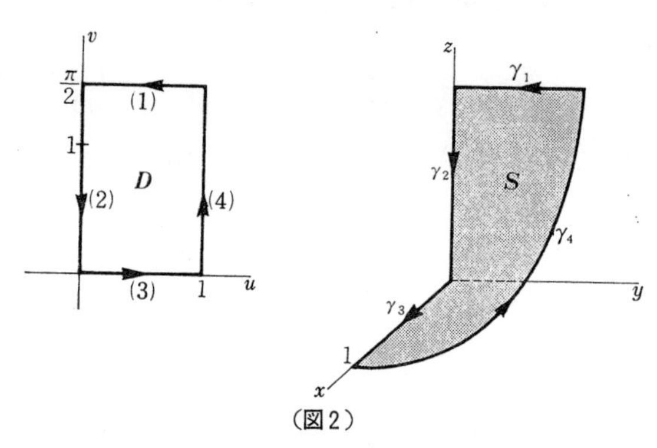

（図 2）

$$\gamma_1: \begin{bmatrix} x \\ y \\ z \end{bmatrix} = \begin{bmatrix} 0 \\ 1-t \\ \frac{\pi}{2} \end{bmatrix}, \quad 0 \leqq t \leqq 1; \qquad \gamma_2: \begin{bmatrix} x \\ y \\ z \end{bmatrix} = \begin{bmatrix} 0 \\ 0 \\ \frac{\pi}{2}-t \end{bmatrix}, \quad 0 \leqq t \leqq \frac{\pi}{2}$$

$$\gamma_3: \begin{bmatrix} x \\ y \\ z \end{bmatrix} = \begin{bmatrix} t \\ 0 \\ 0 \end{bmatrix}, \quad 0 \leqq t \leqq 1; \qquad \gamma_4: \begin{bmatrix} x \\ y \\ z \end{bmatrix} = \begin{bmatrix} \cos t \\ \sin t \\ t \end{bmatrix}, \quad 0 \leqq t \leqq \frac{\pi}{2}$$

のようになる．さて，$\boldsymbol{F}(\boldsymbol{x}) = \begin{bmatrix} z \\ x \\ y \end{bmatrix}$ とする．

$$\int_{\partial \boldsymbol{S}} \boldsymbol{F} \cdot d\boldsymbol{x} = \int_{\gamma_1 \cup \gamma_2 \cup \gamma_3 \cup \gamma_4} \boldsymbol{F} \cdot d\boldsymbol{x} = \sum_{i=1}^{4} \int_{\gamma_i} (z\,dx + x\,dy + y\,dz)$$

しかるに

$$\int_{\gamma_1} = \int_{\gamma_2} = \int_{\gamma_3} = 0$$

かつ，

$$\int_{\gamma_4} = \int_0^{\frac{\pi}{2}} (\cos^2 t + \sin t - t\sin t)\,dt = \frac{\pi}{4}$$

他方，$\mathrm{rot}\,\boldsymbol{F}=\begin{bmatrix}1\\1\\1\end{bmatrix}$，それで $\boldsymbol{S}$ 上での $\mathrm{rot}\,\boldsymbol{F}$ の積分は

$$\int_{\boldsymbol{S}}\mathrm{rot}\,\boldsymbol{F}\cdot d\boldsymbol{S}=\int_{\boldsymbol{D}}\left\{\frac{\partial(y,z)}{\partial(u,v)}+\frac{\partial(z,x)}{\partial(u,v)}+\frac{\partial(x,y)}{\partial(u,v)}\right\}dudv$$

$$=\int_0^1 du\int_0^{\frac{\pi}{2}}(\sin v-\cos v+u)dv=\frac{\pi}{4}$$

$$\therefore\quad \int_{\boldsymbol{S}}\mathrm{rot}\,\boldsymbol{F}\cdot d\boldsymbol{S}=\int_{\partial\boldsymbol{S}}\boldsymbol{F}\cdot d\boldsymbol{x}$$

問2 ベクトル場 $\boldsymbol{F}=\begin{bmatrix}x\\y\\z\end{bmatrix}$ に対して，$\boldsymbol{R}^3$ 内の原点中心の半球面上で Stokes の定理が成立つことを検証せよ．

問3 Stokes の定理は

$$\int_{\boldsymbol{S}}\mathrm{rot}\,\boldsymbol{F}\cdot\boldsymbol{u}dS=\int_{\partial\boldsymbol{S}}\boldsymbol{F}\cdot\boldsymbol{t}ds$$

という形にかきかえられることを示せ．ただし，$\boldsymbol{n}$ は $\boldsymbol{S}$ に対する単位法線ベクトル，$\boldsymbol{t}$ は $\partial\boldsymbol{S}$ に対する単位接線ベクトルである．

例3 もしも $\boldsymbol{F}$ が $\boldsymbol{x}_0$ において連続で微分可能なベクトル場であれば

$$\lim_{r\to 0}\frac{1}{A(\boldsymbol{D}_r)}\oint_{C_r}\boldsymbol{F}\cdot\boldsymbol{t}ds=\mathrm{rot}\boldsymbol{F}(\boldsymbol{x}_0)\cdot\boldsymbol{n}_0 \tag{9}$$

であることを証明せよ．ただし，$\boldsymbol{D}_r$ は $\boldsymbol{x}_0$ を中心とする半径 r の円板であり，$\boldsymbol{n}_0$ はこの円板に対する単位法線ベクトルであり，C_r は $\boldsymbol{D}_r$ の境界とする．$A(\boldsymbol{D}_r)$ は $\boldsymbol{D}_r$ の面積である．

（解） Stokes の定理より

$$\oint_{C_r}\boldsymbol{F}\cdot\boldsymbol{t}ds=\int_{\boldsymbol{D}_r}\mathrm{rot}\,\boldsymbol{F}\cdot\boldsymbol{n}dS$$

積分についての平均値の定理によって

$$\int_{\boldsymbol{D}_r}\mathrm{rot}\,\boldsymbol{F}\cdot\boldsymbol{n}dS=\mathrm{rot}\,\boldsymbol{F}(\boldsymbol{x}_0+\varepsilon)\cdot\boldsymbol{n}_0\int_{\boldsymbol{D}_r}dS$$

$$=\mathrm{rot}\boldsymbol{F}(\boldsymbol{x}_0+\varepsilon)\cdot\boldsymbol{n}_0A(\boldsymbol{D}_r)$$

$$\therefore\quad \lim_{r\to 0}\frac{1}{A(\boldsymbol{D}_r)}\oint_{C_r}\boldsymbol{F}\cdot\boldsymbol{t}ds=\lim_{r\to 0}\mathrm{rot}\,\boldsymbol{F}(\boldsymbol{x}_0+\varepsilon)\cdot\boldsymbol{n}_0$$

$$=\mathrm{rot}\,\boldsymbol{F}(\boldsymbol{x}_0)\cdot\boldsymbol{n}_0$$

ここで $\boldsymbol{\varepsilon}$ は $r \to 0$ のとき，$\mathbf{0}$ に近づくベクトルである．

問4　$\boldsymbol{F}$ を滑らかな面 $\boldsymbol{S}$ 上で連続なベクトル場とする．そのとき

$$\left| \int_{\boldsymbol{S}} \boldsymbol{F} \cdot d\boldsymbol{S} \right| \leqq M\sigma(\boldsymbol{S})$$

であることを証明せよ．ただし，$M = \max_{\boldsymbol{x} \in \boldsymbol{S}} \|\boldsymbol{F}(\boldsymbol{x})\|$，$\sigma(\boldsymbol{S})$ は $\boldsymbol{S}$ の表面積である．

問5　もしも点 $\boldsymbol{x}_0$ で $\sigma(\boldsymbol{S}) \to 0$ となるような方法で，$\boldsymbol{S}$ が縮まるならば

$$\lim_{\sigma(\boldsymbol{S}) \to 0} \frac{1}{\sigma(\boldsymbol{S})} \int_{\boldsymbol{S}} \boldsymbol{F} \cdot d\boldsymbol{S} = F(\boldsymbol{x}_0) \cdot \boldsymbol{n}_0$$

であることを示せ．ただし，$\boldsymbol{n}_0$ は $\boldsymbol{x}_0$ における $\boldsymbol{S}$ の単位法線ベクトルである．

③　Gauss の定理

Green の定理のいま 1 つの拡張は Gauss の定理とよばれるものである．部分毎に滑らかな曲面 $\boldsymbol{S}$ を 境界にもつ $\boldsymbol{R}^3$ 内の 領域 $\boldsymbol{V}$ を考える．$\boldsymbol{S}$ の各部分は連続で微分可能な関数，$\boldsymbol{R}^2 \xrightarrow{\boldsymbol{g}} \boldsymbol{R}^3$ によってパラメーター表現されており，$\boldsymbol{S}$ の各点における法線ベクトル

$$\frac{\partial \boldsymbol{g}}{\partial u} \times \frac{\partial \boldsymbol{g}}{\partial v}$$

は $\boldsymbol{V}$ の外部へ向うとする．そのとき境界の表面 $\boldsymbol{S}$ は正の方向性をもつという．正の方向性をもつ $\boldsymbol{V}$ の境界を $\partial\boldsymbol{V}$ で表わす．次に $\boldsymbol{V}$ とその境界 $\partial\boldsymbol{V}$ 上で，連続で微分可能なベクトル場 $\boldsymbol{F}$ を考える．

$$\operatorname{div} \boldsymbol{F}(\boldsymbol{x}) = \frac{\partial F_1(\boldsymbol{x})}{\partial x} + \frac{\partial F_2(\boldsymbol{x})}{\partial y} + \frac{\partial F_3(\boldsymbol{x})}{\partial z} \tag{10}$$

によって，$\boldsymbol{V}$ 上で定義される実数値関数を $\boldsymbol{F}$ の**発散**（divergence）と定義する．ただし，F_1, F_2, F_3 は $\boldsymbol{F}$ の座標関数である．

問6　次のベクトル場の発散を求めよ．

①　$\boldsymbol{F}(\boldsymbol{x}) = \begin{bmatrix} x^2 \\ y^2 \\ z^2 \end{bmatrix}$，　②　$\boldsymbol{F}(\boldsymbol{x}) = \begin{bmatrix} \sin xy \\ 0 \\ 0 \end{bmatrix}$，　③　$\boldsymbol{F}(\boldsymbol{x}) = \begin{bmatrix} y \\ z \\ x \end{bmatrix}$

問7　2 回連続で微分可能なベクトル場 $\boldsymbol{F}(\boldsymbol{x})$ と，実数値関数 $f(\boldsymbol{x})$ に対して

①　$\operatorname{div}(\operatorname{rot} \boldsymbol{F}(\boldsymbol{x}))$　　②　$\operatorname{rot}(\operatorname{grad} f(\boldsymbol{x}))$

の値を求めよ．

問8 $f\begin{bmatrix}x\\y\\z\end{bmatrix}=\dfrac{1}{\sqrt{x^2+y^2+z^2}}$ に対して，すべての $\boldsymbol{x}=\begin{bmatrix}x\\y\\z\end{bmatrix}\neq\boldsymbol{0}$ に対して

$$\mathrm{div}\,(\mathrm{grad}\,f(\boldsymbol{x}))=0$$

が成立つことを示せ．

問9 $\mathrm{div}\,(\mathrm{grad}\,f(\boldsymbol{x}))\neq 0$

となるような2回連続微分可能な関数 $f(x)$ の例をあげよ．

問10 演算子 Δ を

$$\Delta f=\mathrm{div}\,(\mathrm{grad}\,f)$$

によって定義する．Δf を f の偏微分係数を用いてかき表わせ．この演算子 Δ を**ラプラス演算子** (Laplacian) という．

定理2 $\boldsymbol{V}$ を $\boldsymbol{R}^3$ 内の有限個の単純領域の合併集合とする．そして正の方向性をもつ部分的に滑らかな境界 $\partial\boldsymbol{V}$ をもつものとする．もし，$\boldsymbol{F}$ が $\boldsymbol{V}$ と $\partial\boldsymbol{V}$ 上で，連続で微分可能なベクトル場とすれば

$$\int_{\boldsymbol{V}}\mathrm{div}\,\boldsymbol{F}dV=\int_{\partial\boldsymbol{V}}\boldsymbol{F}\cdot d\boldsymbol{S} \tag{11}$$

である．(**ガウス・オストログラッキーの定理** Gauss 1777–1855–Ostrogradsky 1801–1861)

$\boldsymbol{R}^3$ 内の単純領域とは座標軸に平行な直線と，その領域の境界とが高々2回まじわるような領域である．

(証明) $\boldsymbol{F}$ の座標関数を用いて Gauss の定理を表現すると

$$\int_{\boldsymbol{V}}\left(\frac{\partial F_1}{\partial x}+\frac{\partial F_2}{\partial y}+\frac{\partial F_3}{\partial z}\right)dxdydz=\int_{\partial\boldsymbol{V}}F_1dydz+F_2dzdx+F_3dxdy \tag{12}$$

となる．まず，$\boldsymbol{V}$ は単純領域と仮定し，方程式

$$\int_{\boldsymbol{V}}\frac{\partial F_3}{\partial z}dxdydz=\int_{\partial\boldsymbol{V}}F_3dxdy \tag{13}$$

のみを証明しよう．F_1, F_2 を含む項も同様にして証明できる．これらの結果の方程式を辺々相加えると，(12) 式になる．

$\boldsymbol{V}$ は単純領域であるから，xy 平面上の点 $\mathrm{P}_0(x,y,0)$ を通り，z 軸に平行な直線と曲面 $\partial\boldsymbol{V}$ との交点を $\mathrm{P}_1(x,y,z_1)$，$\mathrm{P}_2(x,y,z_2)$ とする．ここで $z_1\leqq z_2$ で

$$z_1=r(x,y)$$
$$z_2=s(x,y)$$

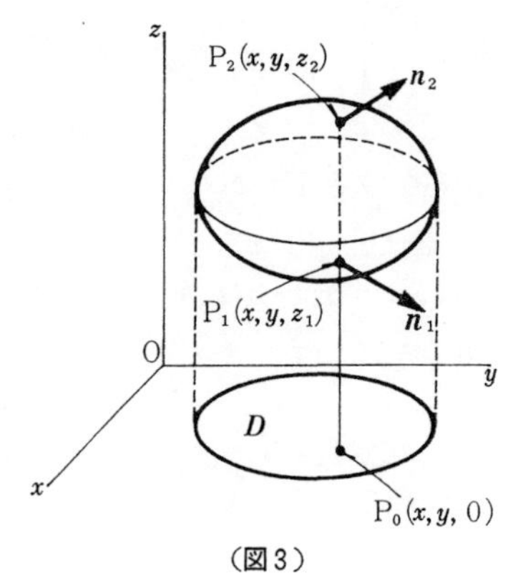

(図3)

である．右の図の $\partial \boldsymbol{V}$ の下半分を $\boldsymbol{S}_1$，上半分を $\boldsymbol{S}_2$ とすると

$$\int_{z_1}^{z_2}\frac{\partial F_2}{\partial z}dz=[F_3(x,y,z)]_{z_1}^{z_2}$$
$$=F_3(x,y,s(x,y))$$
$$-F_3(x,y,r(x,y))$$

これを積分して

$$\iiint_{\boldsymbol{V}}\frac{\partial F_3}{\partial z}dxdydz$$
$$=\iint_{\boldsymbol{S}_2}F_3(x,y,s(x,y))dxdy-\iint_{\boldsymbol{S}_1}F_3(x,y,r(x,y))dxdy \qquad (14)$$

となる．面積ベクトル $d\boldsymbol{S}$ の成分を dS_1, dS_2, dS_3 とすると

$$dS_1=d\boldsymbol{S}\cdot\boldsymbol{i},\quad dS_2=d\boldsymbol{S}\cdot\boldsymbol{j},\quad dS_3=d\boldsymbol{S}\cdot\boldsymbol{k}$$

かつ

$$d\boldsymbol{S}=\boldsymbol{n}\cdot dS \quad (\boldsymbol{n}\text{ は法線単位ベクトル})$$

だから，P_1, P_2 における $\partial\boldsymbol{V}$ の法線単位ベクトルを $\boldsymbol{n}_1, \boldsymbol{n}_2$ とすると

$$dS_3=dxdy=d\boldsymbol{S}\cdot\boldsymbol{k}=dS(\boldsymbol{n}_1\cdot\boldsymbol{k})\quad\text{または}\quad dS(\boldsymbol{n}_2\cdot\boldsymbol{k})$$

(14) 式の右辺は，$\boldsymbol{S}_1$ 上で $\cos\gamma<0$，$\boldsymbol{S}_2$ 上で $\cos\gamma>0$ であるから

$$=\int_{\boldsymbol{S}_2}F_3dS(\boldsymbol{n}_2\cdot\boldsymbol{k})-\int_{\boldsymbol{S}_1}F_3dS(\boldsymbol{n}_1\cdot\boldsymbol{k})$$
$$=\int_{\boldsymbol{S}_2}F_3\cos\gamma dS+\int_{\boldsymbol{S}_1}F_3\cos\gamma dS=\int_{\partial\boldsymbol{V}}F_3\cos\gamma dS$$
$$\therefore\quad \int_{\boldsymbol{V}}\frac{\partial F_3}{\partial z}dxdydz=\int_{\partial\boldsymbol{V}}F_3\cos\gamma dS \qquad (15)$$

F_1, F_2 に対する同様の式を加えると

$$\int_{\boldsymbol{V}}\mathrm{div}\,\boldsymbol{F}\cdot dxdydz=\int_{\partial\boldsymbol{V}}F_1\cos\alpha dS+F_2\cos\beta dS+F_3\cos\gamma dS$$
$$=\int_{\partial\boldsymbol{V}}\boldsymbol{F}\cdot d\boldsymbol{S}$$

(Gauss の定理の逆)

「すべての領域 $\boldsymbol{V}$ とその境界 $\partial\boldsymbol{V}$ について $\int_{\boldsymbol{V}}\varphi dV=\int_{\partial\boldsymbol{V}}\boldsymbol{F}\cdot d\boldsymbol{S}$ ならば，$\varphi=\mathrm{div}\,\boldsymbol{F}$ が成立する」．

例 4　$\boldsymbol{F}(\boldsymbol{x})=\begin{bmatrix}4x\\-2y^2\\z^2\end{bmatrix}$，　$\boldsymbol{V}$ を柱面 $x^2+y^2=4$ と 2 平面 $z=0$，$z=3$ で囲まれた領域とする．そのとき $\int_{\partial\boldsymbol{V}}\boldsymbol{F}\cdot d\boldsymbol{S}$ の値を求めよ．

(解)

$$\begin{aligned}\int_{\partial\boldsymbol{V}}\boldsymbol{F}\cdot d\boldsymbol{S}&=\int_{\boldsymbol{V}}\mathrm{div}\,\boldsymbol{F}\cdot dV\\&=\int_{\boldsymbol{V}}(4-4y+2z)dxdydz\\&=\int_{-2}^{2}dx\int_{-\sqrt{4-x^2}}^{\sqrt{4-x^2}}dy\int_0^3(4-4y+2z)dz\\&=84\pi\end{aligned}$$

問 11　$\boldsymbol{V}$ を中心原点，半径 1 の球，法線はこの球面 $\partial\boldsymbol{V}$ の外側へ向いているとき，

$$\int_{\partial\boldsymbol{V}}\boldsymbol{F}\cdot d\boldsymbol{S}$$

を 次の $\boldsymbol{F}$ について，Gauss の定理を使って求めよ．

①　$\boldsymbol{F}(\boldsymbol{x})=\begin{bmatrix}x^2\\y^2\\z^2\end{bmatrix}$，　　②　$\boldsymbol{F}(\boldsymbol{x})=\begin{bmatrix}xz^2\\0\\z^3\end{bmatrix}$

問 12　Gauss の定理が適用できるような領域 $\boldsymbol{V}(\subset\boldsymbol{R}^3)$ に対して，$\boldsymbol{V}$ の体積 V は

$$V=\frac{1}{3}\int_{\partial\boldsymbol{V}}xdydz+ydzdx+zdxdy$$

で与えられることを示せ．

例 5　$\partial\boldsymbol{V}$ を領域 $\boldsymbol{V}$ の境界とする．$\boldsymbol{r}=\begin{bmatrix}x\\y\\z\end{bmatrix}$ (位置ベクトル)，　$r=\|\boldsymbol{r}\|$ とする．そのとき

$$\int_{\partial\boldsymbol{V}}\frac{\boldsymbol{r}}{r^3}\cdot d\boldsymbol{S}=\begin{cases}0 & (\text{原点が閉曲面 }\partial\boldsymbol{V}\text{ の外部にあるとき})\\4\pi & (\text{原点が閉曲面 }\partial\boldsymbol{V}\text{ の内部にあるとき})\end{cases}$$

であることを証明せよ．

(解)　原点以外で，ベクトル場 $F=\dfrac{\boldsymbol{r}}{r^3}$ は意味をもつ．

$$\operatorname{div}\boldsymbol{F}=\frac{\partial}{\partial x}\left(\frac{x}{r^3}\right)+\frac{\partial}{\partial y}\left(\frac{y}{r^3}\right)+\frac{\partial}{\partial z}\left(\frac{z}{r^3}\right)$$

$$=\frac{1}{r^6}\left\{\left(r^3-3r^2\frac{x}{r}\right)+\left(r^3-3r^2\frac{y}{r}\right)+\left(r^3-3r^2\frac{z}{r}\right)\right\}$$

$$=\frac{1}{r^6}\{3r^3-3r(x^2+y^2+z^2)\}=0$$

原点が閉曲面 $\partial\boldsymbol{V}$ の外にあれば

$$\int_{\partial\boldsymbol{V}}\frac{\boldsymbol{r}}{r^3}\cdot d\boldsymbol{S}=\int_{\boldsymbol{V}}\operatorname{div}\frac{\boldsymbol{r}}{r^3}\cdot dV=0$$

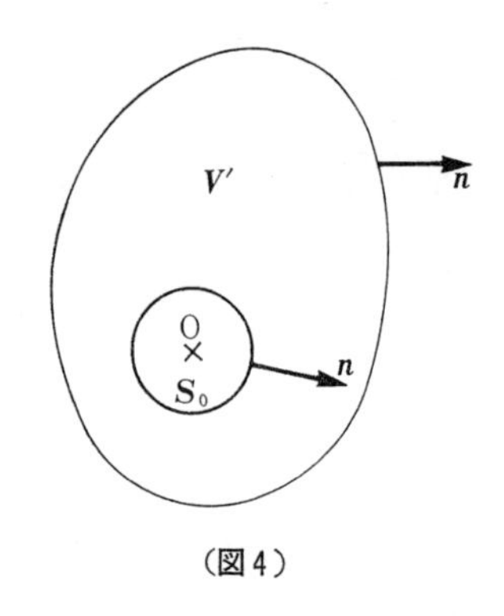

（図4）

原点が $\boldsymbol{V}$ の内部にあるとき，Oを中心とする半径の十分小さい球面 $\boldsymbol{S}_0$ を作り，$\boldsymbol{S}_0$ は $\boldsymbol{V}$ の内部に入るようにし，$\boldsymbol{V}$ から $\boldsymbol{S}_0$ をのぞいた領域を $\boldsymbol{V}'$ とする．

$$\int_{\boldsymbol{V}'}\operatorname{div}\boldsymbol{F}\cdot dV=\int_{\partial\boldsymbol{V}}\boldsymbol{F}\cdot d\boldsymbol{S}-\int_{\boldsymbol{S}_0}\boldsymbol{F}\cdot d\boldsymbol{S}=0$$

$$\int_{\partial\boldsymbol{V}}\boldsymbol{F}\cdot d\boldsymbol{S}=\int_{\boldsymbol{S}_0}\boldsymbol{F}\cdot d\boldsymbol{S}$$

$\boldsymbol{S}_0$ 上の任意の点における単位法線ベクトルは，　$\boldsymbol{n}=\dfrac{\boldsymbol{r}}{r}$

$$\int_{\boldsymbol{S}_0}\boldsymbol{F}\cdot d\boldsymbol{S}=\int_{\boldsymbol{S}_0}\frac{\boldsymbol{r}}{r^3}\cdot\frac{\boldsymbol{r}}{r}dS=\frac{1}{r^2}\int_{\boldsymbol{S}_0}dS$$

$$=\frac{1}{r^2}4\pi r^2=4\pi$$

④　再び grad, rot, div について

Gaussの定理とStokesの定理の応用を容易ならしめるために，grad, rot, div を演算子（operator）をもって表現することにしよう．

$$\operatorname{grad}f=\begin{bmatrix}\dfrac{\partial f}{\partial x}\\ \dfrac{\partial f}{\partial y}\\ \dfrac{\partial f}{\partial z}\end{bmatrix},\qquad \boldsymbol{R}^3\xrightarrow{\ f\ }\boldsymbol{R}$$

を ∇（ナブラ）演算子

$$\nabla=\frac{\partial}{\partial x}\boldsymbol{i}+\frac{\partial}{\partial y}\boldsymbol{j}+\frac{\partial}{\partial z}\boldsymbol{k} \tag{16}$$

を用いて

$$\nabla f=\frac{\partial f}{\partial x}\boldsymbol{i}+\frac{\partial f}{\partial y}\boldsymbol{j}+\frac{\partial f}{\partial z}\boldsymbol{k} \tag{17}$$

とかく．(17) 式は $\mathrm{grad}\, f$ を基底ベクトル $\boldsymbol{i}, \boldsymbol{j}, \boldsymbol{k}$ を 用いたものにすぎない．

演算子 $\nabla\times$ は ∇ と $\boldsymbol{F}$（ただし $\boldsymbol{R}^3 \xrightarrow{\boldsymbol{F}} \boldsymbol{R}^3$）の形式的な外積をとることによって定義される．つまり $\boldsymbol{F}$ の座標関数を F_1, F_2, F_3 とすると

$$\nabla\times\boldsymbol{F}=\begin{vmatrix} \dfrac{\partial}{\partial y} & \dfrac{\partial}{\partial z} \\ F_2 & F_3 \end{vmatrix}\boldsymbol{i}+\begin{vmatrix} \dfrac{\partial}{\partial z} & \dfrac{\partial}{\partial x} \\ F_3 & F_1 \end{vmatrix}\boldsymbol{j}+\begin{vmatrix} \dfrac{\partial}{\partial x} & \dfrac{\partial}{\partial y} \\ F_1 & F_2 \end{vmatrix}\boldsymbol{k} \tag{18}$$

$$=\left(\frac{\partial F_3}{\partial y}-\frac{\partial F_2}{\partial z}\right)\boldsymbol{i}+\left(\frac{\partial F_1}{\partial z}-\frac{\partial F_3}{\partial x}\right)\boldsymbol{j}+\left(\frac{\partial F_2}{\partial x}-\frac{\partial F_1}{\partial y}\right)\boldsymbol{k} \tag{19}$$

$$=\mathrm{rot}\,\boldsymbol{F}$$

同様に，演算子 $\nabla\cdot$ は $\boldsymbol{F}$ と形式的な内積をとることによって定義され

$$\nabla\cdot\boldsymbol{F}=\frac{\partial F_1}{\partial x}+\frac{\partial F_2}{\partial y}+\frac{\partial F_3}{\partial z}=\mathrm{div}\,\boldsymbol{F} \tag{20}$$

となる．これらの演算子を用いると

Stokes の定理は

$$\int_{\boldsymbol{S}}(\nabla\times\boldsymbol{F})\cdot d\boldsymbol{S}=\int_{\partial\boldsymbol{S}}\boldsymbol{F}\cdot d\boldsymbol{x} \tag{21}$$

Gauss の定理は

$$\int_{\boldsymbol{V}}(\nabla\cdot\boldsymbol{F})dV=\int_{\partial\boldsymbol{V}}\boldsymbol{F}\cdot d\boldsymbol{S} \tag{22}$$

となる．

問 13　f, g を微分可能な実数値関数，$\boldsymbol{F}, \boldsymbol{G}$ を微分可能なベクトル場，a と b を定数とするとき，次の等式を証明せよ．

(1)　$\nabla(af+bg)=a\nabla f+b\nabla g$

(2)　$\nabla(fg)=f\nabla g+g\nabla f$

(3)　$\nabla\times(a\boldsymbol{F}+b\boldsymbol{G})=a(\nabla\times\boldsymbol{F})+b(\nabla\times\boldsymbol{G})$

(4)　$\nabla\times(f\boldsymbol{F})=f(\nabla\times\boldsymbol{F})+\nabla f\times\boldsymbol{F}$

(5) $\nabla\cdot(a\boldsymbol{F}+b\boldsymbol{G})=a\nabla\cdot\boldsymbol{F}+b\nabla\cdot\boldsymbol{G}$

(6) $\nabla\cdot(f\boldsymbol{F})=f\nabla\cdot\boldsymbol{F}+\nabla f\cdot\boldsymbol{F}$

(7) $\nabla\cdot(\boldsymbol{F}\times\boldsymbol{G})=(\nabla\times\boldsymbol{F})\cdot\boldsymbol{G}-\boldsymbol{F}\cdot(\nabla\times\boldsymbol{G})$

問14 スカラー場f，ベクトル場$\boldsymbol{F}$が2回微分可能ならば

(1) $\nabla\cdot(\nabla\times\boldsymbol{F})=0$ つまり $\mathrm{div}\,(\mathrm{rot}\,\boldsymbol{F})=0$

(2) $\nabla\times(\nabla f)=\boldsymbol{0}$ つまり $\mathrm{rot}\,(\mathrm{grad}\,f)=\boldsymbol{0}$

であることを証明せよ．

問15 スカラー場fは2回微分可能とするとき

$$\nabla\cdot\nabla f\equiv\nabla^2 f\equiv\Delta f$$

とかき，Δは**ラプラス演算子**である．

$$\Delta f=\frac{\partial^2 f}{\partial x^2}+\frac{\partial^2 f}{\partial y^2}+\frac{\partial^2 f}{\partial z^2}$$

であることを示せ．ベクトル場$\boldsymbol{F}$に対してはどうか．

例6 スカラー場fが $\Delta f=0$ を満足している．$\boldsymbol{F}=\nabla f$ とおけば，$\nabla\cdot\boldsymbol{F}=0$，かつ $\nabla\times\boldsymbol{F}=\boldsymbol{0}$ であることを示せ．

（解）

$$\nabla\cdot\boldsymbol{F}=\nabla\cdot(\nabla f)=\Delta f=0$$

$$\nabla\times\boldsymbol{F}=\nabla\times(\nabla f)=\boldsymbol{0}.$$

例7 $\boldsymbol{F}=\begin{bmatrix}x+2y+4z\\2x-3y-z\\4x-y+2z\end{bmatrix}$ は $\nabla\times\boldsymbol{F}=\boldsymbol{0}$ をみたす．$\boldsymbol{F}=\nabla f$ となる関数fを求めよ．

（解）

$$\frac{\partial f}{\partial x}=x+2y+4z \quad ①$$

$$\frac{\partial f}{\partial y}=2x-3y-z \quad ②$$

$$\frac{\partial f}{\partial z}=4x-y+2z \quad ③$$

はじめの式を積分して

$$f=\frac{1}{2}x^2+2xy+4zx+\varphi(y,z) \quad ④$$

④を②，③に代入すると

$$\frac{\partial\varphi}{\partial y}=-3y-z,\qquad \frac{\partial\varphi}{\partial z}=-y+2z$$

これをみたすものは

$$\varphi=-\frac{3}{2}y^2+z^2-yz$$

$$\therefore\quad f=\frac{1}{2}x^2+2xy+4zx-\frac{3}{2}y^2+z^2-yz+\text{定数}$$

問16　$\boldsymbol{F}=\begin{bmatrix} x+2y+az \\ bx-3y-z \\ 4x+cy+2z \end{bmatrix}$ に対して，$\nabla\times\boldsymbol{F}=\boldsymbol{0}$ となるように，a,b,c の値をきめよ．

例8　$\boldsymbol{E}$ を電場，$\boldsymbol{B}$ を磁場とする．つまり，時刻 t，場所 (x,y,z) に電荷をおいたら，受ける力をきめるのが $\boldsymbol{E}(x,y,z)$，$\boldsymbol{B}(x,y,z,t)$ であるとする．

(1)　$\nabla\cdot\boldsymbol{E}=\dfrac{\rho}{\varepsilon_0}$

(2)　$\nabla\times\boldsymbol{E}=-\dfrac{\partial\boldsymbol{B}}{\partial t}$

(3)　$\nabla\cdot\boldsymbol{B}=0$

(4)　$c^2\nabla\times\boldsymbol{B}=\dfrac{\partial\boldsymbol{E}}{\partial t}+\dfrac{\boldsymbol{j}}{\varepsilon_0}$

ここで，ρ は電荷密度＝単位体積あたりの電気量，$\boldsymbol{j}$ は電流密度＝単位時間・単位面積あたりに流れる電流の割合とする．ε_0 は適当な定数，c は光速である．この4つの方程式を Maxwell の電磁方程式という．

(1) は任意の閉曲面を貫く $\boldsymbol{E}$ の流束＝内部にある総電荷/ε_0

(2) は曲面の縁まわりの $\boldsymbol{E}$ の巡回量＝曲面を通る $\boldsymbol{B}$ の流束の変化率，などと解釈できる．

空間電荷のない真空中 ($\boldsymbol{j}=\boldsymbol{0}, \rho=0$) では，$\boldsymbol{E}$ と $\boldsymbol{B}$ は

$$\nabla^2\boldsymbol{E}-\frac{1}{c^2}\frac{\partial^2\boldsymbol{E}}{\partial t^2}=\boldsymbol{0},\qquad \nabla^2\boldsymbol{B}-\frac{1}{c^2}\frac{\partial^2\boldsymbol{B}}{\partial t^2}=\boldsymbol{0}$$

をみたすことを証明せよ．この方程式を波動方程式という．

(解)　(2) から　$\nabla\times(\nabla\times\boldsymbol{E})=-\nabla\times\left(\dfrac{\partial\boldsymbol{B}}{\partial t}\right)$

$$=-\frac{\partial}{\partial t}(\nabla\times\boldsymbol{B})\underset{(4)}{=}-\frac{1}{c^2}\frac{\partial}{\partial t}\left(\frac{\partial\boldsymbol{E}}{\partial t}\right)$$

$\boldsymbol{E}$ の座標関数を E_1,E_2,E_3 とすると

$$\nabla\times(\nabla\times\boldsymbol{E})=\nabla\times\left[\left(\frac{\partial E_3}{\partial y}-\frac{\partial E_2}{\partial z}\right)\boldsymbol{i}+\left(\frac{\partial E_1}{\partial z}-\frac{\partial E_3}{\partial x}\right)\boldsymbol{j}+\left(\frac{\partial E_2}{\partial x}-\frac{\partial E_1}{\partial y}\right)\boldsymbol{k}\right)$$

$$=\left[\frac{\partial}{\partial y}\left(\frac{\partial E_2}{\partial x}-\frac{\partial E_1}{\partial y}\right)-\frac{\partial}{\partial z}\left(\frac{\partial E_1}{\partial z}-\frac{\partial E_3}{\partial x}\right)\right]\boldsymbol{i}$$

$$+\left[\frac{\partial}{\partial z}\left(\frac{\partial E_3}{\partial y}-\frac{\partial E_2}{\partial z}\right)-\frac{\partial}{\partial x}\left(\frac{\partial E_2}{\partial x}-\frac{\partial E_1}{\partial y}\right)\right]\boldsymbol{j}$$

$$+\left[\frac{\partial}{\partial x}\left(\frac{\partial E_1}{\partial z}-\frac{\partial E_3}{\partial x}\right)-\frac{\partial}{\partial y}\left(\frac{\partial E_3}{\partial y}-\frac{\partial E_2}{\partial z}\right)\right]\boldsymbol{k}$$

$$=\frac{\partial}{\partial x}\left(\frac{\partial E_1}{\partial x}+\frac{\partial E_2}{\partial y}+\frac{\partial E_3}{\partial z}\right)\boldsymbol{i}+\frac{\partial}{\partial y}\left(\frac{\partial E_1}{\partial x}+\frac{\partial E_2}{\partial y}+\frac{\partial E_3}{\partial z}\right)\boldsymbol{j}$$

$$+\frac{\partial}{\partial z}\left(\frac{\partial E_1}{\partial x}+\frac{\partial E_2}{\partial y}+\frac{\partial E_3}{\partial z}\right)\boldsymbol{k}$$

$$-\left(\frac{\partial^2}{\partial x^2}+\frac{\partial^2}{\partial y^2}+\frac{\partial^2}{\partial z^2}\right)(E_1\boldsymbol{i}+E_2\boldsymbol{j}+E_3\boldsymbol{k})$$

$$=\nabla(\nabla\cdot\boldsymbol{E})-\nabla^2\boldsymbol{E}\underset{(1)}{=}\nabla\cdot 0-\nabla^2\boldsymbol{E}=-\nabla^2\boldsymbol{E}$$

$$\therefore\quad \nabla^2\boldsymbol{E}=\frac{1}{c^2}\frac{\partial^2\boldsymbol{E}}{\partial t^2}$$

問 17　Maxwell の方程式 (2) から

$$\boldsymbol{E}=-\nabla\varphi-\frac{\partial\boldsymbol{A}}{\partial t}$$

とかけることを示せ．ここで，$\boldsymbol{A}$ は $\boldsymbol{B}=\nabla\times\boldsymbol{A}$ で定義されるものとする．

■ 問 題 解 答 ■

問 1　①　$\mathrm{rot}\,\boldsymbol{F}=\begin{bmatrix}-2y-1\\-2x-1\\-2z-1\end{bmatrix}$　　②　$\mathrm{rot}\,\boldsymbol{F}=\begin{bmatrix}0\\0\\0\end{bmatrix}$

問 6　①　$\mathrm{div}\,\boldsymbol{F}=2(x+y+z)$　　②　$\mathrm{div}\,\boldsymbol{F}=y\cos xy$　　③　$\mathrm{div}\,\boldsymbol{F}=0$

問 7　①　0　　②　0

問 9　$f(x,y,z)=x^2+y^2+z^2$ など

問 10　$\Delta f=\mathrm{div}\,(\mathrm{grad}\,f)=\dfrac{\partial^2 f}{\partial x^2}+\dfrac{\partial^2 f}{\partial y^2}+\dfrac{\partial^2 f}{\partial z^2}$

問 11　①　0　　②　$\dfrac{16}{15}\pi$

問 16　$a=4,\ b=2,\ c=-1$

第 16 講　外 微 分 法

内的な統一性をもつ，微分形式の微積分学の建設によって，いままでの論議はきわめてすっきりと整理される.

① 1次微分形式

線積分を定義したとき，3次元の場合

$$\int_C \boldsymbol{f}d\boldsymbol{x}=\int_C f_1dx_1+f_2dx_2+f_3dx_3$$

と書けた．この節での研究は，被積分関数

$$f_1dx_1+f_2dx_2+f_3dx_3$$

を，いままでと違った観点からみてみることである．そこから，面積分の定義も自然に出てくるのである.

$\boldsymbol{a}=\begin{bmatrix} a_1 \\ a_2 \\ \vdots \\ a_n \end{bmatrix}\in\boldsymbol{R}^n$ に対して，$dx_k(\boldsymbol{a})=a_k(k=1,2,\cdots,n)$ となる関数 dx_k を考える．明らかに，$dx_k(\boldsymbol{a})$ は，適当な符号を付した $\boldsymbol{a}$ の射影成分である．関数 $dx_1,dx_2,\cdots,dx_n$ の1次結合

$$c_1dx_1+c_2dx_2+\cdots+c_ndx_n$$

は，$\boldsymbol{R}^n$ から $\boldsymbol{R}$ への新しい関数である．領域 $\boldsymbol{D}\subset\boldsymbol{R}^n$ で定義された実数値関数

$$F_1(\boldsymbol{x}), F_2(\boldsymbol{x}), \cdots, F_n(\boldsymbol{x})$$

に対して，1次結合

$$\omega_{\boldsymbol{x}}=F_1(\boldsymbol{x})dx_1+F_2(\boldsymbol{x})dx_2+\cdots+F_n(\boldsymbol{x})dx_n \tag{1}$$

をつくる．ただし，$\omega_{\boldsymbol{x}}$ は

$$\omega_{\boldsymbol{x}}(\boldsymbol{a})=F_1(\boldsymbol{x})dx_1(\boldsymbol{a})+F_2(\boldsymbol{x})dx_2(\boldsymbol{a})+\cdots+F_n(\boldsymbol{x})dx_n(\boldsymbol{a}) \tag{2}$$

によって，$\boldsymbol{R}^n$ 内のベクトル $\boldsymbol{a}$ に作用する．この (2) 式によって定義される関数 $\omega_{\boldsymbol{x}}$ を，$\boldsymbol{D}$ における**1次微分形式** (differential l-form) または **Pfaff 形式**という．

例1 $\omega_{(x,y)}=x^2dx+y^2dy$ ならば

$$\omega_{(x,y)}(a,b)=ax^2+by^2$$

$$\omega_{(-1,3)}(a,b)=a+9b$$

例2 $\boldsymbol{R}^3 \xrightarrow{f} \boldsymbol{R}$ を $\boldsymbol{D}\subset\boldsymbol{R}^3$ 内で微分可能な関数とする．点 $\boldsymbol{x}\in\boldsymbol{D}$ における f の微分 $d_{\boldsymbol{x}}f$ は，$\boldsymbol{D}$ における1次微分形式である．なぜなら，$\boldsymbol{a}=\begin{bmatrix}a_1\\a_2\\a_3\end{bmatrix}$ に作用する $d_{\boldsymbol{x}}f$ は，

$$d_{\boldsymbol{x}}f(\boldsymbol{a})=\frac{\partial f(\boldsymbol{x})}{\partial x_1}a_1+\frac{\partial f(\boldsymbol{x})}{\partial x_2}a_2+\frac{\partial f(\boldsymbol{x})}{\partial x_3}a_3$$

$$=\frac{\partial f(\boldsymbol{x})}{\partial x_1}dx_1(\boldsymbol{a})+\frac{\partial f(x)}{\partial x_2}dx_2(\boldsymbol{a})+\frac{\partial f(\boldsymbol{x})}{\partial x_3}dx_3(\boldsymbol{a})$$

と書くことができる．だから，(1) 式における係数関数 $F_k(\boldsymbol{x})$ は $F_k(\boldsymbol{x})=\dfrac{\partial f(\boldsymbol{x})}{\partial x_k}$ という形をしている．

問1 指定したベクトルに作用する次の微分形式の値を求めよ．

① dx_1+2dx_2，$\boldsymbol{a}=\begin{bmatrix}1\\1\end{bmatrix}$，　② $3dx-dy+dz$，$\boldsymbol{a}=\begin{bmatrix}1\\-1\\0\end{bmatrix}$

③ dx_2+dx_3，$\boldsymbol{a}=\begin{bmatrix}1\\3\\-5\end{bmatrix}$，　④ $dx_1+2dx_2+\cdots+ndx_n$，$\boldsymbol{a}=\begin{bmatrix}1\\-1\\\vdots\\(-1)^{n-1}\end{bmatrix}$

定理1 $\omega_{\boldsymbol{x}}$ は $\boldsymbol{D}\subset\boldsymbol{R}^3$ において定義された1次微分形式，C を $\boldsymbol{D}$ 内に存在する微分可能な曲線で，

$$\boldsymbol{R}\xrightarrow{\boldsymbol{g}}\boldsymbol{R}^3,\ \text{つまり}\ \boldsymbol{g}(t)=\begin{bmatrix}g_1(t)\\g_2(t)\\g_3(t)\end{bmatrix}\quad a\leqq t\leqq b,$$

とパラメータで与えられているものとする．C 上の各点 $\boldsymbol{x}=\boldsymbol{g}(t)$ における線型関数 $\omega_{\boldsymbol{g}(t)}$ に，$\boldsymbol{x}$ における接線ベクトル $\boldsymbol{g}'(t)$ を作用させると

$$\begin{aligned}\omega_{\boldsymbol{g}(t)}(\boldsymbol{g}'(t))&=F_1(\boldsymbol{g}(t))dx_1(\boldsymbol{g}'(t))\\&\quad+F_2(\boldsymbol{g}(t))dx_2(\boldsymbol{g}'(t))+F_3(\boldsymbol{g}((t))dx_3(\boldsymbol{g}'(t))\\&=F_1(\boldsymbol{g}(t))g_1'(t)+F_2(\boldsymbol{g}(t))g_2'(t)+F_3(\boldsymbol{g}(t))g_3'(t)\\&=\boldsymbol{F}(\boldsymbol{g}(t))\cdot\boldsymbol{g}'(t)\end{aligned}$$

であるから，

$$\int_a^b\omega_{\boldsymbol{g}(t)}(\boldsymbol{g}'(t))dt=\int_a^b\boldsymbol{F}(\boldsymbol{g}(t))\boldsymbol{g}'(t)dt$$

であれば，右辺の積分は C 上のベクトル場 $\boldsymbol{F}$ の線積分である．

定理1によって，滑らかな曲線 C 上の1次微分形式の積分の定義が極く自然に与えられる．$\omega_{\boldsymbol{x}}$ が，領域 $\boldsymbol{D}\subset\boldsymbol{R}^n$ における1次微分形式であり，$\boldsymbol{D}$ 内にある曲線 C は

$$\boldsymbol{R}\xrightarrow{\boldsymbol{g}}\boldsymbol{R}^n, a\leqq t\leqq b$$

によってパラメータ表現されているものとする．$\omega_{\boldsymbol{x}}$ の係数関数 $F_1,\cdots,F_n$ が $\boldsymbol{D}$ におけるベクトル場 $\boldsymbol{F}$ を構成するとき，C 上の1次微分形式 $\omega_{\boldsymbol{x}}$ の積分を

$$\int_C\omega_{\boldsymbol{x}}=\int_a^b\boldsymbol{F}(\boldsymbol{g}(t))\boldsymbol{g}'(t)dt$$

と定義する．あるいは，点 $a=t_0<t_1<\cdots<t_k=b$ における区間 $a\leqq t\leqq b$ の分割を $\varDelta$ とすると

$$\int_C\omega_{\boldsymbol{x}}=\lim_{||\varDelta||\to0}\sum_{k=1}^{K}\omega_{\boldsymbol{g}(t_k)}(\boldsymbol{g}'(t_t))\,(t_k-t_{k-1})$$

で定義してもよい．

問2 $\int_C \omega_{\boldsymbol{x}}$ を計算せよ．

① $\omega_{\boldsymbol{x}}=x_1dx_1+x_2dx_2$, $C: \boldsymbol{g}(t)=\begin{bmatrix}\cos t\\ \sin t\end{bmatrix}$, $0\leqq t\leqq\frac{\pi}{2}$

② $\omega_{\boldsymbol{x}}=x_1dx_1+x_2dx_2+x_3dx_3$, $C: \boldsymbol{g}(t)=\begin{bmatrix}-t\\ t^2\\ t\end{bmatrix}$, $-1\leqq t\leqq 1$

③ $\omega_{\boldsymbol{x}}=x_1dx_1+x_2dx_2+x_3dx_3$, $C: \boldsymbol{g}(t)=\begin{bmatrix}t\\ t\\ t\end{bmatrix}$, $0\leqq t\leqq 1$

④ $\omega_{\boldsymbol{x}}=x_1dx_1+x_2{}^2dx_2+\cdots+x_n{}^ndx_n$, $C: \boldsymbol{g}(t)=\begin{bmatrix}t\\ t\\ \vdots\\ t\end{bmatrix}$, $0\leqq t\leqq 1$

問3 $\omega_{\boldsymbol{x}}$ と $\bar{\omega}_{\boldsymbol{x}}$ が1次微分形式，C_1 と C_2 をこれらの上で $\omega_{\boldsymbol{x}}$ と $\bar{\omega}_{\boldsymbol{x}}$ が積分可能な曲線とするとき

$$\int_{C_1}(a\omega_{\boldsymbol{x}}+b\bar{\omega}_{\boldsymbol{x}})=a\int_{C_1}\omega_{\boldsymbol{x}}+b\int_{C_1}\bar{\omega}_{\boldsymbol{x}}$$

$$\int_{C_1\cup C_2}\omega_{\boldsymbol{x}}=\int_{C_1}\omega_{\boldsymbol{x}}+\int_{C_2}\omega_{\boldsymbol{x}}$$

であることを証明せよ．ただし，a, b は定数である．

② 2次微分形式

1次微分形式の積は，普通の関数の積とは異なる．まず，$\boldsymbol{R}^3$ における基本的な1次微分形式 dx_1, dx_2, dx_3 の積を定義しよう．ベクトル $\boldsymbol{a}, \boldsymbol{b}\in\boldsymbol{R}^3$ に対して

$dx_1\wedge dx_2(\boldsymbol{a}, \boldsymbol{b})=$($\boldsymbol{a}, \boldsymbol{b}$ のつくる平行四辺形の x_1x_2- 平面への射影)

ときめる．

$$\boldsymbol{a}=\begin{bmatrix}a_1\\ a_2\\ a_3\end{bmatrix}\quad \boldsymbol{b}=\begin{bmatrix}b_1\\ b_2\\ b_3\end{bmatrix}$$ とすれば

$$dx_1\wedge dx_2(\boldsymbol{a}, \boldsymbol{b})=\begin{vmatrix}a_1 & b_1\\ a_2 & b_2\end{vmatrix}$$

で与えられる．基本的な1次微分形式 dx_1, dx_2 を用いると，上式は

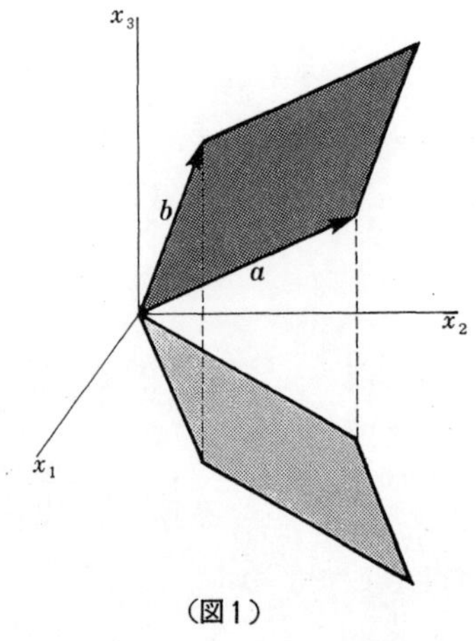

(図1)

$$dx_1 \wedge dx_2(\boldsymbol{a}, \boldsymbol{b}) = \begin{vmatrix} dx_1(\boldsymbol{a}) & dx_1(\boldsymbol{b}) \\ dx_2(\boldsymbol{a}) & dx_2(\boldsymbol{b}) \end{vmatrix}$$

となる．dx_1, dx_2, dx_3 のあらゆる可能な積の定義は

$$dx_i \wedge dx_j(\boldsymbol{a}, \boldsymbol{b}) = \begin{vmatrix} dx_i(\boldsymbol{a}) & dx_i(\boldsymbol{b}) \\ dx_j(\boldsymbol{a}) & dx_j(\boldsymbol{b}) \end{vmatrix} \tag{3}$$

によって表現することができる．そして幾何学的には，(3) 式の値は $\boldsymbol{a}, \boldsymbol{b}$ のつくる平行四辺形の x_ix_j–平面へ射影された図形の有向面積を表わす．

方程式 (3) と行列式の性質から，次の定理をうる．

定理 2 ① $dx_i \wedge dx_j = -dx_j \wedge dx_i$ (4)

② $dx_i \wedge dx_i = 0$ (5)

③ $dx_i \wedge dx_j(\boldsymbol{b}, \boldsymbol{a}) = -dx_i \wedge dx_j(\boldsymbol{a}, \boldsymbol{b})$ (6)

(証明) ① $dx_i \wedge dx_j(\boldsymbol{a}, \boldsymbol{b}) = \begin{vmatrix} dx_i(\boldsymbol{a}) & dx_i(\boldsymbol{b}) \\ dx_j(\boldsymbol{a}) & dx_j(\boldsymbol{b}) \end{vmatrix}$

$$= -\begin{vmatrix} dx_j(\boldsymbol{a}) & dx_j(\boldsymbol{b}) \\ dx_i(\boldsymbol{a}) & dx_i(\boldsymbol{b}) \end{vmatrix} = -dx_j \wedge dx_i(\boldsymbol{a}, \boldsymbol{b})$$

② 2行一致の行列式は 0 である．

③ 略 (Q.E.D.)

問 4 次の微分形式の値を，指定ベクトルに対して求めよ．

① $2dx_1 \wedge dx_2$, $\boldsymbol{a} = \begin{bmatrix} 1 \\ 1 \end{bmatrix}$, $\boldsymbol{b} = \begin{bmatrix} 1 \\ -1 \end{bmatrix}$

② $dy \wedge dy + 2dx \wedge dz$, $\boldsymbol{a} = \begin{bmatrix} 1 \\ 2 \\ 1 \end{bmatrix}$, $\boldsymbol{b} = \begin{bmatrix} -1 \\ 2 \\ 3 \end{bmatrix}$,

③ $dx_1 \wedge dx_2$, $\boldsymbol{a} = \begin{bmatrix} -2 \\ -3 \\ 0 \end{bmatrix}$, $\boldsymbol{b} = \begin{bmatrix} 2 \\ 0 \\ 2 \end{bmatrix}$

関数 $dx_i \wedge dx_j$ のもっとも一般的な1次結合は何かというと，定理2の ① と ② から，

$$\tau = c_1 dx_2 \wedge dx_3 + c_2 dx_3 \wedge dx_1 + c_3 dx_1 \wedge dx_2 \tag{7}$$

の形に書くことができる．もしも $\boldsymbol{F}$ が $\boldsymbol{R}^3$ 内の領域 $\boldsymbol{D}$ におけるベクトル場であるならば，$\boldsymbol{D}$ 内のそれぞれの $\boldsymbol{x}$ に対して，$\boldsymbol{R}^3$ 内のベクトルの対の関数

$$\tau_{\boldsymbol{x}}=F_1(\boldsymbol{x})dx_2\wedge dx_3+F_2(\boldsymbol{x})dx_3\wedge dx_1+F_3(\boldsymbol{x})dx_1\wedge dx_2 \qquad (7)'$$

を定義することができる．この関数 $\tau_{\boldsymbol{x}}$ を**2次微分形式**(differential 2–form)という．$dx_1\wedge dx_2$ などを基本的2次微分形式という．

例3 2次微分形式

$$\tau=2dx_2\wedge dx_3+dx_3\wedge dx_1+5dx_1\wedge dx_2$$

において，$\boldsymbol{a}=\begin{bmatrix}1\\2\\3\end{bmatrix}$，$\boldsymbol{b}=\begin{bmatrix}0\\1\\1\end{bmatrix}$ とおく．

$$\tau(\boldsymbol{a},\boldsymbol{b})=2\begin{vmatrix}2&1\\3&1\end{vmatrix}+\begin{vmatrix}3&1\\1&0\end{vmatrix}+5\begin{vmatrix}1&0\\2&1\end{vmatrix}=2$$

問5 例3において

$$\tau(\boldsymbol{a},\boldsymbol{b})=(2,1,5)\cdot(\boldsymbol{a}\times\boldsymbol{b})$$

であることを示せ．$\boldsymbol{a}\times\boldsymbol{b}$ は $\boldsymbol{a}$ と $\boldsymbol{b}$ の外積である．

問5によって，一般的に(7)式でかき表わされる2次微分形式を

$$\tau(\boldsymbol{a},\boldsymbol{b})=(C_1,C_2,C_3)\cdot(\boldsymbol{a}\times\boldsymbol{b})$$

とかくことができる．もしもベクトル(C_1, C_2, C_3)をある流体の流れの速度ベクトルとすると，$\tau(\boldsymbol{a},\boldsymbol{b})$ は $\boldsymbol{a}$ と $\boldsymbol{b}$ のつくる平行四辺形を横切って，1単位時間に流れる全流量を示す．この**流れ**(flow)は右の図に示されている通りである．一定の速さの流れ $\boldsymbol{F}$ が平面 S を横切って動くとき

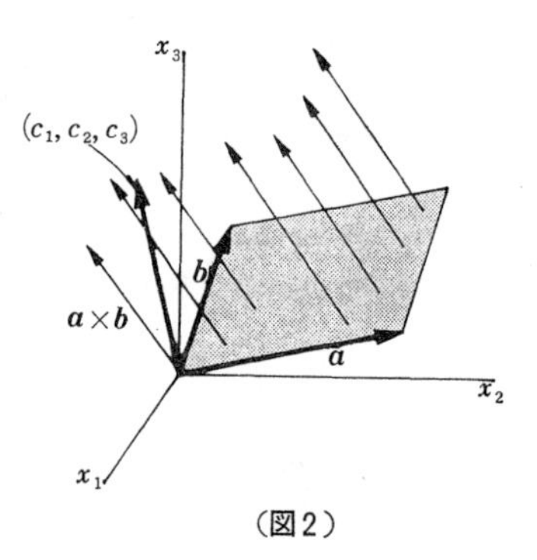

(図2)

$$(\boldsymbol{F}\cdot\boldsymbol{n})\sigma(S)$$

を**流量**(flux)という．ただし，$\boldsymbol{n}$ は S の法線単位ベクトル，$\sigma(S)$ は S の面積である．

例4 変数 $dx_1, dx_2, \cdots$ の間で普通の多項式代数と同じ展開の仕方で，適宜(定理2)の①や②を用いて変形すると

$$(xdx+y^2dy)\wedge(dx+xdy)$$
$$=x(dx\wedge dx)+y^2(dy\wedge dx)+x^2(dx\wedge dy)+xy^2(dy\wedge dy)$$

$$=0-y^2(dx\wedge dy)+x^2(dx\wedge dy)$$
$$=(x^2-y^2)(dx\wedge dy)$$

問6 次の積を計算し，簡単にせよ．

① $(dx_1+dx_2)\wedge(dx_1-dx_2)$

② $(2dx+3dy-2dz)\wedge dx$

③ $(dx+dy)\wedge(dx+dy)$

④ $(x^2dx+z^2dz)\wedge(dx-2dy)$

⑤ $(\sin z dx+\cos x dy)\wedge(dx+dz)$

問7 ω と $\bar{\omega}$ を $\boldsymbol{R}^n$ 内の領域 $\boldsymbol{D}$ において定義される1次微分形式であり，f と g を $\boldsymbol{D}$ 内で定義した実数値関数とする．

① $f\omega+g\bar{\omega}$ は $\boldsymbol{D}$ における1次微分形式を作ることを示せ．

② ω,μ,ν が $\boldsymbol{D}$ における1次微分形式ならば

$$(f\omega+g\nu)\wedge\mu=f\omega\wedge\mu+g\nu\wedge\mu$$

であることを示せ．

③ p 次微分形式 $(p\geqq 3)$

3次微分形式は，2次の形式と1次の形式の積を定義する試みから生じたものである．基本的な3次微分形式は $dx_1\wedge dx_2\wedge dx_3$ は符号つきの体積関数である．それは，もし

$$\boldsymbol{a}=\begin{bmatrix}a_1\\a_2\\a_3\end{bmatrix},\quad \boldsymbol{b}=\begin{bmatrix}b_1\\b_2\\b_3\end{bmatrix},\quad \boldsymbol{c}=\begin{bmatrix}c_1\\c_2\\c_3\end{bmatrix} \text{ ならば}$$

$$dx_1\wedge dx_2\wedge dx_3(\boldsymbol{a},\boldsymbol{b},\boldsymbol{c})=\begin{vmatrix}a_1&b_1&c_1\\a_2&b_2&c_2\\a_3&b_3&c_3\end{vmatrix} \quad (8)$$

で定義される．もちろん，3つのベクトル $\boldsymbol{a},\boldsymbol{b},\boldsymbol{c}$ によって作られる平行6面体の符号つき体積を(8)式は表わしている．

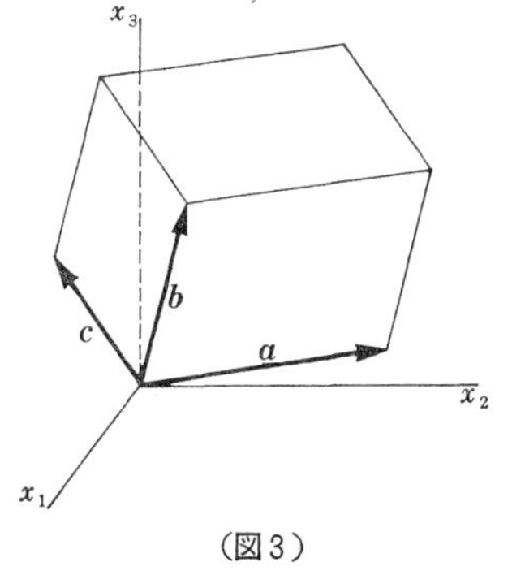

（図3）

n 次元ベクトルの p 個の対 $(\boldsymbol{a}_1,\boldsymbol{a}_2,\cdots,\boldsymbol{a}_p)$，$(p\geqq 1)$ に対して

$$dx_{k_1}\wedge dx_{k_2}\wedge\cdots\wedge dx_{k_p}(\boldsymbol{a}_1,\boldsymbol{a}_2,\cdots,\boldsymbol{a}_p)=\left|dx_{k_i}(\boldsymbol{a}_j)\right|_{\substack{i=1,\cdots,p\\ j=1,\cdots,p}} \quad (8)'$$

を n 次元空間における **基本的 $\boldsymbol{p}$ 次微分形式**という．これらの 1 次結合を一般の **$\boldsymbol{p}$ 次微分形式** (differential p-forms) という．

問 8 $\boldsymbol{a}_1=\begin{bmatrix} 1 \\ -1 \\ 0 \\ 2 \end{bmatrix}$, $\boldsymbol{a}_2=\begin{bmatrix} -1 \\ 1 \\ 1 \\ 1 \end{bmatrix}$, $\boldsymbol{a}_3=\begin{bmatrix} 0 \\ 1 \\ 2 \\ 0 \end{bmatrix}$ のとき

$$dx_2\wedge dx_3\wedge dx_4+2dx_1\wedge dx_2\wedge dx_4$$

の値を求めよ．

問 9 基本的 p 次微分形式において，隣り合った項を入れかえると，符号が変ることを証明せよ．

問 10 基本的 p 次微分形式において，同じ項があると，値は 0 となることを証明せよ．

問 11 一般の p 次微分形式は

$$\omega^p=\sum_{i_1<i_2<\cdots<i_p} f_{i_1\cdots i_p}dx_{i_1}\wedge dx_{i_2}\wedge\cdots\wedge dx_{i_p} \tag{9}$$

の形に書けることを証明せよ．ただし，$1\leqq i_1, i_2, \cdots i_p\leqq n$．また，このとき，$\omega^p$ の項の数は $\binom{n}{p}$ 個あることを証明せよ．

問 12 $p>n$ ならば，$\omega^p=0$ であることを証明せよ（問 10 参照）．

例 5 n 次元空間における p 次微分形式を ω^p, q 次微分形式を ω^q とかく，

$$\omega^p=\sum_{i_1<\cdots<i_p} f_{i_1\cdots i_p}dx_{i_1}\wedge dx_{i_2}\wedge\cdots\wedge dx_{i_p}$$

と

$$\omega^q=\sum_{j_1<\cdots<j_q} g_{j_1\cdots j_q}dx_{j_1}\wedge dx_{j_2}\wedge\cdots\wedge dx_{j_q}$$

の外積 $\omega^p\wedge\omega^q$ を

$$\omega^p\wedge\omega^q=\sum f_{i_1\cdots i_p}g_{j_1\cdots j_q}dx_{i_1}\wedge\cdots\wedge dx_{i_p}\wedge dx_{j_1}\wedge\cdots\wedge dx_{j_q} \tag{10}$$

によって定義する．もし

$$dx_{i_n}=dx_{j_m}$$

ならば問 10 によって

$$dx_{i_1}\wedge\cdots\wedge dx_{i_n}\wedge\cdots\wedge dx_{i_p}\wedge dx_{j_1}\wedge\cdots\wedge dx_{j_m}\wedge\cdots\wedge dx_{j_q}=0$$

だから，$\omega^p\wedge\omega^q$ の項のうち，値が 0 にならないものは

$$dx_{i_1}, \cdots, dx_{i_p}, dx_{j_1}, \cdots, dx_{j_q}$$

がすべて異なる基本的 1 次微分形式をとる場合において生ずる．だから，$\omega^p\wedge\omega^q$

の 0 でない項の数は $\binom{n}{p+q}$ 項である.

また問 9 によって, 隣り合った項を入れかえると符号が代るから, dx_{j_1} を (10) 式の dx_{i_1} の前にもってくるときは p 回符号がかわる. つづいて dx_{j_2} を dx_{i_1} の前にもってゆくときも p 回符号がかわる. 以下同様. ゆえに

$$\omega^p \wedge \omega^q = (-1)^{pq} \omega^q \wedge \omega^p$$

である.

④ p 次微分形式の積分

$\boldsymbol{R}^p$ 内の閉じた有界な超直方体 $\boldsymbol{D}$ の上で, 微分可能な関数を $\boldsymbol{R}^p \xrightarrow{\boldsymbol{g}} \boldsymbol{R}^n$ とする. $\boldsymbol{D}$ の像 $\boldsymbol{S}$ の上で, $\boldsymbol{R}^n$ 内の p 次微分形式の積分を定義しよう.

ω^p を $\boldsymbol{R}^n$ 内の像 $\boldsymbol{S}$ 上で定義された係数関数をもつ p 次微分形式ならば, 点 $\boldsymbol{g}(\boldsymbol{u})$ における ω^p を導関数 $\dfrac{\partial \boldsymbol{g}(\boldsymbol{u})}{\partial u_1}, \cdots, \dfrac{\partial \boldsymbol{g}(\boldsymbol{u})}{\partial u_p}$ に対して適用でき, その結果を

$$\omega^p{}_{\boldsymbol{g}(\boldsymbol{u})}\left(\frac{\partial \boldsymbol{g}(\boldsymbol{u})}{\partial u_1}, \cdots, \frac{\partial \boldsymbol{g}(\boldsymbol{u})}{\partial u_p}\right) \tag{11}$$

とかく. $\boldsymbol{D}$ 上の格子 $\boldsymbol{G}$ は分割点 $\boldsymbol{u}_1, \boldsymbol{u}_2, \cdots, \boldsymbol{u}_N$ をもっていて, それらによって $\boldsymbol{D}$ が部分超直方体 $\boldsymbol{D}_1, \cdots, \boldsymbol{D}_N$ に分割されたとするとき, 和

$$\sum_{k=1}^{N} \omega^p{}_{\boldsymbol{g}(\boldsymbol{u}_k)}\left(\frac{\partial \boldsymbol{g}(\boldsymbol{u}_k)}{\partial u_1}, \cdots, \frac{\partial \boldsymbol{g}(\boldsymbol{u}_k)}{\partial u_p}\right) V(\boldsymbol{D}_k)$$

をつくる. ただし, $V(\boldsymbol{D}_k)$ は $\boldsymbol{D}_k$ の p 次元体積である. $\boldsymbol{S}$ 上の ω^p の積分は,

$$\int_{\boldsymbol{S}} \omega^p = \lim_{\boldsymbol{m}(\boldsymbol{G}) \to 0} \sum_{k=1}^{N} \omega^p{}_{\boldsymbol{g}(\boldsymbol{u}_k)}\left(\frac{\partial \boldsymbol{g}(\boldsymbol{u}_k)}{\partial u_1}, \cdots, \frac{\partial \boldsymbol{g}(\boldsymbol{u}_k)}{\partial u_p}\right) V(\boldsymbol{D}_k) \tag{12}$$

によって定義される.

ここでは太字の $\boldsymbol{u}_k$ と細字の $u_1, u_2, \cdots$ を用いたので, 区別はつきやすいが, 本来は細字の $u_1, u_2, \cdots$ は $u^1, u^2, \cdots$ と係数を上つきにしてかく.

例 6 $\omega_{\boldsymbol{x}}{}^2 = F_1(\boldsymbol{x}) dx_2 \wedge dx_3 + F_2(\boldsymbol{x}) dx_3 \wedge dx_1 + F_3(\boldsymbol{x}) dx_1 \wedge dx_2$ が $\boldsymbol{R}^3$ 内で連続な係数関数 $\boldsymbol{F}(\boldsymbol{x})$ をもち, かつ $\boldsymbol{R}^2 \xrightarrow{\boldsymbol{g}} \boldsymbol{R}^3$ が $\boldsymbol{D}$ 上で連続微分可能ならば,

$$\omega_{\boldsymbol{g}}{}^2\left(\frac{\partial \boldsymbol{g}}{\partial u_1}, \ \frac{\partial \boldsymbol{g}}{\partial u_2}\right) = F_1 \circ \boldsymbol{g} \frac{\partial(g_2, g_3)}{\partial(u_1, u_2)} + F_2 \circ \boldsymbol{g} \frac{\partial(g_3, g_1)}{\partial(u_1, u_2)} + F_3 \circ \boldsymbol{g} \frac{\partial(g_1, g_2)}{\partial(u_1, u_2)}$$

である．よって

$$\int_{\boldsymbol{S}}\omega^2=\int_{\boldsymbol{S}}F_1dx_2\wedge dx_3+F_2dx_3\wedge dx_1+F_3dx_1\wedge dx_2$$

$$=\int_{\boldsymbol{D}}\left[F_1\circ\boldsymbol{g}\frac{\partial(g_2,g_3)}{\partial(u_1,u_2)}+F_2\circ\boldsymbol{g}\frac{\partial(g_3,g_1)}{\partial(u_1,u_2)}+F_3\circ\boldsymbol{g}\frac{\partial(g_1,g_2)}{\partial(u_1,u_2)}\right]du_1du_2$$

である．

問 13　$\omega^2=dx\wedge dy+dx\wedge dz$，かつ $\boldsymbol{S}$ が，関数

$$\boldsymbol{g}\begin{pmatrix}u\\v\end{pmatrix}=\begin{bmatrix}u\cos v\\u\sin v\\v\end{bmatrix}$$

による $\boldsymbol{D}=\left\{(u,v)\mid 0\leqq u\leqq 1,\ 0\leqq v\leqq\frac{\pi}{2}\right\}$ の像であるとき，$\int_{\boldsymbol{S}}\omega^2$ を求めよ．

問 14　ω^3 が $\boldsymbol{R}^3$ における3次微分形式 $fdx_1\wedge dx_2\wedge dx_3$，$\boldsymbol{R}^3\xrightarrow{\boldsymbol{g}}\boldsymbol{R}^3$ は微分可能ならば

$$\omega_{\boldsymbol{g}}{}^3\left(\frac{\partial\boldsymbol{g}}{\partial u_1},\ \frac{\partial\boldsymbol{g}}{\partial u_2},\ \frac{\partial\boldsymbol{g}}{\partial u_3}\right)=f\circ\boldsymbol{g}\frac{\partial(g_1,g_2,g_3)}{\partial(u_1,u_2,u_3)}$$

であることを示せ．

問 15　$\int_{\boldsymbol{S}}dx\wedge dy\wedge dz$ を計算せよ．ただし，$\boldsymbol{S}$ は $\boldsymbol{g}\begin{bmatrix}u\\v\\w\end{bmatrix}=\begin{bmatrix}u^2\\v^2\\w^2\end{bmatrix}$ によるところの $\boldsymbol{D}=$ $\{(u,v,w)\mid 0\leqq u\leqq 1,\ 0\leqq v\leqq 1,\ 0\leqq w\leqq 1\}$ の像である．

⑤ 外 微 分 法

外微分法 (exterior differentiaton)，正しくは外積微分法の演算は，次に述べるように帰納的に定義される．$f(\boldsymbol{x})$ を $\boldsymbol{R}^n$ 上で定義された微分可能なベクトル変数実数値関数とする．そのとき

$$df=\frac{\partial f}{\partial x_1}dx_1+\cdots+\frac{\partial f}{\partial x_n}dx_n \tag{13}$$

である．だから，f の外微分は特殊な1次微分形式であり，かつそれは f の定義域の各点において，吾々が先に f の**微分** (differential) とよんだものに等しい．

もし

$$\omega^1=f_1dx_1+f_2dx_2+\cdots+f_ndx_n \tag{14}$$

が微分可能な係数関数をもった1次微分形式であれば，1次微分形式 $df_1, \cdots, df_n$ を用いて

$$d\omega^1 = (df_1) \wedge dx_1 + \cdots + (df_n) \wedge dx_n \tag{15}$$

と定義する．だから $d\omega^1$ は2次微分形式である．一般に，ω^p が p 次微分形式であれば，そのとき，$d\omega^p$ は ω^p の各係数関数をその外微分である1次微分形式におきかえてえられる $(p+1)$ 次微分形式である．今後，実数値関数は0次微分形式とみなすことにしよう．

例7　$f(x, y) = x^2 + y^2$ のとき

$$df = d(x^2 + y^3) = 2xdx + 3y^2dy$$

によって与えられる．

$$\omega^1{}_{(x, y)} = xydx + (x^2 + y^2)dy$$

ならば

$$d\omega^1 = (ydx + xdy) \wedge dx + (2xdx + 2ydy) \wedge dy$$
$$= xdy \wedge dx + 2xdx \wedge dy = xdx \wedge dy$$

をうる．また

$$\omega^2{}_{(x, y, z)} = xzdx \wedge dy + y^2zdx \wedge dz$$

ならば

$$d\omega^2 = (zdx + xdz) \wedge dx \wedge dy + (2yzdy + y^2dz) \wedge dx \wedge dz$$
$$= xdz \wedge dx \wedge dy + 2yzdy \wedge dx \wedge dz$$
$$= (x - 2yz)dx \wedge dy \wedge dz$$

問16　$d\omega$ を計算せよ．

① $\omega = (x^2 + y^2)dx - ydy$

② $\omega = \sin zdx$

③ $\omega = xdx \wedge dy + ydy \wedge dz$

④ $\omega = yzdx + zxdy + xydz$

⑤ $\omega = xdx \wedge dy \wedge dz$

例8　$\boldsymbol{R}^2 \xrightarrow{f_1} \boldsymbol{R}$, $\boldsymbol{R}^2 \xrightarrow{f_2} \boldsymbol{R}$ を同じ定義域をもつ微分可能な関数とする．そのとき

$$df_1 \wedge df_2 = \left(\frac{\partial f_1}{\partial x}dx + \frac{\partial f_1}{\partial y}dy\right) \wedge \left(\frac{\partial f_2}{\partial x}dx + \frac{\partial f_2}{\partial y}dy\right)$$
$$= \left(\frac{\partial f_1}{\partial x}\frac{\partial f_2}{\partial y} - \frac{\partial f_1}{\partial y}\frac{\partial f_2}{\partial x}\right)dx \wedge dy$$
$$= \frac{\partial(f_1, f_2)}{\partial(x, y)}dx \wedge dy$$

問 17 例9を $\boldsymbol{R}^3 \xrightarrow{f_1} \boldsymbol{R}$, $\boldsymbol{R}^3 \xrightarrow{f_2} \boldsymbol{R}$, $\boldsymbol{R}^3 \xrightarrow{f_3} \boldsymbol{R}$ の場合に拡張せよ.

問 18 ω^p と ω^q をそれぞれ微分可能な係数関数をもつ p 次微分形式と q 次微分形式とするとき

$$d(\omega^p \wedge \omega^q) = d\omega^p \wedge \omega^q + (-1)^p \omega^p \wedge (d\omega^q) \tag{16}$$

であることを証明せよ.

問 19 ω^0 を2回微分可能で連続な n 変数関数とする. そのとき $d(d\omega^0)=0$ であることを示せ.

問 20 $d(d\omega^0)=0$ は $\mathrm{rot}(\mathrm{grad}f)=0$ と同じであることを示せ.

問 21 ω^1 を2回微分可能, 連続な係数関数をもつ $\boldsymbol{R}^3$ 内の1次微分形式とする. そのとき, $d(d\omega^1)=0$ であることを示せ.

問 22 ベクトル場 $\boldsymbol{F} = \begin{bmatrix} F_1 \\ F_2 \\ F_3 \end{bmatrix}$ と, 係数 F_1, F_2, F_3 をもつ $\boldsymbol{R}^3$ 内の1次微分形式の間の対応を用いて, 問21は関係式 $\mathrm{div}(\mathrm{rot}\,\boldsymbol{F})=0$ に等しいことを示せ.

問 23 ω^p は2回微分可能, 連続な係数関数をもつ p 次微分形式であるならば

$$d(d\omega^p)=0$$

であることを証明せよ. (これを **Poincaré の補題**という)

例 9 ω^1 を

$$\omega^1 = F_1 dx_1 + F_2 dx_2 + F_3 dx_3$$

によって与えられる $\boldsymbol{R}^3$ における1次微分形式ならば

$$d\omega^1 = \left(\frac{\partial F_3}{\partial x_2} - \frac{\partial F_2}{\partial x_3}\right)dx_2 \wedge dx_3 + \left(\frac{\partial F_1}{\partial x_3} - \frac{\partial F_3}{\partial x_1}\right)dx_3 \wedge dx_1 + \left(\frac{\partial F_2}{\partial x_1} - \frac{\partial F_1}{\partial x_2}\right)dx_1 \wedge dx_2 \tag{17}$$

だから, Stokes の定理

$$\int_S \mathrm{rot}\,\boldsymbol{F} \cdot dS = \int_{\partial S} \boldsymbol{F} \cdot d\boldsymbol{x}$$

は

$$\int_{S} d\omega^1 = \int_{\partial S} \omega^1$$

とかける．また

$$\omega^2 = F_1 dx_2 \wedge dx_3 + F_2 dx_3 \wedge dx_1 + F_3 dx_1 \wedge dx_2$$

ならば

$$d\omega^2 = \left(\frac{\partial F_1}{\partial x_1} + \frac{\partial F_2}{\partial x_2} + \frac{\partial F_3}{\partial x_3}\right) dx_1 \wedge dx_2 \wedge dx_3 \tag{18}$$

だから，Gauss の定理

$$\int_{S} \mathrm{div}\, \boldsymbol{F} dV = \int_{\partial S} \boldsymbol{F} \cdot d\boldsymbol{S}$$

は

$$\int_{S} d\omega^2 = \int_{\partial S} \omega^2$$

とかける．かくして，$\boldsymbol{R}^3$ 内のベクトル場 $\boldsymbol{F} = \begin{bmatrix} F_1 \\ F_2 \\ F_3 \end{bmatrix}$ と，係数関数 F_1, F_2, F_3 をもつ微分形式の間の対応は (17)，(18) 式で示されるし，さらに

$$\omega^1 \longleftrightarrow \boldsymbol{F} \text{ ならば } d\omega^1 \longleftrightarrow \mathrm{rot}\, \boldsymbol{F}$$

$$\omega^2 \longleftrightarrow \boldsymbol{F} \text{ ならば } d\omega^2 \longleftrightarrow \mathrm{div}\, \boldsymbol{F}$$

という対応がつく．また，f を n 変数実関数とするとき

$$\omega^0 \longleftrightarrow f \text{ ならば } d\omega^0 \longleftrightarrow \mathrm{grad} f$$

という対応がつく．

問 題 解 答

問1 ① 3　② 4　③ -2　④ $1-2+3-4+\cdots+(-1)^{n-1}n$

$$= \begin{cases} -\dfrac{n}{2} & (n=2m \text{ のとき}) \\[2mm] \dfrac{n+1}{2} & (n=2m+1 \text{ のとき}) \end{cases}$$

問2 ① 0　② 0　③ $\dfrac{3}{2}$　④ $\dfrac{1}{2}+\dfrac{1}{3}+\cdots+\dfrac{1}{n+1}$

問4 ① -4 ② 8 ③ 6 **問6** ①$-2dx_1\wedge dx_2$
② $-3dx\wedge dy+2dx\wedge dz$ ③ 0 ④ $-2x^2dx\wedge dy+2z^2dy\wedge dz-z^2dx\wedge dz$
⑤ $\sin zdx\wedge dz-\cos xdx\wedge dy+\cos xdy\wedge dz$

問8 -2 **問13** $1+\dfrac{\pi}{4}$ **問15** 1

問16 ① $d\omega=-2ydx\wedge dy$ ② $d\omega=-\cos zdx\wedge dz$ ③ 0 ④ 0 ⑤ 0

問17 $df_1\wedge df_2\wedge df_3=\dfrac{\partial(f_1,f_2,f_3)}{\partial(x,y,z)}dx\wedge dy\wedge dz$

Johann Friedrich Pfaff
(1765.12.22-1825.4.21)

ヴュルテンベルク公国の高官の子，幼にして才を伸し，17才で受勲者となる．ゲッチンゲンでケストナーに学ぶも，大学教授の席をガウスに譲ったのは，貴族的雰囲気を嫌ったためだった．1788年牧歌的で自由なヘルムシュテット大で教授となるも，1810年大学は廃止され，ハルレへ移る．彼の交友範囲は広かった．天文学，幾何学，解析学を研究した．

Henri Poincaré
(1854.4.29-1912.7.17)

ガウスと同じく多方面の分野で独創力を発揮した数学者であるが，特定の後継弟子がいなかったこともガウスに似ている．エコール・ポリテクニクに学び，のち鉱山学校に学んだのは，コーシーの経歴と似ている．1881年パリ大学に勤め，終世教授の地位にあった．天体力学（三体問題），物理数学，確率論を主に研究，第1次大戦中フランス共和国大統領だったレイモン・ポワンカレーは彼の従弟である．

索　　引

＜ハ　行＞

＜マ　行＞

＜ヤ　行＞

＜ラ　行＞

＜ワ　行＞

著者紹介：

安藤 洋美（あんどう・ひろみ）

1931 年兵庫県生れ．兵庫県立尼崎中学，広島高等師範学校数学科
を経て，1953 年大阪大学理学部数学科を卒業．
桃山学院大学・経済学部教授・大学院経済研究科教授・学院常務理事などを歴任．
現在，桃山学院大学名誉教授
（著書・訳書）
『統計学けんか物語』（1989 年，海鳴社）
『確率論の生い立ち』（1992 年，現代数学社）
『多変量解析の歴史』（1997 年，現代数学社）
『高校数学史演習』（1999 年，現代数学社）
『大道を行く高校数学（解析編）』（山野熙と共著：2001 年，現代数学社）
『大道を行く高校数学（統計数学編）』（2001 年，現代数学社）
『初学者のための統計教室』（門脇光也と共著，2004 年，現代数学社）
『泉州における和算家』（1999 年，桃山学院大学総合研究所）
F.N. デヴィット『確率論の歴史：遊びから科学へ』（1975 年，海鳴社）
O. オア『カルダノの生涯』（1978 年，東京図書）
E. レーマン『統計学講話 未知なる事柄への道標』（共訳；1984 年，現代数学社）
C. リード『数理統計学者ネイマンの生涯』（1985 年，門脇光也・岸吉堯・長岡一夫と共訳，現代数学社）
I. トドハンター『確率論史（パスカルからラプラスの時代までの数学史の一断面）』（2003 年，現代数学社）
『確率論の繁明』（2007 年，現代数学社）　など多数

線型代数と微積分からのベクトル解析　復刻版 2

2023 年 4 月 22 日　初版第 1 刷発行

著　者　　安藤 洋美

発行者　　富田　淳

発行所　　株式会社　現代数学社
〒 606-8425 京都市左京区鹿ヶ谷西寺ノ前町 1
TEL 075 (751) 0727　FAX 075 (744) 0906
https://www.gensu.co.jp/

装　幀　　中西真一（株式会社 CANVAS）

印刷・製本　　亜細亜印刷株式会社

ISBN978-4-7687-0605-3　　2023 Printed in Japan